数学建模与数学规划：

方法、案例及编程实战

(Python+COPT / Gurobi 实现)

主　编　刘兴禄　赖克凡　杉数求解器 COPT 团队
副主编　张一白　王基光　陈伟坚

電子工業出版社
Publishing House of Electronics Industry
北京 · BEIJING

内 容 简 介

本书主要从数学规划的视角出发，系统地介绍了数学优化问题建模和求解的相关理论、方法、实际案例，以及基于 Python 和数学规划求解器（COPT 和 Gurobi）的编程实战。

全书共分为四部分。第一部分为基本理论和建模方法，重点介绍了数学规划模型分类和建模方法（包括逻辑约束与大 M 建模方法、线性化方法）以及计算复杂性理论。第二部分为建模案例详解，通过理论、案例和实战相结合的方式，详细介绍了如何利用各种建模方法和数学规划求解器对实际生产活动中的优化问题进行建模和求解。这部分内容丰富，案例翔实，代码完整，旨在提高读者的实战能力。第三部分和第四部分聚焦于编程实战，主要讲解如何使用 COPT 和 Gurobi 求解器进行数学规划模型的编程求解。这两部分内容涵盖了调用数学规划求解器的各种高级用法，可以满足读者实现定制化求解的需求。

本书适合用作运筹学、数学建模、最优化理论、离散优化等相关课程的高年级本科生、研究生参考教材，也可供从事数学规划、运筹学、物流与供应链等领域的科研人员、算法开发人员，以及各类数学建模竞赛的参赛者阅读。

图书在版编目（CIP）数据

数学建模与数学规划 ：方法、案例及编程实战 ：Python+COPT/Gurobi 实现 / 刘兴禄等主编. -- 北京 ：电子工业出版社, 2024. 9. -- ISBN 978-7-121-48717-0

Ⅰ. O141.4；O221

中国国家版本馆 CIP 数据核字第 2024SY1395 号

责任编辑：钱维扬
印　　刷：三河市双峰印刷装订有限公司
装　　订：三河市双峰印刷装订有限公司
出版发行：电子工业出版社
　　　　　北京市海淀区万寿路 173 信箱　　邮编：100036
开　　本：787×1092　1/16　　印张：23.75　　字数：608 千字
版　　次：2024 年 9 月第 1 版
印　　次：2024 年12月第 4 次印刷
定　　价：98.00 元

凡所购买电子工业出版社图书有缺损问题，请向购买书店调换。若书店售缺，请与本社发行部联系，联系及邮购电话：（010）88254888，88258888。

质量投诉请发邮件至 zlts@phei.com.cn，盗版侵权举报请发邮件至 dbqq@phei.com.cn。

本书咨询联系方式：（010）88254459，qianwy @phei.com.cn。

编 委 会

作者贡献表

章节序号	贡献情况
第 1 章	撰写：徐昶悦、刘兴禄 修改：刘兴禄
第 2 章	撰写：周鹏翔、刘兴禄 修改：刘兴禄
第 3 章	撰写：周鹏翔、刘兴禄 修改：刘兴禄、周鹏翔
第 4 章	撰写：张瑞三、刘兴禄 修改：刘兴禄
第 5 章	撰写及修改：刘兴禄
第 6 章	撰写：蔡茂华、刘兴禄 修改：刘兴禄
第 7 章	撰写：王基光、刘兴禄 修改：刘兴禄
第 8 章	撰写及修改：刘兴禄
第 9 章	撰写及修改：刘兴禄
第 10 章	撰写及修改：刘兴禄
第 11 章	撰写：蔡茂华、何彦东 修改：何彦东、刘兴禄
第 12 章	撰写：张一白、刘兴禄 修改：刘兴禄、张一白
第 13 章	撰写：王基光、刘兴禄 修改：刘兴禄
第 14 章	撰写：刘兴禄、徐昶悦 修改：刘兴禄
第 15~21 章	撰写：杉数求解器 COPT 团队 修改：刘兴禄、张一白
第 22 章	撰写：赖克凡、陈伟坚 修改：赖克凡、刘兴禄、陈伟坚
第 23 章	撰写：赖克凡 修改：赖克凡、刘兴禄
第 24 章	撰写：赖克凡、陈伟坚 修改：赖克凡、陈伟坚、刘兴禄
第 25 章	撰写：赖克凡、陈伟坚 修改：赖克凡、刘兴禄、陈伟坚
第 26 章	撰写：赖克凡 修改：赖克凡、刘兴禄
第 27 章	撰写：赖克凡、陈伟坚 修改：赖克凡、刘兴禄、陈伟坚

序

在当今这个数字与算法主导的时代，数学规划作为解决复杂问题的强大工具，其重要性在过去十年间越发凸显；但长久以来，国内关于数学规划（尤其是整数规划）的专业书籍相对稀缺。孙小玲教授的《整数规划》是该领域的经典之作，其对理论的深入讲解为众多学者和实践者提供了宝贵的知识。然而，实际案例与实战性代码的相对匮乏一直是读者们渴望填补的空白。现在，这本由清华大学等高校的年轻人倾力撰写的新作，不仅在理论上继承了前人的精华，更重要的是，它在实战应用方面做了深入的探索和详尽的阐述。

本书对数学规划的各种技巧进行了非常深入而彻底的讲解，特别是通过实际案例的详细分析，演示了如何与 COPT、Gurobi 等最好的数学规划求解与建模工具配合，向读者展示了如何将复杂的理论知识转化为解决实际问题的实际技能。每一个案例都是对数学规划理论与实践结合的最好诠释，体现了作者们对数学规划的深刻理解和独到见解。

对于我这样一位长期从事数学规划研究的老师来说，本书的出版，既是一个惊喜，也是一种激励。它不仅为初学者提供了一个全面的学习平台，也为经验丰富的专业人士提供了宝贵的参考资源。通过本书，我们可以见证数学规划领域新一代年轻人的成长和热情，这让我深受感动。

希望本书能激发更多人对数学规划这一激动人心的领域的兴趣，并希望它能够成为推动该领域进一步发展的重要力量。

祝愿本书能够帮助每一位读者在数学规划的道路上取得新的进步。

祝阅读愉快！

葛冬冬

上海交通大学智能计算研究院院长，教授

前　言

本书是一本全面、系统、详细地介绍数学规划建模的工具书，其内容涵盖了数学规划建模的各个方面。本书从理论与实践相结合的角度出发，以通俗易懂的语言细致地介绍了数学规划建模方法、应用案例以及数学规划求解器的使用和编程实战。为了使读者能够深入体验建模的每一个步骤，书中精选了多个难度各异的案例，展示了从问题分析、数学建模到编程实现的详细步骤。此外，本书还详细介绍了两种领先的数学规划求解器——COPT 和 Gurobi 的使用方法，覆盖了基础和高级建模语法、参数设置及模型诊断等各个方面。

本书有以下特色：**（1）图文结合，讲解细致，可读性强**。在解释问题特征和建模思路的过程中，本书利用了大量的说明性示意图，这使得本书通俗易懂，极大地增强了可读性。**（2）全流程讲解实战案例，且配套代码资源完善**。对于每一个建模案例，本书均提供了详细的建模思路分析、完整的建模过程、数学模型、测试算例以及 COPT 和 Gurobi 两个版本的完整实现代码，方便读者测试和练习。**（3）数学规划求解器的使用方法讲解细致全面**。本书对数学规划求解器使用的各个方面进行了非常详细的讲解（基于 Python 接口）。这部分内容既可以帮助读者解决编程实战中的大部分问题，又有助于读者更深入地理解求解器的原理。

本书主要包含四部分内容：

第一部分（第 1~4 章）为基本理论和建模方法，主要讲解数学规划的基本理论及基本建模方法，包括数学规划模型的分类、逻辑约束和大 M 建模方法、线性化方法和计算复杂性理论等。为方便读者加深理解，还提供了 Python 调用 COPT 和 Gurobi 的验证代码。

第二部分（第 5~14 章）为建模案例详解。这部分的主要目标有两个：（1）介绍如何运用多种建模方法完成实际复杂问题的建模；（2）介绍如何调用数学规划求解器（COPT 和 Gurobi）求解复杂的数学规划模型。这部分介绍的问题分为基础（第 5~6 章）、中等（第 7~8 章）、困难（第 9~14 章）三个等级。要完成这部分问题的建模，需要灵活使用第一部分介绍的各种建模方法。本书并不直接给出最终的数学模型，而通过详细、完整、直观地展示复杂问题建模的思路和过程，使读者更容易掌握和提高。针对每一个问题，本书都详细讲解了问题分析、建模思路分析、决策变量的设置、约束的构建和模型的改进等环节。此外，模型的编程求解是数学建模中一个非常重要的环节。本书为每一个数学模型都提供了 Python 调用 COPT 和 Gurobi 求解模型的完整代码，方便读者学习。数学规划求解器的使用需要丰富的经验，编程实现模型的建模和求解通常不是一蹴而就的，而是需要反复调试和诊断。因此，熟练掌握求解器的使用对于实现模型的求解、模型正确性的诊断等都是非常有必要的。

第三部分为 COPT 编程实战。这部分详细阐述了杉数求解器 COPT 的使用方法，包括基本建模求解方法、建模求解方法进阶、非线性优化问题的建模和求解、不可行问题的处理、参数调优工具、初始解和解池以及回调函数的使用。

第四部分是 Gurobi 编程实战。这部分通过通俗易懂的语言介绍了 Gurobi 求解器的使用方法，包括基本建模方法、高级建模方法、基本求解进程控制方法、高级求解进程控制方法、各种信息的解读与获取方法、求解参数调优与模型报错调试。通过学习第三部分和第四部分的内容，读者能够获得对数学规划求解器使用的深刻理解。

本书所选案例来源多样，包括编者发表的部分科技论文、书末参考文献、国内外数学建模竞赛题目、流行的益智游戏及网络资源等。非常感谢书中建模案例的参考文献的作者以及相关竞赛的组织方，包括：

（1）2021 年“华为杯”第 18 届中国研究生数学建模竞赛的组织方，即中国学位与研究生教育学会、中国科协青少年科技中心、中国研究生数学建模竞赛组委会和华南理工大学。

（2）本书第 10 章参考文献的其他几位作者，包括贺静、段淇耀、陈伟坚、戚铭尧。

（3）2022 年第三届华数杯全国大学生数学建模竞赛的组织方，即中国未来研究会大数据与数学模型专业委员会、天津市未来与预测科学研究会大数据分会和华数杯全国大学生数学建模竞赛组委会。

（4）本书第 14 章参考文献的作者，包括 Chase C. Murray 和 Amanda G. Chu。

（5）本书第 12 章和第 13 章所有参考文献的作者，包括 George Dantzig，Paolo Toth，Daniele Vigo，Roberto Baldacci，Guy Desaulniers，Gilbert Laporte，Michel Gendreau 等。

非常感谢杉数求解器 COPT 团队以及 Gurobi 求解器团队提供的技术支持。这些支持帮助我们显著提高了内容的质量和丰富性。

非常感谢陈伟坚老师、戚铭尧老师和张灿荣老师的悉心指导，感谢他们带我进入优化的世界。

此外，在本书的编写过程中，我们有幸邀请到了来自学界、业界的多位校稿人参与了后期的校对工作。他们是黄一潇、张莹、张铁伦、王源、游锦涛、薛召杰、王祖健、吴廷映、陈锐和于丽娜。他们为本书提供了非常详细的修改意见，包括案例扩充、内容修改和章节安排等。他们的专业意见对提升本书的整体质量提供了有效帮助。非常感谢他们的精心校对和宝贵意见。

最后，我们衷心感谢电子工业出版社的鼎力支持和责任编辑钱维扬先生的精心审校。正是有了他们的帮助，本书才得以顺利出版。

本书是对数学建模领域的一次深入探索，我们期望它能够成为您手头一本有用的工具书和得力助手，帮助您在复杂问题建模中找到思路和方法。无论您是学术界的研究者还是业界的实践者，我们都希望本书能帮助您有效地节省学习时间或者为您提供建模的新思路和新视角。

扫码获取配套电子资源

刘兴禄

2024 年 8 月于清华大学深圳国际研究生院

目　录

第 I 部分　基本理论和建模方法

第 III 部分 编程实战：COPT

第 IV 部分 编程实战：Gurobi

第 I 部分

基本理论和建模方法

第 1 章　几种重要的数学规划模型

本章将简要介绍数学规划的相关基本概念，并给出几类常见数学规划模型的一般形式和简单案例，具体包括线性规划（Linear Programming，LP）、二次规划（Quadratic Programming，QP）、二次约束规划（Quadratically Constrained Programming，QCP）、二次约束二次规划（Quadratically Constrained Quadratic Programming，QCQP）、二阶锥规划（Second-Order Cone Programming，SOCP）以及半定规划（Semidefinite Programming，SDP）。

1.1　数学规划模型的分类

数学规划与数学优化密不可分，这里先来介绍数学优化。数学优化是数学中一个重要的学科方向，是应用数学的重要组成部分。按照是否有约束条件，数学优化可以分为**无约束优化**和**约束优化**[①]。无约束优化的一般形式为：

$$\max \text{ 或 } \min \quad f(\boldsymbol{x})$$

其中，$\boldsymbol{x}=[x_1,x_2,\cdots,x_n]^{\mathrm{T}}\in\mathbb{R}^n$（$\mathbb{R}^n$ 为 n 维实数集），为**决策变量**；$f(\boldsymbol{x})$：$\mathbb{R}^n\to\mathbb{R}$，为**目标函数**。$f(\boldsymbol{x})$ 可以为凸函数、凹函数或者非凸非凹函数。无约束优化的主要方法包括线搜索方法、梯度类算法、牛顿法、次梯度算法、拟牛顿算法等。若优化问题的解（即决策变量 $\boldsymbol{x}$ 的取值）必须满足一定的限制条件，则问题变化为约束优化问题。约束优化问题是本章探讨的重点。

约束优化问题是指决策变量取值受到一定限制的优化问题，其一般形式为：

$$\begin{aligned}
\max \text{或} \min \quad & f(\boldsymbol{x}) && && (1.1)\\
\text{s.t.} \quad & g_i(\boldsymbol{x})=b_i, && \forall i=1,\cdots,m && (1.2)\\
& h_i(\boldsymbol{x})\geqslant c_i, && \forall i=1,\cdots,p && (1.3)\\
& \boldsymbol{x}\in\mathcal{X}\subset\mathbb{R}^n && && (1.4)
\end{aligned}$$

其中，$\boldsymbol{x}=[x_1,x_2,\cdots,x_n]^{\mathrm{T}}\in\mathcal{X}\subset\mathbb{R}^n$，表示 $n\times 1$ 维的决策变量。$f(\boldsymbol{x})$、$g_i(\boldsymbol{x})$、$h_i(\boldsymbol{x})$ 均是关于 $\boldsymbol{x}$ 的函数。式（1.2）和式（1.3）分别被称为**等式约束**和**不等式约束**。$g_i(\boldsymbol{x})$ 和 $h_i(\boldsymbol{x})$ 叫作约束的**左端项**，b_i 和 c_i 叫作约束的**右端项**或者右端常数。记号 s.t. 是“subject to”的

① 数学优化还可以根据决策变量的类型、目标函数和约束条件的类型、参数的类型（确定的或随机的）等来进行划分。

缩写，用于表示约束条件。任意满足等式约束式（1.2）、不等式约束式（1.3）和式（1.4）的解被称为**可行解**。所有可行解构成的集合被称为**可行域**。在可行域内，函数 $f(\boldsymbol{x})$ 的最大值/最小值不一定总是存在的。幸运的是，函数 $f(\boldsymbol{x})$ 在可行域内的上/下确界一定存在（如约束为严格大于或者小于约束）。若式（1.1）～ 式（1.4）的最大值/最小值不存在，可以将问题转换为求 $f(\boldsymbol{x})$ 在可行域内的上/下确界。此时，上述模型中的“max（min）”就需要相应地改为“sup（inf）”。

介绍完基本概念之后，回到本章的主题：数学规划。根据中国运筹学会发布的《中国数学规划新近进展及展望》①，数学规划又叫数学优化，是运筹学的一个重要分支。形如式（1.1）～ 式（1.4），由目标函数、约束条件和决策变量构成的数学优化模型也被称为数学规划模型。

根据 $f(\boldsymbol{x})$、$g(\boldsymbol{x})$ 和 $h(\boldsymbol{x})$ 以及决策变量 $\boldsymbol{x}$ 的类型，可以将数学规划模型划分为若干不同的种类，见表1.1。

表 1.1　数学规划模型的种类

$f(\boldsymbol{x})$	$g(\boldsymbol{x})$ 和 $h(\boldsymbol{x})$	$\boldsymbol{x}$	模型种类	英文简称
线性表达式	线性表达式	连续值	线性规划	LP
线性表达式	二次表达式	连续值	二次约束规划	QCP
二次表达式	线性表达式	连续值	二次规划	QP
二次表达式	二次表达式	连续值	二次约束二次规划	QCQP
线性表达式	锥约束	连续值	二阶锥规划	SOCP
线性表达式	半正定约束	连续值	半定规划	SDP
线性表达式	线性表达式	（混合）整数	（混合）整数规划	(M)IP
线性表达式	二次表达式	（混合）整数	（混合）整数二次约束规划	(M)IQCP
二次表达式	线性表达式	（混合）整数	（混合）整数二次规划	(M)IQP
二次表达式	二次表达式	（混合）整数	（混合）整数二次约束二次规划	(M)IQCQP
线性表达式	锥约束	（混合）整数	（混合）整数二阶锥规划	(M)ISOCP
线性表达式	半正定约束	（混合）整数	（混合）整数半定规划	(M)ISDP

由图1.1可见，数学规划模型之间是存在相互包含关系的。当锥规划（Cone Program-

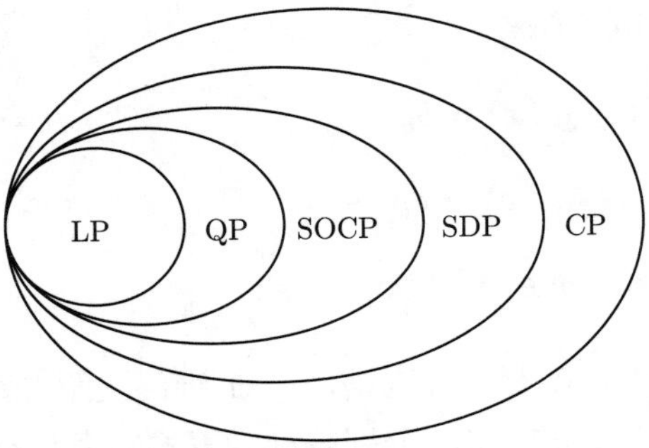

图 1.1　各种数学规划模型之间的关系

① 孙小玲等《中国数学规划新近进展及展望》，源自中国运筹学会（ORSC）官网。

ming，CP）的目标函数为线性表达式，且约束包含半正定约束时，CP 退化为 SDP。由于二阶锥约束可以被等价地写成线性矩阵不等式（Linear Matrix Inequalities，LMI）。换言之，二阶锥约束是半正定约束的一个特例。因此，SOCP 是 SDP 的一个特例，即 SOCP 包含于 SDP。注意，半正定约束不一定可以转换为二阶锥约束。QP 可以通过模型重构等价转换为特殊的 SOCP，因此，QP 是 SOCP 的一个特例。当 QP 的目标函数退化为线性表达式时，QP 退化为 LP。

1.2 几种数学规划模型的一般形式及简单案例

本节介绍表1.1中涉及的数学规划模型的一般形式，包括线性规划、混合整数规划、二次规划、二次约束规划、二次约束二次规划、二阶锥规划和半定规划。为了让大家更直观地理解它们，我们针对每一类模型都提供了相应的简单案例。

1.2.1 线性规划

一般来讲，一个数学规划模型包含目标函数、约束条件和决策变量三部分。当数学规划模型的目标函数和约束条件的左端项均为线性表达式，且决策变量为连续变量时，该模型被称为线性规划（Linear Programming, LP）。

线性规划的一般形式如下：

$$
\begin{aligned}
\max \quad & \boldsymbol{c}^{\mathrm{T}}\boldsymbol{x} \\
\text{s.t.} \quad & \boldsymbol{A}\boldsymbol{x} \leqslant \boldsymbol{b} \\
& \boldsymbol{x} \geqslant \boldsymbol{0}
\end{aligned}
$$

其中，$\boldsymbol{c} \in \mathbb{R}^{n\times 1}$，为列向量（所以 $\boldsymbol{c}^{\mathrm{T}}$ 为行向量）；$\boldsymbol{x} \in \mathbb{R}^{n\times 1}$，为列向量，表示连续型决策变量；$\boldsymbol{A} \in \mathbb{R}^{m\times n}$，表示约束系数矩阵；$\boldsymbol{b} \in \mathbb{R}^{m\times 1}$，为列向量，表示右端常数。求解线性规划的主要算法包括单纯形法和内点法等。

下面给出一个线性规划的简单案例：

$$
\begin{aligned}
\max \quad & 2x_1 + 3x_2 \\
\text{s.t.} \quad & x_1 + 2x_2 \leqslant 8 \\
& 4x_1 \leqslant 15 \\
& 5x_2 \leqslant 12 \\
& x_1, x_2 \geqslant 0
\end{aligned}
$$

若表示成紧凑的矩阵形式，则

$$\boldsymbol{c}=\begin{bmatrix}2\\3\end{bmatrix},\quad \boldsymbol{x}=\begin{bmatrix}x_1\\x_2\end{bmatrix},\quad \boldsymbol{A}=\begin{bmatrix}1&2\\4&0\\0&5\end{bmatrix},\quad \boldsymbol{b}=\begin{bmatrix}8\\15\\12\end{bmatrix}$$

1.2.2 混合整数规划

若线性规划中一部分决策变量要求必须取整数,则该模型就变化为混合整数规划(Mixed Integer Programming, MIP)。当要求所有决策变量的取值均为整数时，模型变化为整数规划（Integer Programming，IP）或者纯整数规划。混合整数规划的一般形式如下：

$$\begin{aligned}\max\quad & \boldsymbol{c}^{\mathrm{T}}\boldsymbol{x}\\ \text{s.t.}\quad & \boldsymbol{A}\boldsymbol{x}\leqslant\boldsymbol{b}\\ & \boldsymbol{x}\geqslant\boldsymbol{0}\\ & x_i\in\mathbb{Z} & \forall i\in\mathcal{I}\end{aligned}$$

其中，$\boldsymbol{c}\in\mathbb{R}^{n\times1}$，为列向量；$\boldsymbol{x}\in\mathbb{R}^{n\times1}$，为列向量，是决策变量；$\boldsymbol{A}\in\mathbb{R}^{m\times n}$，表示约束系数矩阵；$\boldsymbol{b}\in\mathbb{R}^{m\times1}$，为列向量，表示右端常数；$\mathcal{I}$ 为取值为整数的变量的下标集合。

下面给出一个混合整数规划的简单例子：

$$\begin{aligned}\max\quad & x_1+4x_2\\ \text{s.t.}\quad & -2x_1+3x_2\leqslant3\\ & x_1+2x_2\leqslant8\\ & x_1,x_2\geqslant0\\ & x_1\in\mathbb{Z}\end{aligned}$$

若表示成紧凑的矩阵形式，则

$$\boldsymbol{c}=\begin{bmatrix}1\\4\end{bmatrix},\quad \boldsymbol{x}=\begin{bmatrix}x_1\\x_2\end{bmatrix},\quad \boldsymbol{A}=\begin{bmatrix}-2&3\\1&2\end{bmatrix},\quad \boldsymbol{b}=\begin{bmatrix}3\\8\end{bmatrix}$$

1.2.3 二次规划

若线性规划的目标函数变成二次表达式，则模型变化为二次规划（Quadratic Programming，QP)。其一般形式如下：

$$\min\quad \frac{1}{2}\boldsymbol{x}^{\mathrm{T}}\boldsymbol{H}\boldsymbol{x}+\boldsymbol{c}^{\mathrm{T}}\boldsymbol{x}$$

$$\text{s.t.} \quad \boldsymbol{A}\boldsymbol{x} \leqslant \boldsymbol{b}$$

其中，$\boldsymbol{x} \in \mathbb{R}^{n\times 1}$，为列向量（所以 $\boldsymbol{x}^{\mathrm{T}}$ 为行向量），表示连续型决策变量；$\boldsymbol{H} \in \mathbb{R}^{n\times n}$，为 n 阶实对称矩阵；$\boldsymbol{c} \in \mathbb{R}^{n\times 1}$，为列向量；$\boldsymbol{A} \in \mathbb{R}^{m\times n}$，表示约束系数矩阵；$\boldsymbol{b} \in \mathbb{R}^{m\times 1}$，为列向量，表示右端常数。值得一提的是，通过引入辅助变量进行转换，二次规划可以重构为二次约束规划。

下面给出一个二次规划的简单例子：

$$\begin{aligned} \max \quad & x_1^2 + x_2^2 + x_3^2 \\ \text{s.t.} \quad & x_1 + x_2 \leqslant 5 \\ & x_1 + x_3 \leqslant 6 \\ & x_1, x_2, x_3 \geqslant 0 \end{aligned}$$

若表示成紧凑的矩阵形式，则

$$\boldsymbol{x} = \begin{bmatrix} x_1 \\ x_2 \\ x_3 \end{bmatrix}, \quad \boldsymbol{H} = \begin{bmatrix} 2 & 0 & 0 \\ 0 & 2 & 0 \\ 0 & 0 & 2 \end{bmatrix}, \quad \boldsymbol{c} = \begin{bmatrix} 0 \\ 0 \\ 0 \end{bmatrix}, \quad \boldsymbol{A} = \begin{bmatrix} 1 & 1 & 0 \\ 1 & 0 & 1 \end{bmatrix}, \quad \boldsymbol{b} = \begin{bmatrix} 5 \\ 6 \end{bmatrix}$$

1.2.4 二次约束规划

若线性规划中一部分约束变成二次约束，则模型变化为二次约束规划（Quadratically Constrained Programming，QCP）。其一般形式如下：

$$\begin{aligned} \min \quad & \boldsymbol{c}^{\mathrm{T}}\boldsymbol{x} \\ \text{s.t.} \quad & \frac{1}{2}\boldsymbol{x}^{\mathrm{T}}\boldsymbol{H}_i\boldsymbol{x} + \boldsymbol{q}_i^{\mathrm{T}}\boldsymbol{x} + r_i \leqslant 0, \qquad \forall i = 1, 2, \cdots, m \\ & \boldsymbol{A}\boldsymbol{x} = \boldsymbol{b} \end{aligned}$$

其中，$\boldsymbol{c} \in \mathbb{R}^{n\times 1}$，为列向量；$\boldsymbol{x} \in \mathbb{R}^{n\times 1}$，为列向量，是决策变量；$\boldsymbol{H}_i \in \mathbb{R}^{n\times n}$，为 n 阶实对称矩阵；$\boldsymbol{q}_i \in \mathbb{R}^{n\times 1}$，为列向量；$r_i$ 为实数。$\boldsymbol{A} \in \mathbb{R}^{l\times n}$，表示约束系数矩阵；$\boldsymbol{b} \in \mathbb{R}^{l\times 1}$，为列向量，表示右端常数。

下面给出一个二次约束规划的简单例子：

$$\begin{aligned} \max \quad & 3x_1 + 4x_2 \\ \text{s.t.} \quad & x_1^2 + 3x_2^2 \leqslant 8 \\ & x_1^2 + x_2^2 \leqslant 6 \\ & x_1 + x_2 = 3 \end{aligned}$$

$$x_1, x_2 \geqslant 0$$

若表示成紧凑的矩阵形式，则

$$\boldsymbol{c}=\begin{bmatrix}3\\4\end{bmatrix},\quad \boldsymbol{x}=\begin{bmatrix}x_1\\x_2\end{bmatrix},\quad m=2,\quad \boldsymbol{H}_1=\begin{bmatrix}2&0\\0&6\end{bmatrix},\quad \boldsymbol{H}_2=\begin{bmatrix}2&0\\0&2\end{bmatrix},\quad \boldsymbol{q}_1=\boldsymbol{q}_2=\begin{bmatrix}0\\0\end{bmatrix},$$

$$r_1=-8,\quad r_2=-6,\quad \boldsymbol{A}=\begin{bmatrix}1&1\end{bmatrix},\quad \boldsymbol{b}=\begin{bmatrix}3\end{bmatrix}$$

1.2.5 二次约束二次规划

若线性规划的目标函数变为二次表达式，且一部分约束变成二次约束，则模型变化为二次约束二次规划（Quadratically Constrained Quadratic Programming，QCQP）。其一般形式如下：

$$\begin{aligned}
\min \quad & \frac{1}{2}\boldsymbol{x}^{\mathrm{T}}\boldsymbol{H}_0\boldsymbol{x}+\boldsymbol{c}_0^{\mathrm{T}}\boldsymbol{x}\\
\text{s.t.} \quad & \frac{1}{2}\boldsymbol{x}^{\mathrm{T}}\boldsymbol{H}_i\boldsymbol{x}+\boldsymbol{c}_i^{\mathrm{T}}\boldsymbol{x}+r_i \leqslant 0, \qquad \forall i=1,2,\cdots,m\\
& \boldsymbol{A}\boldsymbol{x}=\boldsymbol{b}
\end{aligned}$$

其中，$\boldsymbol{x}\in\mathbb{R}^{n\times 1}$，为列向量（所以 $\boldsymbol{x}^{\mathrm{T}}$ 为行向量），表示连续型决策变量；$\boldsymbol{H}_0$、$\boldsymbol{H}_i\in\mathbb{R}^{n\times n}$，均为 n 阶实对称矩阵；$\boldsymbol{c}_0$、$\boldsymbol{c}_i\in\mathbb{R}^{n\times 1}$，均为列向量（所以 $\boldsymbol{c}_0^{\mathrm{T}}$、$\boldsymbol{c}_i^{\mathrm{T}}$ 为行向量）；r_i 为实数。$\boldsymbol{A}\in\mathbb{R}^{l\times n}$，表示约束系数矩阵；$\boldsymbol{b}\in\mathbb{R}^{l\times 1}$，为列向量，表示右端常数。

下面给出一个二次约束二次规划的简单例子：

$$\begin{aligned}
\min \quad & 2x_1^2+x_2^2\\
\text{s.t.} \quad & x_1^2+2x_2^2 \leqslant 10\\
& 4x_1^2+x_2^2 \leqslant 8\\
& x_1+2x_2=5\\
& x_1, x_2 \geqslant 0
\end{aligned}$$

若表示成紧凑的矩阵形式，则

$$\boldsymbol{x}=\begin{bmatrix}x_1\\x_2\end{bmatrix},\quad \boldsymbol{H}_0=\begin{bmatrix}4&0\\0&2\end{bmatrix},\quad m=2,\quad \boldsymbol{H}_1=\begin{bmatrix}2&0\\0&4\end{bmatrix},\quad \boldsymbol{H}_2=\begin{bmatrix}8&0\\0&2\end{bmatrix},$$

$$\boldsymbol{c}_0=\boldsymbol{c}_1=\boldsymbol{c}_2=\begin{bmatrix}0\\0\end{bmatrix},\quad r_1=-10,\quad r_2=-8,\quad \boldsymbol{A}=\begin{bmatrix}1&2\end{bmatrix},\quad \boldsymbol{b}=\begin{bmatrix}5\end{bmatrix}$$

1.2.6 二阶锥规划

二阶锥规划（Second-Order Cone Programming，SOCP）的目标函数为线性表达式，约束包含二阶锥约束，是一种非常特殊的非线性优化模型。在给出其一般形式之前，我们需要了解一下什么是（凸）锥，什么是二阶锥。

- **锥**（Cone）：对于一个向量空间 $\mathbb{R}^n$ 与它的一个子集 $\mathcal{C}$，如果子集 $\mathcal{C}$ 中的任意一点 $\boldsymbol{x}$ 与任意正数 α 的积 $\alpha\boldsymbol{x}$ 仍然属于子集 $\mathcal{C}$，则称 $\mathcal{C}$ 为一个锥。若 $\mathcal{C}$ 中任意两点 $\boldsymbol{x}$ 与 $\boldsymbol{y}$，以及任意两个正数 α 与 β，都有 $\alpha\boldsymbol{x}+\beta\boldsymbol{y}\in\mathcal{C}$，则 $\mathcal{C}$ 为凸锥。
- **二阶锥**（Second-order Cone）：以二范数定义的锥被称为二阶锥。在 k 维空间中，标准的二阶锥数学定义为式（1.5）。图1.2为三维空间中的二阶锥示意图。

$$\mathcal{C}_k=\left\{\begin{bmatrix}\boldsymbol{u}\\ t\end{bmatrix}\middle|\boldsymbol{u}\in\mathbb{R}^{k-1},t\in\mathbb{R},\left\|\boldsymbol{u}\right\|_2\leqslant t\right\} \tag{1.5}$$

需要说明的是，符号 $\|\cdot\|_2$ 表示向量的二范数（L_2 norm）。列向量 $\boldsymbol{x}=[x_1,x_2,\cdots,x_n]^{\mathrm{T}}$ 的二范数定义为：

$$\|\boldsymbol{x}\|_2=\sqrt{x_1^2+x_2^2+\cdots+x_n^2}$$

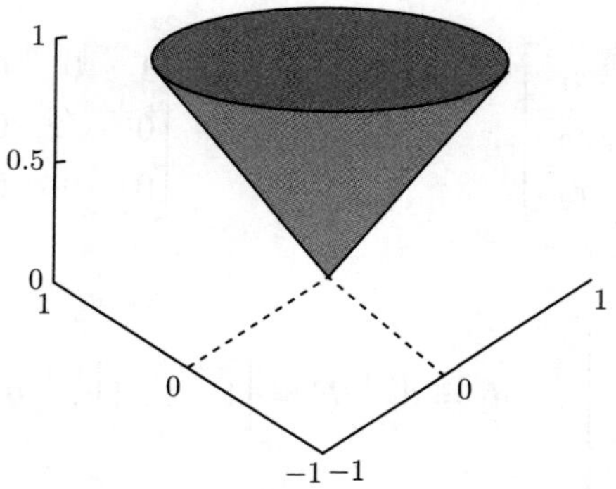

图 1.2　三维空间中的二阶锥示意图

形如式（1.6）的约束即为二阶锥约束（Second-order Cone Constraint）。

$$\|\boldsymbol{A}\boldsymbol{x}+\boldsymbol{b}\|_2\leqslant\boldsymbol{c}^{\mathrm{T}}\boldsymbol{x}+d\Longleftrightarrow\begin{bmatrix}\boldsymbol{A}\\ \boldsymbol{c}^{\mathrm{T}}\end{bmatrix}\boldsymbol{x}+\begin{bmatrix}\boldsymbol{b}\\ d\end{bmatrix}\in\mathcal{C}_{k+1} \tag{1.6}$$

其中，$\boldsymbol{A}\in\mathbb{R}^{k\times n}$，表示系数矩阵；$\boldsymbol{x}\in\mathbb{R}^{n\times 1}$，为列向量，是决策变量；$\boldsymbol{b}\in\mathbb{R}^{k\times 1}$，为列向量；$\boldsymbol{c}\in\mathbb{R}^{n\times 1}$，为列向量；$d$ 为常数。

二阶锥规划的一般形式 [16] 如下：

$$\begin{aligned}\min\quad & \boldsymbol{f}^{\mathrm{T}}\boldsymbol{x}\\ \text{s.t.}\quad & \|\boldsymbol{A}_i\boldsymbol{x}+\boldsymbol{b}_i\|_2\leqslant\boldsymbol{c}_i^{\mathrm{T}}\boldsymbol{x}+d_i,\qquad \forall i=1,2,\cdots,m\end{aligned}$$

$$\boldsymbol{F}\boldsymbol{x} = \boldsymbol{g}$$

其中，$\boldsymbol{f} \in \mathbb{R}^{n\times 1}$，为列向量；$\boldsymbol{x} \in \mathbb{R}^{n\times 1}$，为列向量，表示连续型决策变量；$\boldsymbol{A}_i \in \mathbb{R}^{n_i\times n}$；$\boldsymbol{b}_i \in \mathbb{R}^{n_i\times 1}$；$\boldsymbol{c}_i \in \mathbb{R}^{n\times 1}$，为列向量；$d_i \in \mathbb{R}$；$\boldsymbol{F} \in \mathbb{R}^{h\times n}$，表示约束系数矩阵；$\boldsymbol{g} \in \mathbb{R}^{h\times 1}$，为列向量，表示右端常数。

当 $\boldsymbol{c}_i = \boldsymbol{0}$（$\forall i = 1, \cdots, m$）时，SOCP 可以等价转换为 QCQP。当 $\boldsymbol{A}_i = \boldsymbol{O}$（即零矩阵）（$\forall i = 1, \cdots, m$）时，SOCP 退化为 LP。

下面给出两个二阶锥规划的简单例子。

【例 1.1】

$$\begin{aligned}
\max \quad & x_1 + x_2 + x_3 \\
\text{s.t.} \quad & \sqrt{x_1^2 + 2x_2^2} \leqslant x_3 \\
& x_1 + 2x_2 + x_3 = 10 \\
& x_1, x_2, x_3 \geqslant 0
\end{aligned}$$

若表示成紧凑的矩阵形式，则

$$\boldsymbol{f} = \begin{bmatrix} 1 \\ 1 \\ 1 \end{bmatrix}, \quad \boldsymbol{x} = \begin{bmatrix} x_1 \\ x_2 \\ x_3 \end{bmatrix}, \quad m = 1, \quad \boldsymbol{A}_1 = \begin{bmatrix} 1 & 0 & 0 \\ 0 & \sqrt{2} & 0 \\ 0 & 0 & 0 \end{bmatrix}, \quad \boldsymbol{b}_1 = \begin{bmatrix} 0 \\ 0 \\ 0 \end{bmatrix},$$

$$\boldsymbol{c}_1 = \begin{bmatrix} 0 \\ 0 \\ 1 \end{bmatrix}, \quad d_1 = 0, \quad \boldsymbol{F} = \begin{bmatrix} 1 & 2 & 1 \end{bmatrix}, \quad \boldsymbol{g} = \begin{bmatrix} 10 \end{bmatrix}$$

【例 1.2】

$$\begin{aligned}
\max \quad & 3x_1 + 4x_2 + 5x_3 \\
\text{s.t.} \quad & \sqrt{2x_1^2 + 3x_2^2} \leqslant 3x_3 \\
& x_1^2 + x_2^2 \leqslant x_3^2 \\
& 2x_1 + x_2 + 4x_3 = 12 \\
& x_1, x_2, x_3 \geqslant 0
\end{aligned}$$

若表示成紧凑的矩阵形式，则

$$\boldsymbol{f}=\begin{bmatrix}3\\4\\5\end{bmatrix},\quad \boldsymbol{x}=\begin{bmatrix}x_1\\x_2\\x_3\end{bmatrix},\quad \boldsymbol{F}=\begin{bmatrix}2 & 1 & 4\end{bmatrix},\quad \boldsymbol{g}=\begin{bmatrix}12\end{bmatrix},\quad m=2,$$

$$\boldsymbol{A}_1=\begin{bmatrix}\sqrt{2} & 0 & 0\\0 & \sqrt{3} & 0\\0 & 0 & 0\end{bmatrix},\quad \boldsymbol{b}_1=\begin{bmatrix}0\\0\\0\end{bmatrix},\quad \boldsymbol{c}_1=\begin{bmatrix}0\\0\\3\end{bmatrix},\quad d_1=0,$$

$$\boldsymbol{A}_2=\begin{bmatrix}1 & 0 & 0\\0 & 1 & 0\\0 & 0 & 0\end{bmatrix},\quad \boldsymbol{b}_2=\begin{bmatrix}0\\0\\0\end{bmatrix},\quad \boldsymbol{c}_2=\begin{bmatrix}0\\0\\1\end{bmatrix},\quad d_2=0$$

1.2.7 半定规划

半定规划（Semidefinite Programming，SDP）的目标函数为线性表达式，约束条件包含半正定约束。在给出其一般形式之前，我们先来介绍一下什么是半正定矩阵。

半正定矩阵（Positive Semidefinite Matrix）：给定实对称矩阵 $\boldsymbol{A}\in\mathbb{R}^{n\times n}$ ，若对于任意 n 维非零实向量 $\boldsymbol{x}$，$\boldsymbol{x}^{\mathrm{T}}\boldsymbol{A}\boldsymbol{x}\geqslant 0$ 恒成立，则称矩阵 $\boldsymbol{A}$ 为半正定矩阵。

$$\boldsymbol{A}=\begin{bmatrix}1 & -1/2 & -1/2\\-1/2 & 1 & -1/2\\-1/2 & -1/2 & 1\end{bmatrix}$$

为方便叙述，定义以下符号：

- $\mathcal{S}^n$：所有 n 维对称矩阵的集合。
- $\mathcal{S}^n_+$：所有 n 维半正定（Positive Semidefinite，PSD）矩阵的集合。

根据文献 [36]①，半定规划的标准形式如下：

$$\begin{aligned}\min\quad & \boldsymbol{C}\cdot\boldsymbol{X}\\ \text{s.t.}\quad & \boldsymbol{A}_i\cdot\boldsymbol{X}=b_i,\quad \forall i=1,\cdots,m\\ & \boldsymbol{X}\succeq 0\end{aligned}$$

① 半定规划的另一种定义见文献 [16]。

其中，$\boldsymbol{C} \in \mathbb{R}^{n\times n}$；$\boldsymbol{X} \in \mathcal{S}^n$，是半正定决策变量矩阵；$\boldsymbol{A}_i \in \mathbb{R}^{n\times n}$，$b_i \in \mathbb{R}$；符号“$\cdot$”表示矩阵的内积，即 $\boldsymbol{C}\cdot\boldsymbol{X} = \sum_{i=1}^{n}\sum_{j=1}^{n} C_{ij}X_{ij}$，符号 $\succeq 0$ 表示半正定，约束 $\boldsymbol{X}\succeq 0$ 一般被称为半正定锥约束。

下面给出一个半定规划的简单例子。考虑一个最小化问题，令 $n=3$，$m=3$，且给定下列参数：

$$b_1 = 12, \quad b_2 = 17, \quad b_3 = 20,$$

$$\boldsymbol{C} = \begin{bmatrix} 2 & 3 & 2 \\ 3 & 6 & 0 \\ 2 & 0 & 5 \end{bmatrix}, \quad \boldsymbol{A}_1 = \begin{bmatrix} 3 & 0 & 2 \\ 0 & 4 & 6 \\ 2 & 6 & 1 \end{bmatrix}, \quad \boldsymbol{A}_2 = \begin{bmatrix} 0 & 3 & 7 \\ 3 & 5 & 0 \\ 7 & 0 & 6 \end{bmatrix}, \quad \boldsymbol{A}_3 = \begin{bmatrix} 1 & 1 & 2 \\ 1 & 4 & 0 \\ 2 & 0 & 9 \end{bmatrix}$$

以及一个 3×3 的决策变量矩阵：

$$\boldsymbol{X} = \begin{bmatrix} x_{11} & x_{12} & x_{13} \\ x_{21} & x_{22} & x_{23} \\ x_{31} & x_{32} & x_{33} \end{bmatrix}$$

则上述数据就可以构建一个 SDP 的数值案例。注意，$\boldsymbol{X}$ 为对称矩阵，因此 $x_{ij} = x_{ji}, \forall i,j \in \{1,2,3\}$。

接下来将其写成展开的形式。

$$\begin{aligned} \boldsymbol{C}\cdot\boldsymbol{X} &= 2x_{11} + 3x_{12} + 2x_{13} + 3x_{21} + 6x_{22} + 2x_{31} + 5x_{33} \\ &= 2x_{11} + 6x_{12} + 4x_{13} + 6x_{22} + 5x_{33} \end{aligned}$$

其他部分的展开也类似。最终，上述案例可以写成如下形式：

$$\begin{aligned} \min \quad & 2x_{11} + 6x_{12} + 4x_{13} + 6x_{22} + 5x_{33} \\ \text{s.t.} \quad & 3x_{11} + 4x_{13} + 4x_{22} + 12x_{23} + x_{33} = 12 \\ & 6x_{12} + 14x_{13} + 5x_{22} + 6x_{33} = 17 \\ & x_{11} + 2x_{12} + 4x_{13} + 4x_{22} + 9x_{33} = 20 \\ & \boldsymbol{X} = \begin{bmatrix} x_{11} & x_{12} & x_{13} \\ x_{21} & x_{22} & x_{23} \\ x_{31} & x_{32} & x_{33} \end{bmatrix} \succeq 0 \\ & \boldsymbol{X} \in \mathcal{S}^3 \end{aligned}$$

1.3 数学规划求解器

数学规划求解器是一种专门为求解常见的数学规划模型而开发的数学软件。当数学规划模型的变量和约束数目较少时，可以采用手工计算的方式进行求解。例如，对于 2 个决策变量和 2 个约束的线性规划模型，可以采用图解法、单纯形法等方法进行求解。但是实际问题一般规模较大，其对应的数学规划模型往往含有大量的决策变量和约束，少则成百上千，多则几千万甚至几亿。针对这些大规模的模型，手工求解不再适用，借助数学规划求解器进行求解就成了主要的方法。目前已有的数学规划求解器主要包括两类：开源求解器和商业求解器。开源的数学规划求解器有 SCIP、HiGHS、OR-Tools、COIN-OR Linear Programming（CLP）、Soplex、Google Linear Optimization Package （GLOP）、GNU Linear Programming Kit（GLPK）等；商业数学规划求解器有 COPT、Gurobi、CPLEX、Mosek、MindOpt、Xpress、LINGO、BARON 等。各种求解器可以求解的数学规划模型种类有所不同，并且在求解效率上也有一定差别。熟练掌握数学规划求解器的使用可以为后续章节的学习打下坚实的基础。本书主要以 COPT 和 Gurobi 两款求解器为例来展示各章所涉及模型的编程实现。本书第 III 部分和第 IV 部分将分别详细地介绍 COPT 和 Gurobi 的使用方法。

杉数求解器 COPT 是由杉数科技独立自主研发的高效数学规划求解器软件，是首个国产专业求解器，其性能和稳定性在国内外同类竞争者中名列前茅。成书时的 COPT 7.1 版本支持求解多种数学规划模型，包括混合整数规划、线性规划、二次规划、二阶锥规划、指数锥和半定规划等。COPT 支持 Windows、Linux 和 MacOS 等主流操作系统，以及 X86-64、ARM64、龙芯、英伟达和国产 GPU 等多种硬件架构。COPT 提供了高效易用的 Python、C++，C# 和 Java 等面向对象的建模接口和 C 语言接口。此外，用户也可以通过多种第三方建模工具，如 Julia、AMPL、GAMS、Pyomo、PuLP、CVXPY、MATLAB 和北太天元等调用 COPT。用户可以访问杉数求解器官方网站 www.shanshu.ai/copt 申请免费试用以及了解 COPT 的最新功能和研发进展。如在使用 COPT 过程中遇到问题，请查阅参考杉数求解器用户手册 [39] 或联系 coptsupport@shanshu.ai 获取技术支持。

Gurobi 是一款多功能、高性能的新一代大规模数学规划求解器，它由美国的 Gurobi Optimization 公司开发。根据独立第三方优化器评估报告，Gurobi 性能优越，在同类大规模优化器的竞争者中处于领先地位。2008 年，顾宗浩（Zonghao Gu）、爱德华·罗斯伯格（Edward Rothberg）和罗伯特·比克斯比（Robert Bixby）共同创立了 Gurobi。Gurobi 的名称正是来源于三位创立者姓氏的前两个字母。Gurobi 是全局优化器，支持的模型类型包括连续和混合整数线性规划，连续和混合整数二阶锥规划，二次凸目标或约束的连续和混合整数模型，二次非凸（双线性、二次等式约束等）目标或约束的连续和混合整数模型，含有除式、范数、对数、指数、三角函数、高阶多项式等形式的非线性规划，含有分段线性目标和约束、绝对值、最大值、最小值、AND、OR、INDICATOR 逻辑条件的模型等。Gurobi 支持多种平台，包括 Windows、Linux、ARM-Linux、MacOS 和国产操作系统等，并且支持 C、C ++、Java、Python、.Net、MATLAB 和 R 等编程接口。

COPT 和 Gurobi 都可以为学校教师和学生免费提供使用许可，符合条件的用户只需到官方网站进行申请即可。

第 2 章　逻辑约束和大 M 建模

本章内容在数学规划建模中有着非常重要的作用。逻辑约束和大 M 建模在很多重要问题的建模中有广泛的应用，例如旅行商问题（Travelling Salesman Problem，TSP）、车辆路径规划问题（Vehicle Routing Problem，VRP）、设施选址问题（Facility Location Problem，FLP）、服务网络设计问题（Service Network Design Problem, SNDP）①、作业车间调度问题（Job-shop Scheduling Problem，JSP）等。灵活掌握本章的建模方法对建模能力的提高有非常大的帮助。

2.1　命题和逻辑连接词

在数理逻辑中，非真即假（不可兼）的陈述句叫作命题 [52,107]。正确的命题叫作真命题，错误的命题叫作假命题。考虑有“若 p，则 q”形式的命题 P，其中 p 叫作命题的条件，q 叫作命题的结论。命题的取值又叫命题的真值。命题的真值能且只能为真或假中的一个。若 P 表示任一命题，则称 P 为命题变量。注意，命题变量和命题的含义是有区别的，命题指的是具体的陈述句，其真值是确定的。而命题变量的真值是不确定的，只有当其对应的命题被确定时，命题变量才变化为具体的命题，其真值才可以被确定。在数学规划建模中，通常引入 0-1 变量（逻辑变量）x 表示命题 P 的真值，即

$$x = \begin{cases} 1, & \text{命题 } P \text{ 为真} \\ 0, & \text{命题 } P \text{ 为假} \end{cases}$$

像 x 这样的 0-1 变量通常被称为指示变量（Indicator Variable）。

结构上不能再分解出其他命题的命题叫作原子命题，又叫简单命题 [107]。在实际问题中，常常会使用由两个或多个原子命题连接而成的复合命题的取值来做一些决策或判断。连接不同原子命题的运算符叫作逻辑运算符（Logical Operator）或者逻辑连接词。复合命题的真值只取决于原子命题的真值和逻辑运算符的含义。

接下来介绍几种常见的逻辑联结词，包括否定（$\neg$）、析取（$\vee$）、合取（$\wedge$）、蕴涵（$\rightarrow$）和双条件（$\leftrightarrow$）等 [107]。

（1）否定词 $\neg$。

① 也叫作服务网络规划问题。

否定词 ¬ 是一个一元连接词。将 ¬ 和命题 P 连接就构成了命题 P 的否定，表示为 $\neg P$，读作非 P。非 P 的真值规定如下：当且仅当 P 为假时，$\neg P$ 为真。

（2）析取词 ∨。

析取词 ∨ 为二元连接词。将命题 P、Q 用析取词连接起来构成新命题 $P \vee Q$，读作 P 或 Q，其真值规定如下：当且仅当 P、Q 中至少有一个为真时，$P \vee Q$ 为真。

（3）合取词 ∧。

合取词 ∧ 为二元连接词。将命题 P、Q 用合取词连接起来构成新命题 $P \wedge Q$，读作 P 且 Q，其真值规定如下：当且仅当 P 和 Q 均为真时，$P \wedge Q$ 为真。

（4）蕴涵词 →。

蕴涵词 → 为二元连接词。将命题 P、Q 用蕴涵词连接起来构成新命题 $P \to Q$，读作 P 蕴涵 Q，其真值规定如下：当且仅当 P 为真而 Q 为假时，$P \to Q$ 为假。

（5）双条件词 ↔。

双条件词 ↔ 为二元连接词，又叫等价符号。将命题 P、Q 用双条件词连接起来构成新命题 $P \leftrightarrow Q$，读作 P 等价于 Q，其真值规定如下：当且仅当 P、Q 均为真或者均为假时，$P \leftrightarrow Q$ 为真。

更多关于命题逻辑的内容，参见文献 [52]、[107] 和 [55]。

2.2 逻辑运算与建模

逻辑运算又叫布尔运算，是指用数学的方法研究逻辑问题。逻辑运算的操作符叫作逻辑运算符。常见的逻辑运算符有：非（¬）、与（∧）、或（∨）和异或（⊕）等。一般情况下，逻辑运算可以等价地转换为数学模型。本节重点介绍以上逻辑运算的建模方法。为方便验证，我们提供了相应的 Python 调用 COPT 和 Gurobi 的验证代码。注意，若阅读本章中涉及的演示代码有困难，可先学习本书第 III 部分和第 IV 部分。

2.2.1 逻辑非

命题 P 的否定为 $\neg P$。逻辑非的建模非常简单，引入 0-1 变量 x 和 y，分别表示 P 和 $\neg P$ 的真值，二者的关系如下：

$$x = 1 - y$$

2.2.2 逻辑与

考虑两个命题 P 和 Q，则二者的逻辑与关系可表示为 $P \wedge Q$。当命题 P、Q 均为真时，$P \wedge Q$ 为真，其他情况下 $P \wedge Q$ 为假。为将上述真值关系转换成数学模型，需仿照上文做法，引入 3 个 0-1 变量 x_1、x_2 和 y，分别表示命题 P、Q 和 $P \wedge Q$ 的真值，即 0-1 变量取值为 1 表示命题为真，取值为 0 表示命题为假。

若要使得数学模型和逻辑与运算等价，只需要使得 x_1、x_2 和 y 的取值与 P、Q 和 $P \wedge Q$ 的真值一一对应相等即可，即：若 $x_1 = 1$，$x_2 = 1$，则 $y = 1$，其他情况下均有 $y = 0$。上述一一对应关系可以通过下面的约束实现。

$$y \leqslant x_1 \tag{2.1}$$

$$y \leqslant x_2 \tag{2.2}$$

$$y \geqslant x_1 + x_2 - 1 \tag{2.3}$$

$$x_1, x_2, y \in \{0, 1\} \tag{2.4}$$

下面使用 Python 分别调用 COPT 和 Gurobi 来验证上述结论。由于 COPT 和 Gurobi 的实现方法基本一致，因此本章仅针对逻辑与的情形展示调用这两个求解器的完整代码，其余逻辑运算均仅展示 COPT 的完整代码，Gurobi 的完整代码见本书配套电子资源。

Python 调用 COPT 验证逻辑与运算建模的完整代码如下。

Python 调用 COPT 验证逻辑与运算的建模

```python
from coptpy import *

def and_logic(x1_value, x2_value):
    # 创建环境
    env = Envr()

    # 创建模型
    model = env.createModel()
    model.setParam(COPT.Param.Logging, 0)

    # 定义变量
    x1 = model.addVar(lb=0, ub=1, vtype=COPT.BINARY, name='x1')
    x2 = model.addVar(lb=0, ub=1, vtype=COPT.BINARY, name='x2')
    y = model.addVar(lb=0, ub=1, vtype=COPT.BINARY, name='y')

    model.setObjective(y, COPT.MAXIMIZE)

    # 设置线性约束
    model.addConstr(y <= x1)
    model.addConstr(y <= x2)
    model.addConstr(y >= x1 + x2 - 1)

    # 对 x1 和 x2 赋值
    model.addConstr(x1 == x1_value)
    model.addConstr(x2 == x2_value)

    model.solve()
    return y.x

# 验证上述建模结果
x_values = [(1, 1), (0, 1), (0, 0)]
for idx, (x1, x2) in enumerate(x_values):
    y = and_logic(x1, x2)
    print(f'Case {idx}: x1 = {x1}, x2 = {x2} | y = {y}')
```

Python 调用 Gurobi 验证逻辑与运算建模的完整代码如下。

Python 调用 Gurobi 验证逻辑与运算的建模

```python
from gurobipy import *

def and_logic(x1_value, x2_value):
    # 创建模型
    model = Model()
    model.setParam('OutputFlag', 0)

    # 定义变量
    x1 = model.addVar(lb=0, ub=1, vtype=GRB.BINARY, name='x1')
    x2 = model.addVar(lb=0, ub=1, vtype=GRB.BINARY, name='x2')
    y = model.addVar(lb=0, ub=1, vtype=GRB.BINARY, name='y')

    model.setObjective(y, GRB.MAXIMIZE)

    # 设置线性约束
    model.addConstr(y <= x1)
    model.addConstr(y <= x2)
    model.addConstr(y >= x1 + x2 - 1)

    # 对 x1 和 x2 赋值
    model.addConstr(x1 == x1_value)
    model.addConstr(x2 == x2_value)

    model.optimize()
    return y.x

# 验证上述建模结果
x_values = [(1, 1), (0, 1), (0, 0)]
for idx, (x1, x2) in enumerate(x_values):
    y = and_logic(x1, x2)
    print(f'Case {idx}: x1 = {x1}, x2 = {x2} | y = {y}')
```

在上述代码中，我们首先设置 $x_1 = 1$，$x_2 = 1$，运行代码，结果显示 $y = 1$。更改 x_1 和 x_2 的值，y 的取值会发生相应的变化，即当 $x_1 = 1$，$x_2 = 0$ 或 $x_1 = 0$，$x_2 = 1$ 或 $x_1 = 0$，$x_2 = 0$ 时，y 的值均为 0。

求解结果

```
Case 1: x1 = 1, x2 = 1 | y = 1.0,
Case 2: x1 = 0, x2 = 1 | y = 0.0,
Case 3: x1 = 0, x2 = 0 | y = 0.0.
```

为了方便用户建模，COPT 和 Gurobi 都提供了内置的逻辑与约束的添加方法，这些方法为用户提供了极大的便利。COPT 和 Gurobi 中对应的函数接口均为`addGenConstrAnd(y, [x1,x2], name = " ")`。若要使用该函数添加逻辑与约束 $y = (x_1 \wedge x_2)$，相应的代码如下。

使用 COPT 和 Gurobi 建模逻辑与约束的函数接口

```python
# 添加 And 约束
model.addGenConstrAnd(y, [x1,x2],name="And_constr")
```

经过验证，直接使用函数addGenConstrAnd进行建模的结果与使用式（2.1）～式（2.4）建模的结果完全相同。

进一步地，考虑 N 个命题的逻辑与运算。引入 N 个 0-1 变量 x_i（$\forall i=1,\cdots,N$），表示对应命题的真值。引入 0-1 变量 y，表示 N 个命题的逻辑与运算的真值，即 $y=(x_1 \wedge x_2 \wedge \cdots \wedge x_N)$。$y$ 的真值取值情况可用以下约束等价描述。

$$y \leqslant x_i, \qquad \forall i=1,\cdots,N \tag{2.5}$$

$$y \geqslant \sum_{i=1}^{N} x_i-(N-1) \tag{2.6}$$

$$y \in \{0,1\}, x_i \in \{0,1\}, \quad \forall i=1,\cdots,N \tag{2.7}$$

2.2.3 逻辑或

考虑两个命题 P 和 Q，则二者的逻辑或关系可表示为 $P \vee Q$。当命题 P、Q 至少有一个为真时，$P \vee Q$ 为真，其他情况下 $P \vee Q$ 为假。引入 3 个 0-1 变量 x_1、x_2 和 y，分别表示命题 P、Q 和 $P \vee Q$ 的真值，则逻辑或运算可以被等价地转换为以下约束。

$$y \geqslant x_1 \tag{2.8}$$

$$y \geqslant x_2 \tag{2.9}$$

$$y \leqslant x_1+x_2 \tag{2.10}$$

$$x_1, x_2, y \in \{0,1\} \tag{2.11}$$

下面使用 Python 分别调用 COPT 和 Gurobi 来验证上述转换的等价性。这里仅展示 Python 调用 COPT 的完整代码，Python 调用 Gurobi 的实现方法与 COPT 基本一致，完整代码见本书配套电子资源 2-1。

Python 调用 COPT 验证逻辑或运算的建模

```python
from coptpy import *

def or_logic(x1_value, x2_value):
    # 创建环境
    env = Envr()

    # 创建模型
    model = env.createModel()
    model.setParam(COPT.Param.Logging, 0)
    model.setParam(COPT.Param.LogToConsole, 0)

    # 定义变量
    x1 = model.addVar(lb=0, ub=1, vtype=COPT.BINARY, name='x1')
    x2 = model.addVar(lb=0, ub=1, vtype=COPT.BINARY, name='x2')
    y = model.addVar(lb=0, ub=1, vtype=COPT.BINARY, name='y')

    model.setObjective(y, COPT.MAXIMIZE)

```

```
        # 设置线性约束
        model.addConstr(y >= x1)
        model.addConstr(y >= x2)
        model.addConstr(y <= x1 + x2)

        # 对 x1 和 x2 赋值
        model.addConstr(x1 == x1_value)
        model.addConstr(x2 == x2_value)

        model.solve()
        return y.x

# 验证上述建模结果
x_values = [(1, 1), (0, 1), (0, 0)]
for idx, (x1, x2) in enumerate(x_values):
    y = or_logic(x1, x2)
    print(f'Case {idx}: x1 = {x1}, x2 = {x2} | y = {y}')
```

求解结果如下。

求解结果

```
Case 1: x1 = 1, x2 = 1 | y = 1.0,
Case 2: x1 = 0, x2 = 1 | y = 1.0,
Case 3: x1 = 0, x2 = 0 | y = 0.0.
```

同样地，COPT 和 Gurobi 也都提供了内置的逻辑或约束的添加方法，对应的函数接口均为 addGenConstrOr(y, [x1,x2],name = " ")。若要使用上述函数添加逻辑或约束 $y = (x_1 \vee x_2)$，相应的代码如下。

使用 COPT 和 Gurobi 建模逻辑或约束的函数接口

```
# 添加 Or 约束
model.addGenConstrOr(y, [x1,x2],name = "Or_constr")
```

经过验证，直接使用函数addGenConstrOr进行建模的结果与使用式（2.8）~ 式（2.11）建模的结果完全相同。

进一步地，考虑 N 个命题的逻辑或运算。引入 N 个 0-1 变量 x_i（$\forall i = 1, \cdots, N$），表示对应命题的真值。引入 0-1 变量 y，表示 N 个命题的逻辑或运算的真值，即 $y = (x_1 \vee x_2 \vee \cdots \vee x_N)$。$y$ 的真值取值情况可用以下约束等价描述。

$$y \geqslant x_i, \qquad \forall i = 1, \cdots, N \tag{2.12}$$

$$y \leqslant \sum_{i=1}^{N} x_i \tag{2.13}$$

$$y \in \{0,1\}, x_i \in \{0,1\}, \qquad \forall i = 1, \cdots, N \tag{2.14}$$

2.2.4 逻辑异或

考虑两个命题 P 和 Q，则二者的逻辑异或关系可表示为 $P \oplus Q$。当命题 P、Q 中有且仅有一个为真时，$P \oplus Q$ 为真。引入 3 个 0-1 变量 x_1、x_2 和 y，分别表示命题 P、Q 和 $P \oplus Q$ 的真值，则逻辑异或运算可以被等价地转换为以下约束。

$$y \geqslant x_1 - x_2 \tag{2.15}$$

$$y \geqslant x_2 - x_1 \tag{2.16}$$

$$y \leqslant x_1 + x_2 \tag{2.17}$$

$$y \leqslant 2 - x_1 - x_2 \tag{2.18}$$

$$x_1, x_2, y \in \{0, 1\} \tag{2.19}$$

下面使用 Python 分别调用 COPT 和 Gurobi 来验证上述转换的等价性。这里仅展示 Python 调用 COPT 的完整代码，Python 调用 Gurobi 的实现方法与 COPT 基本一致，完整代码见本书配套电子资源 2-2。

Python 调用 COPT 验证逻辑异或运算的建模

```python
from coptpy import *

def xor_logic(x1_value, x2_value):
    # 创建环境
    env = Envr()

    # 创建模型
    model = env.createModel()
    model.setParam(COPT.Param.Logging, 0)
    model.setParam(COPT.Param.LogToConsole, 0)

    # 定义变量
    x1 = model.addVar(lb=0, ub=1, vtype=COPT.BINARY, name='x1')
    x2 = model.addVar(lb=0, ub=1, vtype=COPT.BINARY, name='x2')
    y = model.addVar(lb=0, ub=1, vtype=COPT.BINARY, name='y')

    model.setObjective(y, COPT.MAXIMIZE)

    # 设置线性约束
    model.addConstr(y >= x1 - x2)
    model.addConstr(y >= x2 - x1)
    model.addConstr(y <= x1 + x2)
    model.addConstr(y <= 2 - x1 - x2)

    # 对 x1 和 x2 赋值
    model.addConstr(x1 == x1_value)
    model.addConstr(x2 == x2_value)

    model.solve()
    return y.x

# 验证上述建模结果
x_values = [(1, 1), (0, 1), (0, 0)]
```

```python
for idx, (x1, x2) in enumerate(x_values):
    y = xor_logic(x1, x2)
    print(f'Case {idx}: x1 = {x1}, x2 = {x2} | y = {y}')
```

求解结果如下。

求解结果

```
Case 1: x1 = 1, x2 = 1 | y = 0.0,
Case 2: x1 = 0, x2 = 1 | y = 1.0,
Case 3: x1 = 0, x2 = 0 | y = 0.0.
```

进一步地，考虑 N 个命题的逻辑异或运算。引入 N 个 0-1 变量 x_i（$\forall i = 1, \cdots, N$），表示对应命题的真值。引入 0-1 变量 y，表示 N 个命题的逻辑异或运算的真值，即 $y = (x_1 \oplus x_2 \oplus \cdots \oplus x_N)$。$y$ 的真值取值情况可用以下约束等价描述。

$$y \geqslant x_i - \sum_{i \neq j} x_j, \qquad \forall i = 1, \cdots, N \tag{2.20}$$

$$\sum_{i=1}^{N} x_i \geqslant y \tag{2.21}$$

$$\sum_{i=1}^{N} x_i \leqslant N + (1 - N)y \tag{2.22}$$

$$y \in \{0, 1\}, x_i \in \{0, 1\}, \qquad \forall i = 1, \cdots, N \tag{2.23}$$

2.3 逻辑约束与大 M 建模方法

本节首先简要介绍常见逻辑条件建模和大 M 建模方法，然后用一系列的案例来展示大 M 建模方法的具体应用。

2.3.1 常见逻辑条件建模

在实际问题中，不同的决策之间常常满足一些逻辑条件关系。这些逻辑条件关系可以等价地用约束条件来刻画。为方便介绍，本节以项目投资问题为例介绍常见的逻辑条件建模方法（可参考本书配套电子资源 2-3）。该问题可描述如下。

某投资公司计划投资若干创业项目，假设一共有 N 个项目，项目的编号集合为 $\mathcal{N} = \{1, 2, 3, \cdots, N\}$。引入 0-1 变量 x_i（$\forall i \in \mathcal{N}$），表示是否投资项目 i，即：若 $x_i = 1$，表示投资项目 i；否则，表示不投资项目 i。针对该问题背景，表2.1汇总了常见的逻辑条件关系及其建模方法。

表 2.1　常见逻辑条件关系及其建模方法

逻辑关系	约　束
最多投资 Q 个项目	$x_1+x_2+x_3+\cdots+x_N \leqslant Q$
最少投资 Q 个项目	$x_1+x_2+x_3+\cdots+x_N \geqslant Q$
恰好投资 Q 个项目	$x_1+x_2+x_3+\cdots+x_N = Q$
若投资项目 i，则必须投资项目 j	$x_j \geqslant x_i$
若投资项目 i，则不能投资项目 j	$x_i + x_j \leqslant 1$
若不投资项目 i，则必须投资项目 j	$x_i + x_j \geqslant 1$
若投资项目 i 和项目 j 的其中一个，则另一个项目必须被投资	$x_i = x_j$
若投资了项目 i，则必须投资项目 j 和 k	$x_j \geqslant x_i$ 且 $x_k \geqslant x_i$，或者 $x_i \leqslant \dfrac{x_j+x_k}{2}$
若投资了项目 i，则必须至少要投资项目 j 和 k 中的一个	$x_j + x_k \geqslant x_i$
若投资了项目 j 或者 k，则必须投资项目 i	$x_i \geqslant x_j$ 且 $x_i \geqslant x_k$，或者 $x_i \geqslant \dfrac{x_j+x_k}{2}$
若同时投资了项目 j 和 k，则必须投资项目 i	$x_i \geqslant x_j + x_k - 1$
若投资了 j、k、h、l 中两个及以上的项目，则必须投资项目 i	$x_i \geqslant \dfrac{1}{3}(x_j+x_k+x_h+x_l-1)$
若从 Q 个项目 $\{2,3,\cdots,Q+1\}$ 中投资不少于 K 个项目，则必须投资项目 1	$x_1 \geqslant \dfrac{x_2+x_3+\cdots+x_{Q+1}-K+1}{Q-K+1}$

2.3.2　大 M 建模方法

大 M 建模方法（Big-M formulation）是一种以数据表达式刻画逻辑关系的重要方法。数学建模中常常使用大 M 和 0-1 变量对多种逻辑关系进行数学建模。包括大 M 的约束一般被称为大 M 约束。在大 M 约束中，当 0-1 变量取不同的值时，对应的逻辑关系就会生效。

以某水泥厂决策是否在某地建立厂房为例，令 y 为一个 0-1 变量，取值为 1 表示决定要在该地建立厂房，取值为 0 则表示不在该地建厂。令 x 为一个连续变量，表示该水泥厂的最优计划产量。若厂房的生产能力上限为 M，则当不建厂房时，该水泥厂产量为 0；若建立厂房，则最优计划产量一定不会超过 M。上述对应关系可以简单地总结为：若 $y=0$，则 $x=0$；若 $y=1$，则 $x \leqslant M$。这两个对应关系可以用一条线性约束表示，即 $x-My \leqslant 0$。大 M 建模方法基于下面的定理①。

定理 2.3.1 [23]　考虑 x 为任意类型的变量（连续型、整数型或 0-1 型），y 为 0-1 变量。若 x 和 y 满足关系“当 $y=0$ 时，$L_0 \leqslant x \leqslant U_0$；当 $y=1$ 时，$L_1 \leqslant x \leqslant U_1$”，则该关系可以表示为下面的不等式：

$$L_0 + y(L_1 - L_0) \leqslant x \leqslant U_0 + y(U_1 - U_0)$$

在很多实际问题的建模中，更常用的是定理2.3.1的另一个版本，即定理2.3.2。令 $L_0 = L_1 = -\infty$，$U_0 = 0$，$U_1 = M$（一般假设 $M > 0$），可以比较容易地推出定理2.3.2。

定理 2.3.2　考虑 x 为任意类型的变量（连续型、整数型或 0-1 型），y 为 0-1 变量。

① 原始文献通过叙述的方式给出了这个方法，本书将其视为定理。

若 x 和 y 满足关系"当 $y=0$ 时，$x \leqslant 0$"，则该关系可以被表示为 $x-My \leqslant 0$，其中 M 是 x 的一个上界。

注意，若将定理2.3.2中的变量 x 替换为一个表达式（例如，$2x_1+3x_2$、$x_1+x_2+x_3$ 等），结论依然成立。

2.3.3 If-then 约束

若 x 是一个任意类型的决策变量，$f(x)$ 是关于 x 的函数，y 为 0-1 变量。假设 y 和 $f(x)$ 满足如下关系：如果 $f(x) \geqslant 0$，则 $y=1$。类似这种的约束就是 If-then 约束。

If-then 约束的主要建模方法正是上文提到的大 M 建模方法。不过，在建模过程中一般需要将原命题转换为其逆否命题，这样能够更好地对应到定理2.3.2。

接下来通过一个具体案例来介绍 If-then 约束的建模。

【例 2.1】 设 v 为 0-1 决策变量，x_1 和 x_2 为任意类型的决策变量（0-1 型、连续型或整数型）。若三者之间的取值关系为

$$v=\begin{cases}1, & x_1 \geqslant x_2\\ 0, & x_1 < x_2\end{cases}$$

试将上述关系建模为等价的线性约束。注意，x_1 和 x_2 也可以被替换为表达式。

注意到上述关系中包含 2 个命题，下面对其分别处理。

（1）第 1 个命题为：如果 $x_1 \geqslant x_2$，则 $v=1$。注意到该命题的形式和上文定理中提到的略有不同。为了转换成完全相同的形式，将该命题变成其逆否命题：如果 $v=0$，则 $x_1<x_2$。借助定理 2.3.2，该命题可以表示为 $x_1-x_2-Mv<0$。但是，在数学规划中，一般不使用大于号（>）和小于号（<）；若出现这种情况，需要将其转换成 $\geqslant$ 或者 $\leqslant$。转换方法是，引入一个非常小的正数 ϵ，则上述约束即可改写为 $x_1-x_2+\epsilon-Mv \leqslant 0$，其中，$M$ 是 x_1-x_2 的一个上界。

（2）第 2 个命题为：如果 $x_1<x_2$，则 $v=0$。同样地，将其转换为逆否命题：如果 $v=1$，则 $x_1 \geqslant x_2$。观察到，$v=1$ 等价于 $1-v=0$。因此，该约束可以改写为 $x_2-x_1-M(1-v) \leqslant 0$，其中，$M$ 是 x_2-x_1 的一个上界。

综上，上述 If-then 约束的等价线性约束为

$$x_1-x_2+\epsilon-Mv \leqslant 0 \tag{2.24}$$

$$x_2-x_1-M(1-v) \leqslant 0 \tag{2.25}$$

$$v \in \{0,1\} \tag{2.26}$$

其中，M 是 $|x_1-x_2|$ 的一个上界。

上述案例展示了详细的 If-then 约束的建模推导步骤。接下来汇总一些常见的 If-then 约束的建模方法，见表2.2[①]。其中，x 为任意类型决策变量，y、z_1、z_2、z_3 为 0-1 变量，$f(x)$ 为关于 x 的函数，ϵ 为一个很小的正数（例如 10^{-6}），M 是一个足够大的正数（或者是对应的表达式的一个上界）。

表 2.2　常见的 If-then 约束的建模方法

案例编号	约束描述	约　束
1	如果 $y=1$，则 $z=1$	$z \geqslant y,\ z, y \in \{0,1\}$
2	如果 $y=1$，则 $f(x) \leqslant 0$	$f(x) - M(1-y) \leqslant 0,\ y \in \{0,1\}$
3	如果 $y=1$，则 $f(x) < 0$	$f(x) + \epsilon - M(1-y) \leqslant 0,\ y \in \{0,1\}$
4	如果 $y=1$，则 $f(x) \leqslant 0$；否则 $f(x) > 0$	**方法 1**: $f(x) - M(1-y) \leqslant 0$ $f(x) - \epsilon + My \geqslant 0$ $y \in \{0,1\}$ **方法 2**: $f(x) - M(1-z_1) \leqslant 0$ $-(1-z_1) \leqslant y-1 \leqslant (1-z_1)$ $-(f(x)-\epsilon) - M(1-z_2) \leqslant 0$ $-(1-z_2) \leqslant y \leqslant (1-z_2)$ $z_1 + z_2 = 1,\ z_1, z_2, y \in \{0,1\}$
5	如果 $y=1$，则 $f(x) \leqslant 0$；否则 $g(x) \leqslant 0$	**方法 1**: $f(x) - M(1-y) \leqslant 0$ $g(x) - My \leqslant 0$ $y \in \{0,1\}$ **方法 2**: $f(x) - M(1-z_1) \leqslant 0$ $-(1-z_1) \leqslant y-1 \leqslant (1-z_1)$ $g(x) - M(1-z_2) \leqslant 0$ $-(1-z_2) \leqslant y \leqslant (1-z_2)$ $z_1 + z_2 = 1,\ z_1, z_2, y \in \{0,1\}$
6	如果 $y=1$，则 $f(x) = 0$	$f(x) - M(1-y) \leqslant 0$ $-f(x) - M(1-y) \leqslant 0$ $y \in \{0,1\}$
7	如果 $f(x) \leqslant 0$，则 $y=1$	$f(x) - \epsilon + My \geqslant 0,\ y \in \{0,1\}$
8	如果 $f(x) \leqslant 0$，则 $y=1$；否则 $y=0$	**方法 1**: $f(x) - \epsilon + My \geqslant 0$ $f(x) - M(1-y) \leqslant 0$ $y \in \{0,1\}$ **方法 2**: $f(x) - M(1-z_1) \leqslant 0$ $-(1-z_1) \leqslant y-1 \leqslant (1-z_1)$ $f(x) - \epsilon + M(1-z_2) \geqslant 0$ $-(1-z_2) \leqslant y \leqslant (1-z_2)$ $z_1 + z_2 = 1,\ z_1, z_2, y \in \{0,1\}$

① 表中的逻辑约束案例引自 *Logics and integer-programming representations*，本书编者对其进行了补充完善。

续表

案例编号	约束描述	约束
9	如果 $f(x)=0$，则 $y=1$	$-(1-z_1)\leqslant y\leqslant(1-z_1)$ $f(x)\leqslant-\epsilon+M(1-z_1)$ $-(1-z_2)\leqslant y-1\leqslant(1-z_2)$ $-M(1-z_2)-\epsilon\leqslant f(x)\leqslant\epsilon+M(1-z_2)$ $-(1-z_3)\leqslant y\leqslant(1-z_3)$ $f(x)\geqslant\epsilon-M(1-z_3)$ $z_1+z_2+z_3=1$，$z_1,z_2,z_3,y\in\{0,1\}$
10	如果 $f(x)\leqslant 0$，则 $g(x)\leqslant 0$	$f(x)-\epsilon+My\geqslant 0$ $g(x)-M(1-y)\leqslant 0$ $y\in\{0,1\}$
11	如果 $f(x)\leqslant 0$ 且 $h(x)\leqslant 0$，则 $g(x)\leqslant 0$	$f(x)-\epsilon+Mz_1\geqslant 0$ $h(x)-\epsilon+Mz_2\geqslant 0$ $g(x)-M(1-z_3)\leqslant 0$ $z_3\geqslant z_1+z_2-1$ $z_1,z_2,z_3\in\{0,1\}$

2.4 其他逻辑约束建模案例

本节以若干具体案例来进一步丰富大 M 建模方法的应用。

2.4.1 至少有 m 个不等式约束成立

接下来使用大 M 建模方法对以下案例进行建模。

【例 2.2】 考虑一组约束 $\sum_{i=1}^{N} a_{ki}x_i\leqslant b_k$（$\forall k=1,\cdots,K$）。要求这组约束中至少有 m（$m\leqslant K$）个约束成立。试将上述关系建模为等价的线性约束。

引入 0-1 变量 y_k（$\forall k=1,\cdots,K$），表示第 k 个约束条件是否成立，则上述关系可以建模为以下约束：

$$\sum_{i=1}^{N} a_{ki}x_i\leqslant b_k+M\left(1-y_k\right),\qquad \forall k=1,\cdots,K \tag{2.27}$$

$$\sum_{i=1}^{K} y_i\geqslant m \tag{2.28}$$

$$y_k\in\{0,1\},\qquad \forall k=1,\cdots,K \tag{2.29}$$

其中，M 为一个足够大的正数。约束式 (2.27) 保证了如果 $y_k=1$，则一定有 $\sum_{i=1}^{N} a_{ki}x_i\leqslant b_k$，但没有限制 $y_k=0$ 的情况，即：若 $y_k=0$，则约束 $\sum_{i=1}^{N} a_{ki}x_i\leqslant b_k$ 可成立，也可不成立。约束式 (2.28) 保证了约束集合中至少有 m 个约束成立。另外，若 x_i^* 为模型的最优解，存在某个 k 满足 $y_k=0$，且 $\sum_{i=1}^{N} a_{ki}x_i^*\leqslant b_k$，则说明不止有 m 个不等式约束成立。

第I部分 基本理论和建模方法
第II部分 建模案例详解
第III部分 编程实战：COPT
第IV部分 编程实战：Gurobi

2.4.2 至少有 m 个等式约束成立

考虑下面与等式约束相关的案例。

> **【例 2.3】** 考虑一组约束 $\sum_{i=1}^{N} a_{ki}x_i = b_k$（$\forall k = 1,\cdots,K$）。要求这组约束中至少有 m 个约束成立。试将上述关系建模为等价的线性约束。

引入 0-1 变量 y_k 和无约束变量 w_k（$\forall k = 1,\cdots,K$），则上述关系可以建模为以下约束：

$$\sum_{i=1}^{N} a_{ki}x_i + w_k = b_k, \qquad \forall k = 1,\cdots,K \tag{2.30}$$

$$w_k \leqslant M(1-y_k), \qquad \forall k = 1,\cdots,K \tag{2.31}$$

$$w_k \geqslant -M(1-y_k), \qquad \forall k = 1,\cdots,K \tag{2.32}$$

$$\sum_{i=1}^{K} y_i \geqslant m, \tag{2.33}$$

$$y_k \in \{0,1\}, w_k\text{无约束}, \qquad \forall k = 1,\cdots,K \tag{2.34}$$

上述约束的含义如下：若 $y_k = 1$，则 $w_k = 0$，$\sum_{i=1}^{N} a_{ki}x_i = b_k$，因此约束 $\sum_{i=1}^{N} a_{ki}x_i + w_k = b_k$ 成立。若 $y_k = 0$，则 w_k 可取值为 $w_k = b_k - \sum_{i=1}^{N} a_{ki}x_i$，使约束 $\sum_{i=1}^{N} a_{ki}x_i + w_k = b_k$ 成立，但是约束 $\sum_{i=1}^{N} a_{ki}x_i = b_k$ 却不一定成立。此时，若上述模型的最优解中存在 $w_k^* = 0$ 且 $y_k^* = 0$，则表示不止有 m 个等式约束成立。总之，上述模型保证了 $\sum_{i=1}^{N} a_{ki}x_i = b_k$（$\forall k = 1,\cdots,K$）中至少有 m 个等式约束成立。

另一种建模的思路是，将等式约束 $\sum_{i=1}^{N} a_{ki}x_i = b_k$ 转换为两个不等式约束：$\sum_{i=1}^{N} a_{ki}x_i \geqslant b_k$ 和 $\sum_{i=1}^{N} a_{ki}x_i \leqslant b_k$。当这两个约束同时成立时，约束 $\sum_i a_{ki}x_i = b_k$ 成立。可以通过引入相应的辅助 0-1 变量标识这两个约束是否分别成立，再引入 0-1 辅助变量来标识这两个约束是否同时成立。具体的模型大家可以自行尝试完成。

2.4.3 计数问题

本节探讨的是计数问题，具体案例如下：

> **【例 2.4】** 考虑有 m（$m \geqslant 2$）个连续类型（或整数类型）决策变量 $x_1, x_2, \cdots, x_m$，要求统计出这些决策变量取值落在实数区间 $[a,b]$ 的个数。

为了更容易地理清建模思路，我们以 x_1 为例绘制一个示意图，如图2.1所示。x_1 取值落在区间 $[a,b]$ 的充分必要条件是：$x_1 \geqslant a$ 且 $x_1 \leqslant b$。为了标识 x_1 是否同时满足以上两个条件，需要引入额外的辅助变量分别标识 $x_1 \geqslant a$ 和 $x_1 \leqslant b$ 是否成立。

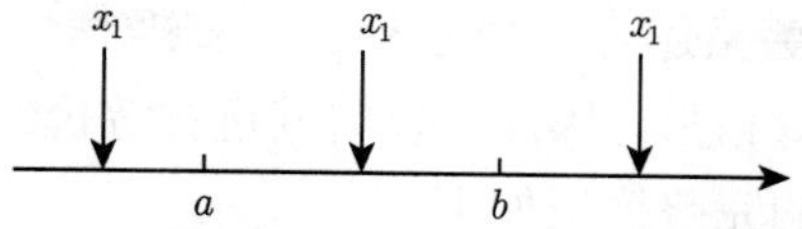

图 2.1　决策变量落在区间 $[a, b]$ 内的示意图

引入 3 组 0-1 变量 u_i、v_i 和 z_i（$\forall i = 1, \cdots, m$），其具体作用如下：

$$u_i = \begin{cases} 1, & x_i \geqslant a \\ 0, & \text{其他} \end{cases}$$

$$v_i = \begin{cases} 1, & x_i \leqslant b \\ 0, & \text{其他} \end{cases}$$

$$z_i = \begin{cases} 1, & a \leqslant x_i \leqslant b \\ 0, & \text{其他} \end{cases}$$

最终用于统计次数的变量实际上是 z_i。为了保证 z_i 的取值符合预期，需要用约束实现下面 6 个逻辑条件：

（1）若 $x_i \geqslant a$，则 $u_i = 1$。

（2）若 $x_i < a$，则 $u_i = 0$。

（3）若 $x_i \leqslant b$，则 $v_i = 1$。

（4）若 $x_i > b$，则 $v_i = 0$。

（5）若 $u_i + v_i = 2$，则 $z_i = 1$。

（6）若 $u_i + v_i \leqslant 1$，则 $z_i = 0$。

逻辑条件（1）的建模。将其转换为逆否命题：若 $u_i = 0$，则 $x_i < a$（转换为 $x_i + \epsilon \leqslant a$）。将其转换为约束即为 $x_i + \epsilon - a - Mu_i \leqslant 0$，其中，$\epsilon$ 为非常小的正数，M 为一个足够大的正数，下同。

逻辑条件（2）的建模。将其转换为逆否命题：若 $u_i = 1$，则 $x_i \geqslant a$。将其转换为约束即为 $a - x_i - M(1 - u_i) \leqslant 0$。

逻辑条件（3）和（4）的建模类似于前两个逻辑条件，这里直接给出结果。逻辑条件（3）和（4）对应的约束分别为 $b - x_i + \epsilon - Mv_i \leqslant 0$ 和 $x_i - b - M(1 - v_i) \leqslant 0$。

逻辑条件（5）的建模。该条件实际上是一个逻辑与运算，参照上文介绍的逻辑与运算的建模方法，该条件可被建模为 $u_i + v_i - 1 \leqslant z_i$。

逻辑条件（6）的建模。将其转换为逆否命题：若 $z_i = 1$，则 $u_i + v_i > 1$（等价于 $u_i + v_i \geqslant 2$）。将其转换为约束即为 $2 - u_i - v_i - M(1 - z_i) \leqslant 0$。由于 M 是 $2 - u_i - v_i$ 的上界，因此可取 $M = 2$，约束可变为 $2 - u_i - v_i - 2(1 - z_i) \leqslant 0$。进一步简化，得到 $2z_i \leqslant u_i + v_i$。

实际上，z_i 和 u_i、v_i 的关系还可以刻画为 $z_i = u_i v_i$。该等式虽然是二次表达式，但是由于等式右端是两个 0-1 变量相乘，因此可以将其进行等价线性化，具体方法见第 3 章。

综上，本节的计数问题的完整模型如下：

$$x_i + \epsilon - a - Mu_i \leqslant 0, \quad \forall i = 1, \cdots, m \tag{2.35}$$

$$a - x_i - M(1 - u_i) \leqslant 0, \quad \forall i = 1, \cdots, m \tag{2.36}$$

$$b - x_i + \epsilon - Mv_i \leqslant 0, \quad \forall i = 1, \cdots, m \tag{2.37}$$

$$x_i - b - M(1 - v_i) \leqslant 0, \quad \forall i = 1, \cdots, m \tag{2.38}$$

$$u_i + v_i - 1 \leqslant z_i, \quad \forall i = 1, \cdots, m \tag{2.39}$$

$$2z_i \leqslant u_i + v_i, \quad \forall i = 1, \cdots, m \tag{2.40}$$

$$u_i, v_i, z_i \in \{0, 1\}, \quad \forall i = 1, \cdots, m \tag{2.41}$$

下面以一个简单算例来测试上述模型。给定数字集合 $\mathcal{X} = \{-1, 2, 5, 8, 11, 14, 17, 20\}$，计算出 $\mathcal{X}$ 中元素落在区间 $[0, 10]$ 内的个数。注意，在实际案例中，数字集合 $\mathcal{X}$ 中的元素的具体取值可能是变量，并不是提前获知的。下面使用 Python 分别调用 COPT 和 Gurobi 求解上述模型。这里仅展示 Python 调用 COPT 的完整代码，Gurobi 版本的代码见本书配套电子资源 2-4。

Python 调用 COPT 求解计数问题模型

```python
# 设置参数取值
a = 0
b = 10
M = 10000
epsilon = 1e-10
x = [-1, 2, 5, 8, 11, 14, 17, 20]

from coptpy import *

# 创建环境
env = Envr()

# 创建模型
model = env.createModel(name="Counting example")

# 定义变量
m = len(x)
u = [None for _ in range(m)]
v = [None for _ in range(m)]
z = [None for _ in range(m)]

for i in range(m):
    u[i] = model.addVar(lb=0, ub=1, vtype=COPT.BINARY, name=f'u{i}')
    v[i] = model.addVar(lb=0, ub=1, vtype=COPT.BINARY, name=f'v{i}')
    z[i] = model.addVar(lb=0, ub=1, vtype=COPT.BINARY, name=f'z{i}')

model.setObjective(0, COPT.MINIMIZE)

```

```
    # 设置线性约束
    for i in range(m):
        model.addConstr(x[i] + epsilon - a - M * u[i] <= 0, name=f'u_1_{i}')
        model.addConstr(a - x[i] - M * (1 - u[i]) <= 0, name=f'u_2_{i}')
        model.addConstr(b - x[i] + epsilon - M * v[i] <= 0, name=f'v_1_{i}')
        model.addConstr(x[i] - b - M * (1 - v[i]) <= 0, name=f'v_2_{i}')
        model.addConstr(u[i] + v[i] - 1 <= z[i], name=f'z_1_{i}')
        model.addConstr(2 * z[i] <= u[i] + v[i], name=f'z_2_{i}')

model.solve()
count = sum(z[i].x for i in range(m))

print('The result is: {}'.format(count))
```

求解结果为 3，这是正确的，也验证了上述模型的正确性。

求解结果

```
The result is: 3.0
```

2.4.4 设施选址问题

设施选址问题中常用 If-then 约束对企业的选址和运输服务决策之间的逻辑关系进行数学描述。给定客户的集合 $\mathcal{C}$ 和设施集合 $\mathcal{F}$，其中建设设施 j 的固定成本为 f_j（$\forall j \in \mathcal{F}$）。使用设施 j 服务客户 i（$i \in \mathcal{C}$）的运输成本为 c_{ij}。设施选址问题旨在做出最优的选址决策，使得总成本最小。总成本包括设施建造成本和运输成本。注意，这里我们探讨的是设施选址问题的一个简单版本，即无容量限制的设施选址问题（Uncapacitated Facility Location Problem, UFLP）。首先，定义下面的决策变量：

- x_{ij}：连续变量，运输决策，表示客户 i 被设施 j 满足的比例（$0 \leqslant x_{ij} \leqslant 1$）。
- y_j：0-1 变量，若设施 j 被建设，则 $y_j = 1$；否则 $y_j = 0$。

UFLP 中存在一个明显的 If-then 条件，即只有建成设施 j，该设施才能服务客户；若不建成设施 j，则设施 j 就不能为任何一个客户提供服务。该 If-then 条件可以用数学的语言描述为：若 $y_j = 0$，则 $x_{ij} = 0, \forall i \in \mathcal{C}$；若 $y_j = 1$，则 $x_{ij} \leqslant 1, \forall i \in \mathcal{C}$。上述关系可以用大 M 建模方法写成以下约束：

$$x_{ij} - My_j \leqslant 0, \quad \forall i \in \mathcal{C}, \forall j \in \mathcal{F} \tag{2.42}$$

式中，M 为 x_{ij} 的一个上界。根据变量定义可知，x_{ij} 的一个上界为 1，不妨取 $M = 1$。因此，约束式（2.42）可以简化为 $y_j \geqslant x_{ij}, \forall i \in \mathcal{C}, \forall j \in \mathcal{F}$。

基于上述分析，可以建立 UFLP 的数学模型：

$$\min \quad \sum_{i \in \mathcal{C}} \sum_{j \in \mathcal{F}} c_{ij} x_{ij} + \sum_{j \in \mathcal{F}} f_j y_j \tag{2.43}$$

$$\text{s.t.} \quad \sum_{j \in \mathcal{F}} x_{ij} = 1, \qquad \forall i \in \mathcal{C} \tag{2.44}$$

$$y_j \geqslant x_{ij}, \qquad \forall i \in \mathcal{C}, \forall j \in \mathcal{F} \tag{2.45}$$

$$0 \leqslant x_{ij} \leqslant 1, y_j \in \{0,1\}, \qquad \forall i \in \mathcal{C}, \forall j \in \mathcal{F} \tag{2.46}$$

下面以一个具体的数值算例来测试该模型。假设有 3 个设施候选点，3 个客户点，且建成设施的固定成本分别为 6 万元、7 万元、6 万元，运输成本矩阵 $\{c_{ij}\}$ 设置如下（单位：万元）。

$$\{c_{ij}\} = \begin{bmatrix} 2 & 2 & 12 \\ 6 & 7 & 8 \\ 11 & 13 & 1 \end{bmatrix} \tag{2.47}$$

基于此，设施选址问题的模型将变成以下形式。

$$\min \quad \sum_{i=1}^{3}\sum_{j=1}^{3} c_{ij}x_{ij} + \sum_{j=1}^{3} f_j y_j \tag{2.48}$$

$$\text{s.t.} \quad \sum_{j=1}^{3} x_{ij} = 1, \qquad \forall i = 1,2,3 \tag{2.49}$$

$$y_j \geqslant x_{ij}, \qquad \forall i = 1,2,3;\ \forall j = 1,2,3 \tag{2.50}$$

$$0 \leqslant x_{ij} \leqslant 1, y_j \in \{0,1\}, \qquad \forall i = 1,2,3;\ \forall j = 1,2,3 \tag{2.51}$$

下面使用 Python 分别调用 COPT 和 Gurobi 求解上述模型。这里仅展示 COPT 版本的完整代码，Gurobi 版本的代码可见本书配套电子资源 2-5。

Python 调用 COPT 求解设施选址问题模型

```python
from coptpy import *
import numpy as np

# 定义参数
cost_matrix = np.array([[2, 2, 12], [6, 7, 8], [11, 13, 1]])
fixed_cost = [6, 7, 6]

# 创建环境
env = Envr()

# 创建模型
model = env.createModel()

# 定义变量
x = {}
y = {}

for j in range(3):
    y[j] = model.addVar(lb = 0,ub = 1,vtype = COPT.BINARY, name = "y_" + str(j))
    for i in range(3):
        x[i,j] = model.addVar(lb = 0,ub = 1,vtype = COPT.CONTINUOUS, name = "x_" + str(i)+"_" + str(j))

obj = LinExpr(0)
for j in range(3):
    obj.addTerms(y[j], fixed_cost[j])
```

```python
    for i in range(3):
        obj.addTerms(x[i,j], cost_matrix[i][j])
model.setObjective(obj, COPT.MINIMIZE)

# 设置约束
for i in range(3):
    model.addConstr(x[i,0]+x[i,1]+x[i,2] ==1)
    for j in range(3):
        model.addConstr(y[j] - x[i,j] >=0)

model.solve()
print('Optimal Obj: {}'.format(model.ObjVal))
for key in y.keys():
    if (y[key].x > 0):
        print('y_{} = {}'.format(key, y[key].x))
for key in x.keys():
    if (x[key].x > 0):
        print('x_{} = {}'.format(key, x[key].x))
```

根据求解结果可知，应该在第 1 个和第 3 个候选点建设设施，且用第 1 个设施服务客户 1 和 2，用第 3 个设施服务客户 3，最优总成本为 21 万元。

求解结果

```
Optimal Obj: 21.0
y_0 = 1.0
y_2 = 1.0
x_(0, 0) = 1.0
x_(1, 0) = 1.0
x_(2, 2) = 1.0
```

第 3 章　线性化方法

在实际问题的建模中，我们往往会遇到一些非线性的情形，例如二次表达式、取绝对值运算、取最小值/最大值（min/max）运算、分段线性函数等。这些非线性情形有时出现在约束条件中，有时出现在目标函数中，从而使模型成为非线性模型，给后续的模型求解带来了一定的挑战。不过，对于一些特定类型的非线性运算，可以使用特殊方法将其等价或转换为线性运算，从而使模型更便于求解。这些特殊方法就是本章要介绍的线性化方法。

线性化方法是数学规划建模中重要的技巧，该方法在降低模型的复杂度、为模型重构提供有利条件、加速模型求解等方面有重要的作用。对于一些包含特定形式的非线性目标函数或者非线性约束条件的数学规划模型，对其执行线性化的处理是非常有必要的。原因主要有以下几点：(1）线性规划的求解算法已经非常成熟，包括单纯形法、内点法等。目前，已经有多款数学规划求解器可以高效地求解线性规划问题。(2）整数线性规划问题的求解存在多种提速策略，包括列生成（Column Generation）算法、分支定价（Branch and Price）算法、Benders 分解（Benders Decomposition）算法、Dantzig-Wolfe 分解（Dantzig-Wolfe Decomposition）算法等。线性化后的模型有望使用上述加速算法进行高效求解。其他原因不再一一列举。

一般来讲，线性化方法的大体思想是：通过设置合适的目标函数、引入辅助决策变量或者辅助约束等方式，使得原有决策变量或者辅助决策变量的取值恰好等于预期的值。大家也可以在阅读本章内容的同时，细细体会这一点。

本章主要介绍整数规划建模中常用的线性化方法，包括乘积式（0-1 变量乘 0-1 变量、0-1 变量乘连续变量、0-1 变量乘整数变量、整数变量乘整数变量等）、取整运算（向上取整和向下取整）、绝对值运算、min / max 运算、分式函数、分段线性函数、平方根运算等的线性化。

3.1　乘积式

乘积式指的是两个或者多个决策变量相乘的非线性情形，主要包括两个或多个 0-1 变量相乘、0-1 变量乘以整数变量、整数变量乘以整数变量、0-1 变量乘以连续变量、两个连续变量相乘等情况。

3.1.1　两个或多个 0-1 变量相乘

设 x_1 和 x_2 为两个 0-1 决策变量，若在数学规划模型的目标函数或者约束条件中出现二者相乘的项，即 x_1x_2，该如何将其线性化?

实际上，x_1x_2 等价于对两个 0-1 变量 x_1 和 x_2 做逻辑与运算。根据2.2.2节的介绍，x_1x_2 的线性化方案如下：

$$y \leqslant x_1 \tag{3.1}$$

$$y \leqslant x_2 \tag{3.2}$$

$$y \geqslant x_1 + x_2 - 1 \tag{3.3}$$

$$x_1, x_2, y \in \{0, 1\} \tag{3.4}$$

其中，y 表示 x_1x_2 的取值。上述约束可以保证下面的几种情形均成立：

- 若 $x_1 = 0$，$x_2 = 0$，则有 $-1 \leqslant y \leqslant 0$，又因为 $y \in \{0, 1\}$，所以 $y = 0 = x_1x_2$；
- 若 $x_1 = 1$，$x_2 = 1$，则有 $1 \leqslant y \leqslant 1$，即 $y = 1 = x_1x_2$；
- 若 x_1 或 x_2 中恰好有一个为 0，则有 $0 \leqslant y \leqslant 0$，即 $y = 0 = x_1x_2$。

综上，在所有可能的情形下，y 的取值均等于 x_1x_2，因此约束式（3.1）$\sim$ 约束式（3.4）是非线性项 x_1x_2 的等价线性化方案。

3 个及以上的 0-1 变量相乘可以等价为对所有参与相乘运算的变量做逻辑与运算，其等价线性化方案为式（2.5）$\sim$ 式（2.7）。

> **【拓展】** 0-1 变量乘以整数变量和整数变量乘以整数变量也可以进行等价线性化。例如，考虑表达式 xy，其中 $x \in \{0, 1\}$，$y \in \mathbb{Z}$，且 $0 \leqslant y \leqslant 5$。引入 5 个 0-1 变量：$z_i \in \{0, 1\}, \forall i = 1, \cdots, 5$。令 $y = \sum_{i=1}^{5} z_i$，则原式可以等价地转换为 $xy = xz_1 + xz_2 + xz_3 + xz_4 + xz_5$。转换后的表达式可以利用 2 个 0-1 变量相乘的线性化方法进行等价线性化。这样一来，0-1 变量乘以整数变量就实现了等价线性化。整数变量乘以整数变量的等价线性化方法与此类似。

3.1.2 0-1 变量乘以连续变量：情形 1

若变量 $x_1 \in \{0, 1\}$，变量 $x_2 \in [0, u]$，则非线性项 x_1x_2 可以被等价地线性化为下列约束（其中，y 为辅助变量，表示 x_1x_2 的取值）：

$$y \leqslant ux_1 \tag{3.5}$$

$$y \leqslant x_2 \tag{3.6}$$

$$y \geqslant x_2 - u(1 - x_1) \tag{3.7}$$

$$x_1 \in \{0, 1\}, x_2 \in [0, u], y \in [0, u] \tag{3.8}$$

上述约束可以保证下面的几种情形均成立：

- 若 $x_1 = 0, x_2 \in [0, u]$，则有 $y \leqslant 0, y \leqslant x_2, y \geqslant x_2 - u$，因此 $y = 0 = x_1x_2$；

- 若 $x_1=1,x_2\in[0,u]$，则有 $y\leqslant u,y\leqslant x_2,y\geqslant x_2$，因此 $y=x_2=x_1x_2$。

综上，在所有可能的情形下，y 的取值均等于 x_1x_2，因此约束式（3.5）～约束式（3.8）是非线性项 x_1x_2 的等价线性化方案。

3.1.3 0-1 变量乘以连续变量：情形 2

若变量 $x_1\in\{0,1\}$，变量 $x_2\in[l,u],l\geqslant 0$，则非线性项 x_1x_2 可以被等价地线性化为下列约束（其中，y 为辅助变量，表示 x_1x_2 的取值）：

$$y\leqslant x_2 \tag{3.9}$$

$$y\geqslant x_2-u\left(1-x_1\right) \tag{3.10}$$

$$lx_1\leqslant y\leqslant ux_1 \tag{3.11}$$

$$x_1\in\{0,1\},x_2\in[l,u],y\in[l,u] \tag{3.12}$$

上述约束可以保证下面的几种情形均成立：

- 若 $x_1=0,x_2\in[l,u]$，则有 $y\leqslant x_2,y\geqslant x_2-u$，$0\leqslant y\leqslant 0$，因此 $y=0=x_1x_2=0$。
- 若 $x_1=1,x_2\in[l,u]$，则有 $y\leqslant x_2,y\geqslant x_2$，因此 $y=x_2=x_1x_2$。

综上，在所有可能的情形下，y 的取值均等于 x_1x_2，因此约束式（3.9）～约束式（3.12）是非线性项 x_1x_2 的等价线性化方案。

3.1.4 两个连续变量相乘的凸松弛方法：McCormick 包络

两个连续变量相乘的情况是无法进行等价线性化的，只能进行近似。近似的常用方法就是本节要介绍的 McCormick 包络（McCormick Envelope），其主要思想是通过构造双线性（Bilinear）①表达式的凸次评估或者凸过评估，并且引入相应的辅助约束为双线性表达式的取值提供较紧的界限，从而将双线性表达式的取值包裹在一个较小的区域内（该区域是凸集），从而实现近似，也就是所谓的凸松弛 [74,99]。

令 $x_1,x_2,\cdots,x_N$ 为连续变量，考虑有如下双线性规划模型，其中 $f(x_1,x_2,\cdots,x_N)$ 和 $f_k(x_1,x_2,\cdots,x_N),\forall k=1,\cdots,K$ 是关于 $x_1,x_2,\cdots,x_N$ 的线性函数，模型中的非线性项为 x_ix_j。

$$\min \quad \sum_{i=1}^{N}\sum_{j=1}^{N}c_{ij}x_ix_j+f(x_1,x_2,\cdots,x_N) \tag{3.13}$$

$$\text{s.t.} \quad \sum_{i=1}^{N}\sum_{j=1}^{N}c_{ij}^{k}x_ix_j+f_k(x_1,x_2,\cdots,x_N)\leqslant 0, \qquad \forall k=1,\cdots,K \tag{3.14}$$

$$x_i^L\leqslant x_i\leqslant x_i^U, \qquad \forall i=1,\cdots,N \tag{3.15}$$

① 双线性是一种特殊的非线性形式。

令 $w_{ij}=x_ix_j$，则不难得到：

$$\left(x_i-x_i^L\right)\left(x_j-x_j^L\right)\geqslant 0 \tag{3.16}$$

$$\left(x_i^U-x_i\right)\left(x_j^U-x_j\right)\geqslant 0 \tag{3.17}$$

$$\left(x_i^U-x_i\right)\left(x_j-x_j^L\right)\geqslant 0 \tag{3.18}$$

$$\left(x_i-x_i^L\right)\left(x_j^U-x_j\right)\geqslant 0 \tag{3.19}$$

根据上面 4 个不等式，可以进一步得到 $w_{ij}=x_ix_j$ 的凸次评估（Convex underestimators）

$$w_{ij}\geqslant x_i^Lx_j+x_ix_j^L-x_i^Lx_j^L \tag{3.20}$$

$$w_{ij}\geqslant x_i^Ux_j+x_ix_j^U-x_i^Ux_j^U \tag{3.21}$$

和凸过评估（Convex overestimators）

$$w_{ij}\leqslant x_i^Ux_j+x_ix_j^L-x_i^Ux_j^L \tag{3.22}$$

$$w_{ij}\leqslant x_ix_j^U+x_i^Lx_j-x_i^Lx_j^U \tag{3.23}$$

根据 w_{ij} 的凸次评估和凸过评估，可以得到双线性非线性规划模型式（3.13）～ 式（3.15）的凸松弛模型如下：

$$\min \quad \sum_{i=1}^{N}\sum_{j=1}^{N}c_{ij}w_{ij}+f(x_1,x_2,\cdots,x_N) \tag{3.24}$$

$$\text{s.t.} \quad \sum_{i=1}^{N}\sum_{j=1}^{N}c_{ij}^kw_{ij}+f_k(x_1,x_2,\cdots,x_N)\leqslant 0, \qquad \forall k=1,\cdots,K \tag{3.25}$$

$$w_{ij}\geqslant x_i^Lx_j+x_ix_j^L-x_i^Lx_j^L, \qquad \forall i,j=1,2,\cdots,N \tag{3.26}$$

$$w_{ij}\geqslant x_i^Ux_j+x_ix_j^U-x_i^Ux_j^U, \qquad \forall i,j=1,2,\cdots,N \tag{3.27}$$

$$w_{ij}\leqslant x_i^Ux_j+x_ix_j^L-x_i^Ux_j^L, \qquad \forall i,j=1,2,\cdots,N \tag{3.28}$$

$$w_{ij}\leqslant x_ix_j^U+x_i^Lx_j-x_i^Lx_j^U, \qquad \forall i,j=1,2,\cdots,N \tag{3.29}$$

$$x_i^L\leqslant x_i\leqslant x_i^U, w_{ij}^L\leqslant w_{ij}\leqslant w_{ij}^U, \qquad \forall i,j=1,2,\cdots,N \tag{3.30}$$

其中，$w_{ij}^L=x_i^Lx_j^L, w_{ij}^U=x_i^Ux_j^U$。

3.1.5 调用求解器验证乘积式线性化方法

本节使用 Python 分别调用 COPT 和 Gurobi 来验证乘积式线性化方法的等价性。我们对比两种不同的实现方法：（1）调用求解器求解线性化后的模型；（2）调用求解器直接添加二次表达式。这里以 $y = x_1x_2, x_1, x_2 \in \{0, 1\}$ 为例进行验证。下面展示 Python 调用 COPT 的完整代码，Gurobi 版本的代码见本书配套电子资源 3-1。

Python 调用 COPT 求解线性化后的模型

```python
from coptpy import *

def Quadratic_linearization(x1_value, x2_value):
    # 创建环境
    env = Envr()

    # 创建模型
    model = env.createModel()
    model.setParam(COPT.Param.Logging, 0)

    # 定义变量
    x1 = model.addVar(lb=0, ub=1, vtype=COPT.BINARY, name='x1')
    x2 = model.addVar(lb=0, ub=1, vtype=COPT.BINARY, name='x2')
    y = model.addVar(lb=0, ub=1, vtype=COPT.BINARY, name='y')

    model.setObjective(y, COPT.MAXIMIZE)

    # 设置线性约束
    model.addConstr(y <= x1)
    model.addConstr(y <= x2)
    model.addConstr(y >= x1 + x2 - 1)

    # 对 x1 和 x2 赋值
    model.addConstr(x1 == x1_value)
    model.addConstr(x2 == x2_value)

    model.solve()
    return y.x

# 验证上述建模结果
x_values = [(1, 1), (0, 1), (0, 0)]
for idx, (x1, x2) in enumerate(x_values):
    y = Quadratic_linearization(x1, x2)
    print(f'Case {idx}: x1 = {x1}, x2 = {x2} | y = {y}')
```

求解结果

```
Case 1: x1 = 1, x2 = 1 | y = 1.0,
Case 2: x1 = 0, x2 = 1 | y = 0.0,
Case 3: x1 = 0, x2 = 0 | y = 0.0.
```

下面调用求解器直接添加二次表达式。Gurobi 提供了二次表达式的函数接口，相应的函数名为 `QuadExpr.addTerms(coeffs, vars, vars2=None)`，其中各个参数的意义如下：

- `coeffs`：要添加的二次项的系数。
- `vars`：要添加的二次项对应的第 1 组决策变量。
- `vars2`：要添加的二次项对应的第 2 组决策变量。

若要使用上述函数添加乘积式约束 $y = x_1x_2$，则相应的代码如下：

Python 调用 Gurobipy 直接添加二次表达式

```python
# 添加二次约束： y = x_1 * x_2
quadexpr = QuadExpr()
```

```
quadexpr.addTerms(1, x_1, x_2)
model.addQConstr(y == quadexpr)

""" 其余代码类似，为节省篇幅，此处省去 """
```

运行上述代码，得到的求解结果如下。该结果与求解线性模型的结果完全相同。

求解结果

```
Case 1: x1 = 1, x2 = 1 | y = 1.0,
Case 2: x1 = 0, x2 = 1 | y = 0.0,
Case 3: x1 = 0, x2 = 0 | y = 0.0.
```

3.2 取整

在数学规划建模中，取整运算是非常常见的。一般来讲，取整运算包括向上取整和向下取整。本节以向上取整为例来介绍取整运算的建模方法。向上取整的情形非常普遍，例如完成一定货物运输量所需的卡车数量、单辆卡车运输完成一定重量的货物运输任务所需的趟次等。

考虑下面的等式：

$$y = \left\lceil \frac{x}{Q} \right\rceil \tag{3.31}$$

式中，x 为非负连续变量，y 是非负整数变量，Q 为任意正数。该等式是非线性的，许多数学规划求解器暂时还不支持直接添加此类约束。

下面将式（3.31）进行等价线性化，可以用模型式（3.32）～式（3.34）来实现。

$$\min \quad y \tag{3.32}$$

$$\text{s.t.} \quad y \geqslant \frac{x}{Q} \tag{3.33}$$

$$y - 1 \leqslant \frac{x}{Q} \tag{3.34}$$

注意，若省略约束式（3.34），则上述线性化方案仍然是等价的。但是，若将目标函数（3.32）删去，仅保留约束式（3.33）和约束式（3.34），则上述线性化方案不再等价。例如，设置 $Q = 100$，当决策变量 $x = 300$ 时，可得 $3 \leqslant y \leqslant 4$，这显然是不对的。此时，若将目标函数设置为式（3.32），则可以得到正确结果 $y = 3$。

下面使用 Python 分别调用 COPT 和 Gurobi 来验证向上取整运算的线性化方法的等价性，其中，令 $Q = 1800, x = 2000$。这里仅展示 COPT 版本的完整代码，Gurobi 版本的完整代码见本书配套电子资源 3-2。运行下面的代码，可得求解结果为 $y = 2$，表明上述线性化方案是正确的。

Python 调用 COPT 求解向上取整运算的线性化模型

```
from coptpy import *

# 创建环境
env = Envr()

# 创建模型
model = env.createModel('ceil example')

# 定义变量
x = model.addVar(lb=0, ub=COPT.INFINITY, vtype=COPT.CONTINUOUS, name="x")
y = model.addVar(lb=0, ub=10, vtype=COPT.INTEGER, name="y")

model.setObjective(y, COPT.MINIMIZE)

# 添加线性约束
model.addConstr(y >= x/1800, name="ceil_1")
model.addConstr(y-1 <= x/1800, name="ceil_2")

# 设置 x 的取值为 2000
model.addConstr(x == 2000, name="ceil_3")
model.solve()

print('y is: {}'.format(y.x))

""" 求解结果如下 """
""" y is: 2.0 """
```

3.3 绝对值

绝对值运算也是一类常见的非线性运算。考虑下面含绝对值运算的等式：

$$z = |x| \tag{3.35}$$

式中，x 为任意类型的决策变量，且 $|x| \leqslant M(M \geqslant 0)$，$z$ 为非负决策变量。下面将上述含绝对值运算的等式线性化。引入辅助决策变量 $x_p \geqslant 0$，$x_n \geqslant 0$，$y \in \{0,1\}$，x_p 和 x_n 分别表示 x 为正数和负数时的绝对值，y 表示 x 的正负性（若 $x \geqslant 0$，则 $y=1$；否则 $y=0$）。基于此，式（3.35）可以被转换为下面的线性约束。

$$z = x_p + x_n \tag{3.36}$$

$$x = x_p - x_n \tag{3.37}$$

$$x_p \leqslant My \tag{3.38}$$

$$x_n \leqslant M(1-y) \tag{3.39}$$

$$y \in \{0,1\}, \quad z, x_p, x_n \geqslant 0 \tag{3.40}$$

式（3.38）和式（3.39）的主要作用是限制 x_p 和 x_n 的取值至多只能有一个为正值，不能出现 x_p 和 x_n 同时为正的情况。

下面使用 Python 分别调用 COPT 和 Gurobi 来验证绝对值运算的线性化方法的等价性。这里仅展示 COPT 版本的完整代码，Gurobi 版本的代码见本书配套电子资源 3-3。

Python 调用 COPT 求解绝对值运算的线性化模型

```
from coptpy import *

# 创建 COPT 环境
env = Envr()

# 创建模型
model = env.createModel("Absolute Value Linearization example")
M = 1000

# 定义变量
z = model.addVar(lb=0, ub=COPT.INFINITY, vtype=COPT.CONTINUOUS, name='z')
x = model.addVar(lb=-COPT.INFINITY, ub=COPT.INFINITY, vtype=COPT.CONTINUOUS, name='x')
x_p = model.addVar(lb=0, ub=COPT.INFINITY, vtype=COPT.CONTINUOUS, name='x_p')
x_n = model.addVar(lb=0, ub=COPT.INFINITY, vtype=COPT.CONTINUOUS, name='x_n')
y = model.addVar(lb=0, ub=1, vtype=COPT.BINARY, name='y')

# 设置线性约束
model.setObjective(0, COPT.MAXIMIZE)
model.addQConstr(z == x_p + x_n)
model.addConstr(x == x_p - x_n)
model.addConstr(x_p <= M*y)
model.addConstr(x_n <= M*(1 - y))

# 设置 x 的取值
model.addConstr(x == -2)

# 求解模型
model.solve()

# 输出结果
print('Optimal Obj: {}'.format(model.objval))
print('z = {}'.format(z.x))
print('x_p = {}'.format(x_p.x))
print('x_n = {}'.format(x_n.x))
```

在上述代码中，我们设置了 $x = -2$。运行结果为 $z = 2 = |x| = |-2|$，$x_\mathrm{p} = 0$，$x_\mathrm{n} = 2$，表明线性约束式（3.36）和（3.40）是正确的。

求解结果

```
Optimal Obj: 2.0
z = 2.0
x_p = 0.0
x_n = 2.0
```

COPT 和 Gurobi 都支持绝对值约束的构建，通过调用相应的函数，用户可以很方便地完成绝对值约束的建模。在这两款求解器中，用于构建绝对值约束的函数均为 addGenConstrAbs (resvar, argvar, name="")。其中各个参数的含义如下。

- resvar：结果决策变量，在 COPT 中，resvar 的可取值为 Var 类或 LinExpr 类对象。在 Gurobi 中，resvar 的可取值为 Var 类对象。
- argvar：参数决策变量，可取值为 Var 类对象。
- name""：约束的名称。

若要使用上述函数添加绝对值约束 $z = |x|$，则相应的代码如下：

直接使用 COPT 添加绝对值约束

```python
# 直接添加绝对值约束：z = abs(x)
model.addGenConstrAbs(z, x, name="Abs_constr")
```

3.4 min/max 函数

min/max 函数在数学规划建模中也经常出现。在衡量货物配送过程中在某个客户点发生的延误时间和计算某种商品的缺货量等场景中，min/max 运算经常被用到。本节就来介绍 min/max 函数的线性化方法。

3.4.1 $\max\{x_1, x_2\}$

考虑约束 $y = \max\{x_1, x_2\}$，其中 y、x_1、x_2 均为决策变量。该约束可以被转换为下面的线性模型。

$$\min \quad y \tag{3.41}$$

$$\text{s.t.} \quad y \geqslant x_1 \tag{3.42}$$

$$y \geqslant x_2 \tag{3.43}$$

在上述模型中，式（3.42）和式（3.43）保证了 $y \geqslant \max\{x_1, x_2\}$，但是这与 $y = \max\{x_1, x_2\}$ 并不等价。不过，在目标函数（3.41）的作用下，y 的取值最终一定会等于 $\max\{x_1, x_2\}$。

COPT 和 Gurobi 都支持 max 约束的构建，并且对应的函数均为 addGenConstrMax (resvar, vars, constant=None, name="")。例如，若要添加约束 $z = \max\{x_1, x_2, 2\}$，则相应的实现代码为m.addGenConstrMax(z, [x1,x2], constant=2, name="MaxConstr")。

下面使用 Python 分别调用 COPT 和 Gurobi 来验证 max 函数的线性化方法的等价性。这里仅展示 COPT 版本的完整代码，Gurobi 版本的代码见本书配套电子资源 3-4。

Python 调用 COPT 求解 max 函数的线性化模型

```python
from coptpy import *

# 创建 COPT 环境
env = Envr()

# 创建模型
model = env.createModel()

# 添加决策变量
```

```python
x_1 = model.addVar(lb=0, ub=COPT.INFINITY, vtype=COPT.CONTINUOUS, name='x_1')
x_2 = model.addVar(lb=0, ub=COPT.INFINITY, vtype=COPT.CONTINUOUS, name='x_2')
y = model.addVar(lb=0, ub=COPT.INFINITY, vtype=COPT.CONTINUOUS, name='y')

# 添加线性约束
model.addConstr(y >= x_1)
model.addConstr(y >= x_2)
model.addConstr(y >= 2)

# 设置 x, y 的取值
model.addConstr(x_1 == 3)
model.addConstr(x_2 == 5)

# 设置目标
model.setObjective(y, sense=COPT.MINIMIZE)

# 求解模型
model.solve()

# 输出结果
print('Optimal Obj: {}'.format(model.ObjVal))

""" 运行结果 """
""" Optimal Obj: 5.0 """
```

上述代码的设定是 $x_1 = 3$，$x_2 = 5$，constant $= 2$。运行上述代码，结果为 $y = 5 = \max\{x_1, x_2, 2\} = \max\{3, 5, 2\}$。

下面介绍另外一种将 max 函数线性化的方法，这种方法不需要借助目标函数来达到等价线性化的目的。若变量 x_1、x_2 的上界和下界已知，即 $L_i \leqslant x_i \leqslant U_i$（$\forall i = 1, 2$），此时仅使用几个线性约束就可以实现 max 函数的等价线性化。针对每个决策变量 x_i（$\forall i = 1, 2$），引入 0-1 变量 v_i，它表示每个变量是否是二者中的最大值，即：当 x_i 取最大值时，$v_i = 1$；否则 $v_i = 0$（若 $x_1 = x_2$，则认为 x_1 和 x_2 中任意一个取到了二者之间的最大值，另一个则被忽略）。基于此，$y = \max\{x_1, x_2\}$ 可被线性化为式（3.44）～ 式（3.48），其中 $U_{\max} = \max\{U_1, U_2\}$。

$$y \geqslant x_1 \tag{3.44}$$

$$y \geqslant x_2 \tag{3.45}$$

$$y \leqslant x_1 + (U_{\max} - L_1)(1 - v_1) \tag{3.46}$$

$$y \leqslant x_2 + (U_{\max} - L_2)(1 - v_2) \tag{3.47}$$

$$v_1 + v_2 = 1 \tag{3.48}$$

可将两个变量的 max 运算拓展到多个变量的情形。考虑约束 $y = \max\{x_1, x_2, \cdots, x_N\}$。可以将其线性化为下面的形式（其中 $U_{\max} = \max\{U_1, U_2, \cdots, U_N\}$）：

$$y \geqslant x_i, \qquad \forall i = 1, 2, \cdots, N \tag{3.49}$$

$$y \leqslant x_i + (U_{\max} - L_i)(1 - v_i), \qquad \forall i = 1, 2, \cdots, N \tag{3.50}$$

$$\sum_{i=1}^{N} v_i = 1 \tag{3.51}$$

3.4.2 $\min\{x_1, x_2\}$

min 函数的线性化与 max 函数的线性化方法类似。这里直接给出约束 $y = \min\{x_1, x_2\}$ 的线性化方案。

$$\max \quad y \tag{3.52}$$

$$\text{s.t.} \quad y \leqslant x_1 \tag{3.53}$$

$$y \leqslant x_2 \tag{3.54}$$

COPT 和 Gurobi 都支持 min 约束的构建，并且对应的函数均为 `addGenConstrMin(resvar, vars, constant=None, name="")`。例如，若要添加约束 $z = \min\{x_1, x_2, 2\}$，则相应的实现代码为`m.addGenConstrMin(z, [x1,x2], constant=2, name="MinConstr")`。min 函数线性化的验证代码见本书配套电子资源 3-5。

下面给出约束 $y = \min\{x_1, x_2\}$ 的另一种线性化方法。

$$y \leqslant x_1 \tag{3.55}$$

$$y \leqslant x_2 \tag{3.56}$$

$$y \geqslant x_1 - (U_1 - L_{\min})(1 - v_1) \tag{3.57}$$

$$y \geqslant x_2 - (U_2 - L_{\min})(1 - v_2) \tag{3.58}$$

$$v_1 + v_2 = 1 \tag{3.59}$$

其中，$L_{\min} = \min\{L_1, L_2\}$，$v_i (i = 1, 2)$ 为 0-1 变量，当 x_i 为 x_1 和 x_2 的最小者时，$v_i = 1$，否则 $v_i = 0$。

接下来将其拓展到多个变量的情形。考虑约束 $y = \min\{x_1, x_2, \cdots, x_N\}$。可以将其线性化为下面的形式（其中 $L_{\min} = \min\{L_1, L_2, \cdots, L_N\}$）：

$$y \leqslant x_i, \qquad \forall i = 1, 2, \cdots, N \tag{3.60}$$

$$y \geqslant x_i - (U_i - L_{\min})(1 - v_i), \qquad \forall i = 1, 2, \cdots, N \tag{3.61}$$

$$\sum_{i=1}^{N} v_i = 1 \tag{3.62}$$

3.5 分式函数

分式函数在实际问题的建模中比较常见，例如考虑多元 Logit（Multinomial Logit，MNL）模型的数学规划模型等。分式函数可以出现在目标函数或约束中，甚至同时出现在目标函数和约束中。有一部分分式函数是可以进行等价线性化的。本节着重介绍分子和分母均为线性函数，且分式函数仅出现在目标函数中的情形。

考虑以下数学规划模型。

$$\min \quad \frac{\sum_{i=1}^{I}(c_i x_i + \alpha)}{\sum_{i=1}^{I}(d_i x_i + \beta)} \tag{3.63}$$

$$\text{s.t.} \quad \sum_{i=1}^{I} a_{ik} x_i \leqslant b_k, \qquad \forall k = 1, \cdots, K \tag{3.64}$$

$$\sum_{i=1}^{I} d_i x_i + \beta > 0 \tag{3.65}$$

$$x_i \geqslant 0, \qquad \forall i = 1, \cdots, I \tag{3.66}$$

在该模型中，分式函数仅出现在目标函数中。下面尝试将其线性化。

引入辅助连续决策变量 y（$y > 0$），并令 $y = \dfrac{1}{\sum_{i=1}^{I}(d_i x_i + \beta)} > 0$。再引入一组连续决策变量 z_i，并令 $z_i = x_i y$（$\forall i = 1, \cdots, I$）。基于此，上述模型可等价地线性化为以下线性规划模型：

$$\min \quad \sum_{i=1}^{I}(c_i z_i + \alpha y) \tag{3.67}$$

$$\text{s.t.} \quad \sum_{i=1}^{I} a_{ik} z_i \leqslant b_k y, \qquad \forall k = 1, \cdots, K \tag{3.68}$$

$$\sum_{i=1}^{I} d_i z_i + \beta y = 1 \tag{3.69}$$

$$y > 0 \tag{3.70}$$

$$z_i \geqslant 0, \qquad \forall i = 1, \cdots, I \tag{3.71}$$

注意，由于大部分数学规划求解器不允许添加 $>$ 和 $<$ 约束，所以可以将 y 的取值范围设置为 $y \geqslant \epsilon$，其中 ϵ 可根据实际情况设定，例如，可设置 $\epsilon = 10^{-6}$。

3.6 分段线性函数

分段线性函数在数学规划建模中有非常重要的作用，例如，准确刻画自变量和因变量之间的特殊函数关系、逼近一些复杂的非线性函数（如 $\sin x, \cos x, e^x, a^x, x^a$ 和 $\log x$）等。分段线性函数本质上属于非线性函数，但是由于其具备分段线性的特征，所以可以进行等价线性化。

假设有一个分段线性函数 $y = f(x)$，该函数有 $N+1$ 个分段点 $(A_i, B_i), i = 0, 1, \cdots, N$。这 $N+1$ 个分段点将 x 和 y 轴分割成 N 个区间，其中，横轴上的 N 个区间为 $[A_0, A_1)$，$[A_1, A_2)$，$\cdots$，$[A_{N-1}, A_N]$，纵轴上的 N 个区间为 $[B_0, B_1)$，$[B_1, B_2)$，$\cdots$，$[B_{N-1}, B_N]$。

可以通过引入辅助变量和辅助约束将分段线性函数进行等价线性化，具体方法如下。首先，引入一组辅助变量 μ_n（$\mu_n \in \{0, 1\}, \forall n = 1, \cdots, N$），用于标识自变量 x 的取值落在横轴的哪个区间内。然后引入另外一组辅助变量 α_n（$\alpha_n \geqslant 0, \forall n = 0, 1, \cdots, N$），用于定位自变量 x 的取值在所处区间的具体位置。

$$\mu_n = \begin{cases} 1, & x \text{ 落在第 } n \text{ 个分段区间内} \\ 0, & \text{其他情况} \end{cases}$$

基于辅助变量 μ_n 和 α_n，分段线性函数 $y = f(x)$ 可以被等价地线性化为以下形式：

$$x = \sum_{n=0}^{N} \alpha_n A_n \tag{3.72}$$

$$y = \sum_{n=0}^{N} \alpha_n B_n \tag{3.73}$$

$$\sum_{n=0}^{N} \alpha_n = 1 \tag{3.74}$$

$$\sum_{n=1}^{N} \mu_n = 1 \tag{3.75}$$

$$\alpha_0 - \mu_1 \leqslant 0 \tag{3.76}$$

$$\alpha_{n-1} - (\mu_{n-1} + \mu_n) \leqslant 0, \qquad \forall n = 1, \cdots, N-1 \tag{3.77}$$

$$\alpha_N - \mu_N \leqslant 0 \tag{3.78}$$

$$0 \leqslant \alpha_n \leqslant 1, \qquad \forall n = 0, \cdots, N \tag{3.79}$$

$$\mu_n \in \{0, 1\}, \qquad \forall n = 1, \cdots, N \tag{3.80}$$

下面以供应商的阶梯定价问题为例，使用分段线性函数刻画零售商的订货成本，并使用 Python 分别调用 COPT 和 Gurobi 来验证分段线性函数的线性化方法能否正确处理该问题。

阶梯定价包含增量折扣和全量折扣等。这里先以增量折扣为例进行讨论。某零售商向供应商订购某种商品，当订货量在 $[0,20)$ 区间时，商品单价为 2 万元；当订货量在 $[20,30)$ 区间时，超出 20 的部分商品单价为 1.5 万元；当订货量在 $[30,40]$ 区间时，超出 30 的部分商品单价为 1.2 万元。用 x 和 y 分别表示该零售商的订购量和订购所需的总成本，则 y 是关于 x 的分段线性函数。该分段线性函数的横轴分段区间为 $[0,20)$，$[20,30)$ 和 $[30,40]$，纵轴的分段区间为 $[0,40)$，$[40,55)$ 和 $[55,67]$，函数的分段点为 $(0,0)$，$(20,40)$，$(30,55)$，$(40,67)$。假设当前零售商的订货量为 $x^*=35$，通过计算，可得此时的订货成本应为 $y^*=61$（万元）。接下来使用 Python 分别调用 COPT 和 Gurobi 来验证上述线性化方案是否可以得到正确的结果。本节仅展示 COPT 版本的完整代码，Gurobi 版本的完整代码见本书配套电子资源 3-6。

Python 调用 COPT 求解分段线性函数的线性化模型

```python
from coptpy import *

# 分段点为 (0, 0) , (20, 40) , (30, 55) , (40, 67)
A_n = [0, 20, 30, 40]
B_n = [0, 40, 55, 67]
print('x_n: ', A_n)
print('y_n: ', B_n)
N = len(A_n)

# 创建环境
env = Envr()

# 创建模型
model = env.createModel('Piece-wise Linear Function Example')

# 定义变量
x = model.addVar(lb=0, ub=COPT.INFINITY, vtype=COPT.CONTINUOUS, name='x')
y = model.addVar(lb=0, ub = COPT.INFINITY, vtype=COPT.CONTINUOUS, name='y')

# 定义权重决策变量
alpha = {}
for i in range(N):
    alpha[i] = model.addVar(lb=0, ub=1, vtype=COPT.CONTINUOUS, name='alpha_' + str(i))

# 指示变量 u，表示数据取值落在哪个区间
u = {}
for i in range(1, N):
    u[i] = model.addVar(lb=0, ub=1, vtype=COPT.BINARY, name='u_' + str(i))

# 添加约束条件
x_alpha_sum, y_alpha_sum, alpha_sum, u_sum = 0, 0, 0, 0
for i in range(N):
    x_alpha_sum += A_n[i] * alpha[i]
    y_alpha_sum += B_n[i] * alpha[i]
    alpha_sum += alpha[i]

for i in range(1, N):
    u_sum += u[i]

# 约束: x = alpha_0 * A_n_0 + alpha_1 * A_n_1 + ... + alpha_n * A_n_n
model.addConstr(x == x_alpha_sum)

```

```python
# 约束：y = alpha_0 * B_n_0 + alpha_1 * B_n_1 + ... + alpha_n * B_n_n
model.addConstr(y == y_alpha_sum)

# 约束：alpha_0 + alpha_1 + ... + alpha_n = 1
model.addConstr(1 == alpha_sum)

# 约束：u_0 + u_1 + ... + u_n = 1
model.addConstr(1 == u_sum)

model.addConstr(alpha[0] <= u[1], name='Logic_' + str(0))
model.addConstr(alpha[N - 1] <= u[N - 1], name='Logic_' + str(N - 1))
for i in range(1, N-1):
    model.addConstr(alpha[i] <= u[i] + u[i + 1], name='Logic_' + str(i))

model.addConstr(x == 35)

model.setObjective(y, COPT.MAXIMIZE)

# 求解模型
model.solve()

# 输出结果
print('Optimal Obj: {}'.format(model.ObjVal))
print('y = {}'.format(y.x))
print('u1 = {}'.format(u[1].x))
print('u2 = {}'.format(u[2].x))
print('u3 = {}'.format(u[3].x))
print('alpha0 = {}'.format(alpha[0].x))
print('alpha1 = {}'.format(alpha[1].x))
print('alpha2 = {}'.format(alpha[2].x))
print('alpha3 = {}'.format(alpha[3].x))
```

上述代码中已设定 $x = 35$。求解结果显示，订货量落在横轴的第 3 个区间（$\mu_3 = 1$），具体位置处在分段点 $(30, 55)$ 和 $(40, 67)$ 的连线的中点处 $(\alpha_2 = \alpha_3 = 0.5)$，对应的订货成本为 $y = 61$（万元）。

求解结果

```
y = 61.0
u1 = 0.0
u2 = 0.0
u3 = 1.0
alpha0 = 0.0
alpha1 = 0.0
alpha2 = 0.5
alpha3 = 0.5
```

COPT 和 Gurobi 都支持分段线性约束的构建，并且对应的函数均为 addGenConstrPWL (xvar, yvar, xpts, ypts, name="")，其中各个参数的含义如下。

- xvar：决策变量 x，可取值为 Var 类对象。
- yvar：决策变量 y。在 COPT 中，yvar 的可取值为 Var 类或 LinExpr 类对象；在 Gurobi 中，yvar 的可取值为 Var 类对象。

- xpts (list of float)：分段函数 $y = f(x)$ 的横轴分段点坐标，需按照取值从小到大的顺序排列，可取值为 List 类型。
- ypts (list of float)：分段函数 $y = f(x)$ 的纵轴分段点坐标，可取值为 List 类型。
- name (string, optional)：约束的名称。

下面使用 Python 分别调用 COPT 和 Gurobi 来演示如何使用函数addGenConstrPWL完成分段线性约束的建模。COPT 版本的完整代码如下，Gurobi 版本的代码见本书配套电子资源 3-6。

程序运行结果显示，直接使用函数addGenConstrPWL进行建模的结果与使用线性化模型求解的结果完全相同。

使用 COPT 的 addGenConstrPWL 函数进行分段线性约束的建模

```python
from coptpy import *

# 分段点为 (0, 0) , (20, 40) , (30, 55) , (40, 67)
x_n = [0, 20, 30, 40]
y_n = [0, 40, 55, 67]
print('x_n: ', x_n)
print('y_n: ', y_n)
N = len(x_n)

# 创建环境
env = Envr()

# 创建模型
model = env.createModel('Piece-wise Linear Function Example')

# 定义变量
x = model.addVar(lb=0, ub=COPT.INFINITY, vtype=COPT.CONTINUOUS, name='x')
y = model.addVar(lb=0, ub = COPT.INFINITY, vtype=COPT.CONTINUOUS, name='y')

# 设置目标函数
model.setObjective(y, COPT.MAXIMIZE)

# 添加分段线性函数约束
model.addGenConstrPWL(x, y, x_n, y_n, name="Pwl_constr")

model.addConstr(x == 35)

# 求解模型
model.solve()

# 输出结果
print('y = {}'.format(y.x))

""" 运行结果 """
y = 61.0
```

除了增量折扣外，全量折扣也比较常见。对增量折扣的描述做少量改动，即可变为全量折扣的情形。以上文的案例为例，只需将订货量和单价的关系修改为以下情况即可：当

订货量在 $[0,20)$ 区间时，商品单价为 2 万元；当订货量在 $[20,30)$ 区间时，商品单价为 1.5 万元；当订货量在 $[30,40]$ 区间时，商品单价为 1.2 万元。

全量折扣下，订货量 x 和订货成本 y 之间的分段线性函数会有突变点，但是其线性化却相对容易一些。在此，我们直接给出一般情形下的线性化方案，即考虑分段线性函数有 $N+1$ 个分段点（包括原点）。引入连续变量 π_n，表示购买单价为 c_n 的商品的数量。引入 0-1 变量 μ_n，表示订货量是否落在横轴的第 n 个区间。基于上述参数和决策变量，全量折扣下订货量 x 和订货成本 y 之间的分段线性函数关系的线性化方案如下：

$$x = \sum_{n=1}^{N} \pi_n \tag{3.81}$$

$$y = \sum_{n=1}^{N} c_n \pi_n \tag{3.82}$$

$$\pi_1 \leqslant (A_1 - \epsilon)\mu_1 \tag{3.83}$$

$$A_{n-1}\mu_n \leqslant \pi_n \leqslant (A_n - \epsilon)\mu_n, \quad \forall n = 2, \cdots, N-1 \tag{3.84}$$

$$A_{N-1}\mu_N \leqslant \pi_N \leqslant A_N \mu_N \tag{3.85}$$

$$\sum_{n=1}^{N} \mu_n = 1 \tag{3.86}$$

$$\mu_n \in \{0,1\}, \quad \forall n = 1, \cdots, N \tag{3.87}$$

$$\pi_n \in [A_{n-1}, A_n), \quad \forall n = 1, \cdots, N-1 \tag{3.88}$$

$$\pi_N \in [A_{N-1}, A_N], \quad x \in [0, A_N], \quad y \geqslant 0 \tag{3.89}$$

其中，ϵ 为一个足够小的正数。

对于一些特定的分段线性函数，可以采用更加简便的方法将其进行等价线性化。下面以一个具体的例子来说明这一点。

设有分段线性函数 $y = f(x)$（见图 3.1），其具体表达式如下：

$$y = f(x) = \begin{cases} -2x-1, & x \in [-2, -0.5] \\ x+0.5, & x \in [-0.5, 2] \end{cases} \tag{3.90}$$

上述分段函数可等价地线性化为式（3.91）～ 式（3.94）。

$$\min \quad y \tag{3.91}$$

$$\text{s.t.} \quad y \geqslant -2x-1 \tag{3.92}$$

$$y \geqslant x + 0.5 \tag{3.93}$$

$$y \geqslant 0,\ x \in [-2, 2] \tag{3.94}$$

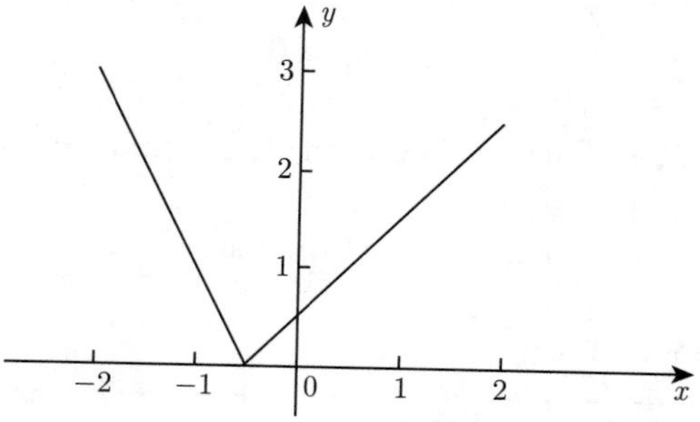

图 3.1　分段函数 $y = f(x)$

可以发现，本例的线性化方法相对简单，无须引入任何 0-1 辅助决策变量。

线性化方法灵活多变，大家需要多加练习才能融会贯通，并且在处理实际问题时，要仔细分析，力求找到简单、高效的等价线性化方案。

3.7　特殊有序集约束及其在线性化中的应用

3.7.1　特殊有序集约束

在绝对值函数的线性化案例中，我们使用了 0-1 变量 y 和大 M 来限制 x_p 和 x_n 中至多只有一个取值为正。固定 x_p 和 x_n 的顺序，例如 x_p 在前，x_n 在后，将二者按照该顺序拼成一个集合 $\{x_p, x_n\}$。像 $\{x_p, x_n\}$ 这样的取值有特殊限制的变量集合被称为特殊有序集（Special Ordered Set，SOS）。SOS 的概念由 Beale Evelyn Martin Lansdowne 和 Tomlin John A 于 1970 年首次正式提出 [9]。SOS 一般包括 2 种类型：一种是 SOS1，即至多有一个非零变量的集合；另一种是 SOS2，即至多有 2 个非零变量，且这两个非零变量必须在排序上相邻的有序集合。COPT 和 Gurobi 都支持 SOS 约束的构建，并且对应的函数名均为 `Model.addSOS()`，但是参数名称略有不同。以 COPT 为例，添加 SOS 约束的函数为 `Model.addSOS(sostype, vars, weights=None)`，其中各个参数的含义如下：

- `sostype`：SOS 约束类型或 SOS 约束构建器。
- `vars`：SOS 约束的变量。
- `weights`：SOS 约束的变量权重（可以理解为排序）。

> 注：SOS 约束中的变量可以是连续变量、0-1 变量或者整数变量。

SOS 在线性化中有不少应用场景，下面以 3 个案例来具体介绍。

3.7.2　应用案例 1：绝对值表达式的线性化

如3.3节所述，在绝对值表达式的线性化过程中，我们引入了 x_p 和 x_n 来分别表示决策变量 x 的正数和负数部分的绝对值，所以 x_p 和 x_n 中至多只能有一个取值为正，该限制恰好符合 SOS1 的定义。基于此，可以将式（3.38）～ 式（3.40）等价地改写成下面的形式：

$$x_p, x_n \in \text{SOS1} \tag{3.95}$$

$$z, x_p, x_n \geqslant 0 \tag{3.96}$$

如上文所述，COPT 或者 Gurobi 都支持约束式（3.95）的构建，以 COPT 为例，实现代码为

Python 调用 COPT 添加 SOS1 约束

```
# 添加 SOS1 约束，包括变量 x_p 和 x_n，设置权重分别为 1 和 2
model.addSOS(COPT.SOS_TYPE1, [x_p, x_n], [1, 2])
```

3.7.3 应用案例 2：分段线性函数的线性化

SOS 约束也可以用于分段线性函数的线性化。在3.6节中，我们介绍了引入 0-1 变量实现分段线性函数线性化的方法。其中，0-1 变量 μ_n 的作用是标识决策变量 x 的取值落在哪个分段区间内，并且以此为依据来约束决策变量 α_n 的取值。具体来讲，当 $\mu_n = 1$ 时，α_{n-1} 和 α_n 的取值可以为一正一零或者二者皆为正，并且对于所有的 α_n 而言，至多只能有 2 个变量取值为正；若有 2 个变量同时取值为正，则二者的下标必须相邻。α_n 的取值要求恰好符合 SOS2 的定义，因此可以用 SOS2 约束将式（3.81）～ 式（3.89）等价地改写为：

$$x = \sum_{n=0}^{N} \alpha_n A_n \tag{3.97}$$

$$y = \sum_{n=0}^{N} \alpha_n B_n \tag{3.98}$$

$$\sum_{n=0}^{N} \alpha_n = 1 \tag{3.99}$$

$$\boldsymbol{\alpha} \in \text{SOS2} \tag{3.100}$$

$$\alpha_n \geqslant 0, \qquad \forall n = 1, \cdots, N \tag{3.101}$$

其中，$\boldsymbol{\alpha} = (\alpha_1, \cdots, \alpha_N)^{\mathrm{T}}$。

下面使用 Python 分别调用 COPT 和 Gurobi 来验证使用 SOS 约束实现分段线性函数线性化的等价性。这里仅展示 COPT 版本的完整代码，Gurobi 版本的代码与 COPT 版本几乎相同，大家可以自行完成。

Python 调用 COPT 使用 SOS2 约束实现分段线性函数的线性化

```
""" 参数和变量定义与分段线性函数一节相同（不过需要将变量 z 删去），这里不再展示重复代码 """
# 添加约束条件
x_alpha_sum, y_alpha_sum, alpha_sum, u_sum = 0, 0, 0, 0
for i in range(N):
    x_alpha_sum += A_n[i] * alpha[i]
    y_alpha_sum += B_n[i] * alpha[i]
```

```python
    alpha_sum += alpha[i]

# 约束: x = alpha_0 * A_n_0 + alpha_1 * A_n_1 + ... + alpha_n * A_n_n
model.addConstr(x == x_alpha_sum)

# 约束: y = alpha_0 * B_n_0 + alpha_1 * B_n_1 + ... + alpha_n * B_n_n
model.addConstr(y == y_alpha_sum)

# 约束: alpha_0 + alpha_1 + ... + alpha_n = 1
model.addConstr(1 == alpha_sum)

# SOS2 约束
model.addSOS(COPT.SOS_TYPE2, vars=[alpha[0], alpha[1], alpha[2], alpha[3]], weights=[1,2,3,4])

model.addConstr(x == 35)

model.setObjective(y, COPT.MAXIMIZE)

# 求解模型
model.solve()

# 输出结果
print('Optimal Obj: {}'.format(model.ObjVal))
print('y = {}'.format(y.x))
print('alpha0 = {}'.format(alpha[0].x))
print('alpha1 = {}'.format(alpha[1].x))
print('alpha2 = {}'.format(alpha[2].x))
print('alpha3 = {}'.format(alpha[3].x))

""" 运行结果 """
y = 61.0
alpha0 = 0.0
alpha1 = 0.0
alpha2 = 0.5
alpha3 = 0.5
```

3.7.4 应用案例 3：平方根表达式的近似线性化

一些含有平方根的表达式可以首先使用分段线性函数对其进行近似，然后结合 SOS2 约束将其进行近似线性化。类似的案例见文献 [116]。为方便介绍，本节首先对该文献提出的模型中的平方根表达式进行简化，然后基于简化后的表达式展示完整的近似线性化过程。

考虑下面的非线性约束：

$$y = \sqrt{\sum_{j=1}^{N} c_j x_j p_j} \tag{3.102}$$

$$y \geqslant 0,\ x_j \in \{0,1\},\ 0 \leqslant p_j \leqslant 1, \qquad \forall j = 1, \cdots, N \tag{3.103}$$

其中，$c_j \geqslant 0$。

首先，对二次项 $x_j p_j$ 进行线性化。参照3.1.2节中的方法，引入连续辅助变量 z_j，表示

x_jp_j 的值，并引入下面的约束：

$$z_j \leqslant x_j, \qquad \forall j=1,\cdots,N \tag{3.104}$$

$$z_j \leqslant p_j, \qquad \forall j=1,\cdots,N \tag{3.105}$$

$$z_j \geqslant x_j + p_j - 1, \qquad \forall j=1,\cdots,N \tag{3.106}$$

$$x_j \in \{0,1\},\ 0 \leqslant z_j, p_j \leqslant 1, \qquad \forall j=1,\cdots,N \tag{3.107}$$

然后，恰当地选择函数 $y=\sqrt{\sum_{j=1}^{N} c_j x_j p_j}=\sqrt{\sum_{j=1}^{N} c_j z_j}$ 的图像上的 K 个点作为分段点（可以取 $K=N$），依次连接这 K 个点，即得到该函数的一个分段线性近似。记 $x=\sum_{j=1}^{N} c_j z_j$，分段线性近似函数为 $\text{PWL}(x)$。由于平方根函数是凹函数，所以 $\text{PWL}(x)$ 是 $y=\sqrt{x}$ 的一个次评估，即 $y=\sqrt{x}\geqslant \text{PWL}(x)$。设所选的第 k 个分段点的坐标为 $(A_k,\sqrt{A_k})$，则可将式（3.102）～式（3.103）近似线性化为：

$$\min \quad y \tag{3.108}$$

$$\text{s.t.} \quad x=\sum_{j=1}^{N} c_j z_j=\sum_{k=1}^{K}\alpha_k A_k \tag{3.109}$$

$$y=\sqrt{x}\geqslant \sum_{k=1}^{K}\alpha_k\sqrt{A_k} \tag{3.110}$$

$$\sum_{k=1}^{K}\alpha_k=1 \tag{3.111}$$

$$\boldsymbol{\alpha}\in \text{SOS2} \tag{3.112}$$

$$\alpha_k \geqslant 0, x, y\geqslant 0, \qquad \forall k=1,\cdots,K \tag{3.113}$$

其中，$\boldsymbol{\alpha}=(\alpha_1,\cdots,\alpha_K)^{\mathrm{T}}$。

当 x_j 和 p_j 均为 0-1 变量时，若所选取的 K 个分段点恰好是函数 $y=\sqrt{x}$ 的所有可能的取值点，则只需要将约束式（3.112）删去，并将约束式（3.107）、约束式（3.110）和约束式（3.113）修改为：

$$x_j, z_j, p_j \in \{0,1\}, \qquad \forall j=1,\cdots,N \tag{3.114}$$

$$y=\sqrt{x}=\sum_{k=1}^{K}\alpha_k\sqrt{A_k} \tag{3.115}$$

$$\alpha_k\in\{0,1\}, \quad x,y\geqslant 0, \qquad \forall k=1,\cdots,K \tag{3.116}$$

此时，式（3.104）～式（3.106）、式（3.109）、式（3.111）、式（3.114）～式（3.116）为平方根约束的一套等价线性化方案。

3.8 学术论文中线性化方法的应用案例

为了帮助大家更深入地了解线性化方法在实际建模中的应用，本章列举了若干涉及线性化方法的参考文献（见表3.1），为进一步深入学习提供参考。

表 3.1 学术文章中的线性化技巧

线性化技巧	参考文献	非线性形式
乘积式	[99]	双线性（凸松弛近似）
	[26]	双线性（凸松弛近似）： $H_{ik}^{\text{out}} = cm_{ik}\tilde{\tau}_i$
	[112]	两个 0-1 变量相乘： $W_{ij} = X_{ij}F_{ij}^{od}, \forall i, j \in C, j \neq \theta(i), o \in \mathcal{O}, d \in \mathcal{D}$
	[115-116]	连续变量乘以 0-1 变量： $w_j x_{ij}$，其中，$w_j \in \mathbb{R}, x_{ij} \in \{0,1\}$； $\hat{c_{ij}} p_{ijr} z_{ijr}$，其中，$0 \leqslant p_{ijr} \leqslant 1, z_{ijr} \in \{0,1\}$
	[31]	0-1 变量乘以线性表达式： $x_{ij}^b \left(l_i - t_{ij}^b r^d - l_j\right) = 0,\ \forall (i,j) \in A'$； $x_{ij}^c \left(l_i - l_j\right) = 0,\ \forall (i,j) \in A'$
绝对值	[110]	目标函数： $\min\ \sum_{i \in \mathcal{N}} \left(c_1 \left\lvert \sum_{k \in \mathcal{K} k Y_i^k - \bar{k}_i} \right\rvert + c_2 \lvert T_i - \bar{t}_i \rvert\right)$
	[12]	目标函数： $\min\ \sum_{j \in J_i} \hat{a}_{ij} \lvert x_j^* \rvert z_{ij}$
	[10]	约束： $\sum_j a_{ij} x_j + \epsilon \sum_{j \in J_i} \lvert a_{ij} \rvert \lvert x_j \rvert \leqslant b_i + \delta \max\{1, \lvert b_i \rvert\},\ \forall i$
min 或 max 运算	[20]	使用 min 目标函数和不等式约束来线性化 max 函数： $\min \sum_{i=1}^n \left(F_{1i} + F_{2i} + F_{3i}\right)$
	[31]	0-1 变量乘以含有 max 的约束表达式： $x_{ij}^b \left(\max\{w_i, b_i\} + s_i + t_{ij}^b - w_j\right) = 0,\ \forall (i,j) \in A'$； $x_{ij}^{cc} \left(\min\{l_i + t_{ij}^{cc} r^c, l_{\max}\} - l_j\right) = 0,\ \forall (i,j) \in A'$
分式目标函数	[87]	目标函数：$\max\ \sum_{i \in I} \left[\dfrac{U_i^L + \sum_{j \in J} w_{ij} x_j}{U_i^L + U_i^F + \sum_{j \in J} w_{ij}(x_j + y_j)}\right]$
	[2]	目标函数：$\max\ \sum_{s \in S} \left(\dfrac{d + \sum_{l \in L} a_{sl} x_l}{1 + \sum_{l \in L} a_{sl} x_l}\right)$
	[34]	$\max\ \sum_{i \in I} \left(\dfrac{\sum_{k \in K} \tilde{b}_{ik} r_k + \sum_{j \in J} b_{ij} x_j}{\sum_{k \in K} \tilde{\theta}_{ik} r_k + \sum_{j \in J} \theta_{ij} x_j}\right)$
分段线性函数	[116]	库存成本函数（平方根函数）的近似线性化
	[78]	电动车非线性充电函数
	[49]	时间依赖的行驶时间计算
	[115]	电动车非线性充电函数
综合	[4]	多种非线性约束的线性化方案

第 4 章　计算复杂性理论简介

计算复杂性理论（Computational Complexity Theory）在数学规划中非常重要，它可以帮助我们分析问题求解的难易程度、评估算法的性能等。本章将对计算复杂性的相关重要概念进行简要介绍，这些基础知识可以帮助大家更好地理解后续章节中有关问题复杂度分析的内容。

4.1　引言

有一件关于德国数学家、物理学家和天文学家高斯（C. F. Gauss，1777.4.30—1855.2.23）的趣事。据说他在上小学的时候，老师让大家计算从 1 累加到 100 的和。当全班同学都在埋头计算的时候，高斯却很快地得到了正确结果 5050。高斯观察到这 100 个数有如下规律：

$$1+100=2+99=\cdots=50+51$$

$1\sim100$ 的所有整数正好可以分成 50 组，每组的和均为 101。于是高斯就巧妙地把 100 个数的累加转换为下面的计算方法：

$$1+2+\cdots+100=(1+100)\times\ 100\div2\ =5050$$

上述计算方法正是等差数列的求和方法。等差数列的求和公式如式（4.1）所示。

$$S_n=\frac{n(a_1+a_n)}{2} \tag{4.1}$$

式中，S_n 表示等差数列的前 n 项和，a_1 与 a_n 分别表示等差数列的第 1 项与第 n 项。注意，等差数列的求和公式还有其他形式，这里不做详细介绍。

根据式（4.1），等差数列前 n 项和的计算只需要执行一次加法运算、一次乘法运算和一次除法运算。但是，如果通过将等差数列前 n 项依次相加的方式得到前 n 项和，则需要 $n-1$ 次加和运算。很明显，式（4.1）大大缩减了等差数列前 n 项和的计算量。

一般来讲，我们可以使用一种处理过程或者一套计算方法去解决一个问题。这种解决问题的计算方法就是所谓的“算法”。一个问题往往可以有很多种求解算法。例如，最短路问题的求解算法有 Dijkstra 算法、Bellman-Ford 算法以及 Floyd-Warshall 算法等。评价一个算法的好坏（或者效率）可以用空间复杂度（Space Complexity）和时间复杂度（Time Complexity）。空间复杂度是对一个算法在运行过程中临时占用存储空间大小的定性度量。而时间复杂度是对一个算法的执行时间长短的定性度量。在数学规划中，我们一般更加关注时间复杂度，因此，本章着重介绍时间复杂度。

4.2 时间复杂度

4.2.1 什么是时间复杂度

时间复杂度，又称时间复杂性，是计算机科学中的一个重要概念。时间复杂度本质上是一个函数，用来定性地描述算法运行所需要的时间和输入数据规模之间的关系。

算法的运行过程中会执行大量的初等运算（Elementary operations），例如，加法、减法、乘法、除法等。假设每种初等运算所花费的计算时间是恒定的，则可以通过统计算法执行所需的基本运算的次数来估计算法复杂度。不过在实际中，我们更常用的提法是算法语句的执行次数，记为 $T(n)$，其中 n 为输入数据的规模。$T(n)$ 也被称为语句频度或时间频度。通常情况下，$T(n)$ 正比于算法的运行时间。

对于一个特定的算法，长度相同但内容不同的输入可能会导致不同的运行时间。例如，使用遍历法判断长度为 5 的数组中是否含有数字 10，当该数组为 $[1,3,4,5,10]$ 时，需要执行 5 次比较运算，当该数组为 $[1,10,6,7,8]$ 时，仅需执行 2 次比较运算。为了消除不同数据对算法运行时间的影响，在分析算法的时间复杂度时，人们一般考虑最坏情况下的算法运行时间，即在输入数据的规模（大小）给定的情况下，算法运行所需的最长可能时间。当然，有些时候也会使用到算法运行的平均时间，但是这种方法不太常见，并且在使用这种方法的时候，一般都会做特别的说明。本章主要探讨算法在最坏情况下的运行时间。

由于很多算法的执行过程相当复杂，我们无法精确地统计出算法运行过程中算法语句被执行的总次数。因此，$T(n)$ 的精确表达式通常难以得到。而且，小规模的输入数据对应的算法运行时间通常并不重要，真正重要的是当输入数据规模 n 不断增加时，所需最大运行时间 $T(n)$ 的变化趋势。为了更方便地刻画这种变化趋势，我们需要保留影响计算量的最主要部分，忽略一些次要的部分。为此，可以引入某个辅助函数 $f(n)$ 来完成这个任务。若存在函数 $f(n)$，使得

$$\lim_{n\to\infty}\frac{T(n)}{f(n)}=K \tag{4.2}$$

式中，K 为常数，且 $K\neq 0$，则称 $f(n)$ 是 $T(n)$ 的同数量级函数，记作 $T(n)=\mathcal{O}[f(n)]$。这里的 $\mathcal{O}(f(n))$ 就叫作算法的**渐进时间复杂度**，简称时间复杂度。运算符 $\mathcal{O}$ 可以消除函数的低阶项、最高阶项系数和常数项，仅保留函数的最高阶。例如，若一个算法的最坏情况下的时间频度 $T(n)=2n^3+3n^2+n+4$，则可令 $f(n)=n^3$，使得 $\lim_{n\to\infty}\dfrac{T(n)}{f(n)}=2\neq 0$，所以该算法的时间复杂度为 $\mathcal{O}[f(n)]=\mathcal{O}(n^3)$。时间复杂度描述的是当数据规模 $n\to\infty$ 时，所需计算量的变化趋势。对于上面提及的案例而言，当 $n\to\infty$ 时，$T(n)$ 的最高阶项 $2n^3$ 起主导作用，剩余部分 $3n^2+n+4$ 的值对 $T(n)$ 取值的影响可以忽略不计，因此仅保留 $2n^3$ 这一项即可。除此之外，在算法时间复杂度的评估中，$T(n)$ 的最高阶项的系数也会被消去。

根据运算符 $\mathcal{O}$ 中出现的函数的类型，可以将算法的时间复杂度分为若干类型。例如，

若一个算法的时间复杂度为 $\mathcal{O}(1)$，则表示常数时间；若一个算法的时间复杂度为 $\mathcal{O}(n)$，则表示线性时间。表4.1列出了一些常见的算法时间复杂度。

表 4.1　常见的算法时间复杂度

复杂度量级	时间复杂度	案　例
常数时间	$\mathcal{O}(1)$	等差数列求和运算
线性时间	$\mathcal{O}(n)$	迭代求解斐波那契数列
二次时间	$\mathcal{O}(n^2)$	冒泡排序
三次时间	$\mathcal{O}(n^3)$	矩阵乘法的基本实现
对数时间	$\mathcal{O}(\log_2 n)$	二分法查找某集合中是否存在某数字（例如 6）
线性对数时间	$\mathcal{O}(n\log_2 n)$	最快的比较排序
指数时间	$2^{\mathcal{O}(n)}$	穷举法求解集覆盖问题
阶乘时间	$\mathcal{O}(n!)$	穷举法求解旅行商问题
多项式时间	$2^{\mathcal{O}(\log n)}=n^{\mathcal{O}(1)}$	求解线性规划的内点法、椭球算法

图4.1直观地展示了不同时间复杂度下计算量的增长速度。

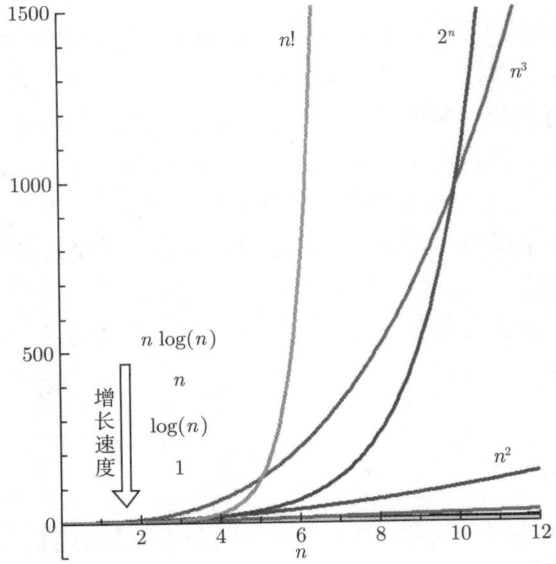

图 4.1　不同时间复杂度下计算量的增长速度

4.2.2　时间复杂度的分析方法与案例

本节将以案例和代码结合的形式来详细介绍时间复杂度的分析方法。

1. 时间复杂度的分析方法

上文提到，算法的时间复杂度可以通过其时间频度 $T(n)$ 得到。因此，对于一个算法，若想得到其时间复杂度，可以先想办法得到 $T(n)$，然后仅保留 $T(n)$ 中的最高阶项，最后再消去最高阶项的系数即可。下面是一个由 $T(n)$ 得到算法的时间复杂度的例子。假设某

算法的时间频度 $T(n)$ 为下面的形式：

$$T(n) = a \cdot 2^n + b \cdot n^3 + c \cdot n^2 + d \cdot n \log n + e \cdot n + f$$

式中，a、b、c、d、e、f 为常数，则其时间复杂度情况如下：

- 当 $a \neq 0$ 时，该算法的时间复杂度为 $\mathcal{O}(2^n)$；
- 当 $a = 0, b \neq 0$ 时，该算法的时间复杂度为 $\mathcal{O}(n^3)$；
- 当 $a = b = 0, c \neq 0$ 时，该算法的时间复杂度为 $\mathcal{O}(n^2)$；
- 当 $a = b = c = 0, d \neq 0$ 时，该算法的时间复杂度为 $\mathcal{O}(n \log n)$；
- 当 $a = b = c = d = 0, e \neq 0$ 时，该算法的时间复杂度为 $\mathcal{O}(n)$；
- 当 $a = b = c = d = e = 0, f \neq 0$ 时，该算法的时间复杂度为 $\mathcal{O}(1)$。

那么，如何得到 $T(n)$ 呢？一般情况下，可以根据算法的程序或者算法的伪代码估算出算法语句被执行的总次数，从而推导出 $T(n)$ 的表达式。下面我们以一个推导 $T(n)$ 的简单案例来帮助大家加深理解。

假设有以下算法程序：

时间复杂度计算案例

```
i = 0          # 执行 1 次
j = 0          # 执行 1 次
_sum = 0       # 执行 1 次
a = 0          # 执行 1 次
n = 1000       # 执行 1 次

for i in range(n):
    # 循环 n 次
    _sum += i                  # 执行 n 次
    for j in range(n):
        # 循环 n 次
        a += 1                 # 执行 n^2 次
        _sum += a              # 执行 n^2 次
```

按照程序代码中总结的执行次数，该算法的时间频度 $T(n)$ 为

$$T(n) = 1 + 1 + 1 + 1 + 1 + n + n^2 + n^2 = 2n^2 + n + 5$$

根据 $T(n)$ 的表达式，可知该算法的时间复杂度为 $\mathcal{O}(n^2)$。

2. 时间复杂度的分析案例

1）常数时间 $O(1)$

以计算等差数列的前 n 项和为例，其求和公式为式（4.1），对应的程序代码如下。

常数时间：计算等差数列的前 n 项和

```
def cal_arithmetic_sequence(arithmetic_sequence_list):
    # 定义等差数列求和公式
    # step 1: 找出首项和末项
    a_0 = arithmetic_sequence_list[0]
    a_tail = arithmetic_sequence_list[-1]
```

```
    # step 2: 计算数列项数
    list_len = len(arithmetic_sequence_list)
    # step 3: 求和公式
    sum = list_len * (a_0 + a_tail) / 2      # 分别执行一次加法、乘法和除法运算

    return sum
```

下面对上述程序代码进行时间复杂度分析。

- 提取数列的首项和末项，需要执行 2 次运算；
- 计算输入的等差数列的长度，需要执行 1 次运算；
- 按照等差数列求和公式进行 1 次加法、1 次乘法和 1 次除法运算。

综上，上述代码的时间频度 $T(n) = 2 + 1 + 3 = 6$，其算法时间复杂度为 $\mathcal{O}(1)$。

2）线性时间 $\mathcal{O}(n)$

斐波那契数列，又称黄金分割数列，其定义如下：

$$F(0) = 0, F(1) = 1, F(n) = F(n-1) + F(n-2), \qquad n \geqslant 2, n \in \mathbb{N} \tag{4.3}$$

如何得到斐波那契数列第 n 项的值呢？可以采用以下两种常用的方法：迭代方法和递归方法。迭代方法指的是根据式（4.3）从前向后迭代计算得到第 n 项的值。不同于迭代方法，递归方法指的是根据式（4.3）实现递归函数，调用该函数得到最终的结果。本节仅探讨迭代方法，递归方法留给大家自行探索。

容易得出，使用迭代方法得到第 n 项的值需要执行 $n-1$ 次加法运算，因此其时间频度为 $T(n) = n - 1$，时间复杂度为 $\mathcal{O}(n)$。下面是迭代方法的实现代码。

线性时间：求斐波那契数列的第 n 项

```
# 迭代算法得到斐波那契数列的第 n 项
def fib_sequence(n):
    if (n == 1):
        return [1]
    if(n == 2):
        return [1, 1]
    fibs = [1, 1]
    for i in range(2, n):
        fibs.append(fibs[-1] + fibs[-2])

    print(f'fibs_list = {fibs}, outcome = {fibs[-1]}')
    return fibs
```

3）二次时间 $\mathcal{O}(n^2)$

冒泡排序是一种经典的排序方法，其时间复杂度为 $\mathcal{O}(n^2)$。冒泡排序的主要思想是：从开头元素到末尾元素进行遍历，遍历过程中，比较相邻元素。若前面的元素大于后面的元素，则将二者的位置交换。执行完一轮这样的操作后，排在末尾的元素一定是所有元素中的最大值。重复执行上述过程，直到没有可以交换的元素对，排序工作就完成了。注意，执

行完第 $k(k \geqslant 1)$ 轮循环后，下一轮循环中就不必考虑排在后面的 k 个元素了。图4.2是一个冒泡排序算法的执行过程示意图。

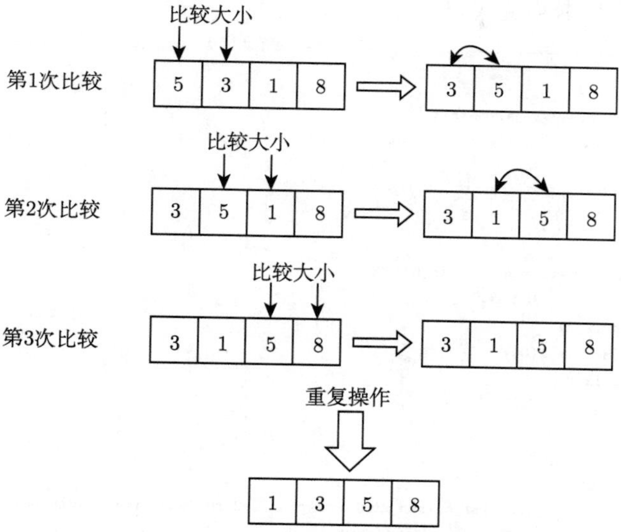

图 4.2　冒泡排序算法的执行过程示意图

下面是冒泡排序的实现代码。

二次时间：冒泡排序

```
def bubble_sort(list_):
    n = len(list_)

    # 遍历所有数组元素
    for i in range(n):
        # 执行 n 次
        # 每次仅考虑前 (n-i-1) 个元素
        for j in range(0, n-i-1):
            # 执行 [1+2+··· +(n-1)] 次
            # 比较相邻两个元素的大小，若前者大于后者，则交换二者的位置
            if list_[j] > list_[j+1] :
                list_[j], list_[j+1] = list_[j+1], list_[j]

    print(f'结果: {list_}')
```

下面对冒泡排序算法进行时间复杂度分析。考虑最坏的情况，即初始的 n 个元素的序列是反序的。在这种情况下，第 1 次循环需要执行 $n-1$ 次判断和 $n-1$ 次交换操作，而整个算法运行完成所需要执行的判断次数和交换次数均为 $(n-1)+(n-2)+\cdots+1=\dfrac{[1+(n-1)](n-1)}{2}=\dfrac{n^2-n}{2}$。所以，冒泡排序的时间频度 $T(n)=n^2-n$，其时间复杂度为 $O(n^2)$。

4）三次时间 $\mathcal{O}(n^3)$

矩阵乘法是线性代数中的基本运算之一，其基本实现的时间复杂度为 $O(n^3)$。考虑两个矩阵 $\boldsymbol{A}$ 和 $\boldsymbol{B}$，只有当矩阵 $\boldsymbol{A}$ 的列数与矩阵 $\boldsymbol{B}$ 的行数相等时，矩阵 $\boldsymbol{A}$ 和 $\boldsymbol{B}$ 才可以相乘。假设 $\boldsymbol{A} \in \mathbb{R}^{m\times n}$，$\boldsymbol{B} \in \mathbb{R}^{n\times p}$，用 $\boldsymbol{C}$ 表示二者的乘积，则 $\boldsymbol{C}$ 的维度为 $m \times p$，$\boldsymbol{C}$ 中的每个元素 $c_{ij} = \sum_{k=1}^{n} a_{ik}b_{kj}$，其中 a_{ik} 和 b_{kj} 分别为矩阵 $\boldsymbol{A}$ 和 $\boldsymbol{B}$ 相应位置处的元素。下面是矩阵乘法的一个基本实现代码[①]。

三次时间：矩阵乘法基本实现

```python
# 第一种实现方法
def matrix_multiplication_1(matrix_A, matrix_B):
    return [[sum(a * b for a, b in zip(a, b)) for b in zip(*matrix_B)] for a in matrix_A]

# 为了更直观的理解矩阵乘法的计算过程，定义第二种实现矩阵乘法的方法

# 第二种实现方法
def matrix_multiplication_2(matrix_A, matrix_B):
    """ 设矩阵 A 的维度为 (m*n), B 的维度为 (n*p) """
    m1_row_num = len(matrix_A)
    m1_column_num = len(matrix_A[0])
    m2_row_num = len(matrix_B)
    m2_column_num = len(matrix_B[0])

    if m1_column_num == m2_row_num:
        # 判断输入矩阵是否可乘
        print(f'matrix1[{m1_row_num}X{m1_column_num}]*matrix2[{m2_row_num}X{m2_column_num}]')

        res = [[0] * m2_column_num for i in range(m1_row_num)]
        for i in range(m1_row_num):
            # 执行 m 次
            for j in range(m2_column_num):
                # 执行 p 次
                for k in range(m2_row_num):
                    # 执行 n 次
                    res[i][j] += matrix_A[i][k] * B[k][j]
        return res
    else:
        print('警告：输入矩阵不可乘！')
```

根据上述代码可知，矩阵乘法的基本实现需要执行 3 次循环操作，所以一共执行了 $m \times p \times n$ 次乘法运算和 $m \times p \times (n-1)$ 次加法运算，因此其时间频度为 $T(n) = mpn + mp(n-1)$，若取 $m = p = n$，则上述实现代码的时间复杂度为 $\mathcal{O}(n^3)$。

5）对数时间 $\mathcal{O}(\log n)$

考虑有一个猜数字的小游戏，游戏规则如下：预先给定一个小于 100 的正整数 x，例如，$x = 55$，要求玩家猜出 x 的具体值。玩家可以有多次猜数的机会，每一次猜测都会得到所猜数字比 x 大、比 x 小或猜测正确的反馈。请问，如何快速地猜中 x？

可以采用二分法的策略进行猜测，即首先猜测 $x = 50\left(=\dfrac{100}{2}\right)$，若得到 50 比 x 大的反馈，则再猜测 $x = 25\left(=\dfrac{50}{2}\right)$，反之则猜测 $x = 75\left(=50+\dfrac{50}{2}\right)$。以此类推，最终可以快速得到 x 的正确取值。

① 实现矩阵乘法还有其他更高效的算法。

下面对采用二分法猜数字进行时间复杂度分析。只需要统计出最坏情况下需要猜多少次即可。假设数字所在的区间长度为 n（区间的下界为 0），则每次查找的区间大小依次是 $n, \frac{n}{2^1}, \frac{n}{2^2}, \cdots, \frac{n}{2^m}$，其中 m 是猜测的总次数。在最坏情况下，一定是排除了所有其他数字，只剩下一个可选的值，这个值也就是 x 的正确取值。所以，最坏情况下的猜测次数 m 满足 $\frac{n}{2^m}=1$。因此可以得到

$$m = \log_2 n$$

根据该表达式，可知采用二分法猜数字的时间频度为 $T(n) = \log_2 n$，其时间复杂度为 $\mathcal{O}(\log_2 n)$。

还有很多其他案例也可以使用二分法来解决。下面给出一个简单的例子。考虑有一个列表 `list_`（元素均为数字），且 `list_` 中的元素为升序排列。给定一个数 `check_num`，判断 `check_num` 是否存在于 `list_` 中，若存在，请给出 `check_num` 在 `list_` 中的下标。下面给出 Python 实现二分法求解该问题的完整代码。

对数时间：采用二分法查找一个数字是否在给定的列表中

```python
# 注意，输入的列表 list_ 的元素是升序排列的
# 二分法的基本实现
def bisection(list_, check_num):
    search_num = {}
    # 计算列表的长度
    length_ = len(list_)
    print('列表长度为:', length_)
    # 计算列表首尾索引
    index_min = 0
    index_max = length_ - 1
    count = 0
    while True:
        count += 1
        index_mid = int((index_min + index_max) / 2)
        search_num[count] = list_[index_mid]
        print(f'第{count}次迭代，查找{list_[index_mid]}')
        if count >= 2 and search_num[count] == search_num[count - 1]:
            print('该数字不在列表中!!!')
            break
        elif list_[index_mid] > check_num:
            # 说明查找到的数字大于要找的数字
            index_max = index_mid - 1
        elif list_[index_mid] < check_num:
            # 说明查找到的数字小于要找的数字
            index_min = index_mid + 1
        elif list_[index_mid] == check_num:
            return (f'找到了，在列表的第{index_mid}s 个位置!')

# 递归方式实现二分法
def bisection_recursion(list_, check_num):
    if len(list_) == 0:
        print('该数字不在列表中!!!')
        return False
    else:
        midpoint = len(list_) // 2
```

```python
        if list_[midpoint] == check_num:
            print(f'找到了，在列表的第{list_.index(check_num)}个位置')
            return True
        else:
            if check_num < list_[midpoint]:
                # 如果查找的数小于中位数
                return bisection_recursion(list_[:midpoint], check_num)
            else:
                # 如果查找的数大于中位数
                return bisection_recursion(list_[midpoint + 1:], check_num)
```

6）指数时间 $\mathcal{O}(2^n)$

集覆盖问题（Set Covering Problem）是一个重要的组合优化问题。其问题描述为：假定集合 $\mathcal{U} = \{a_1, a_2, \cdots, a_m\}$。考虑集合 $\mathcal{S}$ 是由 n 个 $\mathcal{U}$ 的子集组成的集合，即 $\mathcal{S} = \{s_1, s_2, \cdots, s_n\}$，且 $s_k \subset \mathcal{U}$。$\mathcal{S}$ 中每个元素都对应一个成本 c_k。集覆盖问题指的是，从 $\mathcal{S}$ 中选出若干个 $\mathcal{U}$ 的子集，使得这些子集的并集为 $\mathcal{U}$，且所有被选子集的成本之和最小。

集覆盖问题可以被建模为整数规划模型。引入 0-1 决策变量 x_k，其含义如下：

$$x_k = \begin{cases} 1, & \text{子集 } s_k \text{ 被选中} \\ 0 & \text{其他情况} \end{cases} \tag{4.4}$$

基于此，集覆盖问题可以被建模为下面的数学模型：

$$\min \quad \sum_{k=1}^{n} c_k x_k \tag{4.5}$$

$$\text{s.t.} \quad \sum_{k=1}^{n} b_{ki} x_k \geqslant 1, \qquad \forall i = 1, \cdots, m \tag{4.6}$$

$$x_k \in \{0, 1\}, \qquad \forall k = 1, 2, \cdots, n \tag{4.7}$$

其中，b_{ki} 是取值为 0 或 1 的参数，表示元素 a_i 是否包含于子集 s_k 中。

集覆盖问题有很多求解算法，但是为了介绍指数时间复杂度，本节采用穷举法来求解该问题。穷举法求解集覆盖问题的思路是：首先列举出所有可能的选择组合，然后判断每个选择组合的可行性，并计算其对应的总成本，最后通过比较，选出总成本最小的选择组合。

指数时间：采用穷举法求解集覆盖问题

```python
def enumerate_solve_set_covering(universe_set, subset_set):
    """
    注：上文提及的集合是数学上的概念。为了方便实现，我们在代码中使用 list 等数据类型来表示集覆盖问题中的集合。
    这种表示方法不影响代码实现的正确性。

    :param universe_set: 包含所有元素的集合
    :param subset_set: 所有子集的集合
    """

    # 导包
    from itertools import combinations
```

```python

    # 穷举出所有的选择方案，所有可能的方案为 2^n - 1 个，其中 n 为子集的个数
    all_combinations = []
    for n in range(1, len(subset_set)+1):
        for c in combinations(subset_set.keys(), n):
            all_combinations.append(c)

    print('所有可能的组合数：', len(all_combinations))
    print('所有可能的组合：', all_combinations)

    # 判断每个组合是否是可行的，并计算对应的成本，筛选出最优解
    min_cost = float('inf')
    optimal_sol = []
    for sol in all_combinations:
        temp_cost = 0
        sol_list = list(sol)
        temp_set = set(subset_set[sol_list[0]][0])
        for selected_subset_ID in sol_list:
            temp_set = set(subset_set[selected_subset_ID][0]) | temp_set  # 求并集
            temp_cost += subset_set[selected_subset_ID][1]

        if(temp_set == set(universe_set) and temp_cost < min_cost):
            min_cost = temp_cost
            optimal_sol = sol

    # 输出最优解
    print('最优解选择的子集为{}'.format(optimal_sol))
    print('最小成本为{}'.format(min_cost))

""" 数值实验 """
# 设置全集
universe_set = [1, 2, 3, 4, 5, 6]
# 设置子集的集合
# [[1, 3], 4] 表示：子集为 [1, 3]，对应的成本为 4
subset_set = {0: [[1, 3], 4],
              1: [[1, 2, 3, 4], 6],
              2: [[4, 5, 6], 2],
              3: [[4, 6], 1]}

# 调用穷举求解函数求解集覆盖问题
enumerate_solve_set_covering(universe_set, subset_set)

"""
求解结果：
所有可能的组合数： 15
所有可能的组合： [(0,), (1,), (2,), (3,), (0, 1), (0, 2), (0, 3), (1, 2), (1, 3), (2, 3),
(0, 1, 2), (0, 1, 3), (0, 2, 3), (1, 2, 3), (0, 1, 2, 3)]
最优解选择的子集为 (1, 2)
最小成本为 8
"""
```

在上面的代码中，我们首先调用 Python 的 itertools 模块中的 combinations 函数，生成了所有可能的选择组合，共有 $2^n - 1$ 个，其中 n 为 $\mathcal{S}$ 中包含 $\mathcal{U}$ 的子集的个数。记所有可能的选择组合构成的集合为 $\mathcal{A}$。采用穷举法，通过遍历 $\mathcal{A}$ 中的每一个可能的选择组合，判断其可行性，并计算其对应的成本，最终得到全局最优解。整个过程中，遍历 $\mathcal{A}$ 中

2^n-1 个可能的选择组合是最耗时的环节。当 $n\to\infty$ 时，在单个选择组合的处理过程中发生的计算量与遍历 $\mathcal{A}$ 相比是可以忽略不计的。因此，采用穷举法求解集覆盖问题的时间频度可以认为是 $T(n)=2^n-1$，其时间复杂度为 $\mathcal{O}(2^n)$。

7）阶乘时间 $\mathcal{O}(n!)$

旅行商问题（Traveling Salesman Problem，TSP）是一个经典的组合优化问题，其应用场景非常多。本节以 TSP 为例来介绍阶乘时间复杂度。TSP 的描述如下：考虑有若干个城市，已知这些城市两两之间的距离，要求找出一条不重复地访问所有城市的最短路径。TSP 有很多求解算法，例如穷举法、动态规划算法、分支定界算法、分支切割算法等。为了讲解阶乘时间复杂度，本节采用穷举法求解 TSP。穷举法的做法是，先遍历找出所有可能的可行解，然后找出最短路径，完整的实现代码如下。

阶乘时间：采用穷举法求解旅行商问题

```python
import numpy as np
import random
import itertools
import math

random.seed(42)                        # 设置随机生成器的种子
city_num = 8                           # 城市的数量

# 生成随机的城市坐标
def generate_loc(node_num):
    node_loc = [(random.randint(1, 100), random.randint(1, 100)) for i in range(city_num)]
    return node_loc

# 计算城市间的距离矩阵
def calc_dis_matric(city_num, loc):
    # dis_matrix = np.zeros((city_num, city_num), dtype=np.complex_)
    dis_matrix = np.zeros((city_num, city_num))

    for i in range(city_num):
        for j in range(city_num):
            node1_x = loc[i][0]
            node1_y = loc[i][1]
            node2_x = loc[j][0]
            node2_y = loc[j][1]
            dis_matrix[i][j] = math.sqrt((node1_x - node2_x)**2 + (node1_y - node2_y)**2)
    return dis_matrix

# 计算路径的距离
def cal_route_dis(city_num, dis_matrix):
    route_length = city_num - 1
    route_dis_dict = {}
    min_paths = []
    min_dis = float('Inf')

    # 生成所有的可行路径
    paths = itertools.permutations(range(city_num))

    # 遍历所有的可行路径，计算其距离并筛选出最优解
    for path in paths:
        key = path
```

```python
        route_dis = sum([dis_matrix[path[i]][path[i + 1]] for i in range(route_length)] + [dis_matrix[path[-1]][path[0]]])
        route_dis_dict[key] = route_dis

        if route_dis < min_dis:
            min_dis = route_dis
            min_paths = []
            min_paths.append(path)
        elif min_dis == route_dis:
            min_paths.append(path)

    return min_paths, route_dis_dict


city_loc = generate_loc(city_num)                      # 生成随机城市坐标
dis_matrix = calc_dis_matric(city_num, city_loc)       # 计算距离矩阵

min_paths, route_dis = cal_route_dis(city_num, dis_matrix)      # 采用穷举法求解 TSP, 遍历所有的可行路径

# 输出结果
for path in min_paths:
    print(f'最短路径为 {path}, 距离 = {route_dis[path]}')

"""
求解过程中输出的结果（有多个最优解）:
最短路径为 (0, 4, 7, 5, 1, 2, 3, 6), 距离 = 322.83149068383926
最短路径为 (2, 1, 5, 7, 4, 0, 6, 3), 距离 = 322.83149068383926
最短路径为 (2, 3, 6, 0, 4, 7, 5, 1), 距离 = 322.83149068383926
最短路径为 (3, 6, 0, 4, 7, 5, 1, 2), 距离 = 322.83149068383926
最短路径为 (4, 7, 5, 1, 2, 3, 6, 0), 距离 = 322.83149068383926
最短路径为 (5, 1, 2, 3, 6, 0, 4, 7), 距离 = 322.83149068383926
最短路径为 (5, 7, 4, 0, 6, 3, 2, 1), 距离 = 322.83149068383926
最短路径为 (6, 0, 4, 7, 5, 1, 2, 3), 距离 = 322.83149068383926
最短路径为 (7, 4, 0, 6, 3, 2, 1, 5), 距离 = 322.83149068383926
"""
```

上述代码中最主要的部分包括：（1）调用 Python 的 itertools 模块中的 permutations 函数生成所有可能的路径（即所有城市编号的全排列），记这些路径构成的集合为 $\mathcal{P}$；（2）遍历 $\mathcal{P}$ 中的每条可行路径；（3）对单条可行路径，计算其总距离，并判断该总距离和当前最小距离的大小关系，若该总距离更小，则更新当前最好解。

当城市的个数 $n \to \infty$ 时，第（2）部分就变成了所有循环中最主要的部分，因此只需根据第（2）部分来分析复杂度即可。由于 $\mathcal{P}$ 中有 $n!$ 条可行路径，因此，可以认为采用穷举法求解 TSP 的算法时间频度为 $T(n) = n!$，时间复杂度为 $\mathcal{O}(n!)$。

4.3 P、NP、NPC 和 NP-hard

上文介绍了时间复杂度的相关概念和分析案例，本节介绍与算法复杂性相关的另外几个重要概念，即 P、NP、NPC 和 NP-hard。这些概念与数学规划有着非常密切的联系。

4.3.1 P 和 NP

所有可以在多项式时间内求解的问题都是 P 问题。具体来讲，所有 P 问题都可以在 $\mathcal{O}(n^k)$ 时间内被解决（Polynomial-time solvable），其中，n 是输入数据的规模，k 是与 n 相

互独立的一个常数 [22]。与 P 问题对应的是 NP 问题，NP 的英文全称是 Non-deterministic polynomial time。一个问题被归类为 NP 问题，需要满足下面的条件：（1）该问题不确定能否在多项式时间内解决；（2）对于任意一个给定的解，可以在多项式时间内验证其是否正确。简单来讲，NP 问题不确定能否在多项式时间内被求解，但是可以在多项式时间内被验证。

P 与 NP 是否等价，即是否所有 NP 类问题都是 P 类问题？这一直是计算机科学和数学领域一个悬而未决的问题。2000 年 5 月 24 日，美国克雷数学研究所（Clay Mathematics Institute）公布了 7 道千禧年大奖难题，解答其中任何一题的第一个人将获得一百万美元奖金，而 P = NP 正是其中之一。不过，目前人们一般认为 P ≠ NP。导致这种观点的一个重要原因是，人们在研究 NP 问题的过程中发现了 NP-完全（NP-Complete，NPC）问题。NPC 问题是一类特殊的 NP 问题。在介绍 NPC 之前，我们首先需要了解三个概念：判定问题、优化问题和约化。

4.3.2 判定问题和优化问题

判定问题和优化问题是计算机科学中的两个概念。判定问题（Decision Problem）是指那些可以被归结为回答“是”或“否”的问题。这类问题的核心在于，对于给定的输入，仅需确定是否存在满足某些特定条件的解。优化问题（Optimization Problem）则是指那些需要在可行域内寻找最优解的问题。这类问题通常不仅需要判断解的存在性，而且还需要找到最优化某个给定函数的解。

下面是一些判定问题和优化问题的案例。

（1）给定有向图 $G = (V, A)$。考虑两个点 A，$B \in V$，$A \neq B$，是否存在从 A 到 B 的路径。（**判定问题**）

（2）给定有向图 $G = (V, A)$。考虑两个点 A，$B \in V$，$A \neq B$，求从 A 到 B 的最短路径。（**最短路问题的优化问题**）

（3）给定有向图 $G = (V, A)$ 和非负实数 C。是否存在一条恰好访问每个点一次并最终返回起点的总长度不超过 C 的路径。（**旅行商问题的判定问题**）

（4）给定有向图 $G = (V, A)$，求恰好访问每个点一次并最终返回起点的最短路径。（**旅行商问题的优化问题**）

判定问题侧重于问题的可解性，而优化问题侧重于寻找最优解。尽管判定问题和优化问题在形式上有所不同，但它们之间经常是相互关联的。例如，在旅行商问题中，如果设定一个特定的距离阈值，就可以将其转化为一个判定问题 [如问题（3）]。这样的转换有时可以帮助我们使用判定问题的解决方案来间接解决优化问题。

4.3.3 约化

约化（Reducibility）也叫归约①。考虑有两个不同的判定问题（Decision problem）A 和 B。若能找到一个变换方法 f，使得下面的条件成立：

① 1971 年，多伦多大学计算机科学家和数学家 Stephen Cook 在其论文《The complexity of theorem-proving procedures》中正式提出了多项式时间约化（Polynomial-time reduction）[21]。

（1）对于任意一个问题 A 的输入算例 α，均可按照变换方法 f 将其转换为问题 B 的输入算例 β；

（2）将算例 α 和 β 分别输入问题 A 和 B，得到相同的输出结果。那么我们说，问题 A 可约化为问题 B[22]。一般要求转换方法 f 的时间复杂度是多项式时间。

下面举一个简单的例子来帮助大家更加直观地理解约化。假设问题 A 是求解一元一次方程 $b_1x + c_1 = 0$，问题 B 是求解一元二次方程 $a_2x^2 + b_2x + c_2 = 0$。对于任意一个问题 A 的输入算例，我们都可以按照下面的方法将其转换为问题 B 的输入算例，即设置 $a_2 = 0, b_2 = b_1, c_2 = c_1$。在这种转换方法下，任意一元一次方程均可使用一元二次方程的求解算法去求解。因此，一元一次方程可以约化为一元二次方程。

约化具有传递性。若问题 A 可约化为问题 B，问题 B 可约化为问题 C，则问题 A 可约化为问题 C。

问题 A 可以约化成问题 B 隐含着一点重要的直观意义，即问题 B 的时间复杂度不低于问题 A 的时间复杂度。换句话说，直观上来讲，问题 B 的求解难度高于或者等于问题 A。

4.3.4 NPC 和 NP-hard

NPC 问题是一类特殊的 NP 问题。若一个问题可以被归类为 NPC 问题，则它必须符合下面两个条件：

（1）该问题是 NP 问题；

（2）所有的 NP 问题都可以用多项式时间约化算法约化为该问题。

根据 NPC 问题和约化的定义，若该 NPC 问题可以在多项式时间内求解，则所有的 NP 问题也可以在多项式时间内求解。换句话说，当且仅当 P=NP 时，该 NPC 问题可以在多项式时间内求解。NPC 问题为解决 P 是否等价于 NP 提供了非常好的思路，即只要找到一个可以在多项式时间内求解的 NPC 问题，就可以证明 P=NP。遗憾的是，迄今为止，没有任何一个已经被识别的 NPC 问题存在已知的多项式时间算法。

若一个问题满足 NPC 问题的第 2 个条件，但是不一定满足第 1 个条件，则该问题被称为 NP 难（NP-hard）问题。根据 NP-hard 的定义可知，NP-hard 问题的范围比 NPC 更广，有些 NP-hard 问题甚至不是 NP 问题。这表明，即使 P=NP，也不能说明所有 NP-hard 问题都存在多项式时间算法。

为了让大家更清楚地区分 P 问题、NP 问题、NPC 问题和 NP-hard 问题的概念，下面对这些概念做简要梳理。

- **P 问题**：可以在多项式时间内求解的问题。
- **NP 问题**：不确定是否可以在多项式时间内求解，但是可以在多项式时间内验证一个解的问题。
- **NPC 问题**：也称 NP 完全问题，它满足 2 个条件，一是 NP 问题；二是所有的 NP 问题都可以用多项式时间约化算法约化为它。
- **NP-hard 问题**：也称 NP 难问题，NP-hard 问题满足 NPC 问题的第 2 个条件，但是不一定满足第 1 个条件。

图4.3 直观地展示了四者之间的关系。需要强调的是，NPC 问题既是 NP 问题的一个子集，也是 NP-hard 问题的一个子集。NPC 问题一定是 NP-hard 问题，但是 NP-hard 问题不一定是 NPC 问题。

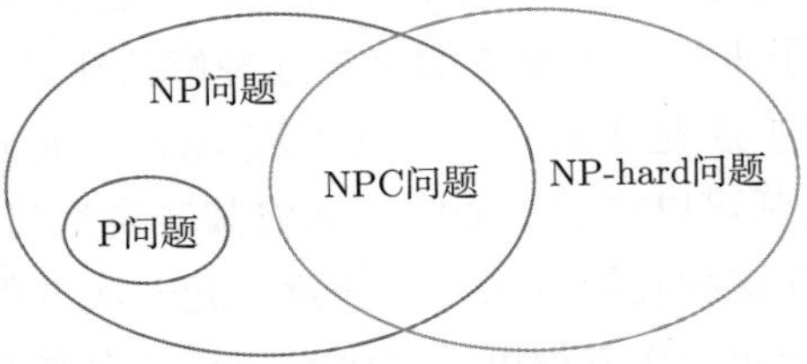

图 4.3　P 问题、NP 问题、NPC 问题和 NP-hard 问题之间的关系

4.4　常见的 NPC 问题和 NP-hard 问题

目前，已经有一些被识别的 NPC 问题和 NP-hard 问题。这些问题可以为证明一个问题是否为 NPC 问题或者 NP-hard 问题提供有效的帮助。

1971 年，多伦多大学计算机科学家和数学家 Stephen A. Cook 在其论文《The complexity of theorem-proving procedures》中证明了第一个 NPC 问题——布尔可满足性问题（Boolean satisfiability problem，简称 SAT）[21]。1972 年，Richard Karp 推进了相关研究，证明了 21 个不同的 NPC 问题，整理成了《Reducibility Among Combinatorial Problems》[53]。这 21 个被识别的 NPC 问题如下：

（1）布尔可满足性问题（Boolean satisfiability problem，简称 SAT）；

（2）0-1 整数规划（0-1 integer programming）问题；

（3）分团问题（Clique problem）；

（4）集装包问题（Set packing problem）；

（5）最小顶点覆盖（Vertex/Node cover）问题；

（6）集覆盖（Set covering）问题；

（7）反馈节点集（Feedback node set）问题；

（8）反馈弧集（Feedback arc set）问题；

（9）有向哈密尔顿回路（Directed Hamiltonian cycle）问题；

（10）无向哈密尔顿回路（Undirected Hamiltonian cycle）问题；

（11）3 字符子句的布尔可满足性（Satisfiability with at most 3 literals per clause 3-SAT）问题；

（12）图着色问题（Chromatic number 或 Graph coloring problem）；

（13）分团覆盖（Clique cover）问题；

（14）精确覆盖（Exact cover）问题；

（15）碰撞集（Hitting set）问题；

（16）斯坦纳树（Steiner tree）问题；

（17）三维匹配（3-dimensional matching）问题；

（18）背包（Knapsack）问题；

（19）作业排序（Job sequencing）问题；

（20）分区（Partition problem 或 Number partitioning）问题；

（21）最大割（Max cut）问题。

根据 NP-hard 问题的定义，所有的 NPC 问题都是 NP-hard 问题，因此 Richard M. Karp 给出的 21 个 NPC 问题全都是 NP-hard 问题。此外，还有许多组合优化问题也已经被证明是 NP-hard 问题。这里列举下面几个：旅行商问题（Traveling Salesman Problem，TSP）、车辆路径规划问题（Vehicle Routing Problem，VRP）、设施选址问题（Facility Location Problem，FLP）、服务网络规划问题（Service Network Design Problem，SNDP）、作业车间调度问题（Job-shop Scheduling Problem，JSP）、带资源约束的基本最短路问题（Elementary Shortest Path Problem with Resource Constraints，ESPPRC）、装箱问题（Bin Packing Problem，BPP）等。

4.5 小结

本章主要介绍了计算复杂性的相关知识以及 P、NP、NPC、NP-hard 和约化的概念。这些内容虽然属于理论计算机科学范畴，但是它们与数学规划有着非常密切的关系。例如，在把实际问题建模成为数学规划模型以后，往往需要进一步深入分析模型的复杂度，从而判断模型的求解难度，有时还需要证明问题是否为 NPC 问题或者 NP-hard 问题。

此外，本章的内容在算法设计方面也有非常重要的地位，不过由于本书侧重于讲解建模方法、案例和编程实战，因此，本章仅挑选了一部分基础内容进行了简要的介绍。对计算复杂性感兴趣的可以继续深入阅读本章的相关参考文献。

第 II 部分

建模案例详解

第 5 章　生产计划优化问题

5.1　问题介绍

对于制造业而言，制定合适的产品生产计划和人力资源管理方案对于降低库存成本、缺货成本以及人工成本是非常重要的。特别地，对于一些需求波动较大的产品，企业需要准确地预测需求，并制定相应的生产计划。随着机器学习理论的不断发展，一些基于深度学习的需求预测模型展现出惊人的预测效果。不过，只有需求预测是不够的，要达到真正降低成本的目的，还需要对后续的生产计划和人力资源策略进行优化。接下来我们就以一个具体的案例来介绍生产计划和人力资源优化问题。

本章研究的问题描述如下。某公司生产一种可折叠桌子，生产每件产品的原材料成本为 90 元，人工工时为 5 个工时。产品的单价为 300 元。该公司在 1 月初有 1000 个工人，并且持有库存 15000 件。工人每小时的正常薪酬为 30 元，每个工人每天的正常工作时间为 8 小时，多出来的工作时间均算作加班时间，加班时间的时薪为 40 元。每月的工作天数按照 20 天计算。假设该公司可用的生产机器足够，产能不受机器工时的限制。每个工人每个月的加班时长不多于 20 小时。持有库存会产生相应的库存成本。如果由于产能不足导致缺货，会产生一定的缺货成本。此外，公司也可以通过外包来弥补缺货的部分。每件产品的外包成本和缺货成本分别为 200 元和 35 元。每件产品每月的库存成本为 15 元。公司的员工都是临时工，公司可以灵活决定每月雇佣和解雇的人数。雇佣和解雇单个员工的成本分别为 5000 元和 8000 元。假设公司已经利用已有的预测模型预测出了 1~6 月的需求量，见表5.1。

表 5.1　需求量预测

月　份	1	2	3	4	5	6
需求量预测	20000	40000	42000	35000	19000	18500

请为该公司制定生产计划、工人工作计划以及雇佣和解雇员工计划，使得公司 6 个月的总净收益最大，同时使得公司在 6 月底至少持有 10000 件产品。

5.2　问题建模

本节来分析上述问题。表5.1 给出了公司未来 6 个月的需求量预测，并且给定 1 月初的库存量为 15000 件（换言之，公司上一年 12 月月末的剩余库存为 15000 件）。为了建模方便，需要将上一年的 12 月也考虑到模型中。因此，本文提供的模型包含了 0～6 共 7 个时间段对应的决策，即从上一年 12 月到今年的 6 月。

首先，对 6 个月的经营活动进行分析，梳理出该过程涉及的所有活动。整个生产计划涉及的活动包括生产、外包、雇佣和解雇员工以及产品销售等。为了准确地刻画上述活动，需要引入下列决策变量（其中下标 $i = 0, 1, \cdots, 6$）。

- 每个月的生产量 x_i：非负整数决策变量。
- 每个月的外包量 y_i：非负整数决策变量。
- 每个月是否缺货 z_i：0-1 决策变量。
- 每个月月末的剩余库存 I_i：非负整数决策变量。
- 每个月的生产量与库存量之和与需求量之间的差值 e_i：无约束整数决策变量。
- 每个月的缺货量 L_i：非负整数决策变量。
- 每个月雇佣的员工数量 H_i：非负整数决策变量。
- 每个月解雇的员工数量 F_i：非负整数决策变量。
- 每个月实际剩余的员工数量 P_i：非负整数决策变量。
- 员工每个月的总加班时间 O_i：非负连续型决策变量。
- 每个月产品的实际销售量 S_i：非负整数决策变量。

基于上述决策变量，可以将本章探讨的优化问题建模为一个混合整数规划模型。下面详细介绍该问题的建模过程。

该优化问题的目标函数是最大化 6 个月的总净收益。净收益可以由关系式（5.1）计算得到。

$$\text{净收益} = \text{销售收入} - \text{生产成本} - \text{人工工资成本} - \text{库存成本和缺货成本} - \text{雇佣和解雇成本} \tag{5.1}$$

下面基于关系式（5.1）推导出模型的目标函数表达式。

总销售收入减去总生产成本可以表示为：

$$\sum_{i=1}^{6}(300S_i - 90x_i - 200y_i) \tag{5.2}$$

人工工资成本的计算公式：

$$\sum_{i=1}^{6}[40O_i + P_i(30 \times 8 \times 20)] \tag{5.3}$$

库存成本和缺货成本的计算公式：

$$15000 \times 15 + \sum_{i=1}^{6}(15I_i + 35L_i) \tag{5.4}$$

雇佣和解雇成本的计算公式：

$$\sum_{i=1}^{6}(5000H_i + 8000F_i) \tag{5.5}$$

基于式（5.2）～ 式（5.5），可以给出模型的目标函数：

$$\begin{aligned}\max \sum_{i=1}^{6}[&300S_i - 90x_i - 200y_i - 40O_i - P_i(30\times 8\times 20)-\\&15000\times 15 - 15I_i - 35L_i - 5000H_i - 8000F_i]\end{aligned} \tag{5.6}$$

下面添加约束条件。首先是边界条件，包括：

- 1 月初的剩余库存为 15000 件；
- 1 月初有 1000 名工人；
- 6 月末的剩余库存至少为 10000 件。

上述边界条件对应的约束如下：

$$I_0 = 15000,\ P_0 = 1000,\ I_6 \geqslant 10000 \tag{5.7}$$

接下来是每个月的产品数量关系。每个月的生产量、外包量、库存量和需求量应满足以下等式关系：

上月月末库存 + 本月生产量 + 本月外包量 + 本月差值 = 本月需求量

对应的约束为：

$$I_{i-1} + x_i + y_i + e_i = d_i, \qquad \forall i = 1,\cdots,6 \tag{5.8}$$

此外，相邻两个月的库存量的关系为：

上月库存 + 本月生产量 + 本月外包量 − 本月销售量 = 本月库存

上述关系可以表示为下面的约束：

$$I_{i-1} + x_i + y_i - S_i = I_i, \qquad \forall i = 1,\cdots,6 \tag{5.9}$$

接下来需要处理缺货量 L_i 与差值 e_i 之间的关系，即若 $e_i > 0$，则 $L_i = e_i$；若 $e_i \leqslant 0$，则 $L_i = 0$。为了准确描述上述关系，需要引入 0-1 决策变量 z_i 来表示缺货的状态，起到过渡的作用。若 $z_i = 1$，表示第 i 个月缺货，否则该月不缺货。因此，若 $e_i > 0$（等价于 $e_i \geqslant 1$，因为本问题中产品数量为非负整数），第 i 个月缺货，此时 $z_i = 1$，否则 $z_i = 0$。引入以下约束来表示 z_i、e_i 和 L_i 之间的逻辑关系：

$$e_i - Mz_i \leqslant 0, \qquad \forall i = 1,\cdots,6 \tag{5.10}$$

$$-(e_i-1)-M(1-z_i)\leqslant 0, \qquad \forall i=1,\cdots,6 \tag{5.11}$$

$$L_i-e_i-M(1-z_i)\leqslant 0, \qquad \forall i=1,\cdots,6 \tag{5.12}$$

$$e_i-L_i-M(1-z_i)\leqslant 0, \qquad \forall i=1,\cdots,6 \tag{5.13}$$

其中，M 为一个足够大的正数。约束式（5.10）和约束式（5.11）表示若 $e_i\geqslant 1$，则 $z_i=1$，第 i 个月缺货；若 $e_i\leqslant 0$，则 $z_i=0$，第 i 个月不缺货。约束式（5.12）和约束式（5.13）表示若第 i 个月缺货（即 $z_i=1$），则 $L_i=e_i$。

接下来是销售量的计算。第 i 个月的实际销售量等于该月的需求量减去缺货量，即

$$S_i=d_i-L_i, \qquad \forall i=1,\cdots,6 \tag{5.14}$$

上个月月末的员工数量，加上该月雇佣的员工数量，减去该月解雇的员工数量，等于本月月末的员工数量。该关系可以用约束表示为：

$$P_{i-1}+H_i-F_i=P_i, \qquad \forall i=1,\cdots,6 \tag{5.15}$$

每月生产产品所需的人工工时必须小于等于可用的人工工时，即：

$$5x_i\leqslant(8\times 20)\times P_i+O_i, \qquad \forall i=1,\cdots,6 \tag{5.16}$$

最后，每个工人每月的加班时间不得多于 20 小时。

$$O_i\leqslant 20P_i, \qquad \forall i=1,\cdots,6 \tag{5.17}$$

5.3 完整数学模型

为了方便查看，这里将生产计划优化模型的完整形式展示如下：

$$\max \sum_{i=1}^{6}[300S_i-90x_i-200y_i-40O_i-P_i(30\times 8\times 20)-$$

$$15000\times 15-15I_i-35L_i-5000H_i-8000F_i] \tag{5.18}$$

$$\text{s.t.}\quad I_0=15000,\ P_0=1000,\ L_0=0,\ S_0=0,\ I_6\geqslant 10000 \tag{5.19}$$

$$I_{i-1}+x_i+y_i+e_i=d_i, \qquad \forall i=1,\cdots,6 \tag{5.20}$$

$$I_{i-1}+x_i+y_i-S_i=I_i, \qquad \forall i=1,\cdots,6 \tag{5.21}$$

$$e_i-Mz_i\leqslant 0, \qquad \forall i=1,\cdots,6 \tag{5.22}$$

$$-(e_i-1)-M(1-z_i)\leqslant 0, \qquad \forall i=1,\cdots,6 \tag{5.23}$$

$$L_i-e_i-M(1-z_i)\leqslant 0, \qquad \forall i=1,\cdots,6 \tag{5.24}$$

$$
\begin{aligned}
& e_i - L_i - M(1 - z_i) \leqslant 0, && \forall i = 1, \cdots, 6 && (5.25)\\
& S_i = d_i - L_i, && \forall i = 1, \cdots, 6 && (5.26)\\
& P_{i-1} + H_i - F_i = P_i, && \forall i = 1, \cdots, 6 && (5.27)\\
& 5x_i \leqslant (8 \times 20) \times P_i + O_i, && \forall i = 1, \cdots, 6 && (5.28)\\
& O_i \leqslant 20P_i, && \forall i = 1, \cdots, 6 && (5.29)\\
& x_i, y_i, I_i, H_i, F_i, L_i, P_i, S_i \in \mathbb{Z}_+, && \forall i = 1, \cdots, 6 && (5.30)\\
& O_i \geqslant 0, e_i \text{ 无约束}, z_i \in \{0, 1\}, && \forall i = 1, \cdots, 6 && (5.31)
\end{aligned}
$$

5.4 编程实战

本节详细介绍如何使用 Python 调用 COPT 和 Gurobi 求解上述数学模型。

5.4.1 算例准备

在正式建模和求解之前，首先根据题意定义涉及的所有算例数据，为后续的步骤做好准备，具体代码如下。

算例准备

```python
class Instance():
    ''' 定义算例数据 '''
    def __init__(self):
        period_num = 7                          # 周期数
        raw_material_cost = 90                  # 原材料成本
        unit_product_time = 5                   # 单位产品需要的工时
        price = 300                             # 产品售价
        init_employee_num = 1000                # 1 月初剩余的员工人数
        init_inventory = 15000                  # 1 月初的剩余库存
        normal_unit_salary = 30                 # 正常单位工时工资
        overtime_unit_salary = 40               # 加班单位工时工资
        work_day_num = 20                       # 每月工作的天数
        work_time_each_day = 8                  # 员工每天的正常工作时间
        overtime_upper_limit = 20               # 每个工人每月的加班工时上限
        outsource_unit_cost = 200               # 外包单位成本
        unit_inventory_cost = 15                # 单位库存成本
        unit_shortage_cost = 35                 # 单位缺货成本
        hire_cost = 5000                        # 单个工人的雇佣成本
        fire_cost = 8000                        # 单个工人的解雇成本
        inventory_LB_of_last_month = 10000      # 6 月底的最低库存要求

        # 预测需求量（12 月的用 0 补充）
        demand = [0, 20000, 40000, 42000, 35000, 19000, 18500]
```

5.4.2 建立模型并求解：Python 调用 COPT 实现

基于上述算例数据，可以使用 Python 调用 COPT 对式（5.18）～ 式（5.31）进行建模并求解。

Python 调用 COPT 求解生产计划优化问题

```
"""
booktitle: 《数学建模与数学规划：方法、案例及编程实战 Python+COPT/Gurobi 实现》
name: 生产计划优化问题--COPT Python 接口代码实现
author: 杉数科技
date: 2022-10-11
"""

from coptpy import *

def build_production_plan_model_and_solve(instance=None):
    """ 完整函数代码见本书配套电子资源 """
```

5.4.3 建立模型并求解：Python 调用 Gurobi 实现

本节给出 Python 调用 Gurobi 求解式（5.18）～ 式（5.31）的完整代码。

Python 调用 Gurobi 求解生产计划优化问题

```
"""
booktitle: 《数学建模与数学规划：方法、案例及编程实战 Python+COPT/Gurobi 实现》
name: 生产计划优化问题--Gurobi Python 接口代码实现
author: 刘兴禄
date: 2019-10-15
institute: 清华大学
"""

from gurobipy import *

def build_production_plan_model_and_solve(instance=None):
    """ 完整函数代码见本书配套电子资源 """
```

运行上述代码，求解结果如下。

建立模型并求解

```
Root relaxation: objective 9.000000e+06, 31 iterations, 0.00 seconds (0.00 work units)

    Nodes    |    Current Node    |     Objective Bounds      |     Work
 Expl Unexpl |  Obj  Depth IntInf | Incumbent    BestBd   Gap | It/Node Time

     0     0 9000000.00    0    7 -5299430.0 9000000.00   270%     -    0s
H    0     0                    8987480.0000 9000000.00  0.14%     -    0s
H    0     0                    8995690.0000 9000000.00  0.05%     -    0s
H    0     0                    8996320.0000 9000000.00  0.04%     -    0s
H    0     0                    8997040.0000 9000000.00  0.03%     -    0s
H    0     0                    8997760.0000 9000000.00  0.02%     -    0s
H    0     0                    8999920.0000 9000000.00  0.00%     -    0s

Cutting planes:
  MIR: 1

Explored 1 nodes (29 simplex iterations) in 0.01 seconds (0.00 work units)
Thread count was 20 (of 20 available processors)

Solution count 9: 8.99992e+06 8.99776e+06 8.99776e+06 ... -8.275e+06

```

```
Optimal solution found (tolerance 1.00e-04)
Best objective 8.999920000000e+06, best bound 8.999920000000e+06, gap 0.0000%
---------------  最优解 ----------------
最优总净利润:  8999920

详细计划为
====================
|月份|期初库存|  生产  | 外包 |  差值   |缺货|  需求 |   销售 |   库存 |雇佣| 解雇|可用员工|加班时长|
 0    15000      0      0      0     0      0      0  15000   0    0   1000      0
 1    15000   4992      8      0     0  20000  20000      0   0  844    156      0
 2        0   4992  35008      0     0  40000  40000      0   0    0    156      0
 3        0   4992  37008      0     0  42000  42000      0   0    0    156      0
 4        0   4992  30008      0     0  35000  35000      0   0    0    156      0
 5        0   4992  14008      0     0  19000  19000      0   0    0    156      0
 6        0   4992  23508 -10000     0  18500  18500  10000   0    0    156      0
```

上述求解结果显示，该公司的最大净利润为 8999920 元，生产计划保证了 6 月底至少持有 10000 件库存。公司在 1 月份解雇了 844 名员工，在半年的生产周期内，一直保持着 742 名员工的规模。在最优生产计划下，该公司半年内未发生缺货的情况。此外，公司每个月都需要外包一部分生产任务，且在 1~5 月保持零库存。

5.5 拓展

对于含有 M 约束的模型而言，设置合适的 M 值可以在一定程度上加速模型的求解。例如，在约束式（5.10）中，将 M 值设置为 e_i 的任何一个上界均可保证模型是正确的。但是，过大的 M 值会给混合整数规划模型的线性松弛模型提供较差的界限，不利于算法收敛。一般来讲，设置较紧的 M 值对模型的求解较为有利。仍然以约束式（5.10）为例，设置 M 值为 e_i 的最紧的上界是一个较好的选择。通过分析可知，$e_i \leqslant d_i$，因此可以为第 i 个月对应的约束设置相应的 M 值。在本模型中，可设置 $M_i = d_i$。当然，也可以为约束式（5.10）中的所有约束设置相同的 M 值。一个可行的做法是设置 $M = \max_i\{d_i\}$。

第 6 章　数论方程的数学规划模型

数学规划应用十分广泛，许多问题看似与其无关，但可以通过巧妙转换，将其变成数学规划问题加以解决。本章以一个有趣的数论方程问题来介绍如何将数论方程转换为数学规划模型，并提供完整的实现代码。

6.1　问题简介

本章探讨的数论方程问题源自一个网络上流传一时的故事。有一家比萨店为了宣传和促销，提出了一个新颖的方案：出一道有趣的数学题吸引人们来解，成功解题者可免费获得一份比萨大礼包！店家经过精挑细选，选中了下面这道题。

【例 6.1】 已知 a,b,c 满足以下关系：

$$\frac{a}{b+c}+\frac{b}{a+c}+\frac{c}{a+b}=4 \tag{6.1}$$

求方程的一组正整数解。

文献 [18] 对该问题的一般形式（即考虑右端项为任意非 0 整数）进行了详细的探讨，其解法与椭圆曲线有关。不过本章不会详细介绍这种方法，而是换一种思路，用数学规划的方法来求解它。

那么，本问题如何与数学规划联系起来呢？这就要从方程本身入手了。方程（6.1）规定了 a、b、c 之间的关系，相当于数学规划中的约束。而问题要求只需要找到一组正整数解即可，因此可以视为无目标函数。无目标函数在数学规划中等价于目标函数为 0，或者目标函数为常数。实际上，若目标函数为 0 或者常数，则该数学规划模型可被视为约束规划模型，所以也可以使用一些支持约束规划求解的求解器进行求解。

基于上述思路，可以将方程（6.1）的求解转换为下面的数学规划模型：

$$\min \quad 1 \tag{6.2}$$

$$\text{s.t.} \quad \frac{x_1}{x_2+x_3}+\frac{x_2}{x_1+x_3}+\frac{x_3}{x_1+x_2}=4 \tag{6.3}$$

$$x_i \geqslant 1, \qquad \forall i=1,2,3 \tag{6.4}$$

$$x_i \in \mathbb{Z}_+, \qquad \forall i=1,2,3 \tag{6.5}$$

其中，x_i 为满足方程的正整数解。

在上述模型中，约束式（6.3）含有分式，不可以直接使用 COPT 或 Gurobi 来求解。不过，可以通过模型转换，将其转换为求解器可以求解的形式。下面介绍两种转换的方法。

6.2 方法 1：引入辅助变量进行转换

引入辅助变量 m_1、m_2、m_3，分别令其等于约束式（6.3）左端的 3 个部分，化简可得：

$$x_1 = m_1(x_2 + x_3)$$

$$x_2 = m_2(x_1 + x_3)$$

$$x_3 = m_3(x_1 + x_2)$$

基于此，方程（6.1）可以转换为：

$$m_1 + m_2 + m_3 = 4$$

综上，式（6.2）～ 式（6.5）可以等价为下面的混合整数二次约束规划模型（MIQCP）：

$$\begin{aligned}
\min \quad & 1 && && (6.6)\\
\text{s.t.} \quad & m_1 + m_2 + m_3 = 4 && && (6.7)\\
& x_1 = m_1(x_2 + x_3) && && (6.8)\\
& x_2 = m_2(x_1 + x_3) && && (6.9)\\
& x_3 = m_3(x_1 + x_2) && && (6.10)\\
& m_i \geqslant 0, && \forall i = 1, 2, 3 && (6.11)\\
& x_i \geqslant 1, && \forall i = 1, 2, 3 && (6.12)\\
& x_i \in \mathbb{Z}_+, && \forall i = 1, 2, 3 && (6.13)
\end{aligned}$$

下面使用 Python 调用 Gurobi 对上面的 MIQCP 进行求解，完整代码见本书配套电子资源 6-1。详细的求解日志及结果如下。

求解日志及结果

```
Root relaxation: objective 1.000000e+00, 11 iterations, 0.00 seconds
    Nodes    |    Current Node    |     Objective Bounds      |     Work
 Expl Unexpl |  Obj  Depth IntInf | Incumbent    BestBd   Gap | It/Node Time
     0     0    1.00000    0    2          -    1.00000      -      -    0s
     0     0    1.00000    0    2          -    1.00000      -      -    0s
     0     2    1.00000    0    2          -    1.00000      -      -    0s
*149784   721              365      1.0000000    1.00000  0.00%   4.2    1s
Explored 154950 nodes (643045 simplex iterations) in 1.47 seconds
Thread count was 16 (of 16 available processors)
Solution count 1: 1
```

```
Optimal solution found (tolerance 1.00e-04)
Best objective 1.000000000000e+00, best bound 1.000000000000e+00, gap 0.0000%
a:  35.0
b:  132.0
c:  627.0
```

根据结果可知，Gurobi 的求解时间仅为 1s，求解结果为

$$a = 35,\ b = 132,\ c = 627$$

下面来验证上述结果是否正确。为了让计算机的计算结果更加精准，将式（6.3）的左端等价转换为下面的验算式：

$$k = \frac{x_1 (x_1 + x_3)(x_1 + x_2) + x_2 (x_2 + x_3)(x_1 + x_2) + x_3 (x_2 + x_3)(x_1 + x_3)}{(x_1 + x_2)(x_1 + x_3)(x_2 + x_3)} \tag{6.14}$$

将求解结果代入验算式（6.14），可得：

$$k = 4.00000000184069 \neq 4 \tag{6.15}$$

出人意料的是，Gurobi 得到的结果有非常微小的误差！这种现象实际上是模型求解中比较常见的数值问题，因为编程语言的数值精度有限。Gurobi 中模型可行性的默认容差为 1×10^{-6}，即若一组解使得约束的违背量小于等于 1×10^{-6}，Gurobi 就会判定该解为可行解 [44]，但是实际上该解是否真正可行，是否存在数值问题，需要进行进一步的验证。若要获得精度更高的解，可以设置相关的容差参数。不过，本章将尝试使用另外一种模型转换的方法来提高求解精度，也就是接下来要介绍的方法 2。

6.3 方法 2：消去除法运算

导致方法 1 出现数值问题的主要原因是约束式（6.3）中含有除法运算。为了消除该数值问题，提高求解精度，我们尝试消去除法运算的部分，将方程（6.1）完全转换为乘法和加法运算。在方程（6.1）两端同时乘以非 0 因式 $(b+c)(a+c)(a+b)$ 可得：

$$\begin{aligned} &\frac{a(b+c)(a+c)(a+b)}{b+c} + \frac{b(b+c)(a+c)(a+b)}{a+c} + \frac{c(b+c)(a+c)(a+b)}{a+b} \\ &= 4(b+c)(a+c)(a+b) \end{aligned}$$

式中，

$$\begin{aligned} \text{左边} &= a(a+c)(a+b) + b(b+c)(a+b) + c(b+c)(a+c) \\ &= a\left(a^2 + ab + ac + bc\right) + b\left(ab + b^2 + ac + bc\right) + c\left(ab + bc + ac + c^2\right) \\ &= a^3 + a^2 b + a^2 c + abc + ab^2 + b^3 + abc + b^2 c + abc + bc^2 + ac^2 + c^3 \end{aligned}$$

$$
\begin{aligned}
\text{右边} &= 4\left(b+c\right)\left(a+c\right)\left(a+b\right) = 4\left(ab+bc+ac+c^2\right)\left(a+b\right) \\
&= 4(a^2b+a^2c+b^2a+b^2c+bc^2+ac^2+2abc)
\end{aligned}
$$

最终，方程（6.1）等价转换成了下面的形式：

$$
\begin{aligned}
&a^3+a^2b+a^2c+abc+ab^2+b^3+abc+b^2c+abc+bc^2+ac^2+c^3 \\
&= 4\left(a^2b+a^2c+b^2a+b^2c+bc^2+ac^2+2abc\right)
\end{aligned} \tag{6.16}
$$

因此，原问题可以被等价转换为以下非线性整数规划模型。

$$
\min \quad 1 \tag{6.17}
$$

$$
\begin{aligned}
\text{s.t.} \quad & x_1^3+x_1^2x_2+x_1^2x_3+x_1x_2x_3+x_1x_2^2+x_2^3+x_1x_2x_3+x_2^2x_3+x_1x_2x_3+x_2x_3^2+ \\
& x_1x_3^2+x_3^3 = 4\left(x_1^2x_2+x_1^2x_3+x_2^2x_1+x_2^2x_3+x_2x_3^2+x_1x_3^2+2x_1x_2x_3\right)
\end{aligned} \tag{6.18}
$$

$$
x_i \geqslant 1, \qquad \forall i=1,2,3 \tag{6.19}
$$

$$
x_i \in \mathbb{Z}_+, \qquad \forall i=1,2,3 \tag{6.20}
$$

注意到约束式（6.18）中含有三次项，如 x_1^3、$x_1^2x_2$、$x_1x_2x_3$ 等，其中，像 $x_1^2x_2$、$x_1x_2x_3$ 这样含有交叉项的三次项是无法直接建模的，需要进行一定的转换。以 $x_1x_2x_3$ 为例，引入辅助变量 u 和 w，并加入约束 $u=x_1x_2$、$w=ux_3$，即可将三次项等价转换为两个二次约束。利用上述转换方法，可以将模型（6.17）～（6.20）等价转换为一个 MIQCP。

下面使用 Python 调用 Gurobi 对转换后的 MIQCP 进行求解，完整代码见本书配套电子资源 6-2。

运行代码，发现求解速度相当缓慢，Gurobi 迟迟找不到可行解。当程序运行 2 小时后，求解日志显示分支切割（Branch and cut）算法已经探索了 2 亿多个节点，但是仍然没有找到任何可行解。这道题看似简单，实则难度不小。如果继续运行代码，也许会在足够长的运行时间后得到最终的结果。本节直接展示正确答案。令人惊讶的是，方程（6.1）的正确答案是 3 个非常大的正整数（分别有 81 位、80 位和 79 位），具体如下：

$$
\begin{aligned}
a =& 154476802108746166441951315019919837485664325669565 \\
& 431700026634898253202035277999, \\
b =& 368751317941299998271978115652254748254929799689719 \\
& 709962831374716372246340555 79, \\
c =& 437361267792869725786125260237139015281653755816161 \\
& 361862143799337842346777 2036
\end{aligned}
$$

如此巨大的整数，求解器确实很难在合理时间内得到正确的解。

6.4 拓展

既然求方程（6.1）的正整数解如此困难，那么，如果只要求找到一组整数解呢？本节就来探索这一点，看看若将问题中正整数的要求放宽为整数，求解难度是否会有变化。将模型修改为下面的形式：

$$
\begin{aligned}
\min \quad & 1 \\
\text{s.t.} \quad & x_1^3 + x_1^2x_2 + x_1^2x_3 + x_1x_2x_3 + x_1x_2^2 + x_2^3 + x_1x_2x_3 + x_2^2x_3 + x_1x_2x_3 + x_2x_3^2 + \\
& x_1x_3^2 + x_3^3 = 4\left(x_1^2x_2 + x_1^2x_3 + x_2^2x_1 + x_2^2x_3 + x_2x_3^2 + x_1x_3^2 + 2x_1x_2x_3\right) && (6.21) \\
& x_1 + x_2 \neq 0 && (6.22) \\
& x_1 + x_3 \neq 0 && (6.23) \\
& x_2 + x_3 \neq 0 && (6.24) \\
& x_i \in \mathbb{Z}_+, \qquad \forall i = 1,2,3 && (6.25)
\end{aligned}
$$

但是，形如 $x_1 + x_2 \neq 0$ 的不等式约束无法直接使用数学规划求解器进行建模。因此，需要引入辅助变量和辅助约束进行转换。不难得出，$x_1 + x_2 \neq 0$ 等价于

$$x_1 + x_2 > 0 \text{ 或 } x_1 + x_2 < 0 \tag{6.26}$$

但是，上文已经提到过，在数学规划求解器中，$>$ 和 $<$ 无法直接进行建模，必须将其转换成 $\geqslant$、$\leqslant$ 或者 $=$。为此，可以引入一个足够小的正数 ϵ（由于 x_i 为整数，因此可取 $\epsilon = 1$），将约束式（6.22）~ 约束式（6.24）转换为下面的绝对值形式：

$$|x_1 + x_2| \geqslant 1 \tag{6.27}$$

$$|x_1 + x_3| \geqslant 1 \tag{6.28}$$

$$|x_2 + x_3| \geqslant 1 \tag{6.29}$$

Gurobi 和 COPT 均支持含有绝对值运算的约束建模。以 Gurobi 为例，添加绝对值约束的接口函数名称为 `addGenConstrAbs`。不过在 10.0 及以下的版本中，该函数接口仅支持绝对值运算中包含单个变量的情形，不支持绝对值符号中包含 2 个及以上决策变量的情形。因此，为了能够使用求解器完成建模，还需要对上面 3 个约束进行进一步的转换。

引入辅助变量 u_1、u_2、u_3、u_1^{abs}、u_2^{abs}、u_3^{abs}，将上述约束转换为以下的形式：

$$u_1 = x_1 + x_2 \tag{6.30}$$

$$u_2 = x_1 + x_3 \tag{6.31}$$

$$u_3 = x_2 + x_3 \tag{6.32}$$

$$u_1^{\text{abs}} = |u_1| \tag{6.33}$$

$$u_2^{\text{abs}} = |u_2| \tag{6.34}$$

$$u_3^{\text{abs}} = |u_3| \tag{6.35}$$

$$u_1^{\text{abs}}, u_2^{\text{abs}}, u_3^{\text{abs}} \geqslant 1 \tag{6.36}$$

至此，转换后的约束已经可以使用求解器进行直接建模了。

为了方便查看，这里将转换后的模型的完整形式展示如下：

$$\begin{aligned}
\min \quad & 1 \\
\text{s.t.} \quad & x_1^3 + x_1^2x_2 + x_1^2x_3 + x_1x_2x_3 + x_1x_2^2 + x_2^3 + x_1x_2x_3 + x_2^2x_3 + x_1x_2x_3 + x_2x_3^2 + \\
& x_1x_3^2 + x_3^3 = 4\left(x_1^2x_2 + x_1^2x_3 + x_2^2x_1 + x_2^2x_3 + x_2x_3^2 + x_1x_3^2 + 2x_1x_2x_3\right) && (6.37) \\
& u_1 = x_1 + x_2 && (6.38) \\
& u_2 = x_1 + x_3 && (6.39) \\
& u_3 = x_2 + x_3 && (6.40) \\
& u_1^{\text{abs}} = |u_1| && (6.41) \\
& u_2^{\text{abs}} = |u_2| && (6.42) \\
& u_3^{\text{abs}} = |u_3| && (6.43) \\
& u_i^{\text{abs}} \geqslant 1, \qquad \forall i = 1,2,3 && (6.44) \\
& x_i \in \mathbb{Z}_+, \qquad \forall i = 1,2,3 && (6.45) \\
& u_i\text{无约束}, \qquad \forall i = 1,2,3 && (6.46)
\end{aligned}$$

下面使用 Python 调用 Gurobi 对转换后的模型进行求解，完整代码见本书配套电子资源 6-3。

运行代码，可以得到模型的一个可行解：

$$a = -1, b = 11, c = 4$$

将其代入方程（6.1）进行验证，得到：

$$\frac{a}{b+c} + \frac{b}{a+c} + \frac{c}{a+b} = \frac{-1}{11+4} + \frac{11}{-1+4} + \frac{4}{-1+11} = 4$$

可见上述结果是完全正确的。

通过调整相关求解参数，可以得到其他可行解。例如，下面的解也是一组可行解。

$$a = -330, b = -120, c = 30 \tag{6.47}$$

$$\frac{-330}{-120+30}+\frac{-120}{-330+30}+\frac{30}{-330-120}=4 \tag{6.48}$$

可见，方程（6.1）有多组整数可行解。

进一步地，可以考虑更一般的形式，即令

$$\frac{a}{b+c}+\frac{b}{a+c}+\frac{c}{a+b}=k \tag{6.49}$$

式中，k 是任意非 0 整数。可以通过变化 k 的值来观察问题的求解难度变化。

仍考虑 a、b、c 为正整数。分别将 k 设置为 1、2、3 进行测试。当 $k=1$ 时，模型无可行解。当 $k=2$ 时，Gurobi 可以很快得到一个可行解：$a=1$，$b=1$，$c=3$。

6.5 总结

本章以一个数论方程为例讲解了如何将一些看似与优化无关的问题建模为数学规划模型。在模型转换的过程中，需要用到许多有用的模型转化方法，包括将分式约束转换为二次约束、将三次约束转换为二次约束、将 $\neq$ 约束转换为绝对值约束、将 $>$ $(<)$ 约束转换为 $\geqslant$ $(\leqslant)$ 约束以及复杂绝对值约束的转换等。熟练掌握这些方法对建模能力的提高是非常有帮助的。

第 7 章　机组排班优化问题 ①

7.1　问题描述

航空领域有大量的优化问题，包括航线网络规划、机队规划、飞机排班优化、机组排班优化、飞机配载优化、异常航班恢复、航空收益管理、飞机维修排班优化、登机口分配优化等。本章主要探讨机组排班优化问题。机组排班在航空公司的运营中有着重要的地位，合适的机组排班计划可以充分地协调机组人员和航班之间的关系，从而为航空公司节省可观的运营成本。为了保证飞行安全和旅客服务质量，民航航班的起飞要求非常严格。这些要求包括国家法律法规、国际公约、政府的行政条例、公司自身的政策利益和机组人员的配置要求等。广义的机组人员包括飞行员（Pilot 或 Flight Deck）、乘务员（Cabin Crew）和空警（Air Marshal）。所谓机组排班，就是制定特定规划周期内的机组人员工作日程安排，包括每个机组人员在何时何地及哪个航班执行何种任务。一家拥有 100 架飞机的航空公司，机组人员可以达到 5000~7000 人之多。一个高质量的机组航班任务计划，不仅能为航空公司节省运营成本，还能合理地协调劳逸平衡（Work-life Balance）、机组偏好（Crew Preference）、组员同行（Teaming）、培训（Training）、时近性（Recency）和休假（Vacation Leave）等因素 [72]。

机组排班是一个组合优化问题，经过了过去几十年的发展，已经形成了比较成熟甚至通用的解决方案 [45]，但是在求解速度和应用复杂度方面还有很大提升空间。本章则通过建立整数规划模型为每个航班分配合适的机组人员，实现最大化符合起飞要求的机组配置航班数量的目的，同时，满足以下约束：

- 每个机组人员从初始基地出发并最终回到初始基地；
- 每个机组人员的下一航段的起飞机场必须和上一航段的到达机场相同，即航班链必须连续；
- 每个机组人员相邻两个航段之间的连接时间不小于规定时长。

其中，航段指的是飞机从起飞点到着陆点之间的飞行，航班链指的是若干个起飞点与着陆点相互连接的航班组成的链条。特别注意的是，在实际场景中，机组排班问题一般需要考虑诸多复杂的约束。本章通过抽象合并，剔除了非核心的琐碎概念和约束，仅保留问题的核心约束。本问题更为详细的介绍见本书配套电子资源。

① 本章所探讨的问题来自于 2021 年“华为杯”第 18 届中国研究生数学建模竞赛 F 题的问题一。本章的内容整理自本书部分作者独立完成的参赛论文（节选，有改动）。文中所涉及的模型和代码均为作者原创。

第I部分 基本理论和建模方法

第II部分 建模案例详解

第III部分 编程实战：COPT

第IV部分 编程实战：Gurobi

7.2 问题分析

机组人员排班问题是一个典型的 NP-hard 问题，因此需要恰当地设置决策变量并紧凑地表达相关约束，以便为后续的求解提供帮助。本章的问题分析主要集中在决策变量设计和约束的表达方面。本章旨在实现最优的航班–机组人员匹配决策，同时满足航班资格配置和机组人员路径连贯性等约束。

通过分析可以发现，除了要引入航班–机组人员匹配决策，还需要引入表征航班是否满足资格配置以及机组人员承担的角色的决策。这三类决策就包含了本问题所有涉及的决策变量。换句话说，我们需要设计的决策变量包括下面三类。

- 航班–机组人员匹配决策。
- 机组人员承担角色的决策。
- 航班是否满足资格配置的辅助决策变量。

根据文献 [96] 中的方法，航班–机组人员匹配决策变量的下标包含：航班 ID、日期、城市、机组人员 ID 和航班环 ID，这种决策变量下标的设置方法较为复杂，会显著增加决策变量的数量级，加大模型求解的难度。为了缩减决策变量的规模，寻找更为简洁的决策变量设置方案，本章借鉴了文献 [109] 中车辆共享网络（Vehicle-shareability network）[①]的概念，并基于此重新设计了决策变量。航班–机组人员匹配决策旨在表征哪趟航班分配给了哪个机组人员，以及该机组人员下一趟航班是哪一趟，这个特点与文献 [109] 中的车辆共享网络非常类似。如果将一个带有起点、终点、出发时间和到达时间等信息的航班转换为网络中的一个点，并且以弧（Arc）的形式来表示两个不同航班之间的连接关系，就可以从网络图的角度来设计决策变量，从而在很大程度上简化模型。基于此，本章在设计航班–机组人员匹配决策时，不再单独表征单个航班是否分配给某机组人员，而是将机组人员执行航班的前序和后序关系也囊括到该决策中。

经过上述转换，可以将单航班–单机组人员的分配转换为双航班-单机组人员的分配，从而达到精简决策变量下标的目的。具体来讲，可以将航班–机组人员的匹配决策用 0-1 变量 x_{ij}^r 表示，其含义如下：可以被连续执行的两趟航班 i 和 j 是否在最优解中被分配给了机组人员 r。不过，这种建模方法需要预先判断任意两个航班是否可以被同一个机组人员连续执行，并基于此构建航班邻接网络（下文会详细介绍）。在确定了航班–机组人员匹配决策之后，其余的决策都可以基于该决策进行设计。机组人员担任角色的决策可以被设置为 0-1 变量 z_i^{rk}，表示机组人员 r 被分配给了航班 i，且担任角色 k。最后，航班 i 能否满足资格配置，可以通过引入 0-1 变量 w_i 来解决。完成决策变量设计之后，就可以将分配问题转换为一个多商品网络流问题的变种，并将其建模为更加紧凑的整数规划模型。

航班邻接网络： 在建模之前，可以先判断所有航班的可连接性，排除那些不可以被连续执行的航班对。接下来参照文献 [109] 中的方法构建航班邻接网络，如图7.1所示。用有

① 此外，也有多篇其他文献采用了类似的处理方法，具体介绍见文献 [19]。

向图 $\mathcal{G}=(\mathcal{F},\mathcal{A})$ 表示航班邻接网络，其中 $\mathcal{F}$ 是 $\mathcal{G}$ 中节点的集合，表示所有的航班，$\mathcal{A}$ 表示 $\mathcal{G}$ 中所有弧的集合，每条弧表示所连接的两个航班可以被同一个机组人员连续执行。每一个航班 i（$i\in\mathcal{F}$）都可以表示为一个 5 维元组 $(i^{\mathrm{o}},i^{\mathrm{d}},T_i^{\mathrm{s}},T_i^{\mathrm{a}},i^{\mathrm{conf}})$，其中 i^{o}、i^{d} 为航班 i 的出发地和目的地，T_i^{s}、T_i^{a} 为航班 i 的出发时间和到达时间，i^{conf} 为航班 i 的最低资格配置。航班邻接网络描述了航班之间的可连接性，排除了不可连接的航班对。该步骤相当于预处理，可以在一定程度上减少决策变量，从而减小问题规模，加快求解速度。此外，为了后续建模方便，我们为每一个基地（可理解为机场）引入一个虚拟航班。虚拟航班的起点和终点均为该基地，出发时间为任意时间即可，到达时间可设为 0，飞行时间也为 0。

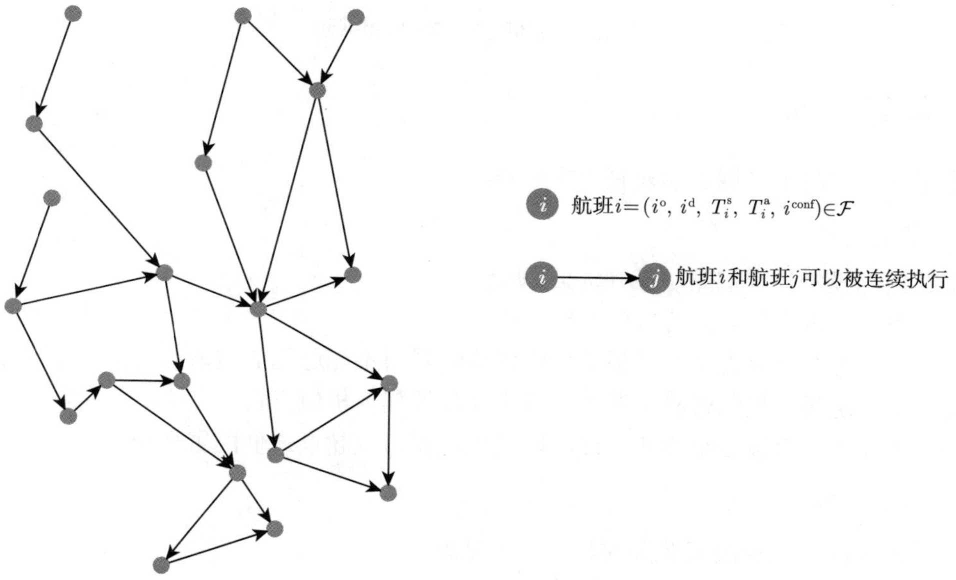

图 7.1　航班邻接网络

i,j 两个航班（$i,j\in\mathcal{F}$）可以被连接的条件为：

$$i^{\mathrm{d}}=j^{\mathrm{o}} \tag{7.1}$$

$$T_i^{\mathrm{a}}+\tau\leqslant T_j^{\mathrm{s}} \tag{7.2}$$

其中，τ 为相邻航段之间的最小时间间隔。由于式（7.1）和式（7.2）没有排除任何可行的连接，不影响原问题的最优性，所以基于航班邻接网络的建模方法可以在保证原问题最优性前提下达到提高求解效率的目的。

为了更直观地展示航班邻接网络在降低问题规模方面的显著效果，我们随机选取了 20 个航班，分别构建了全连接网络和航班邻接网络，如图7.2所示。根据对比图可知，航班邻接网络中仅有 59 条弧，不足全连接网络（共有 380 条弧）的 1/6，可见航班邻接网络可以大幅度减小图的规模。

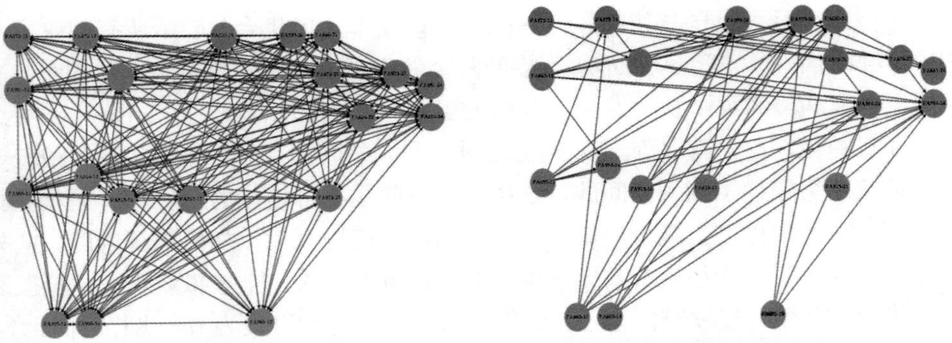

(a) 全连接网络，共380条弧　　(b) 航班邻接网络，共59条弧

图 7.2　航班邻接网络效果展示

7.3 问题建模

本节详细介绍模型假设和完整数学模型。

7.3.1 模型假设

根据问题设定，我们做出下列 4 点假设。

（1）不同机组人员之间可以任意组合；

（2）允许存在因为无法满足最低机组资格配置而不能起飞的航班；

（3）不满足最低机组资格配置的航班不能配置任何机组人员；

（4）机组人员可以乘机摆渡，即实际机组配置可以超过最低配置要求。

7.3.2 符号说明

本章涉及的参数和决策变量的符号说明见表7.1。

表 7.1　符号说明

符　号	说　明
$\mathcal{R}$	可供安排的机组人员集合，每个机组人员有若干属性，包括人员编号、技能资格信息、基地等
$\mathcal{F}$	航班的集合，其唯一标识为航班 ID（包含了虚拟航班）
$\mathcal{F}_{\text{virtual}}$	虚拟航班的集合
$\mathcal{K}$	机组人员可担任的角色集合，$\mathcal{K}=\{1,2,3\}$，分别代表正机长、副机长和乘机人员
τ	相邻航段之间的最小时间间隔，本章取 $\tau=40$ 分钟
A_{ij}	航班的邻接矩阵，如果航班 i 和航班 j 可以被同一个机组人员连续执行，则 $A_{ij}=1$，否则 $A_{ij}=0$
Q_{rk}	若机组人员 $r(r\in\mathcal{R})$ 有担任第 k 种角色的资质，则 $Q_{rk}=1$，否则 $Q_{rk}=0$
b_r	机组人员 r（$r\in\mathcal{R}$）的基地
$\mathcal{F}_{\text{out}}(b_r)$	出发地为机组人员 r（$r\in\mathcal{R}$）的基地的所有航班的集合，$\mathcal{F}_{\text{out}}(br)\in\mathcal{F}$
$\mathcal{F}_{\text{in}}(b_r)$	目的地为机组人员 r（$r\in\mathcal{R}$）的基地的所有航班的集合，$\mathcal{F}_{\text{in}}(br)\in\mathcal{F}$
$i^{\text{o}},i^{\text{d}}$	分别表示航班 i 的出发地点和到达地点
$T_i^{\text{s}},T_i^{\text{a}}$	分别表示航班 i 的出发时间和到达时间
$\mathcal{A}$	航班邻接网络中弧段（简称弧）的集合，即 $\mathcal{A}=\{(i,j)\|(i,j)\text{可被连续执行}\}$

本章涉及的决策变量及其具体含义，在本书后续相应部分再做详细介绍，此处不过多阐述。另外，本章提出的整数规划模型需要用到航班邻接网络。

7.3.3 数学模型

为了更方便地理解机组人员排班问题的细节，本节首先引入一个简单案例。考虑有 4 名机组人员和 5 个待分配的航班，其中每个机组人员同一时间只能被分配到一个航班，且在该航班中必须按照自身的资格条件选择担任机长、副机长或乘机人员中的一个角色。此外，每个航班需同时配备一个正机长和一个副机长才允许起飞，并且所有的机组人员最终需要返回出发的城市。对于每个机组人员，前后序任务需要满足时间和空间上的连续性（不考虑机组人员的休息时间）。机组人员信息和航班信息分别见表7.2和表7.3。

表 7.2　机组人员信息

机组人员编号	技能资格信息	基地
0	正机长	P 城
1	正机长、副机长	P 城
2	副机长	P 城
3	正机长、副机长	S 城

表 7.3　航班信息

航班编号	航班出发点	航班出发时间	航班到达点	航班到达时间
A	P 城	1 月 1 日 8:00	S 城	1 月 1 日 10:00
B	S 城	1 月 1 日 12:00	T 城	1 月 1 日 15:00
C	S 城	1 月 1 日 13:00	N 城	1 月 1 日 17:00
D	T 城	1 月 1 日 18:00	N 城	1 月 1 日 20:00
E	N 城	1 月 1 日 22:00	P 城	1 月 1 日 23:00

图7.3 展示了一个可行的机组人员排班结果。在该图中，机组人员 0 从 P 城出发，先以乘机人员的身份搭载航班 A 前往 S 城，再连续担任航班 C 和 E 的正机长，途经 N 城并返回 P 城。机组人员 1 从 P 城出发，以正机长身份执飞航班 A，再以副机长身份执飞航班 B，然后以正机长身份执飞航班 D，最终以乘机人员身份搭载航班 E 回到 P 城。机组人员 2 从 P 城出发，担任航班 A、C、E 的副机长，最终返回 P 城。机组人员 3 从 S 城出发，分别担任航班 B、D 的正机长和副机长，途经 T 城，到达 N 城，最后以乘机人员的身份搭载航班 F 返回 S 城。

基于上述案例的排班结果，可以比较方便地设计出决策变量（见图 7.4）。首先将机组人员 0 的所有排班结果提取出来，通过观察可知，图中包含的决策主要有 2 类：机组人员–航班匹配决策和机组人员担任角色的决策。此外，还有一个隐含辅助决策，即航班是否满足了起飞资格配置。根据上述分析，可以将本问题包含的决策变量设计如下。

$$x_{ij}^{r}=\begin{cases}1, & 航班i和航班j被机组人员r连续执行\\ 0, & 其他\end{cases} \tag{7.3}$$

$$z_i^{rk} = \begin{cases} 1, & \text{机组人员}r\text{以第}k\text{种角色执行航班}i \\ 0, & \text{其他} \end{cases} \tag{7.4}$$

$$w_i = \begin{cases} 1, & \text{如果航班}i\text{满足了最低配置要求} \\ 0, & \text{其他} \end{cases} \tag{7.5}$$

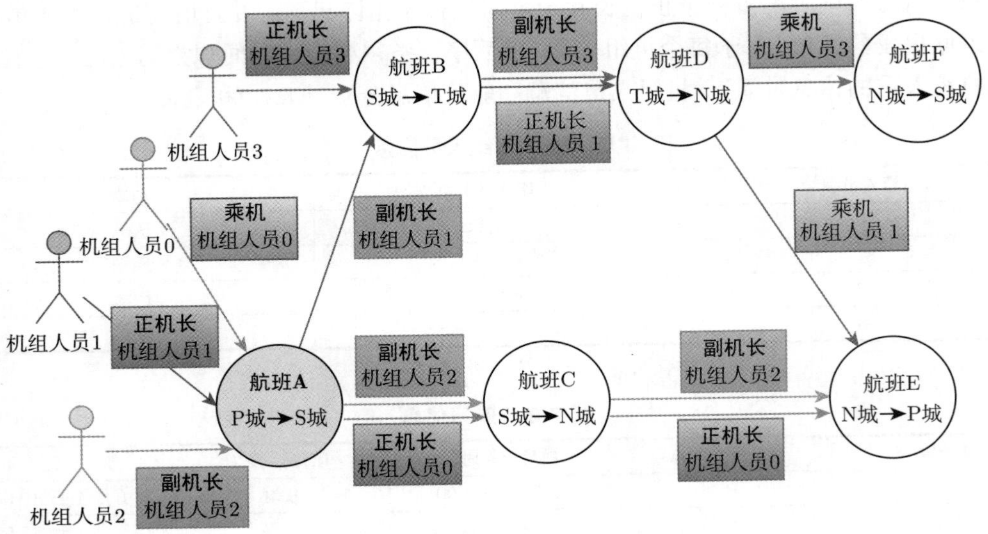

图 7.3　一个可行的机组人员排班结果

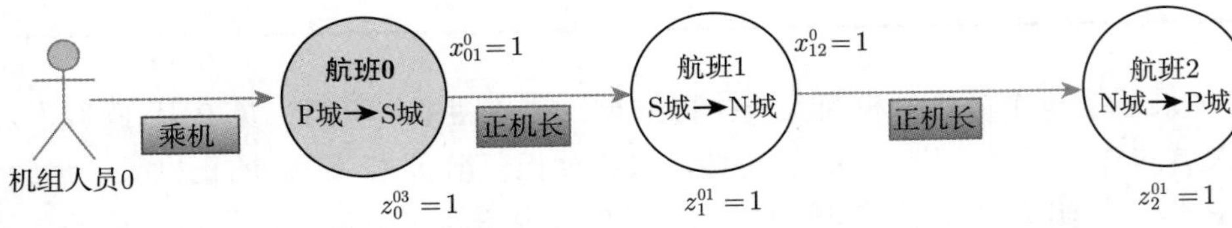

图 7.4　决策变量示意图

然后利用上述决策变量，可以将机组排班优化问题建模为下面的整数规划模型。

$$\max \quad \sum_{i\in\mathcal{F}} w_i \tag{7.6}$$

$$\text{s.t.} \quad \sum_{i\in\mathcal{F}_{\text{out}}(b_r)} \sum_{j\in\mathcal{F}} x_{ij}^r \leqslant 1, \qquad \forall r \in \mathcal{R} \tag{7.7}$$

$$\sum_{j\in\mathcal{F}} \sum_{i\in\mathcal{F}_{\text{in}}(b_r)} x_{ji}^r = \sum_{i\in\mathcal{F}_{\text{out}}(b_r)} \sum_{j\in\mathcal{F}} x_{ij}^r, \qquad \forall r \in \mathcal{R} \tag{7.8}$$

$$\sum_{j\in\mathcal{F}} x_{ij}^r = \sum_{j\in\mathcal{F}} x_{ji}^r, \qquad \forall r \in \mathcal{R},\ \forall i \in \mathcal{F} \setminus \mathcal{F}_{\text{virtual}} \tag{7.9}$$

$$\sum_{j\in\mathcal{F}} x_{ij}^{r} = \sum_{k\in\mathcal{K}} z_{i}^{rk}, \qquad \forall i\in\mathcal{F},\ \forall r\in\mathcal{R} \tag{7.10}$$

$$z_{i}^{rk} \leqslant Q_{rk}, \qquad \forall i\in\mathcal{F},\ \forall k\in\mathcal{K},\ \forall r\in\mathcal{R} \tag{7.11}$$

$$w_i = \sum_{r\in\mathcal{R}} z_{i}^{r1}, \qquad \forall i\in\mathcal{F} \tag{7.12}$$

$$w_i = \sum_{r\in\mathcal{R}} z_{i}^{r2}, \qquad \forall i\in\mathcal{F} \tag{7.13}$$

$$x_{ij}^{r}, z_{i}^{rk}, w_i \in \{0,1\}, \qquad \forall r\in\mathcal{R},\ \forall i,\ j\in\mathcal{F},\ \forall k\in\mathcal{K} \tag{7.14}$$

需要说明的一点是，在上述模型中，决策变量 x_{ij}^{r} 的下标 i 和 j 均为航班邻接网络 $\mathcal{G}$ 中存在的弧，即 $(i,j)\in\mathcal{A}$。下面对上述模型进行详细解释。

- 目标函数（7.6）的目的是最大化满足机组配置的航班数量。
- 约束式（7.7）保证了每一个机组人员最多从其虚拟基地出发一次。这里需要说明的是，虚拟航班对应的基地即为虚拟基地。由于从机组人员的基地出发的航班可能分布在不同的日期，为了避免一些后续的问题，我们才引入了虚拟基地的概念。虚拟基地与机组人员的实际基地位置相同，只是编号不同。
- 约束式（7.8）保证了每一个机组人员如果从基地出发，则最终必须要回到基地。
- 约束式（7.9）是流平衡约束（Flow conservation constraints），该组约束保证了对于一个机组人员，如果执行完一个航班后，就需要继续执行后续为其安排的航班。该约束也保证了同一个机组人员的路径的连贯性（即航班链必须连续）。
- 约束式（7.10）表示如果一个航班被分配给了一名机组人员，则该机组人员必须担任且只担任一种角色，否则，他将不担任该次航班的任何角色。
- 约束式（7.11）保证了机组人员担任角色的条件。如果机组人员不具备相应的资质，则他不能担任该角色。
- 约束式（7.12）和约束式（7.13）是判断航班是否满足资格配置的约束。当且仅当该航班拥有 1 名机长和 1 名副机长时，该航班才满足资格配置，否则，该航班不满足资格配置。
- 约束式（7.14）定义了各个变量。

7.4 航班邻接网络的相关问题

在正式介绍编程实现之前，需要对航班邻接网络进行进一步的说明。航班邻接网络的规模直接决定了模型规模的大小，因此当航班邻接网络的规模增大时，模型的规模也会随之增大，模型的求解也越来越困难。虽然航班邻接网络已经可以显著地缩减图的规模，但是当航班数量过多时，即使利用航班邻接网络也无法构建出可以在合理时间内得到高质量解的模型。

以本问题的算例数据为例来说明上述挑战。数据集 $\mathcal{A}$ 中原本包含 206 个航班，我们需要加入 1 个虚拟基地，构成 207 个航班①。若考虑任意两个航班都是可以被同一个机组人员连续执行的，即 $\mathcal{G}$ 为完全图，则 $\mathcal{G}$ 中包含的弧的数量为

$$P_{207}^{2} = 207 \times 206 \times 2 = 85284$$

也就是 $|\mathcal{A}| = 85284$。若根据式（7.1）和式（7.2）预处理之后，航班邻接网络中的弧的数量被缩减为 6448。但是对于一些更大的数据集，即使使用式（7.1）和式（7.2）对航班进行处理，所得的航班邻接网络的规模依然非常大。例如本问题的数据集 $\mathcal{B}$（包括 13956 个航班和 465 名机组人员），经过处理之后，生成的航班邻接网络包含的弧的数量为 $|\mathcal{A}| = 18022991 \approx 1800$ 万，而模型中的决策变量（即 x_{ij}^{r}，z_{i}^{rk} 和 w_i）总数量将达到

$$18022991 \times 465 + 13956 \times 465 \times 3 + 13956 = 8400173391 \approx 84亿$$

这个数字相当惊人！通常情况下，即使是含有 84 亿个变量的线性规划模型，现有求解器也无法保证在短时间内得到最优解。

为了进一步控制问题规模，在处理大规模问题时，可以采取一些方法来限制航班邻接网络中弧的数量。一个可行的方法是设置网络中弧的最大数量 $E_{\max}$ [13]。设置合适的 $E_{\max}$ 不仅可以有效控制模型的规模，也可以保证整数规划模型能够在合理时间内得到解。虽然这种方式会损失解的最优性，但是在这种方法下，解的质量一般在可接受的范围之内。本章我们采用了一种名为骨干网络生成（Backbone Network Generation）的算法来生成至多只有 $E_{\max}$ 条弧的航班邻接网络。算法伪代码如下。

算法 1 骨干网络生成算法

Input: 航班集合 $\mathcal{F}$，弧数量上限 $E_{\max}$，最大可接受相连接航班的天数 $D_{\max}$
Output: 满足弧数量上限 $E_{\max}$ 的航班邻接网络 $\mathcal{G} = (\mathcal{F}, \mathcal{A})$

初始化 $\mathcal{A} \leftarrow \varnothing$
for 每个航班 $i \in \mathcal{F}$ **do**
    for 每个航班 $j \in \mathcal{F}$ **do**
        if 式 (7.1) 和式 (7.2) 均满足 **then**
            $\mathcal{A} \leftarrow \mathcal{A} \cup \{(i,j)\}$
        end if
    end for
end for
while $|\mathcal{A}| > E_{\max}$ **do**
    for 弧 $(i,j) \in \mathcal{A}$ **do**
        if 航班 i,j 的出发时间之差的绝对值超过 $D_{\max}$ **then**
            $\mathcal{A} \leftarrow \mathcal{A} \backslash \{(i,j)\}$
        end if
    end for
    if 如果没有找到出发时间超过限制的弧 **then**

① 本问题的算例数据的下载链接见本书配套电子资源。

随机从 $\mathcal{A}$ 中删除 $|\mathcal{A}|-E_{\max}$ 条 $T_j^{\rm s}-T_i^{\rm a}$ 最接近 $D_{\max}$ 的弧

end if

end while

return $\mathcal{G}$

7.5 编程实战：Python 调用 COPT 实现

本节展示 Python 调用 COPT 求解式（7.6）～ 式（7.14）的完整代码。

机组排班优化问题的模型建立与求解：Python 调用 COPT

```python
"""
booktitle: 《数学建模与数学规划：方法、案例及编程实战 Python+COPT/Gurobi 实现》
name: 机组排班优化问题- COPT Python 接口代码实现
author: 杉数科技
date:2022-10-11
institute: 杉数科技
"""

""" 导包部分（省略，完整代码见本书配套电子资源） """

# 定义机组人员类
class Crew:
    """ 类内完整代码见本书配套电子资源"""

# 定义航班类
class Flight:
    """ 类内完整代码见本书配套电子资源"""

# 读取数据
def read_Data():
    """ 函数完整代码见本书配套电子资源"""
    return data

# 数据预处理：生成邻接矩阵
def generate_adj_matrix(flight_list, crew_base, max_arc_num, problem_ID):
    """ 函数完整代码见本书配套电子资源 """

# 定义建立排班模型，求解并输出运行结果的函数
def build_and_solve_airline_crew_scheduling_model(data):
    """ 函数完整代码见本书配套电子资源 """
```

7.6 编程实战：Python 调用 Gurobi 实现

本节展示 Python 调用 Gurobi 求解式（7.6）～ 式（7.14）的完整代码。

机组排班优化问题的模型建立与求解：Python 调用 Gurobi

```python
"""
booktitle: 《数学建模与数学规划：方法、案例及编程实战 Python+COPT/Gurobi 实现》
name: 机组排班优化问题- Gurobi Python 接口代码实现
author: 王基光
date:2022-10-11
institute: 清华大学
"""

```

```
""" 导包部分（省略，完整代码见本书配套电子资源） """

# 定义机组人员类
class Crew:
    """ 类内完整代码见本书配套电子资源 """

# 定义航班类
class Flight:
    """ 类内完整代码见本书配套电子资源"""

# 读取数据
def read_Data():
    """ 函数完整代码见本书配套电子资源"""
    return data

# 数据预处理：生成邻接矩阵
def generate_adj_matrix(flight_list, crew_base, max_arc_num, problem_ID):
    """ 函数完整代码见本书配套电子资源"""

# 定义建立排班模型，求解并输出运行结果的函数
def build_and_solve_airline_crew_scheduling_model(data):
    """ 函数完整代码见本书配套电子资源 """
```

7.7 算例参数设计与求解结果展示

该问题属于 NP-hard 问题，求解非常耗时。不过在我们使用航班邻接网络进行建模后，计算时间得到了大幅度的减少。尤其是在数据集 $\mathcal{A}$ 上，本章提出的模型显示出了非常高的求解效率（数据集 $\mathcal{A}$ 的规模：航班数量为 206+1，机组人员数量为 21）。表7.4和表7.5分别列出了部分航班信息和部分机组人员信息。

表 7.4　部分航班信息

航班号	出发日期	出发时间	出发地点	到达日期	到达时间	到达地点
FA2	8/12/2021	10:10	PGX	8/12/2021	11:40	NKX
FA3	8/12/2021	10:25	PGX	8/12/2021	11:40	NKX
FA680	8/11/2021	8:00	NKX	8/11/2021	9:30	PGX
FA680	8/12/2021	8:00	NKX	8/12/2021	9:30	PGX
FA680	8/13/2021	8:00	NKX	8/13/2021	9:30	PGX
FA680	8/14/2021	8:00	NKX	8/14/2021	9:30	PGX
FA680	8/15/2021	8:00	NKX	8/15/2021	9:30	PGX
FA680	8/16/2021	8:00	NKX	8/16/2021	9:30	PGX
FA680	8/17/2021	8:00	NKX	8/17/2021	9:30	PGX

下面是本章模型在数据集 $\mathcal{A}$ 上的求解结果及部分求解日志。

207 个航班的部分求解结果

```
Selected flight : 207
Selected crew : 21
 ****  Arc Num: 6448     ****

Thread count: 8 physical cores, 16 logical processors, using up to 16 threads
```

```
Optimize a model with 21988 rows, 148656 columns and 468667 nonzeros
Model fingerprint: 0x72f63d59
Variable types: 0 continuous, 148656 integer (148656 binary)
Optimal solution found (tolerance 1.00e-04)
Best objective 2.070000000000e+02, best bound 2.070000000000e+02, gap 0.0000%

-----optimal value-----
207.0
    """
    完整排班结果见本书配套电子资源。
    """
```

表 7.5 部分机组人员信息

机组人员编号	正机长	副机长	乘机资格	出发地
A0001	Y		Y	NKX
A0002	Y		Y	NKX
A0003	Y		Y	NKX
A0004	Y		Y	NKX
A0005	Y	Y	Y	NKX
A0006	Y	Y	Y	NKX
A0007	Y	Y	Y	NKX
A0008	Y	Y	Y	NKX
A0009	Y	Y	Y	NKX
A0010	Y	Y	Y	NKX

从上述求解结果可知，模型最优目标函数值为 207，即所有航班均可以正常起飞。模型的求解时间少于 20s。下面以机组人员 A0001 和 A0002 为例来展示最优的排班计划，全部机组人员的排班结果见本书配套电子资源 7-15。

- 机组人员 A0001：NKX → FA854-11 → FA855-11 → FA680-12 → FA681-12 → FA854-12 → FA855-12 → FA864-13 → FA865-13 → FA872-14 → FA873-14 → FA812-14 → FA813-14 → FA864-14 → FA865-14 → FA680-15 → FA681-15 → FA890-17 → FA891-17 → FA872-18 → FA873-18 → FA812-18 → FA813-18 → FA812-19 → FA813-19 → FA812-20 → FA813-20 → FA884-21 → FA885-21 → FA680-22 → FA681-22 → FA812-22 → FA813-22 → FA884-23 → FA885-23 → FA864-23 → FA865-23 → FA680-24 → FA681-24 → FA812-24 → FA813-24 → FA864-24 → FA865-24 → FA680-25 → FA681-25 → FA854-25 → FA855-25 → NKX。
- 机组人员 A0002：NKX → FA680-11 → FA3-12 → FA812-12 → FA813-12 → FA864-12 → FA865-12 → FA884-13 → FA885-13 → FA884-14 → FA885-14 → FA872-15 → FA873-15 → FA884-15 → FA885-15 → FA864-15 → FA865-15 → FA884-16 → FA885-16 → FA680-17 → FA681-17 → FA812-17 → FA813-17 → FA864-17 → FA865-17 → FA680-18 → FA681-18 → FA864-18 → FA865-18 → FA890-19

→ FA891-19 → FA864-19 → FA865-19 → FA890-20 → FA885-20 → FA872-21 → FA873-21 → FA864-22 → FA865-22 → FA680-23 → FA681-23 → FA872-24 → FA873-24 → FA890-25 → FA885-25 → FA864-25 → FA865-25 → NKX。

7.8 总结

本章介绍了基本的机组人员排班优化问题及其建模和编程求解。在建模方面，相较于竞赛题提供的文献中的四下标决策变量（航班起点、航班终点、机组人员编号、航班编号）的设计方案，本章基于航班邻接网络设计了三下标的决策变量，并构建了较为紧凑的整数规划模型。航班邻接网络大幅度减少了决策变量的数量。本章涉及的建模思路可以为进一步改进模型提供一些有用的参考。

第 8 章　配送网络规划问题

8.1　问题描述

配送网络规划问题是供应链和物流相关企业经常面临的一个重要问题。在该问题中，分拨中心、仓库等被视作节点（Node），节点之间的货物运输任务被称为商品流，节点和节点之间开设的配送服务被视作边或者弧（Arc）。节点和边构成的网络，即为配送网络。配送网络规划问题，就是决策在每个弧段上安排的运输车辆的数量，以及每个商品流的运输方案（包括运输路径和运输量等），使得企业完成所有运输任务产生的总费用最少。本章以一个具体例子来讲解实际场景下如何对该类问题进行建模和求解。

考虑湖北省和广东省两个省份之间往来的快递运输。其中湖北省只考虑武汉、黄冈、黄石、襄阳和荆州五个分拨中心，广东省只考虑广州、深圳、东莞、珠海和佛山五个分拨中心。假设省内的快递往来量为 0，仅考虑不同省份之间的快递往来。运输卡车的容量均为 4000 件。任意两个分拨中心 A、B 之间每一车的运输费用（Cost）与距离之间的关系式如下：

$$\text{Cost} = 5 \times \text{距离} + 300 \tag{8.1}$$

省内中转班车的运输费用计算公式为：

$$\text{省内中转费用} = \text{Cost} \times \frac{\text{省内中转快递量}}{\text{运输卡车的容量}} \tag{8.2}$$

省际运输班车的运输费用计算公式为：

$$\text{省际运输费用} = \text{Cost} \times \text{省际班车数量} \tag{8.3}$$

省际的快递往来量以及各个分拨中心之间的距离见本书配套电子资源。为了帮助大家更容易地理解运输费用的计算方式，我们提供了一个小例子，见表8.1。

本问题的要求是，根据上述描述，给出最优的配送网络规划方案，使得企业完成所有配送任务的总配送费用最少。方案包括分拨中心之间的快递运输路径以及每个弧段上安排的班车数量。方案还需要满足以下约束条件：属于同一个商品流（起始点、目的地相同）的快递的路由唯一。例如，武汉到深圳的 500 件快递，不能拆分为 250 件由武汉到深圳，另外 250 件由武汉到广州再到深圳。

表 8.1 运输费用计算案例

始发省	目的省	始发分拨中心	目的分拨中心	距离/km	车容量/件	每一车的运输费用/元
广东省	湖北省	广州分拨中心	武汉分拨中心	969	4000	5145
湖北省	广东省	襄阳分拨中心	广州分拨中心	1146	4000	6030
广东省	广东省	广州分拨中心	深圳分拨中心	123	4000	915

8.2 问题建模

本节对上述问题进行详细分析，并给出建模的思路和过程。让大家直接对上述问题进行建模也许会不知道从何入手，但是不妨先画出一个可行解，然后基于该可行解设置决策变量并构建约束。一般来讲，这种基于可行解反推建模思路的方法是非常有效的。

图8.1 给出了一个运输路径示例（图中城市用数字代替）。一个商品流对应的起始点（起点）和目的地（终点）一般称为 O-D 对（Origin-Destination pair）。仔细观察图8.1，可以得到以下信息：

（1）配送路径为：$1 \to 3 \to 9 \to 8$。

（2）配送的 O-D 对的起点为 1，终点为 8。

（3）所需配送车辆数为 1。

（4）配送的快递量为 800 件。

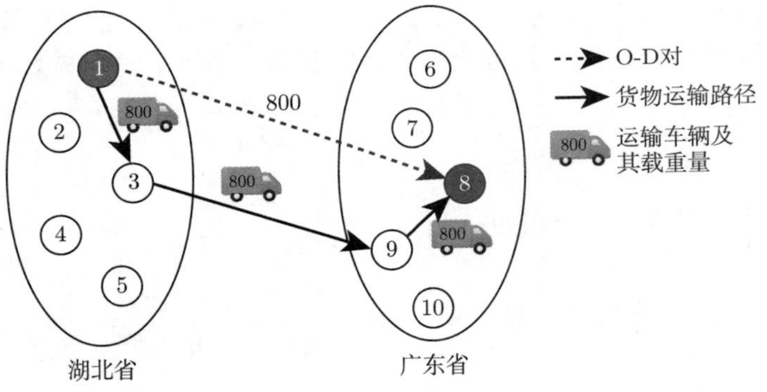

图 8.1 运输路径示例

基于上述信息，可以比较容易地设计决策变量。在这之前，我们首先需要定义一些模型将要用到的参数。

- 网络节点的集合 $\mathcal{V}$，$\mathcal{V} = \{1, 2, \cdots, |\mathcal{V}|\}$。
- 网络的弧段集合 $\mathcal{A}$，$\mathcal{A} = \{(i, j) | \forall i, j \in V, i \neq j\}$。
- 起点和终点都在同省的弧段集合为 $\mathcal{S}$，起点和终点都在不同省的弧段集合为 $\mathcal{D}$。易得 $\mathcal{D} \cup \mathcal{S} = \mathcal{A}$，$\mathcal{D} \cap \mathcal{S} = \varnothing$。
- O-D 对的集合 $\mathcal{K}$，每个 O-D 对以商品流 p 作为索引。
- O-D 对的起点为 $o(p)$，终点为 $d(p)$。
- 商品流 p（$p \in \mathcal{K}$）的需求量为 q_p。

- 弧段 $(i,j)\in\mathcal{A}$ 的长度为 d_{ij}。
- 弧段 $(i,j)\in\mathcal{A}$ 的运输成本为 c_{ij}。
- 车辆的容量为 Q。

基于以上参数和图8.1给出的路径信息，可以将决策变量设计如下。

- x_{ij}^p：0-1 变量；表示在弧段 (i,j) 上是否运输 O-D 对、商品流 p 的快递。
- f_{ij}^p：非负整数变量；表示在弧段 (i,j) 上运输 O-D 对、商品流 p 的快递的快件数量。
- y_{ij}：非负整数变量；表示省际的弧段 $(i,j)\in\mathcal{D}$ 上所需的车辆数。

接下来就可以进行目标函数和约束的构建了。

本问题的目标是最小化总的运输费用，即省内中转费用和省际运输费用之和，可以表示为式（8.4）。

$$\min \quad \sum_{(i,j)\in\mathcal{S}}\sum_{p\in\mathcal{K}} c_{ij}\left(\frac{f_{ij}^p}{Q}\right)+\sum_{(i,j)\in\mathcal{D}} c_{ij}y_{ij} \tag{8.4}$$

式中，$c_{ij}=5d_{ij}+300$。

接下来构建商品流的路径可行性约束。由图8.1可见，每个商品流的路径都是从起点出发，经过若干个中间节点，最后到达其终点。可以引入下面的约束保证路径的可行性。

$$\sum_{(i,j)\in\mathcal{A}} x_{ij}^p-\sum_{(j,i)\in\mathcal{A}} x_{ji}^p=b_i^p, \qquad \forall i\in\mathcal{V},\forall p\in\mathcal{K} \tag{8.5}$$

式中，b_i^p 为参数，当 $i=o(p)$ 时，$b_i^p=1$；当 $i=d(p)$ 时，$b_i^p=-1$；在其他情况下，$b_i^p=0$。约束式（8.5）通常被称为流平衡（Flow conservation）约束。

下面计算每条弧段 (i,j) 上行驶的车辆数 y_{ij}。

$$y_{ij}=\left\lceil\frac{\sum_{p\in\mathcal{K}} f_{ij}^p}{Q}\right\rceil, \qquad \forall (i,j)\in\mathcal{A} \tag{8.6}$$

但是约束式(8.6)是非线性的，会增加模型的求解难度。这里引入下面两组约束，将其等价线性化。注意，如 3.2 节所述，式(8.7)和式(8.8)需结合目标函数中的 $\min\sum_{(i,j)\in\mathcal{D}} c_{ij}y_{ij}$ 方可等价线性化，仅仅通过式（8.7）和式（8.8）无法保证线性化是等价的。

$$y_{ij}\geqslant\frac{\sum_{p\in\mathcal{K}} f_{ij}^p}{Q}, \qquad \forall (i,j)\in\mathcal{A} \tag{8.7}$$

$$y_{ij}-1\leqslant\frac{\sum_{p\in\mathcal{K}} f_{ij}^p}{Q}, \qquad \forall (i,j)\in\mathcal{A} \tag{8.8}$$

弧段上的运输量和路径决策是有很强的相关关系的，即若弧段 (i,j) 运输了商品流 p 的货物，即 $x_{ij}^p=1$，则有 $f_{ij}^p=q_p$；否则若 $x_{ij}^p=0$，则 $f_{ij}^p=0$。该逻辑关系可以表示为以下约束形式。

$$f_{ij}^p-q_px_{ij}^p=0, \qquad \forall (i,j)\in\mathcal{A},\forall p\in\mathcal{K} \tag{8.9}$$

最后是变量的定义。

$$x_{ij}^p \in \{0,1\}, f_{ij}^p \geqslant 0, \qquad \forall (i,j) \in \mathcal{A}, \forall p \in \mathcal{K} \tag{8.10}$$

$$y_{ij} \in \mathbb{Z}_+, \qquad \forall (i,j) \in \mathcal{A} \tag{8.11}$$

为了方便查看每条弧段上的总运输量，引入下面的连续决策变量。

F_{ij} 为非负连续变量，表示弧段 (i,j) 上的总运输量。同时添加下面的约束。

$$F_{ij} = \sum_{p \in \mathcal{K}} f_{ij}^p, \qquad \forall (i,j) \in \mathcal{A} \tag{8.12}$$

引入 F_{ij} 仅仅是为了之后方便输出每条弧段上的总运输量，不引入该变量不影响模型的正确性。

8.3 完整数学模型

为了方便查看，这里将配送网络规划的数学模型的完整形式展示如下。

$$\min \quad \sum_{(i,j)\in\mathcal{S}} \sum_{p\in\mathcal{K}} c_{ij}\left(\frac{f_{ij}^p}{Q}\right) + \sum_{(i,j)\in\mathcal{D}} c_{ij} y_{ij} \tag{8.13}$$

$$\text{s.t.} \quad \sum_{(i,j)\in\mathcal{A}} x_{ij}^p - \sum_{(j,i)\in\mathcal{A}} x_{ji}^p = b_i^p, \qquad \forall i \in \mathcal{V}, \forall p \in \mathcal{K} \tag{8.14}$$

$$y_{ij} \geqslant \frac{\sum_{p\in\mathcal{K}} f_{ij}^p}{Q}, \qquad \forall (i,j) \in \mathcal{A} \tag{8.15}$$

$$y_{ij} - 1 \leqslant \frac{\sum_{p\in\mathcal{K}} f_{ij}^p}{Q}, \qquad \forall (i,j) \in \mathcal{A} \tag{8.16}$$

$$f_{ij}^p - q_p x_{ij}^p = 0, \qquad \forall (i,j) \in \mathcal{A}, \forall p \in \mathcal{K} \tag{8.17}$$

$$F_{ij} = \sum_{p\in\mathcal{K}} f_{ij}^p, \qquad \forall (i,j) \in \mathcal{A} \tag{8.18}$$

$$x_{ij}^p \in \{0,1\}, f_{ij}^p \geqslant 0, \qquad \forall (i,j) \in \mathcal{A}, \forall p \in \mathcal{K} \tag{8.19}$$

$$F_{ij} \geqslant 0, y_{ij} \in \mathbb{Z}_+, \qquad \forall (i,j) \in \mathcal{A} \tag{8.20}$$

上述模型的决策变量复杂度为 $\mathcal{O}(|\mathcal{K}|\cdot|\mathcal{A}|)$，约束复杂度也为 $\mathcal{O}(|\mathcal{K}|\cdot|\mathcal{A}|)$。配送网络规划问题是 NP-hard 问题，求解难度较大。

8.4 编程实战

本节详细介绍如何使用 Python 调用 COPT 和 Gurobi 求解上述数学模型。

8.4.1 算例数据准备

在求解模型之前，首先需要准备好算例数据，包括距离矩阵和商品流信息等。10 个城市之间的距离矩阵见表8.2。注意，文中的距离矩阵是调用百度地图 API 计算得到的路网距离，因此不是对称矩阵。

表 8.2　10 个城市的距离矩阵（单位：千米）

	广州	深圳	东莞	珠海	佛山	武汉	黄冈	黄石	襄阳	荆州
广州	0	125	59	124	25	969	986	954	1144	949
深圳	123	0	68	101	133	1054	1007	975	1244	1049
东莞	59	69	0	121	78	1003	984	952	1178	983
珠海	124	101	122	0	115	1089	1100	1068	1264	1068
佛山	25	133	79	116	0	991	1008	976	1166	965
武汉	971	1056	1004	1091	992	0	74	94	301	218
黄冈	988	1009	984	1101	1010	74	0	44	367	287
黄石	956	977	953	1069	979	94	44	0	390	299
襄阳	1146	1246	1179	1266	1168	299	365	389	0	202
荆州	953	1053	986	1072	970	216	286	298	203	0

由于该问题求解较为困难，因此本章仅以 10 个城市的算例作为测试算例进行求解。我们在本书配套电子资源中提供了 50 个城市的距离矩阵，大家可以自行选择数据生成不同规模的算例，进行测试。

下面是读取算例数据的完整代码。

算例数据

```python
import pandas as pd
from gurobipy import *

''' 定义 OD_pair 类 '''
class OD_pair(object):
    def __init__(self):
        self.org = -1
        self.des = -1
        self.distance = 0
        self.demand = 0
        self.cost = 0

''' 定义 Instance 类 '''
class Instance(object):
    def __init__(self):
        self.OD_set = {}
        self.cities = {1:'广东', 2:'广东', 3:'广东', 4:'广东', 5:'广东',
                       6:'湖北', 7:'湖北', 8:'湖北', 9:'湖北', 10:'湖北'}
        self.arc_dis_matrix = {}
        self.vehicle_capacity = 4000
        self.big_M = 10000

''' 读取算例数据 '''
data = pd.read_excel("配送网络规划问题算例数据.xlsx")
```

```python

instance = Instance()

for i in range(len(data)):
    new_OD_pair = OD_pair()
    new_OD_pair.org = data.iloc[i, 0]
    new_OD_pair.des = data.iloc[i, 1]
    new_OD_pair.distance = data.iloc[i, 2]
    new_OD_pair.demand = data.iloc[i, 3]
    new_OD_pair.cost = data.iloc[i, 4]
    instance.OD_set[i] = new_OD_pair
    instance.arc_dis_matrix[new_OD_pair.org, new_OD_pair.des] = data.iloc[i, 2]
```

8.4.2 建立模型并求解: Python 调用 COPT 实现

本节展示 Python 调用 COPT 求解式（8.13）~ 式（8.20）的完整代码。

Python 调用 COPT 求解配送网络规划问题

```python
"""
booktitle: 《数学建模与数学规划：方法、案例及编程实战 Python+COPT/Gurobi 实现》
name: 配送网络规划问题--COPT Python 接口代码实现
author: 杉数科技
date: 2022-10-11
"""

from coptpy import *

def build_DND_model_and_solve(instance=None):
    """ 完整函数代码见本书配套电子资源"""
```

8.4.3 建立模型并求解: Python 调用 Gurobi 实现

本节展示 Python 调用 Gurobi 求解式（8.13）~ 式（8.20）的完整代码。

Python 调用 Gurobi 求解配送网络规划问题

```python
"""
booktitle: 《数学建模与数学规划：方法、案例及编程实战 Python+COPT/Gurobi 实现》
name: 配送网络规划问题--Gurobi Python 接口代码实现
author: 刘兴禄
date: 2019-10-20
institute: 清华大学
"""

from gurobipy import *

def build_DND_model_and_solve(instance=None):
    """ 完整函数代码见本书配套电子资源"""
```

8.4.4 求解结果

运行上述代码，求解结果如下。

求解结果

```
总运输费用: 149545.3062

省内总运输费用: 11060.3063

省际总运输费用: 138485.0

********   Route (OD version)   ********

-----------------
OD pair ID: 4, org: 1, des: 6, demand: 2846
x_1_6_4 = 1.0  |  Load: f_1_6_4 = 2846.0  |  Vehicle cnt: y_1_6 = 2.0

-----------------
OD pair ID: 5, org: 1, des: 7, demand: 4715
x_1_7_5 = 1.0  |  Load: f_1_7_5 = 4715.0  |  Vehicle cnt: y_1_7 = 2.0

-----------------
OD pair ID: 6, org: 1, des: 8, demand: 1068
x_1_7_6 = 1.0  |  Load: f_1_7_6 = 1068.0  |  Vehicle cnt: y_1_7 = 2.0
x_7_8_6 = 1.0  |  Load: f_7_8_6 = 1068.0  |  Vehicle cnt: y_7_8 = 1.0
...............
...............

********   Flow (arc version)   ********
----------------------
Arc: (1, 3), Load: F_1_3 = 1137.0
Commodity flows
x_1_3_65 = 1.0,     |  Load: f_1_3_65 = 1137.0,     | Vehicle Cnt: y_1_3 = 1.0
...............
...............
...............
----------------------
Arc: (1, 7), Load: F_1_7 = 7770.0
Commodity flows
x_1_7_5 = 1.0,      |  Load: f_1_7_5 = 4715.0,      | Vehicle Cnt: y_1_7 = 2.0
x_1_7_6 = 1.0,      |  Load: f_1_7_6 = 1068.0,      | Vehicle Cnt: y_1_7 = 2.0
x_1_7_40 = 1.0,     |  Load: f_1_7_40 = 787.0,      | Vehicle Cnt: y_1_7 = 2.0
x_1_7_41 = 1.0,     |  Load: f_1_7_41 = 1200.0,     | Vehicle Cnt: y_1_7 = 2.0

----------------------
Arc: (1, 10), Load: F_1_10 = 7862.0
Commodity flows
x_1_10_7 = 1.0,     |  Load: f_1_10_7 = 2948.0,     | Vehicle Cnt: y_1_10 = 2.0
x_1_10_8 = 1.0,     |  Load: f_1_10_8 = 1136.0,     | Vehicle Cnt: y_1_10 = 2.0
x_1_10_17 = 1.0,    |  Load: f_1_10_17 = 1038.0,    | Vehicle Cnt: y_1_10 = 2.0
x_1_10_26 = 1.0,    |  Load: f_1_10_26 = 1162.0,    | Vehicle Cnt: y_1_10 = 2.0
x_1_10_35 = 1.0,    |  Load: f_1_10_35 = 831.0,     | Vehicle Cnt: y_1_10 = 2.0
x_1_10_43 = 1.0,    |  Load: f_1_10_43 = 747.0,     | Vehicle Cnt: y_1_10 = 2.0
...............
...............

""" 完整求解结果见本书配套电子资源"""
```

根据程序运行结果，模型的最优目标函数值（即总运输费用）为 149545.3，其中，省内总运输费用为 11060.3，省际总运输费用为 138485.0，分别占比 7.4% 和 92.6%。大家可以尝试改变算例的规模来测试模型的求解难度的变化。

8.5 拓展

本章以物流配送网络为背景，建立了配送网络规划的数学模型，并给出了详细的建模过程以及求解代码。本问题的建模难点在于下面几个方面：

（1）决策变量的设计，包括商品流的路径决策和网络的流量决策；

（2）子环路的消除约束必须要考虑，否则会导致子环路的产生；

（3）省际车辆数的相关约束刻画。

大家需要熟练掌握多种建模技巧，才能顺利克服以上难点。

配送网络规划问题是 NP-hard，当问题规模较大时，优化求解器可能无法在合理时间内获得满意的可行解，因此需要大家自行设计高效的定制求解算法以增大可求解的问题规模。

此外，在实际场景中，出于对快递配送时效性的考虑，企业一般会对单个商品流配送过程中的转运次数有特殊要求。例如，单个商品流的转运次数不能超过 3 次。那么，在本问题中如何将该因素纳入到模型中呢？经过简单分析可知，商品流的转运次数即为其配送路径的长度。因此，若限制单个商品流的转运次数不能超过最大转运次数 U，则仅需加入下面的约束即可。

$$\sum_{(i,j)\in\mathcal{A}} x_{ij}^{p} \leqslant U, \qquad \forall p \in \mathcal{K} \tag{8.21}$$

第 9 章　数字华容道问题

9.1　数字华容道问题简介

数字华容道问题是日常生活中的一个经典问题。根据《三国演义》的叙述，当年曹操在赤壁之战惨败之后，率残部逃经华容道，被关羽率领的军队拦截，后因关羽念及昔日情义，放曹操而去。后来，中国民间就流传着一种名为华容道的小游戏，如图9.1(a) 所示。华容道游戏的游戏盘面一般呈矩形形状，上面布有若干大小不一且可以移动的小矩形滑块。这些滑块分别代表“曹操”“关羽”等历史人物。华容道游戏的目标就是在空格的帮助下恰当地挪动木块，最终使得代表“曹操”的滑块从关口位置滑出。国外也有一款非常类似的游戏，叫作 Rush Hour，如图9.1(b) 所示。Rush Hour 的游戏盘面被分成若干个大小相同的方格，盘面上有若干辆小车，每一辆小车均占用 2 个及以上的方格。与华容道游戏类似，Rush Hour 游戏的目标是将目标小车从出口（EXIT）处移出去。本章要探讨的问题实际上是华容道问题的一个变种——数字华容道。数字华容道是一种普及非常广的数字游戏，其游戏盘面是一个 $n \times n$（$n \geqslant 3, n \in \mathbb{N}_+$）的网格。图9.1（c）所示为一个 3×3 的数字华容道游戏盘面，盘面上只有 8 个数字滑块，分别标注着 1~8，并且有一个位置是空的。数字华容道的目标是在空格的帮助下不断移动数字滑块，使得游戏盘面上的数字滑块按照 1~8 的顺序依次从左往右，从上到下排列。

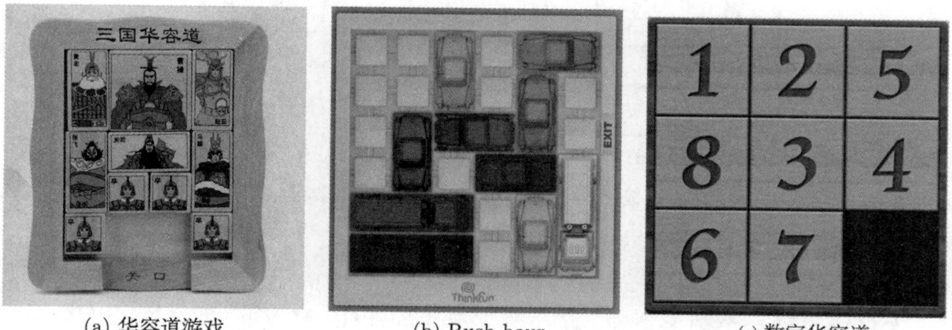

(a) 华容道游戏　　(b) Rush hour　　(c) 数字华容道

图 9.1　华容道类型的游戏

现实生活中比较常见的数字华容道的规格为 3×3，4×4 和 5×5。$n \times n$ 的数字华容道在英文文献中被称为 $(n^2 - 1)$-puzzle，其中 15-puzzle 最为出名。此外，15-puzzle 又被称为 Gem Puzzle、Boss Puzzle、Game of Fifteen、Mystic Square 等。

对于规模为 $n \times n$ 的数字华容道问题，找到一个可行解比较容易，但是若要求以最少的移动次数（或者最短路径）解出数字华容道问题却非常困难。Ratner Daniel 和 Warmuth Manfred 于 1990 年证明了该问题为 NP-hard 问题 [44]。本章从数学规划的角度，将该问题建模为一个整数规划模型，并对其中的建模难点加以分析。此外，本章的建模思路在一定程度上参考了文献 [45]。

9.2 建模思路详解

本问题的建模是有一定难度的。具体来讲，难点在于如何设计决策变量以及如何构建约束。

解决本问题的主要思路是：从还原数字华容道的过程入手，分析每一步将会面临什么状况，需要作出什么决策。根据上述思路来设计决策变量并创建约束是比较可行的方案。

还原数字华容道，需要观察当前游戏盘面的状态，根据当前状态推算出下一步应该如何移动数字滑块。循环上述过程，直到最后所有的数字均回归原位为止，下面，对上述步骤进行分解。首先，观察当前游戏盘面的状态，即每个位置的占用情况。为了方便描述，我们基于图9.2 进行说明。将盘面的 9 个方格按照顺序编号，并将编号标注在左上角小方块中，每个位置处数字的占用情况如图9.2（a）所示。图9.2（b）以第 4 个位置为例，详细地解释了图9.2（a）中所有数字的具体含义。

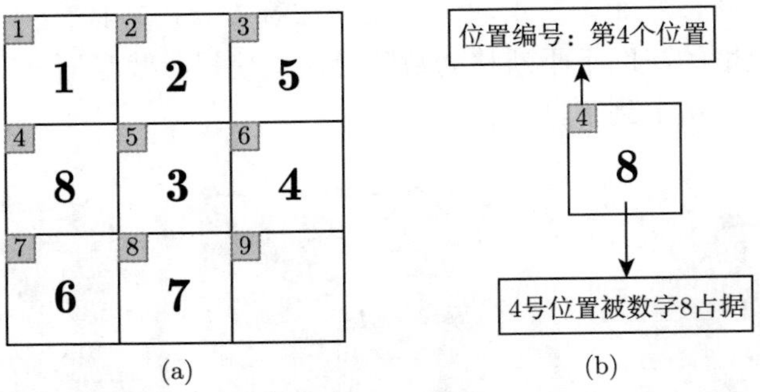

图 9.2　数字华容道游戏中某一步的游戏盘面状态

观察到某一步的游戏盘面状态后，就要对移动数字滑块作出决策。为方便分析和建模，先假设一次只能移动一个数字滑块。移动数字滑块的动作，可以通过图9.3来解释。在第 $k-1$ 步移动结束后，盘面状态如图9.3左侧所示。此时，将数字 4 往下移动一格，则第 k 步移动之后，盘面状态如图9.3右侧所示。数字华容道游戏盘面的完整复原过程，就是由一系列类似图9.3展示的子过程组成的。

基于图9.2和图9.3，就可以设计出合适的决策变量。在此之前，需要引入以下两个集合作为输入参数。

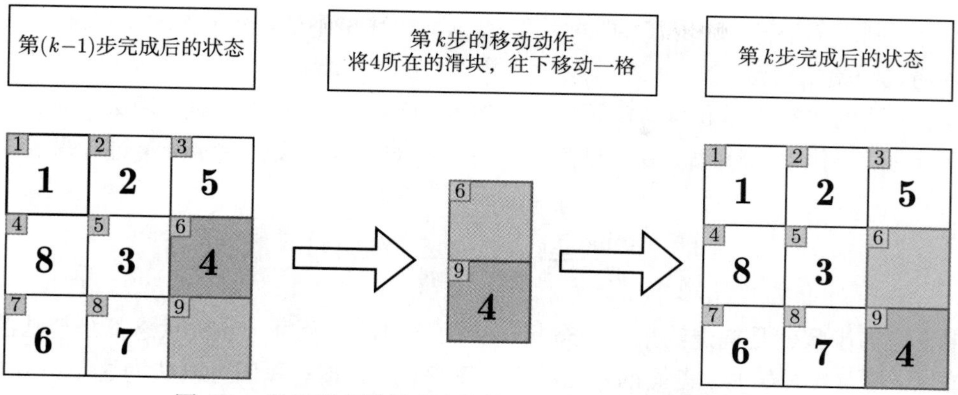

图 9.3　数字华容道游戏中从第 $k-1$ 步到第 k 步的移动

- $\mathcal{P}=\{0,1,\cdots,n^2-1\}$，表示数字游戏盘面中所有位置的编号（注意，为了后续编程方便，我们设置索引从 0 开始）。
- $\mathcal{I}=\{0,1,\cdots,n^2-2\}$，表示数字游戏盘面中所有的数字。对于大小为 3×3 的游戏盘面，$\mathcal{I}=\{0,1,\cdots,7\}$。

首先，需要引入一组决策变量，来表示每一步移动之前，盘面的占用状态是怎样的。即在某一步，某个位置被哪个数字占据着。引入 0-1 决策变量 $x_{k,i,p}$ 来表示占用状态，其具体含义如下。

$x_{k,i,p}$：0-1 决策变量。如果在第 k 步移动后，数字滑块 $i\in\mathcal{I}$ 处在位置 $p\in\mathcal{P}$，则 $x_{k,i,p}=1$，否则 $x_{k,i,p}=0$。

例如，在图9.2（b）中，方格的占用情况对应的决策变量取值为 $x_{3,7,3}=1$ (假设这是第 3 步移动之后的盘面状态)。相应地，$x_{3,7,p}=0,\forall p\in\{0,1,\cdots,8\}\backslash\{3\}$。

然后，再引入一组决策变量，对移动的动作进行刻画。分析图9.3中展示的移动动作：在第 k 步，将 6 号位置的数字 4 移动到了 9 号位置。该移动动作包含了 4 个维度的信息：

（1）这是第 k 步的移动动作；

（2）起始位置为 6 号位置；

（3）被移动的是 6 号位置处的数字滑块 4；

（4）目标位置是 9 号位置。

基于以上分析，可以引入决策变量 $y_{k,i,p,q}$ 来刻画这一移动动作，其具体含义如下。

$y_{k,i,p,q}$：0-1 决策变量。如果在第 k 步，将数字滑块 $i\in\mathcal{I}$ 从位置 p 移动到位置 q，则 $y_{k,i,p,q}=1$，否则 $y_{k,i,p,q}=0$。

到这里，还有一点小问题没有解决，就是下标 k 的取值范围应该如何确定。换句话说，完成一局游戏究竟需要移动多少步？由于给变量的某一个维度设置一个未知的取值范围是不可处理的，因此，必须要为下标 k 设置确定的取值范围。一个简单但低效的方法是设置 k 的取值上限为一个充分大的正整数，使得游戏一定可以在该上限之内完成。该做法有一个明显的弊端，即过大的取值上限会导致模型规模较大。为了缩减模型，可以对 k 的取值范围设置进行优化。用 K^* 表示完成一局游戏所需的最小移动步数，用 K 表示下标 k 的取值上限，则只需设置 $K \geqslant K^*$ 即可。但是 K^* 往往是不能提前得知的，因此在实际中，K 可以通过经验来设定。

基于上述的决策变量和参数，可以比较容易地写出优化问题的目标函数。本问题的目标函数即为最小化总的移动步数。只需要对所有移动动作对应的决策变量进行求和即可。

$$\min \sum_{k=0}^{K}\sum_{i\in\mathcal{I}}\sum_{p\in\mathcal{P}}\sum_{q\in\mathcal{P}} y_{k,i,p,q} \tag{9.1}$$

接下来的步骤就是构建约束，使得每一步的移动，以及每一步的状态都是合法的。

首先，在游戏开始时，盘面的初始状态是乱序的。此时，我们可以认为这是第 0 步，即 $k=0$。在第 0 步，我们需要将 $k=0$ 时对应的盘面状态决策变量（即 x）初始化为与盘面所处状态一致。写成约束的形式即为：

$$x_{0,i,p} = \begin{cases} 1, & \text{初始状态时，数字 } i \text{ 处在位置 } p \\ 0, & \text{其他} \end{cases} \qquad \forall i \in \mathcal{I}, \forall p \in \mathcal{P} \tag{9.2}$$

此外，第 0 步也不会执行任何的移动动作，因此我们同样将 $k=0$ 时对应的移动决策变量（即 y）设置为 0。这里有两种可选的方法。第一种方法是直接将 $k=0$ 时的所有 y 均设置为 0，即

$$y_{0,i,p,q} = 0, \qquad \forall i \in \mathcal{I}, \forall p,q \in \mathcal{P} \tag{9.3}$$

第二种方法是将 $k=0$ 时所有的 y 进行求和，并令其和为 0，即

$$\sum_{i\in\mathcal{I}}\sum_{p\in\mathcal{P}}\sum_{q\in\mathcal{P}} y_{0,i,p,q} = 0 \tag{9.4}$$

以上两种方法是等价的。

接下来我们对每一步的盘面状态和移动动作的合法性进行约束。观察到在第 k 步（$k=0,1,\cdots,K$），每一个数字 i 一定占据且只占据一个位置。该事实可以用下面的约束表示：

$$\sum_{p\in\mathcal{P}} x_{k,i,p} = 1, \qquad \forall k=0,1,\cdots,K, \forall i \in \mathcal{I} \tag{9.5}$$

此外，还可以观察到每一个位置至多只被一个数字占据（因为会有空位）。该事实可以用下面的约束表示：

$$\sum_{i\in\mathcal{I}} x_{k,i,p} \leqslant 1, \qquad \forall k=0,1,\cdots,K, \forall p \in \mathcal{P} \tag{9.6}$$

接下来对移动动作的合法性进行刻画。不难发现，每一个数字都只可能向其相邻位置移动，其他移动均不可能。为了构建该约束，首先需要引入一个输入参数 $A_{p,q}$ 来表示任意两个不同的位置 p,q（$p,q \in \mathcal{P}$）之间是否直接一步可达，若一步可达，则 $A_{p,q}=1$，若不

可一步到达，则 $A_{p,q}=0$。例如，若 $p=1,q=2$，则 $A_{1,2}=1,A_{2,1}=1$。若 $p=1,q=3$，则 $A_{1,3}=0,A_{3,1}=0$。基于此，可以引入下面的约束来保证移动的合法性。

$$y_{k,i,p,q}\leqslant A_{p,q},\qquad \forall k=0,1,\cdots,K,\forall i\in\mathcal{I},\forall p,q\in\mathcal{P}\tag{9.7}$$

此外，只有当目标位置为空格时，一个移动动作才被允许。具体来讲，如果想要在第 k 步把数字 i 从位置 p 移动到位置 q，则位置 q 在上一步（即第 $k-1$ 步）移动之后，必须要是空格，否则该移动不可能发生。这个条件可以写成下面的约束：

$$y_{k,i,p,q}\leqslant 1-\sum_{i\in\mathcal{I}}x_{k-1,i,q},\qquad \forall k=1,\cdots,K,\forall i\in\mathcal{I},\forall p,q\in\mathcal{P}\tag{9.8}$$

构建完以上约束后，建模过程并没有完成。我们还需要完成最重要，也是最难的一组约束，即第 $k-1$ 步移动后的盘面状态与第 k 步移动后的状态之间的转换关系。我们观察到，从第 $k-1$ 步开始，经过第 k 步移动后，数字 i 在位置 p 的占位情况的变化，跟下面两件事有关：

（1）是否将数字 i 从位置 p 移出去了？（2）是否将数字 i 从其他位置移到了位置 p？

基于此，相邻两步之间，数字 i 在位置 p 的占位情况的变化关系可以用下面的约束来表示：

$$x_{k-1,i,p}-\sum_{q\in\mathcal{P}}y_{k,i,p,q}+\sum_{q\in\mathcal{P}}y_{k,i,q,p}=x_{k,i,p},\qquad \forall k=1,\cdots,K,\forall i\in\mathcal{I},\forall p\in\mathcal{P}\tag{9.9}$$

该约束可以直观理解为，第 $k-1$ 步的占位状态，减去在第 k 步移动中从位置 p 移出去的次数，加上在第 k 步移动中从其他位置移入位置 p 的次数，等于第 k 步移动后的占位状态。

图9.4展示了第 1 步移动前后游戏盘面上位置 6 和位置 9 对应的决策变量的变化。在第 1 步，我们将处在位置 6 处的数字滑块 4 移动到了 9 号位置，因此移动决策变量中只有 $y_{1,3,5,8}=1$。在第 0 步，由于数字滑块 4 处在位置 6，因此 $x_{0,3,5}=1,x_{0,3,8}=0$。而执行第 1 步移动决策 $y_{1,3,5,8}=1$ 之后，游戏盘面上位置 6 和位置 9 的占用情况更新为 $x_{0,3,5}=0,x_{0,3,8}=1$。下面基于约束式（9.9）来验证第 0 步和第 1 步的游戏盘面状态的变化。

对于位置 6 和数字滑块 4，游戏盘面状态从第 0 步到第 1 步的更新关系为

$$x_{0,3,5}-\sum_{q\in\mathcal{P}}y_{1,3,5,q}+\sum_{q\in\mathcal{P}}y_{1,3,q,5}=x_{1,3,5}$$

$$\Rightarrow\quad 1-1+0=0$$

对于位置 9 和数字滑块 4，盘面状态从第 0 步到第 1 步的更新关系为

$$x_{0,3,8}-\sum_{q\in\mathcal{P}}y_{1,3,8,q}+\sum_{q\in\mathcal{P}}y_{1,3,q,8}=x_{1,3,8}$$

$$\Rightarrow\quad 0-0+1=1$$

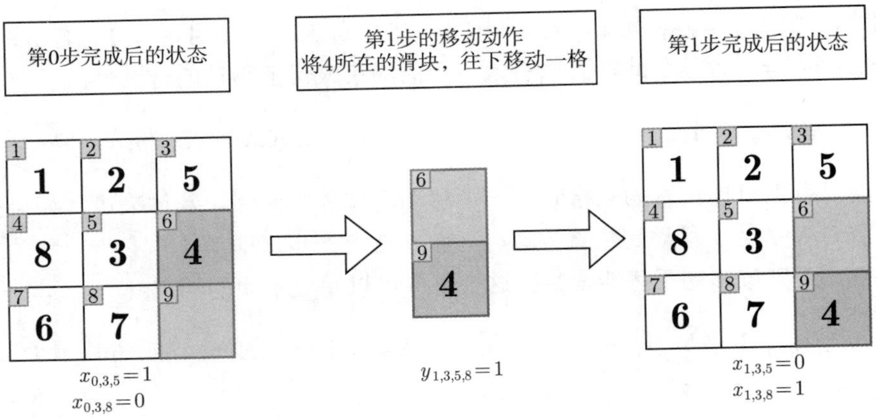

图 9.4　第 1 步移动过程中决策变量的变化

可见约束式（9.9）可以精准地刻画上述变化关系。

接下来就是实现每一步至多只允许移动一次的约束（也可以不移动）。

$$\sum_{i\in\mathcal{I}}\sum_{p\in\mathcal{P}}\sum_{q\in\mathcal{P}} y_{k,i,p,q}\leqslant 1,\qquad \forall k=0,1,\cdots,K \tag{9.10}$$

最后就是游戏完成的标准。在最后一步或者最后一步之前，必须要让所有的数字回归原位。

$$x_{K,i,i}=1,\qquad \forall i\in\mathcal{I} \tag{9.11}$$

至此，数字华容道问题的优化模型建立完毕。

9.3　完整数学模型

为了方便查阅，我们将完整的数学模型整理为下面的形式，每条约束的具体含义不再赘述。

$$\min \sum_{k=0}^{K}\sum_{i\in\mathcal{I}}\sum_{p\in\mathcal{P}}\sum_{q\in\mathcal{P}} y_{k,i,p,q} \tag{9.12}$$

$$\text{s.t. } x_{0,i,p}=\begin{cases}1, & \text{第 0 步时数字 } i \text{ 在位置 } p\\ 0, & \text{其他}\end{cases}\qquad \forall i\in\mathcal{I},\forall p\in\mathcal{P} \tag{9.13}$$

$$\sum_{i\in\mathcal{I}}\sum_{p\in\mathcal{P}}\sum_{q\in\mathcal{P}} y_{0,i,p,q}=0 \tag{9.14}$$

$$\sum_{p\in\mathcal{P}} x_{k,i,p}=1,\qquad \forall k=0,1,\cdots,K,\forall i\in\mathcal{I} \tag{9.15}$$

$$\sum_{i\in\mathcal{I}} x_{k,i,p}\leqslant 1,\qquad \forall k=0,1,\cdots,K,\forall p\in\mathcal{P} \tag{9.16}$$

$$y_{k,i,p,q} \leqslant A_{p,q}, \qquad \forall k = 0, 1, \cdots, K, \ \forall i \in \mathcal{I}, \ \forall p, q \in \mathcal{P} \tag{9.17}$$

$$y_{k,i,p,q} \leqslant 1 - \sum_{i \in \mathcal{I}} x_{k-1,i,q}, \qquad \forall k = 1, \cdots, K, \ \forall i \in \mathcal{I}, \ \forall p, q \in \mathcal{P} \tag{9.18}$$

$$x_{k-1,i,p} - \sum_{q \in \mathcal{P}} y_{k,i,p,q} + \sum_{q \in \mathcal{P}} y_{k,i,q,p} = x_{k,i,p}, \quad \forall k = 1, \cdots, K, \ \forall i \in \mathcal{I}, \ \forall p \in \mathcal{P} \tag{9.19}$$

$$\sum_{i \in \mathcal{I}} \sum_{p \in \mathcal{P}} \sum_{q \in \mathcal{P}} y_{k,i,p,q} \leqslant 1, \qquad \forall k = 0, 1, \cdots, K \tag{9.20}$$

$$x_{K,i,i} = 1, \qquad \forall i \in \mathcal{I} \tag{9.21}$$

$$x_{k,i,p}, y_{k,i,p,q} \in \{0, 1\}, \qquad \forall k = 0, 1, \cdots, K, \ \forall i \in \mathcal{I}, \ \forall p, q \in \mathcal{P} \tag{9.22}$$

上述模型的决策变量复杂度为 $\mathcal{O}(K \cdot |\mathcal{I}| \cdot |\mathcal{P}|^2)$，约束复杂度也为 $\mathcal{O}(K \cdot |\mathcal{I}| \cdot |\mathcal{P}|^2)$。可见，找到一个较小的，且能保证问题一定有可行解的 K，可以在一定程度上缩小模型的规模。

9.4 编程实战

本节详细地介绍如何使用 Python 调用 COPT 和 Gurobi 求解上述数学模型。

9.4.1 参数准备

首先，需要定义一个 3×3 的数字游戏盘面，并且引入两个后续需要用到的参数。

- `Neighbor_dict`：字典类型，表示每个位置可以一步直达的位置集合。
- `Adj_dict`：字典类型，表示不同位置之间的邻接矩阵。

具体代码如下。

参数准备

```python
import numpy as np

# 定义数字华容道游戏盘面（用数组表示）
row_num = 3  # 定义行数
col_num = 3  # 定义列数

# 生成邻居字典和邻接字典
def init_Puzzle_grid(row_num=3, col_num=3):
    """
    该函数用来生成数字华容道游戏盘面以及后续需要用到的参数。

    :param row_num: 行数，默认为 3
    :param col_num: 列数，默认为 3
    :return: Puzzle_grid, Neighbor_dict, Adj_dict
        Puzzle_grid:          array 类型
        Neighbor_dict:        dict 类型
        Adj_dict:             dict 类型
        item_set:             list，数字滑块的集合
        pos_set:              list，位置的集合
```

```python
    """
    Puzzle_grid = np.zeros([row_num, col_num])
    item_set = []
    pos_set = []

    Neighbor_dict = {}  # dict 类型; key: 数字; value: 邻居集合
    # 遵循上下左右的顺序原则
    for i in range(row_num):
        for j in range(col_num):
            pos_ID = col_num * i + j  # 注意位置 ID 的计算:  col_num * i + j

            pos_set.append(pos_ID)

            if(pos_ID + 1 < row_num * col_num):
                # 最后一个位置是空格
                Puzzle_grid[i][j] = pos_ID + 1
                item_set.append(pos_ID)

            if (i == 0 and j == 0):               # 左上角
                Neighbor_dict[pos_ID] = [1, col_num - 1 + 1]
            elif (i == 0 and j == col_num - 1):  # 右上角
                Neighbor_dict[pos_ID] = [pos_ID - 1, pos_ID + col_num]
            elif (i == row_num - 1 and j == 0):  # 左下角
                Neighbor_dict[pos_ID] = [pos_ID - row_num, pos_ID + 1]
            elif (i == row_num - 1 and j == col_num - 1):              # 右下角
                Neighbor_dict[pos_ID] = [pos_ID - col_num, pos_ID - 1]
            elif (i == 0 and j > 0 and j != col_num - 1):              # 第一行
                Neighbor_dict[pos_ID] = [pos_ID - 1, pos_ID + 1, pos_ID + col_num]
            elif (i == row_num - 1 and j > 0 and j != col_num - 1):  # 最后一行
                Neighbor_dict[pos_ID] = [pos_ID - 1, pos_ID + 1, pos_ID - col_num]
            elif (i > 0 and i < row_num - 1 and j == 0):              # 最左一列
                Neighbor_dict[pos_ID] = [pos_ID + 1, pos_ID - col_num, pos_ID + col_num]
            elif (i > 0 and i < row_num - 1 and j == col_num - 1):  # 最右一列
                Neighbor_dict[pos_ID] = [pos_ID - 1, pos_ID - col_num, pos_ID + col_num]
            elif (i > 0 and i < row_num - 1 and j > 0 and j < col_num - 1):     # 其他位置
                Neighbor_dict[pos_ID] = [pos_ID - 1, pos_ID + 1, pos_ID - col_num, pos_ID + col_num]

    # 生成邻接字典, key: (pos_A, pos_B); value: 0 或者 1
    Adj_dict = {}
    for key_1 in Neighbor_dict.keys():
        for key_2 in Neighbor_dict.keys():
            if (key_1 == key_2 or (key_2 not in Neighbor_dict[key_1])):
                Adj_dict[key_1, key_2] = 0
            else:
                Adj_dict[key_1, key_2] = 1

    return Puzzle_grid, Neighbor_dict, Adj_dict, item_set, pos_set

Puzzle_grid, Neighbor_dict, Adj_dict, item_set, pos_set = init_Puzzle_grid(row_num=3, col_num=3)

print("\n数字华容道初始游戏盘面\n", Puzzle_grid)
print("\n邻居位置字典\n", Neighbor_dict)
print("\n邻接字典\n", Adj_dict)
print("\n数字滑块集合\n", item_set)
print("\n位置集合\n", pos_set)
```

运行结果如下。

```
                         参数初始化结果
数字华容道初始游戏盘面
 [[1. 2. 3.]
 [4. 5. 6.]
 [7. 8. 0.]]

邻居位置字典
 {0: [1, 3], 1: [0, 2, 4], 2: [1, 5], 3: [4, 0, 6], 4: [3, 5, 1, 7], 5: [4, 2, 8],
  6: [3, 7], 7: [6, 8, 4], 8: [5, 7]}

邻接字典
 {(0, 0): 0, (0, 1): 1, (0, 2): 0, (0, 3): 1, (0, 4): 0, (0, 5): 0, (0, 6): 0, (0, 7): 0, (0, 8): 0, ...}

数字滑块集合
 [0, 1, 2, 3, 4, 5, 6, 7]

位置集合
 [0, 1, 2, 3, 4, 5, 6, 7, 8]
```

9.4.2 测试算例及其相关参数初始化

为方便介绍，本节以一个相对简单的算例作为测试算例。测试算例对应的打乱后的游戏盘面如图9.5所示。

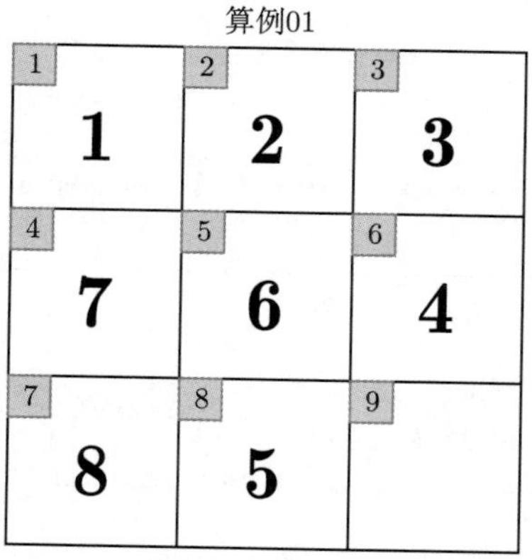

图 9.5　打乱后的游戏盘面

为方便后续编程，可以将该算例转换为字典类型的数据，具体代码如下。

```
                         算例准备
# 准备测试算例，注意，由于下标从 0 开始，所以对应的数字减去 1
instance = {0: 0, 1: 1, 2: 2, 3: 6, 4: 5, 5: 3, 6: 7, 7: 4}
```

9.4.3 建立模型并求解：Python 调用 COPT 实现

完成算例的初始化之后，就可以进行模型的建立和求解了。本节展示 Python 调用 COPT 求解式（9.12）～ 式（9.22）的完整代码。

建立模型并求解:Python 调用 COPT

```python
"""
booktitle: 《数学建模与数学规划: 方法、案例及编程实战 Python+COPT/Gurobi 实现》
name: 数字华容道问题- COPT Python 接口代码实现
author: 杉数科技
date:2022-10-11
"""

from coptpy import *

# 定义建立模型并求解，输出运行结果的函数
def build_and_solve_Puzzle_grid(instance, Max_Step, item_set, pos_set, Adj_dict):
    """ 完整函数代码见本书配套电子资源"""
```

9.4.4 建立模型并求解: Python 调用 Gurobi 实现

本节展示 Python 调用 Gurobi 求解式（9.12）～ 式（9.22）的完整代码。

建立模型并求解:Python 调用 Gurobi

```python
"""
booktitle: 《数学建模与数学规划: 方法、案例及编程实战 Python+COPT/Gurobi 实现》
name: 数字华容道问题 - Gurobi Python 接口代码实现
author: 刘兴禄
date: 2020-07-08
institute: 清华大学
"""

from gurobipy import *

# 定义建立模型并求解，输出运行结果的函数
def build_and_solve_Puzzle_grid(instance, Max_Step, item_set, pos_set, Adj_dict):
    """ 完整函数代码见本书配套电子资源"""
```

9.4.5 数值实验结果及分析

调用上述函数求解模型，设置 $K = 11$。

求解算例

```python
# 求解模型
Max_Step = 11
CPU_time, Opt_Obj = build_and_solve_Puzzle_grid(instance=instance, Max_Step=Max_Step,
                item_set=item_set, pos_set=pos_set, Adj_dict=Adj_dict)
```

求解结果如下。

求解结果

```
Optimal solution found (tolerance 0.00e+00)
Best objective 1.000000000000e+01, best bound 1.000000000000e+01, gap 0.0000%
Running time : 0.05701446533203125
Model Status : 2
Instance is Solved to OPTIMAL
Objective:  10.0
Running Time:  0.05701446533203125  s
y  (1, 4, 7, 8)  =  1.0    y  (2, 5, 4, 7)  =  1.0
```

```
y (3, 3, 5, 4) = 1.0    y (4, 4, 8, 5) = 1.0
y (5, 5, 7, 8) = 1.0    y (6, 7, 6, 7) = 1.0
y (7, 6, 3, 6) = 1.0    y (8, 3, 4, 3) = 1.0
y (9, 4, 5, 4) = 1.0    y (10, 5, 8, 5) = 1.0
```

根据最优解可知，最少需要 10 步可以还原数字盘面，求解时间为 0.05s。为了更直观地观察上述最优解，我们对其进行可视化展示，如图9.6所示。

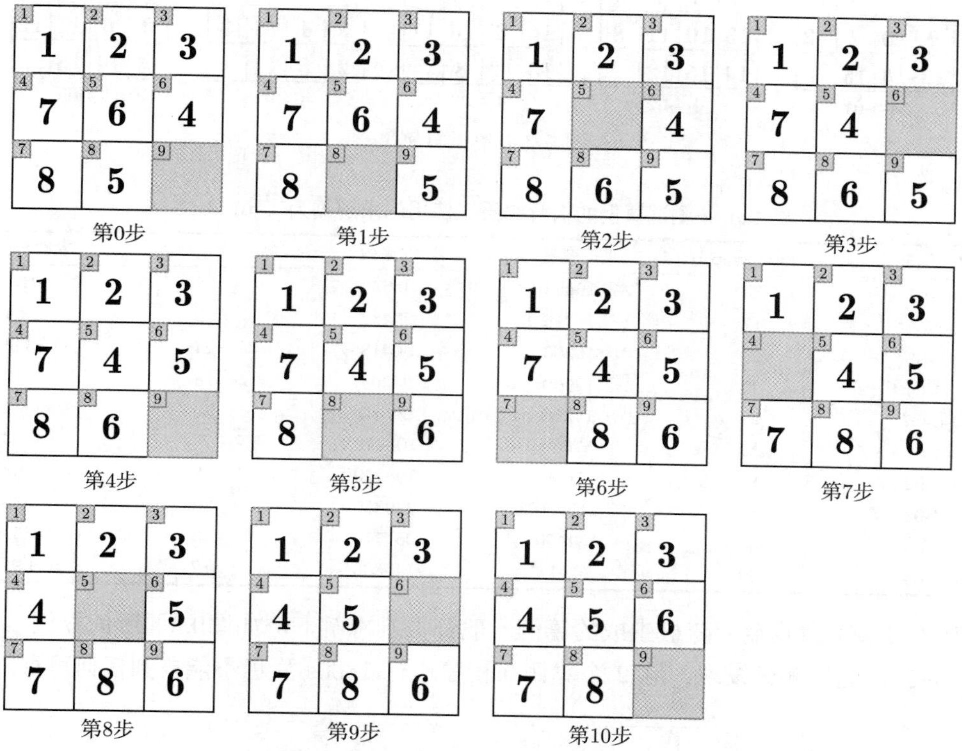

图 9.6　10 步还原数字盘面

为了进一步测试模型，我们用 3×3 和 4×4 的游戏盘面分别构造 5 个测试算例，并报告其参数设置和求解结果。为方面描述，我们以 n-n-X 的格式对算例进行命名，其中 n 表示数字盘面的规模，X 表示算例的编号。

用于测试的算例集（10 个算例）如图9.7所示。基于 3×3 的游戏盘面生成的算例求解相对容易，原因是这些算例一般只需较少的移动次数即可完成还原，因此决策变量通常较少。但是基于 4×4 的游戏盘面生成的算例则较难求解，因为完成盘面还原所需的移动步数显著增多，模型的决策变量和约束的规模也显著增大。为了能够在短时间内求得最优解，本节选择的 5 个 4×4 系列的算例都是比较容易求解的。

表9.1展示了测试算例的求解结果，包括算例参数设置（`MaxStep`）、决策变量数、约束数、最优目标值和求解时间。根据求解结果可知，算例 `3-3-01` 和 `4-4-04` 的求解最为困难，求解时间分别为 604.79s 和 1885.88s。这两个算例需要的移动步数显著高于其他算例。

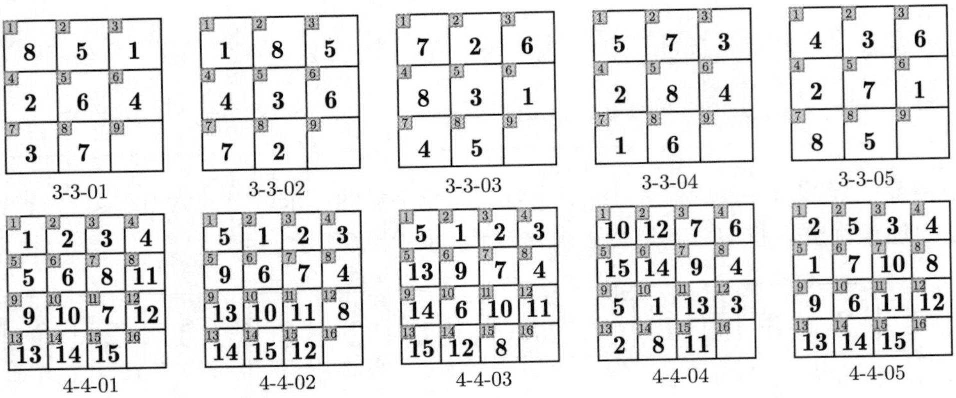

图 9.7　测试算例集

表 9.1　测试算例的求解结果（使用的求解器为 Gurobi）

算例编号	Max_Step	决策变量数	约束数	最优目标值	求解时间/s
3-3-01	30	19440	36628	28	604.79
3-3-02	17	11016	20482	16	1.54
3-3-03	25	16200	30418	24	33.96
3-3-04	20	12960	24208	18	2.13
3-3-05	22	14256	26692	20	6.31
4-4-01	15	57600	108270	6	1.76
4-4-02	15	57600	108270	12	1.08
4-4-03	30	115200	220350	22	6.89
4-4-04	35	134400	257710	33	1885.88
4-4-05	30	76800	145630	12	4.92

基于 4×4 游戏盘面随机生成的算例一般都很难求解，例如图9.8展示的算例 4-4-06 和 4-4-07。通过测试发现，这 2 个算例在程序运行 1800s 后仍不能找到任何可行解。

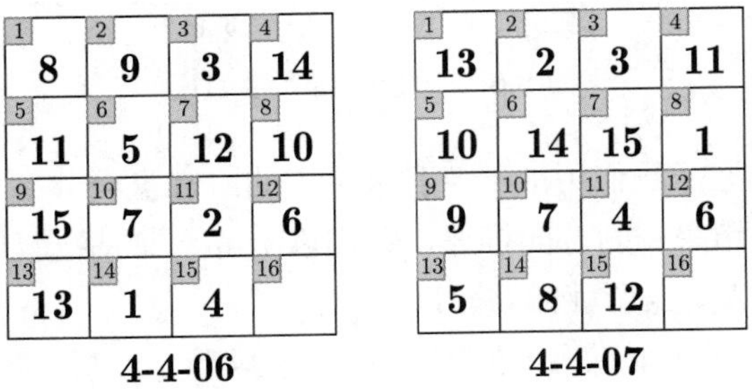

图 9.8　2 个较难求解的随机算例

9.5 拓展

9.5.1 允许区块移动

上述模型中有一个重要假设，即每一步最多只能允许一个滑块移动。但在实际还原的过程中，在每一个时间戳有可能可以同时执行多步移动。如果相邻移动动作是相互独立的，则这两步可以在同一个时间戳内完成，这种移动方式叫作同时移动。除此之外，还有一种被称为区块移动（Block move）的多步同时移动模式。区块移动指的是将位于同一列（行）相邻位置的 $n(n \geqslant 2)$ 个数字滑块一起向特定的方向移动一个或者多个位置。图9.9 给出了一个区块移动的简单示例。在允许区块移动的假设下，还原游戏盘面需要的最小步数有可能会被进一步压缩。对考虑区块移动的场景进行建模是比较困难的。这里我们将该问题留给大家，感兴趣的可以自行尝试建立相应的数学模型。

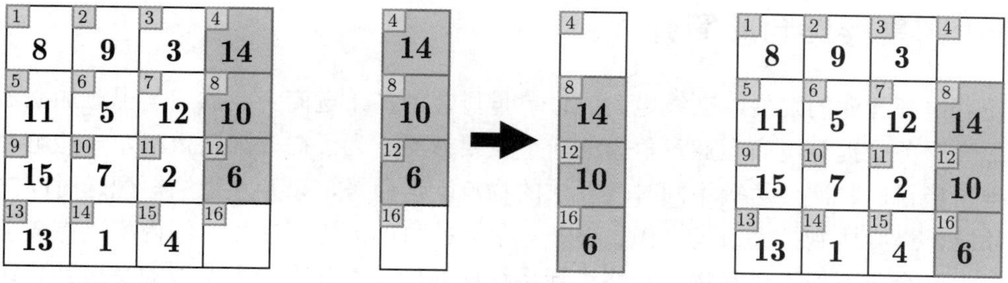

初始状态　　单步区块移动操作　　区块移动后

图 9.9　区块移动示例

9.5.2　模型的收紧

对于式 (9.12)~ 式 (9.22)，当 K 取值较大时，一些完成还原之前的步骤会出现没有任何移动的情况。例如，设置 $K = 15$，模型得到的最优目标函数为 10（即最少需要 10 步完成还原），但是在最优解中，第 5 步和第 9 步没有任何移动，一直到第 12 步才完成还原。第 1 到 4 步、第 6 到第 8 步、第 10 到第 12 步都有移动。这种情况确实是符合所有约束的，是一个可行解。若想消除上述情况，可以约束第 k 步移动的总次数大于等于第 $k+1$ 步移动的总次数，即添加下面的约束。

$$\sum_{i \in \mathcal{I}} \sum_{p \in \mathcal{P}} \sum_{q \in \mathcal{P}} y_{k,i,p,q} \geqslant \sum_{i \in \mathcal{I}} \sum_{p \in \mathcal{P}} \sum_{q \in \mathcal{P}} y_{k+1,i,p,q}, \qquad \forall k = 1, \cdots, K-1 \tag{9.23}$$

第 10 章 密集存储仓库取货路径优化问题 ①

10.1 密集存储仓库简介

随着电商行业的发展，在线电商的订单量日益增多，电商企业的竞争也愈加激烈。高效的配送服务是提升电商企业竞争力的一个重要方面。为了提升配送效率，一些电商巨头纷纷推出当日达、次日达等不同时效要求的物流配送服务，以期通过缩短配送时间来提升用户体验，最终达到扩大市场份额、提升竞争力的目的。为了在短时间内配送完成巨量的订单，电商企业不得不对其物流网络进行系统性的优化。其中一个典型的举措就是在订单密集的区域设置前置仓，例如北京、上海、深圳、广州等大型城市。这些城市人口密集，人群消费能力强，需求量巨大。在这些城市周边建立了前置仓之后，一般需要根据需求预测的结果，提前将库存运送至前置仓。当大量订单集中涌现时，管理者就可以从距离订单位置最近的前置仓迅速调货，并安排配送车队和人员快速完成订单的履约。

不过，在大城市周边设置前置仓会导致高昂的土地租赁成本，这对企业的经营来讲是一个巨大的挑战。尤其是在基于巷道的传统存储模式下，这个挑战更加凸显。由图10.1可见，基于巷道的模式是在货架之间留出可供拣选人员、叉车、物流机器人等通过的巷道。假设该仓库已配备足够数量的物流机器人，且采用货到人的拣选模式②，则该仓库中的拣选任务将以下面的方式完成：物流机器人沿着巷道抵达目标货架下方，将目标货架托起，沿着巷道将目标货架运送至 IO 口（也叫拣选台），IO 口处的拣选人员从货架上抓取目标货物，随后物流机器人继续执行下一个拣选任务。由于引入了巷道，该存储模式的存储密度较低，存储一定数量的货物，需要的仓库面积较大。为了提高存储密度，以更小的面积存储更多的货物，一些更加紧凑的存储方式也不断涌现。扩大存储的深度就是一个提高存储密度的好方法。以图10.1中展示的仓库为例，其存储深度为 2。若将存储深度扩大至 3（甚至 4），则存储密度将会大大提高。

为了进一步提升存储密度，一种最为紧凑的存储方式应运而生，那就是本章要探讨的密集存储，如图10.2和图10.3所示。在密集存储模式下，所有的巷道都将被移除，所有的位置都可以用来存储货物。同时，用于辅助运送货物的对象不再是一条条巷道，而是若干个空置的位置。这种存储模式可以达到最大的存储密度，在极限情况下，仅需 1 个用来取货

---

① 本章部分模型参考自文献 [26]。

② 货到人的拣选模式是一种新的拣选模式。在该模式下，仓库中的货架是可以移动的，物流机器人可以在巷道和货架下方穿梭，当物流机器人行驶至目标货架下方时，可以直接将货架托起并将其运送至拣选台。这种将货架运送到拣选人处的模式就是所谓的货到人的拣选模式。在该模式下，拣选员无须在巷道之中来回走动。相应地，拣选员通过在仓库中不断走动从而完成拣选任务的拣选模式被称为人到货的拣选模式。

的空位置即可，其余位置均可被货物占用。目前，密集存储模式一般有两种常见的驱动方式：物流机器人驱动（见图10.2）和传送带驱动（见图10.3）。在物流机器人驱动的方式下，仓库中的存储单元通常是一种可移动的货架（Pod），机器人可以利用自身的托举装置将可移动货架托举起来，随后在其他物流机器人的配合下，顺着规划好的取货路径将目标货物运送至 IO 口。而在传送带驱动的方式下，系统可以通过左右和前后方向运动的传送带的配合，最终将目标货物移动到 IO 口。

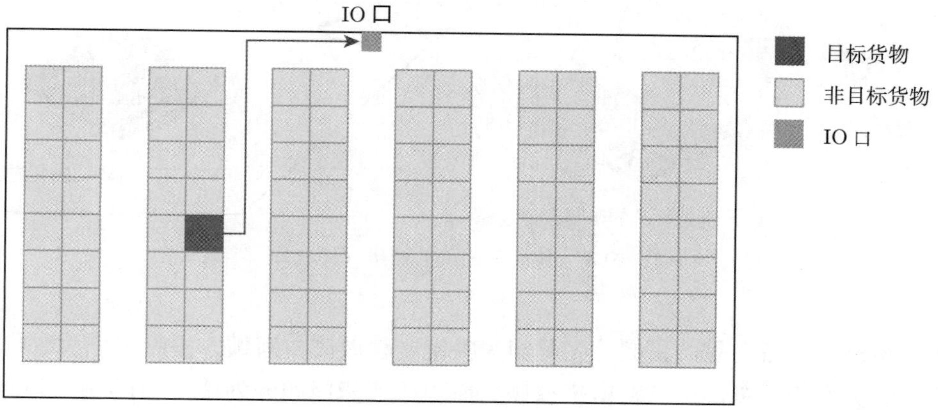

图 10.1　基于巷道的传统存储模式

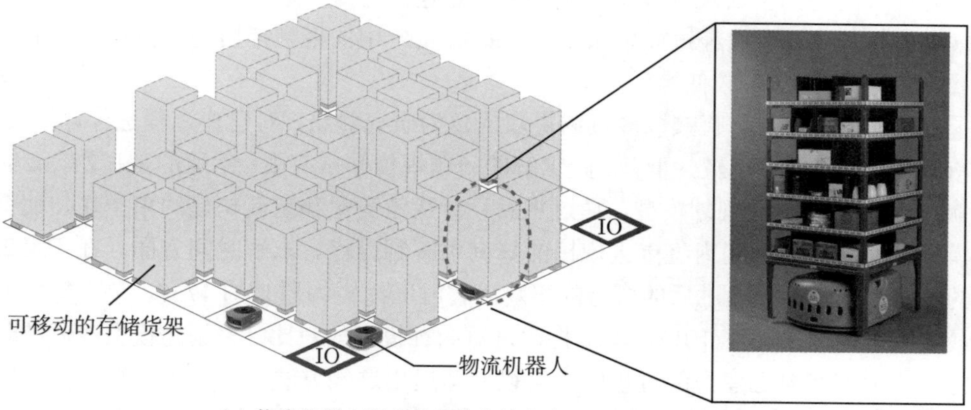

(a) 物流机器人驱动的密集存储仓库　(b) 物流机器人载着一个可移动货架[19]

图 10.2　物流机器人驱动的密集存储仓库

密集存储模式极大地扩大了仓库的存储量。存储同样数量的货物，密集存储模式需要的存储空间远小于基于巷道的传统存储模式。因此，密集存储是一种非常有应用前景的存储模式。然而，密集存储模式的缺点也非常明显。在密集存储模式下，由于目标货物和 IO 口之间存在障碍，取货操作变得非常困难。如果不能很好地解决取货难的问题，则密集存储仓库的应用前景将会受到很大的限制。幸运的是，已经有许多研究论文提出了高效的取货路径规划算法，例如文献 [26]、[60]、[57]、[38]、[56] 等。特别地，文献 [26] 和 [45] 均提供了密集存储仓库中取货路径规划问题的整数规划模型。本章将对这些模型进行详细解读。

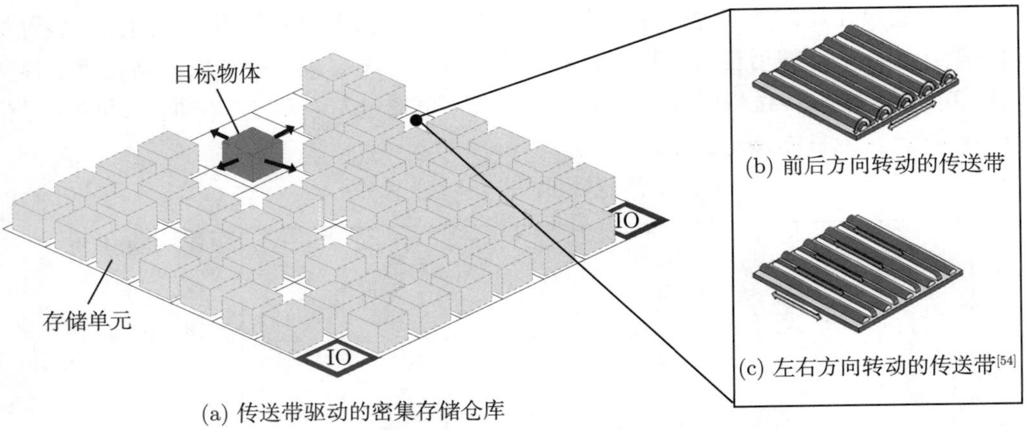

图 10.3 传送带驱动的密集存储仓库

在介绍建模思路之前，我们首先对相关关键文献做简要回顾。按照每一次取货任务中涉及的目标货物的数量，可以将密集存储仓库中的取货问题分为单货物提取（Single item retrieval）和多货物提取（Multi-item retrieval）。具体来讲，单货物提取指的是每轮拣选只能执行一个拣选任务，而多货物提取则允许多个拣选任务同时进行。文献 [45] 提供了一种单货物提取问题的整数规划模型。从整数规划建模的角度来讲，单货物提取和多货物提取非常类似。因此，可以经过简单拓展，将文献 [45] 中的模型拓展为多货物提取的模型（注意，这种建模方法效率较低）。

为了叙述的方便，本章直接以多货物提取问题为研究对象，对建模过程进行详细解读。此外，文献 [45] 提供的模型较为低效，能求解的问题规模非常有限。幸运的是，文献 [26] 改进了文献 [45] 提出的整数规划模型，通过重新设计决策变量和重新构建约束条件，使得改进后的模型能够在规定时间内将更大规模的算例求解到最优。求解时间方面，在 R422 算例集上的实验结果显示，改进后的模型的平均求解时间缩短为原来的 1/37，单个算例的求解时间最多缩短为原来的 1/1015。本章将通过对两种模型的对比，来阐述模型改进的若干思路和方法。大家在自己建模的过程中，可以熟练运用这些方法，构建出紧凑、高效的数学模型。

10.2 建模思路详解

本节介绍密集存储仓库中取货路径规划问题的两种模型：基于物品编号的模型和不考虑非目标货物编号的模型。

10.2.1 建模方法 1：基于物品编号的模型

首先，以一个大小为 4×4、IO 口个数为 2 的仓库为例，如图 10.4所示。图中每个格子中心的数字表示货物的编号（白色表示空格，所以没有货物编号），每个格子左上角的数字表示位置编号。两个 IO 口分别位于仓库的左上角和右上角。为了简化问题，假设系统会预先为每一个目标货物指定一个目标 IO 口。例如，考虑两个目标货物 3 和 8，它们需要分别被运送到左上角和右上角。密集存储仓库的取货优化问题，就是以最少的总移动次数，将所有目标货物移动至相应的目标 IO 口。除了上述目标函数之外，还有最小化取货时间等。本章仅考虑目标函数为最小化总移动次数的情况。为了便于建模，本章介绍的模型基于以下假设：（1）每个目标货物将被预先分配至距离最近（曼哈顿距离）的 IO 口。（2）每次只能允许一个货物或者空格移动。

假设（2）在实际中也许不合理，原因是在取货过程中多个空格实际上是可以同时移动的。但是本章提供的模型可以通过简单的修改，使得模型兼容同时移动的情形。

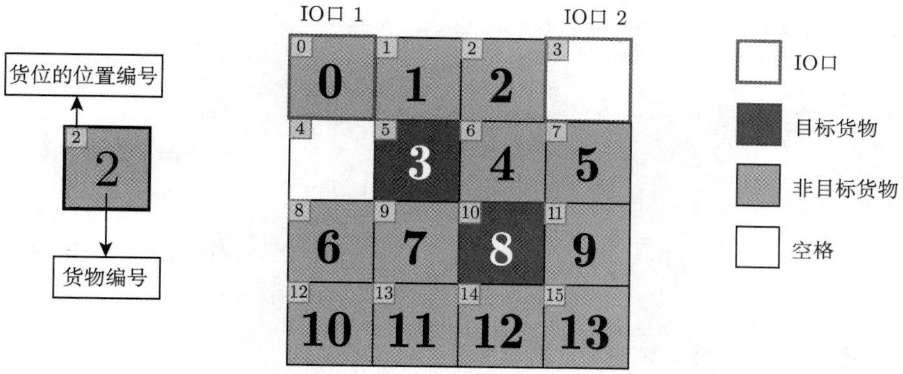

图 10.4　密集存储仓库的状态

考虑到本问题与数字华容道问题的相似性，可以基于数字华容道一章的分析进行决策变量的设计和约束的创建。类似于数字华容道问题，密集存储仓库的取货问题也是在观察到仓库的当前状态以后，提供一系列的移动操作，最终使得仓库的状态达到一定的要求（即目标货物被运送至相应的 IO 口）。因此，可以仿照数字华容道一章（第 9 章）的做法，画出在密集存储仓库中第 $k-1$ 步到第 k 步移动过程中仓库的状态变化，如图10.5所示。

基于图10.5，可以对数字华容道问题的模型进行简单修改，即可得到密集存储仓库取货问题的第一种模型①：

$$\min \quad \sum_{k=0}^{K} \sum_{i \in \mathcal{I}} \sum_{p \in \mathcal{P}} \sum_{q \in \mathcal{P}} y_{k,i,p,q} \tag{10.1}$$

① 类似于数字华容道一章，本章提供的第一种模型的建模思路在一定程度上参考了文献 [45]。

$$\text{s.t.}\quad x_{0,i,p}=\begin{cases}1, & \text{第 0 步时货物 } i \text{ 在位置 } p\\ 0, & \text{其他}\end{cases}\qquad \forall i\in\mathcal{I},\forall p\in\mathcal{P} \tag{10.2}$$

$$\sum_{i\in\mathcal{I}}\sum_{p\in\mathcal{P}}\sum_{q\in\mathcal{P}}y_{0,i,p,q}=0 \tag{10.3}$$

$$\sum_{p\in\mathcal{P}}x_{k,i,p}=1,\qquad \forall k=0,1,\cdots,K,\ \forall i\in\mathcal{I} \tag{10.4}$$

$$\sum_{i\in\mathcal{I}}x_{k,i,p}\leqslant 1,\qquad \forall k=0,1,\cdots,K,\ \forall p\in\mathcal{P} \tag{10.5}$$

$$y_{k,i,p,q}\leqslant A_{p,q},\qquad \forall k=0,1,\cdots,K,\ \forall i\in\mathcal{I},\ \forall p,q\in\mathcal{P} \tag{10.6}$$

$$y_{k,i,p,q}\leqslant 1-\sum_{i\in\mathcal{I}}x_{k-1,i,q},\qquad \forall k=1,\cdots,K,\ \forall i\in\mathcal{I},\ \forall p,q\in\mathcal{P} \tag{10.7}$$

$$x_{k-1,i,p}-\sum_{q\in\mathcal{P}}y_{k,i,p,q}+\sum_{q\in\mathcal{P}}y_{k,i,q,p}=x_{k,i,p},\qquad \forall k=1,\cdots,K,\ \forall i\in\mathcal{I},\ \forall p\in\mathcal{P} \tag{10.8}$$

$$\sum_{i\in\mathcal{I}}\sum_{p\in\mathcal{P}}\sum_{q\in\mathcal{P}}y_{k,i,p,q}\leqslant 1,\qquad \forall k=0,1,\cdots,K \tag{10.9}$$

$$x_{K,d,\mathrm{IO}_d}=1,\qquad \forall d\in\mathcal{D} \tag{10.10}$$

$$x_{k,i,p},y_{k,i,p,q}\in\{0,1\},\qquad \forall k=0,1,\cdots,K,\ \forall i\in\mathcal{I},\ \forall p,q\in\mathcal{P} \tag{10.11}$$

上述模型中涉及的新参数如下：

- $\mathcal{D}$: 目标货物的编号集合。
- IO_d: 目标货物 d 对应的 IO 口（其中 $d\in\mathcal{D}$）。

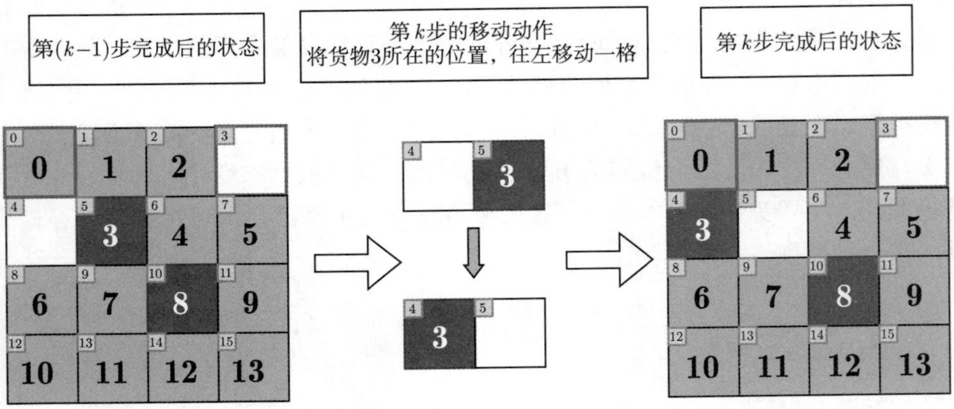

图 10.5　密集存储仓库中第 $k-1$ 步到第 k 步移动过程中仓库的状态变化

下面仅对有改动的约束进行解释，其他重复的约束在这里不再赘述。上述模型中，只有

约束式 (10.10) 发生了变化，其他约束均与数字华容道问题的数学模型相同。约束式 (10.10) 表示在最后一步，每个目标货物都被移动到了相应的 IO 口。

由于本模型已将所有非目标货物的位置变动信息纳入决策变量中，因此我们将其称为考虑非目标货物位置（Normal Item Position-Aware，NIPA）的模型，以下简称 NIPA 模型。

10.2.2 建模方法 2：不考虑非目标货物编号的模型

式 (10.1)∼ 式 (10.11) 的建模思路与文献 [45] 中的基本相同，仅在单货物提取和多货物提取方面有微小的不同。该模型从形式上来看较为简洁，仅包含 2 组决策变量（$x_{k,i,p}$ 和 $y_{k,i,p,q}$）。但该模型将所有细节信息均纳入决策变量之内，包括所有目标货物的编号及其位置移动和所有非目标货物的编号及其位置移动等。这导致决策变量有 4 个下标，模型的决策变量和约束数量较多，模型效率较低。导致该问题的原因是式 (10.1)∼ 式 (10.11) 引入了大量的无效信息。然而，在整个取货过程中，非目标货物的编号信息并不关键，可以不予考虑。若将非目标货物的相关信息忽略，则模型的效率有望得到显著提升。在这种情况下，图10.4也将变化为图10.6中的情形。

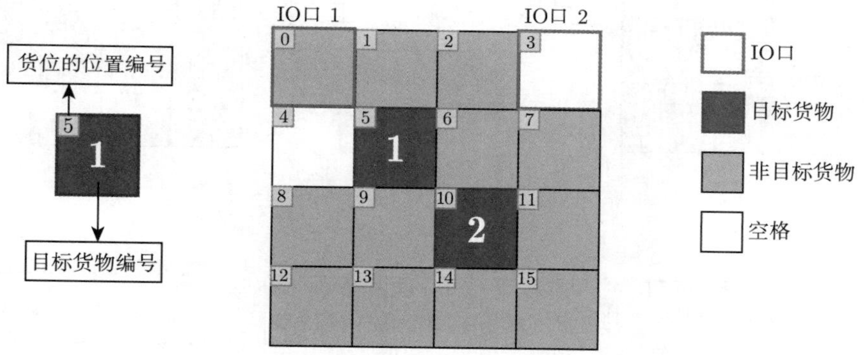

图 10.6　密集存储仓库的状态（忽略非目标货物的编号后）

基于图10.6，可以设计出新的决策变量。在每一步移动之前，仓库的状态都与图10.6类似。仓库的状态主要由下面两类信息构成。

（1）每个位置占用与否。

（2）目标货物所处的位置。

为了标识以上信息，我们引入以下 2 组决策变量。

（1）x_p^k：0-1 变量；若在第 k 步移动之后，位置 p 被占用，则 $x_p^k = 1$，否则 $x_p^k = 0$。

（2）$y_{p,r}^k$：0-1 变量；若在第 k 步移动之后，位置 p 被目标货物 r 占用，则 $y_{p,r}^k = 1$，否则 $y_{p,r}^k = 0$。

以上 2 组决策变量均为**位置占用决策**。

下面以图10.6为例来解释上述决策变量的取值。假设图10.6是第 k 步移动后仓库的状态。观察到位置 3 和位置 4 是空格，因此可得 $x_3^k = 0, x_4^k = 0$。其他位置均被货物占用，因

此 $x_p^k=1$，其中 $p\in\{0,1,\cdots,15\}\backslash\{3,4\}$。目标货物 1 和 2 分别处在位置 5 和位置 10，则可得 $y_{5,1}^k=1$，$y_{10,2}^k=1$，其余所有的 $y_{p,r}^k$ 取值均为 0。

接下来是**移动动作决策**。密集存储仓库中的移动分为 2 种，即目标货物的移动（见图10.7）和非目标货物的移动（见图10.8）。引入以下 2 组决策变量来刻画上述移动动作。

（1）$z_{p,q}^k$：0-1 变量；如果在第 k 步将仓库中处在位置 p 的货物移动到位置 q，则 $z_{p,q}^k=1$，否则，$z_{p,q}^k=0$。

（2）$w_{p,q,r}^k$：0-1 变量；如果在第 k 步将目标货物 r 从位置 p 移动到位置 q，则 $w_{p,q,r}^k=1$，否则，$w_{p,q,r}^k=0$。

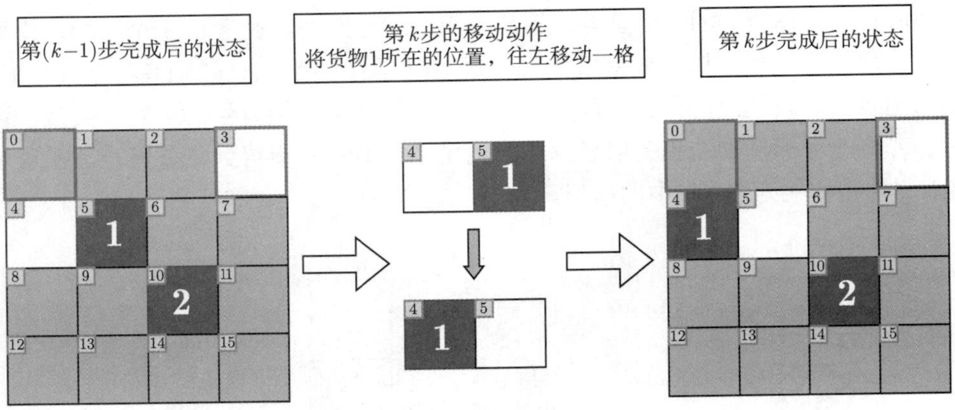

图 10.7　目标货物的移动

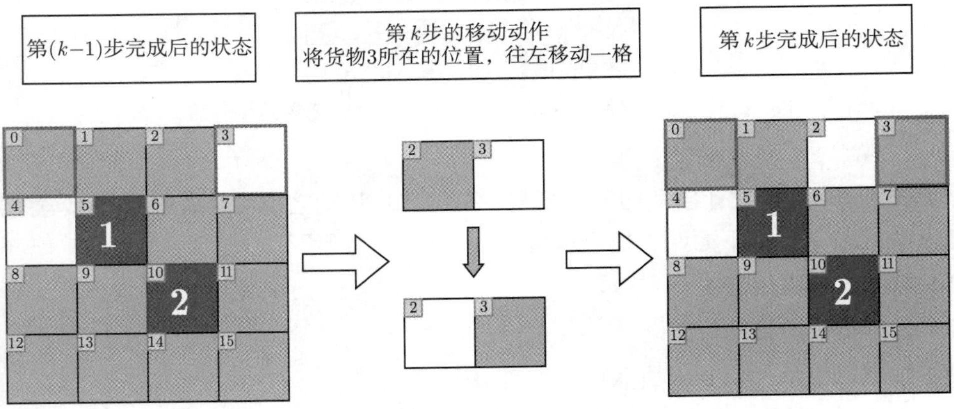

图 10.8　非目标货物的移动

下面基于图10.7和图10.8来解释上述决策变量的取值。在图10.7 中，处于位置 5 的 1 号目标货物被移动到了 4 号位置，可得 $z_{5,4}^k=1, w_{5,4,1}^k=1$，其余所有的 $z_{p,q}^k$ 和 $w_{p,q,r}^k$ 取值均为 0。在图10.8 中，处于位置 2 的非目标货物被移动到了 3 号位置，可得 $z_{2,3}^k=1$，其余所有的 $z_{p,q}^k$ 和 $w_{p,q,r}^k$ 取值均为 0。

下面详细介绍目标函数和约束的构建。由于本问题的目标函数是最小化完成拣选任务所需的移动步数，因此目标函数即为所有移动决策的求和，如式 (10.12) 所示。

$$\min \quad \sum_{k=0}^{K}\sum_{p\in\mathcal{P}}\sum_{q\in\mathcal{P}} z_{p,q}^{k} \tag{10.12}$$

接下来构建约束条件。首先需要初始化第 0 步时仓库的占用状态，包括非目标货物的占位状态和目标货物的占位状态。

$$x_p^0 = \begin{cases} 1, & k=0 \text{ 时位置 } p \text{ 被占用} \\ 0, & \text{其他} \end{cases} \qquad \forall p \in \mathcal{P} \tag{10.13}$$

$$y_{p,r}^0 = \begin{cases} 1, & k=0 \text{ 时目标货物 } r \text{ 处在位置 } p \\ 0, & \text{其他} \end{cases} \qquad \forall p \in \mathcal{P},\ \forall r \in \mathcal{D} \tag{10.14}$$

注意到第 0 步时没有任何移动动作，因此可以将第 0 步的移动决策变量置 0。

$$z_{p,q}^0 = 0, \qquad \forall p, q \in \mathcal{P} \tag{10.15}$$

整个取货过程中的任意一步，空格的数量都是恒定的，因此，被占用的位置数量也是恒定的，均为 $|\mathcal{P}| - e$，其中，e 为空格的个数。引入以下约束来表示该关系。

$$\sum_{p\in\mathcal{P}} x_p^k = |\mathcal{P}| - e, \qquad \forall k = 0, 1, \cdots, K \tag{10.16}$$

接下来是第 $k-1$ 步移动和第 k 步移动之间的仓库占用情况变化关系。该关系非常关键，可以用约束式（10.17）来表述。该约束的含义为，第 $k-1$ 步移动后位置 p 的占用情况，减去第 k 步从位置 p 移出去的总货物数量，加上第 k 步从其他位置移入位置 p 的总货物数量，等于第 k 步移动后位置 p 的占用情况。

$$x_p^{k-1} - \sum_{q\in\mathcal{P}} z_{p,q}^k + \sum_{q\in\mathcal{P}} z_{q,p}^k = x_p^k, \qquad \forall k = 1, 2, \cdots, K,\ \forall p \in \mathcal{P} \tag{10.17}$$

若位置 p 不被任何货物占用，则不可能从该位置将目标货物移走。该逻辑关系可以表示为约束式（10.18）。

$$y_{p,r}^k \leqslant x_p^k, \qquad \forall k = 0, 1, \cdots, K,\ \forall p \in \mathcal{P},\ \forall r \in \mathcal{D} \tag{10.18}$$

在任意一步，每个目标货物必定占用一个位置，且每一个位置至多被一个目标货物占用。这两个关系可以表述为约束式（10.19）和约束式（10.20）。

$$\sum_{p\in\mathcal{P}} y_{p,r}^k = 1, \qquad \forall k = 0, 1, \cdots, K,\ \forall r \in \mathcal{D} \tag{10.19}$$

$$\sum_{r\in\mathcal{D}} y_{p,r}^{k} \leqslant 1, \qquad \forall k=0,1,\cdots,K,\ \forall p\in\mathcal{P} \tag{10.20}$$

接下来是另外一组非常关键的约束，即目标货物位置更新的约束。对位置 p 和目标货物 r 而言，第 $k-1$ 步移动后的占用情况减去第 k 步移动中从位置 p 移出目标货物 r 的次数，加上第 k 步移动中从其他位置将目标货物 r 移入位置 p 的次数，等于目标货物 r 在第 k 步移动后占用位置 p 的情况。因此，该约束可以写为式（10.21）的形式。

$$y_{p,r}^{k-1} - \sum_{q\in\mathcal{P}} w_{p,q,r}^{k} + \sum_{q\in\mathcal{P}} w_{q,p,r}^{k} = y_{p,r}^{k}, \qquad \forall k=1,2,\cdots,K,\ \forall p\in\mathcal{P},\ \forall r\in\mathcal{D} \tag{10.21}$$

在最后一步移动后，所有目标货物都要被移动到相应的 IO 口，该关系可以用式（10.22）表示。其中，IO_r 指第 r 个目标货物对应的 IO 口。

$$y_{\text{IO}_r,r}^{K} = 1, \qquad \forall r\in\mathcal{D} \tag{10.22}$$

接着是 2 组移动动作合法性的约束。其中，约束式（10.23）限制每一个位置只能移动到其邻接位置。约束式（10.24）保证了只有目标位置是空格的时候，移动动作才可以发生。

$$\sum_{k=1}^{K} z_{p,q}^{k} \leqslant A_{p,q}K, \qquad \forall p,q\in\mathcal{P} \tag{10.23}$$

$$z_{p,q}^{k} \leqslant 1 - x_{q}^{k-1}, \qquad \forall k=1,2,\cdots,K,\ \forall p,q\in\mathcal{P} \tag{10.24}$$

前文已经假设每一步最多只允许一次移动，该限制可以用约束式（10.25）来表示。

$$\sum_{p\in\mathcal{P}}\sum_{q\in\mathcal{P}} z_{p,q}^{k} \leqslant 1, \qquad \forall k=0,1,\cdots,K \tag{10.25}$$

此外，还需要加入目标货物移动决策的取值条件。首先，若在第 k 步移动中，位置 p 没有移动到位置 q，则目标货物也不会在第 k 步移动中从位置 p 移动到位置 q。该逻辑关系可以用约束式（10.26）来表示。

$$\sum_{r\in\mathcal{D}} w_{p,q,r}^{k} \leqslant z_{p,q}^{k}, \qquad \forall k=0,1,\cdots,K,\ \forall p,q\in\mathcal{P} \tag{10.26}$$

其次，若第 $k-1$ 步时目标货物 r 占用位置 p，且在第 k 步移动动作中，位置 p 处的货物被移动到了位置 q，则 $w_{p,q,r}^{k}=1$。也就是说，若 $y_{p,r}^{k-1}=1$ 且 $z_{p,q}^{k}=1$，则 $w_{p,q,r}^{k}=1$。该逻辑约束可以直接使用 Gurobi 的 `addGenConstrAnd` 函数实现。若将其等价转化为传统的线性约束，则该关系等价于 $w_{p,q,r}^{k}=y_{p,r}^{k-1}\cdot z_{p,q}^{k}$，是一个二次表达式。可以通过引入以下 3 组线性不等式将其等价线性化。

$$w_{p,q,r}^{k} \geqslant y_{p,r}^{k-1} + z_{p,q}^{k} - 1, \qquad \forall k=0,1,\cdots,K,\ \forall p,q\in\mathcal{P},\ \forall r\in\mathcal{D} \tag{10.27}$$

$$w_{p,q,r}^{k} \leqslant y_{p,r}^{k-1}, \qquad \forall k=0,1,\cdots,K,\ \forall p,q\in\mathcal{P},\ \forall r\in\mathcal{D} \tag{10.28}$$

$$w_{p,q,r}^{k} \leqslant z_{p,q}^{k}, \qquad \forall k=0,1,\cdots,K,\ \forall p,q \in \mathcal{P},\ \forall r \in \mathcal{D} \tag{10.29}$$

至此，密集存储仓库中取货路径优化问题的模型全部建立完成。为了与 NIPA 模型进行区分，将本节所述模型称为不考虑非目标货物位置（Normal Item Position-Free, NIPF）的模型，简称 NIPF 模型。

NIPF 模型有 $\mathcal{O}(K\cdot|\mathcal{D}|\cdot|\mathcal{P}|^2)$ 个决策变量和约束。而 NIPA 模型的决策变量和约束的数量为 $\mathcal{O}(K\cdot|\mathcal{I}|\cdot|\mathcal{P}|^2)$。一般情况下，密集存储仓库的空格数相对较少，可以认为 $|\mathcal{I}|\approx|\mathcal{P}|$（图10.4中，$|\mathcal{I}|=14, |\mathcal{P}|=16$）。因此，NIPA 模型的决策变量和约束的数量的复杂度可以近似为 $\mathcal{O}(K\cdot|\mathcal{P}|^3)$。同时，目标货物的数量一般远小于仓库中位置的数量，即 $|\mathcal{D}|\ll|\mathcal{P}|$（图10.4中，$|\mathcal{D}|=2, |\mathcal{P}|=16$）。所以，NIPF 模型的决策变量的数量复杂度可以近似为 $\mathcal{O}(K\cdot|\mathcal{P}|^2)$。根据上述分析可知，相比 NIPA 模型，NIPF 模型大约可以将决策变量和约束的数量减少为原来的 $1/(|\mathcal{P}|)$。根据文献 [26] 报告的数值实验结果可知，在 R422 算例集的求解中，相比 NIPA 模型，NIPF 模型将平均求解时间缩短为原来的 1/37，单个算例的求解时间最多缩短为原来的 1/1015，求解效率得到大幅提升。

10.2.3 完整数学模型：以建模方法 2 为例

为了方便查看，现将 NIPF 模型的完整形式展示如下。

$$\min \quad \sum_{k=0}^{K}\sum_{p\in\mathcal{P}}\sum_{q\in\mathcal{P}} z_{p,q}^{k} \tag{10.30}$$

$$\text{s.t.} \quad x_p^0 = \begin{cases} 1, & k=0\ \text{时位置}\ p\ \text{被占用} \\ 0, & \text{其他} \end{cases} \qquad \forall p \in \mathcal{P} \tag{10.31}$$

$$y_{p,r}^0 = \begin{cases} 1, & k=0\ \text{时目标货物}\ r\ \text{在位置}\ p \\ 0, & \text{其他} \end{cases} \qquad \forall p \in \mathcal{P}, \forall r \in \mathcal{D} \tag{10.32}$$

$$z_{p,q}^0 = 0, \qquad \forall p,q \in \mathcal{P} \tag{10.33}$$

$$\sum_{p\in\mathcal{P}} x_p^k = |\mathcal{P}| - e, \qquad \forall k=0,1,\cdots,K \tag{10.34}$$

$$x_p^{k-1} - \sum_{q\in\mathcal{P}} z_{p,q}^k + \sum_{q\in\mathcal{P}} z_{q,p}^k = x_p^k, \qquad \forall k=1,2,\cdots,K,\ \forall p \in \mathcal{P} \tag{10.35}$$

$$y_{p,r}^k \leqslant x_p^k, \qquad \forall k=0,1,\cdots,K,\ \forall p \in \mathcal{P},\ \forall r \in \mathcal{D} \tag{10.36}$$

$$\sum_{p\in\mathcal{P}} y_{p,r}^k = 1, \qquad \forall k=0,1,\cdots,K,\ \forall r \in \mathcal{D} \tag{10.37}$$

$$\sum_{r\in\mathcal{D}} y_{p,r}^k \leqslant 1, \qquad \forall k=0,1,\cdots,K,\ \forall p \in \mathcal{P} \tag{10.38}$$

$$y_{p,r}^{k-1} - \sum_{q\in\mathcal{P}} w_{p,q,r}^{k} + \sum_{q\in\mathcal{P}} w_{q,p,r}^{k} = y_{p,r}^{k}, \qquad \forall k=1,2,\cdots,K,\ \forall p\in\mathcal{P},\ \forall r\in\mathcal{D} \tag{10.39}$$

$$y_{\mathrm{IO}_r,r}^{K} = 1, \qquad \forall r\in\mathcal{D} \tag{10.40}$$

$$\sum_{k=1}^{K} z_{p,q}^{k} \leqslant A_{p,q}K, \qquad \forall p,q\in\mathcal{P} \tag{10.41}$$

$$z_{p,q}^{k} \leqslant 1 - x_{q}^{k-1}, \qquad \forall k=1,2,\cdots,K,\ \forall p,q\in\mathcal{P} \tag{10.42}$$

$$\sum_{p\in\mathcal{P}}\sum_{q\in\mathcal{P}} z_{p,q}^{k} \leqslant 1, \qquad \forall k=0,1,\cdots,K \tag{10.43}$$

$$\sum_{r\in\mathcal{D}} w_{p,q,r}^{k} \leqslant z_{p,q}^{k}, \qquad \forall k=0,1,\cdots,K,\ \forall p,q\in\mathcal{P} \tag{10.44}$$

$$w_{p,q,r}^{k} \geqslant y_{p,r}^{k-1} + z_{p,q}^{k} - 1, \qquad \forall k=0,1,\cdots,K,\ \forall p,q\in\mathcal{P},\ \forall r\in\mathcal{D} \tag{10.45}$$

$$w_{p,q,r}^{k} \leqslant y_{p,r}^{k-1}, \qquad \forall k=0,1,\cdots,K,\ \forall p,q\in\mathcal{P},\ \forall r\in\mathcal{D} \tag{10.46}$$

$$w_{p,q,r}^{k} \leqslant z_{p,q}^{k}, \qquad \forall k=0,1,\cdots,K,\ \forall p,q\in\mathcal{P},\ \forall r\in\mathcal{D} \tag{10.47}$$

$$x_{p}^{k}, y_{p,r}^{k}, w_{q,p,r}^{k} \in \{0,1\}, \qquad \forall k=0,1,\cdots,K,\ \forall p,q\in\mathcal{P},\ \forall r\in\mathcal{D} \tag{10.48}$$

10.3 编程实战

本节使用 Python 分别调用 COPT 和 Gurobi 实现上述两种模型的建立和求解。

10.3.1 参数准备

该部分内容与数字华容道一章类似，主要是定义密集存储仓库的规模，以及生成需要的参数，包括 `Neighbor_dict` 和 `Adj_dict`。

首先，定义密集存储仓库的规模并生成 `Neighbor_dict` 和 `Adj_dict`。

参数准备

```python
import numpy as np

# 定义密集存储仓库的规模（用数组表示）
row_num = 4  # 定义行数
col_num = 4  # 定义列数

# 生成邻居字典和邻接字典
def init_PBS_warehouse(row_num, col_num):
    """
```

```
    该函数用来生成定义密集存储仓库的形状以及后续需要用到的参数。

    :param row_num: 行数
    :param col_num: 列数
    :return: PBS_warehouse, Neighbor_dict, Adj_dict
        PBS_warehouse:        array 类型
        Neighbor_dict:       dict 类型
        Adj_dict:            dict 类型
    """
    PBS_warehouse = np.ones([row_num, col_num])

    Neighbor_dict = {}  # dict 类型; key: 数字; value: 邻居集合
    # 遵循上下左右的顺序原则
    for i in range(row_num):
        for j in range(col_num):
            pos_ID = col_num * i + j  # 注意位置 ID 的计算:  col_num * i + j

            if (i == 0 and j == 0):              # 左上角
                Neighbor_dict[pos_ID] = [1, col_num - 1 + 1]
            elif (i == 0 and j == col_num - 1):  # 右上角
                Neighbor_dict[pos_ID] = [pos_ID - 1, pos_ID + col_num]
            elif (i == row_num - 1 and j == 0):  # 左下角
                Neighbor_dict[pos_ID] = [pos_ID - row_num, pos_ID + 1]
            elif (i == row_num - 1 and j == col_num - 1):          # 右下角
                Neighbor_dict[pos_ID] = [pos_ID - col_num, pos_ID - 1]
            elif (i == 0 and j > 0 and j != col_num - 1):          # 第一行
                Neighbor_dict[pos_ID] = [pos_ID - 1, pos_ID + 1, pos_ID + col_num]
            elif (i == row_num - 1 and j > 0 and j != col_num - 1):  # 最后一行
                Neighbor_dict[pos_ID] = [pos_ID - 1, pos_ID + 1, pos_ID - col_num]
            elif (i > 0 and i < row_num - 1 and j == 0):           # 最左一列
                Neighbor_dict[pos_ID] = [pos_ID + 1, pos_ID - col_num, pos_ID + col_num]
            elif (i > 0 and i < row_num - 1 and j == col_num - 1):  # 最右一列
                Neighbor_dict[pos_ID] = [pos_ID - 1, pos_ID - col_num, pos_ID + col_num]
            elif (i > 0 and i < row_num - 1 and j > 0 and j < col_num - 1):      # 其他位置
                Neighbor_dict[pos_ID] = [pos_ID - 1, pos_ID + 1, pos_ID - col_num, pos_ID + col_num]

    # 生成邻接字典, key: (pos_A, pos_B); value: 0 或者 1
    Adj_dict = {}
    for key_1 in Neighbor_dict.keys():
        for key_2 in Neighbor_dict.keys():
            if (key_1 == key_2 or (key_2 not in Neighbor_dict[key_1])):
                Adj_dict[key_1, key_2] = 0
            else:
                Adj_dict[key_1, key_2] = 1

    return PBS_warehouse, Neighbor_dict, Adj_dict

PBS_warehouse, Neighbor_dict, Adj_dict = init_PBS_warehouse(row_num=row_num, col_num=col_num)

print("\n密集存储仓库形状\n", PBS_warehouse)
print("\n邻居位置字典\n", Neighbor_dict)
print("\n邻接字典\n", Adj_dict)
```

然后，设置 IO 口的位置。

设置 IO 口

```
'''
定义 IO 口的位置, 以及最大允许的步数
```

```
    4 * 4 的仓库
'''
IO_points_ID = [0, 3]
IO_point_set = [0, 3]
IO_points = [[0, 0], [0, 3]]
```

之后就可以从文件读入测试算例。我们使用文献 [26] 中提供的测试算例集。以 R422 算例集的第一个算例为例来展示读取算例数据的详细过程。为了方便理解，这里将该算例可视化，如图10.9所示。

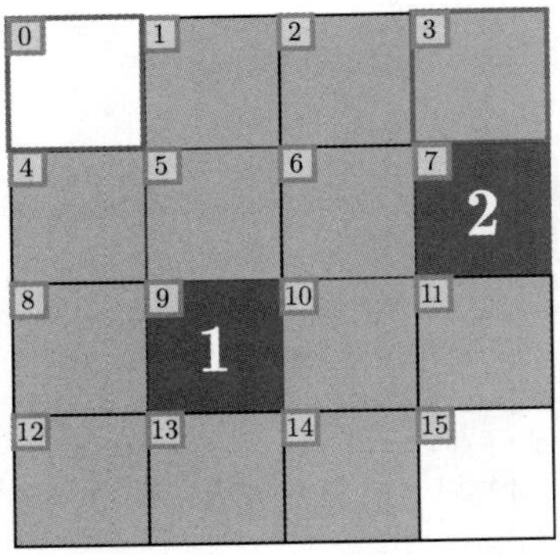

图 10.9 R422 算例集的第一个算例

读取测试算例

```
''' 读取测试算例 '''
instance_set = pd.read_excel('422_improved_RL.xlsx')                  # 读取测试算例
instance_set['步数'] = instance_set['步数'].fillna(40)               # 将所用最大步数为空的算例对应的数字填充为 40

''' 提取算例信息 '''
instance_ID = 0
# 提取目标货物在仓库中的坐标，例如 [[1, 2], [2, 1]]
desired_items_pos = [[instance_set.iloc[instance_ID, 0], instance_set.iloc[instance_ID, 1]],
                     [instance_set.iloc[instance_ID, 2], instance_set.iloc[instance_ID, 3]]]

# 提取空格的位置在仓库中的坐标，例如 [[0, 0], [0, 1]]
empty_cells = [[instance_set.iloc[instance_ID, 4], instance_set.iloc[instance_ID, 5]],
               [instance_set.iloc[instance_ID, 6], instance_set.iloc[instance_ID, 7]]]

# 将目标货物和空格的坐标转化为位置编号，并且初始化仓库的状态
# 0: 空格; 1: 被非目标货物占用; 2: 被目标货物占用
empty_cell_pos = []
for i in range(len(empty_cells)):
    row = empty_cells[i][0]
    column = empty_cells[i][1]
    PBS_warehouse[row][column] = 0
    empty_cell_pos.append(row * col_num + column)

# 设置目标货物的占用位置状况
for i in range(len(desired_items_pos)):
    row = desired_items_pos[i][0]
    column = desired_items_pos[i][1]
    PBS_warehouse[row][column] = 2

```

```
print(PBS_warehouse)
print(empty_cell_pos)

# 生成 item_set, position_set, desired_item_set, init_occupy_state
# 其中，init_occupy_state 是字典类型，key 为 (item_ID, pos_ID)， value 为 0 或 1
item_ID = 0
item_set = []
pos_set = []
desired_item_set = []
desired_item_dict = {}
init_occupy_state = {}
for i in range(len(PBS_warehouse)):
    for j in range(len(PBS_warehouse[0])):
        pos_ID = i * col_num + j
        pos_set.append(pos_ID)
        if (PBS_warehouse[i][j] > 0):
            item_set.append(item_ID)
            init_occupy_state[item_ID, pos_ID] = 1
            for k in range(len(desired_items_pos)):
                desired_item = desired_items_pos[k]
                if (desired_item[0] == i and desired_item[1] == j):
                    desired_item_dict[k] = item_ID
            item_ID += 1

# 提取目标货物的编号集合
for i in range(len(desired_item_dict)):
    desired_item_set.append(desired_item_dict[i])

print("\n货物编号集合\n", item_set)
print("\n位置编号集合\n", pos_set)
print("\n目标货物编号集合\n", desired_item_set)
print("\n仓库的初始占用状态\n", init_occupy_state)
```

10.3.2 建立 NIPA 模型并求解：Python 调用 COPT 实现

成功读取算例数据之后，就可以进行模型的建立和求解了。本节展示 Python 调用 COPT 求解 NIPA 模型的完整代码。

建立 NIPA 模型并求解:Python 调用 COPT

```
"""
booktitle: 《数学建模与数学规划：方法、案例及编程实战 Python+COPT/Gurobi 实现》
name: 密集存储仓库取货路径优化问题（NIPA 模型）- COPT Python 接口代码实现
author: 杉数科技
date:2022-10-11
institute: 杉数科技
"""

from coptpy import *

# 定义建立 NIPA 模型，求解 NIPA 模型，输出运行结果的函数
def build_and_solve_PBS_NIPA_model(row_num, col_num, Adj_dict, Max_Step, item_set,
                                   pos_set, init_occupy_state, desired_item_set,
                                   IO_point_set, empty_cell_pos):

    """ 完整函数代码见本书配套电子资源"""
```

10.3.3 建立 NIPA 模型并求解: Python 调用 Gurobi 实现

本节展示 Python 调用 Gurobi 求解 NIPA 模型的完整代码。

建立 NIPA 模型并求解:Python 调用 Gurobi

```python
"""
booktitle: 《数学建模与数学规划: 方法、案例及编程实战 Python+COPT/Gurobi 实现》
name: 密集存储仓库取货路径优化问题（NIPA） - Gurobi Python 接口代码实现
author: 刘兴禄
date:2020-11-25
institute: 清华大学
"""

from gurobipy import *

# 定义建立 NIPA 模型，求解 NIPA 模型，输出运行结果的函数
def build_and_solve_PBS_NIPA_model(row_num, col_num, Adj_dict, Max_Step, item_set,
                                   pos_set, init_occupy_state, desired_item_set,
                                   IO_point_set, empty_cell_pos):

    """ 完整函数代码见本书配套电子资源"""
```

调用上述函数求解测试算例的代码如下。

调用函数求解算例

```python
# 求解模型
Max_Step = 14
CPU_time, Opt_Obj = build_and_solve_PBS_NIPA_model(row_num, col_num, Adj_dict, Max_Step, item_set,
                                   pos_set, init_occupy_state, desired_item_set,
                                   IO_point_set, empty_cell_pos)
```

10.3.4 建立 NIPF 模型并求解: Python 调用 COPT 实现

NIPF 模型的建立，需要的输入参数是与 NIPA 模型完全相同的。因此仅需修改建模部分的函数即可。下面是 Python 调用 COPT 求解 NIPF 模型的完整代码。

建立 NIPF 模型并求解:Python 调用 COPT

```python
"""
booktitle: 《数学建模与数学规划: 方法、案例及编程实战 Python+COPT/Gurobi 实现》
name: 密集存储仓库取货路径优化问题（NIPF 模型） - COPT Python 接口代码实现
author: 杉数科技
date:2022-10-11
institute: 杉数科技
"""

from coptpy import *

# 定义建立 NIPF 模型，求解 NIPF 模型，输出运行结果的函数
def build_and_solve_PBS_NIPF_model(row_num, col_num, Adj_dict, Max_Step, item_set,
                                   pos_set, init_occupy_state, desired_item_set,
                                   IO_point_set, empty_cell_pos):

    """ 完整函数代码见本书配套电子资源"""
```

10.3.5 建立 NIPF 模型并求解：Python 调用 Gurobi 实现

本节展示 Python 调用 Gurobi 求解 NIPF 模型的完整代码。

建立 NIPF 模型并求解:Python 调用 Gurobi

```
"""
booktitle: 《数学建模与数学规划：方法、案例及编程实战 Python+COPT/Gurobi 实现》
name: 密集存储仓库取货路径优化问题（NIPF 模型）- Gurobi Python 接口代码实现
author: 刘兴禄
date:2021-03-25
institute: 清华大学
"""

from gurobipy import *

# 定义建立 NIPF 模型，求解 NIPF 模型，输出运行结果的函数
def build_and_solve_PBS_NIPF_model(row_num, col_num, Adj_dict, Max_Step, item_set,
                                   pos_set, init_occupy_state, desired_item_set,
                                   IO_point_set, empty_cell_pos):

    """ 完整函数代码见本书配套电子资源"""
```

10.4 数值实验结果展示及分析

文献 [26] 提供了大量的测试算例及其实验结果，其中针对本章涉及的 NIPA 和 NIPF 模型的数值实验有 2000 个（使用的最优化求解器为 Gurobi），仓库规模为 4×4 和 6×6 的算例各有 1000 个。由于 NIPA 模型效率较低，对于仓库规模为 6×6 的算例，文献 [26] 仅提供了 110 个较为容易的算例的结果，其余 890 个算例在给定时间（7200s）内均无法得到可行解。

10.5 拓展

10.5.1 NIPF 模型的约束分析

NIPF 模型 [式 (10.30)~(10.48)] 是比较强的，即使删去其中一部分约束，模型依然是正确的。若只考虑约束式 (10.31)~(10.33)、(10.35)、(10.39)~(10.40)、(10.41)、(10.43) 和 (10.45)，模型仍然正确，只是这样会使得求解 NIPF 模型的线性松弛得到的下界质量较差，求解效果会显著下降。实际上，除了上述约束外，其他约束均可视为有效不等式。

此外，若加入约束：

$$\text{if } y_{p,r}^{k-1} + z_{p,q}^{k} \leqslant 1, \text{ then } w_{p,q,r}^{k} = 0, \qquad \forall k = 0, 1, \cdots, K, \ \forall p, q \in \mathcal{P}, \ \forall r \in \mathcal{D} \tag{10.49}$$

同时删去约束式 (10.34)、(10.36)~(10.38)、(10.42) 和 (10.44)，模型也是正确的。约束式 (10.49) 实际上是约束式 (10.45)~(10.47) 的补充部分，在 NIPF 模型中不纳入它们也是可以的。删减后的模型虽然可以保证模型的正确性，但求解效率却会大大降低。例如，R622 算例集中的算例 2，若使用删减后的模型，需要 278s 才能求解到最优解，而使用式 (10.30)~式 (10.48) 搭建的模型，则仅需 25s 即可求得最优解。

10.5.2 允许同时移动

在实际场景中，一些相互独立的移动决策是可以同时进行的，即允许同时移动。此时，目标函数也会相应地变化为最小化完成拣选任务所需的时间（即总步数）。将只允许单步移动的 NIPF 模型做简单修改即可拓展为允许同时移动的版本，具体做法如下。

首先，引入决策变量 f_k（0-1 变量，表示第 k 步是否有货物被移动）。

然后，修改模型的目标函数为

$$\min \quad \sum_{k=1}^{K} f_k \tag{10.50}$$

同时，加入以下约束：

$$f_k \geqslant z_{p,q}^k, \qquad \forall p,q \in \mathcal{P},\ \forall k=0,1,\cdots,K \tag{10.51}$$

联立式 (10.50)、式 (10.51) 和式 (10.31)~ 式 (10.48) 即可实现考虑同时移动的优化模型。

第 11 章　机器人组装生产计划优化问题①

11.1　问题介绍与分析

自来水管道清理机器人（Water Pipe Cleaning Robot，WPCR）是一种采用机械臂代替或辅助人类进行自来水管道垃圾清理任务的设备。这种机器人配备有先进的视觉和感知系统，能够在水下通过遥控操作自动移动，从而高效地辅助甚至取代人工进行自来水管道垃圾清理的工作。采用这种装置来清理自来水管道既可提高自来水的品质，又能够保证水流畅通，所以该产品也越来越受到水务公司和家庭住户的青睐。

某工厂生产的 WPCR 装置由 3 艘容器艇（用 A 表示）、4 个机器臂（用 B 表示）和 5 套动力系统（用 C 表示）组装而成。这些组件被称为大组件。每艘容器艇（A）由 6 个控制器（A1）、8 个划桨（A2）和 2 个遥感器（A3）组成。每个机器臂（B）由 2 个力臂组件（B1）和 4 个遥感器（B2）组成。每套动力系统（C）由 8 个蓄电池（C1）、2 个微型发电机（C2）和 12 个发电螺旋（C3）组成。组件 A1、A2、A3、B1、B2、C1、C2 和 C3 被称为小组件。图 11.1 给出了组装一台 WPCR 所需的组件示意图。

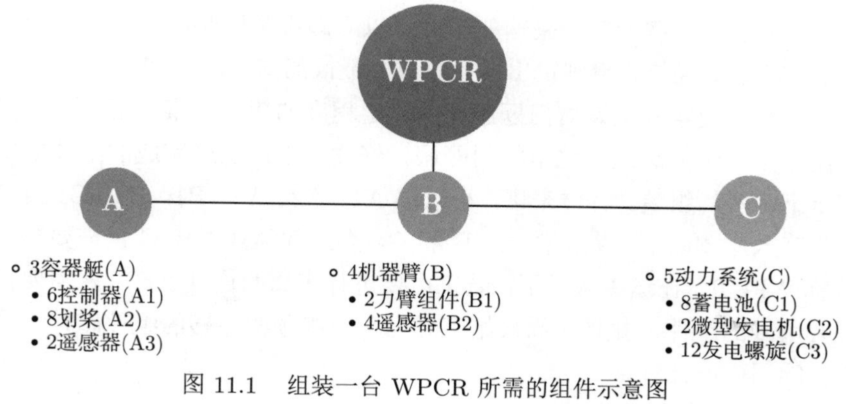

图 11.1　组装一台 WPCR 所需的组件示意图

工厂每个生产计划的计划周期为一周（即每次按照一周 7 天的订购数量进行订单生产），只有最终产品 WPCR 有外部需求，其他组件均不对外销售。容器艇（A）、机器臂（B）和动力系统（C）的生产都要占用该工厂的关键生产设备，因而需要严格控制总生产工时。

① 本章介绍的问题来源于 2022 年第三届华数杯全国大学生数学建模竞赛的 B 题——水下机器人组装计划优化。本章将对该题的问题一和问题二展开详细讲解。本章的内容整理自本书部分作者独立完成的参赛论文（节选，有改动）。文中所涉及的模型和代码均为作者原创。关于赛题的更多信息，请参阅本书配套电子资源。

一周内每天的 WPCR 需求量和关键设备生产总工时限制见表 11.1。

表 11.1 一周内每天的 WPCR 需求量和关键设备生产总工时限制

日期	周一	周二	周三	周四	周五	周六	周日
WPCR 需求量/个	39	36	38	40	37	33	40
生产总工时限制/工时	4500	2500	2750	2100	2500	2750	1500

工厂需要根据每天的订单数据制定合适的周生产计划，以优化生产资源的利用，从而最大化总利润。每天，工厂若决定生产某组件，则将产生该组件对应的固定费用（如机器的启动、折旧等），该费用被称为生产准备费用，与生产数量无关。例如，若工厂周一决定生产组件 A，则会产生一次组件 A 的生产准备费用，若周二决定再次生产组件 A，则该费用将会再次产生。存储不同的组件也将产生不同的库存成本。各种组件的生产准备费用和单件库存成本见表 11.2。此外，该工厂不允许缺货事件的发生。

表 11.2 每次生产的准备费用和单件库存成本（单位：元）

产品/组件	WPCR	A	A1	A2	A3	B	B1	B2	C	C1	C2	C3
生产准备费用	240	120	40	60	50	160	80	100	180	60	40	70
单件库存成本	5	2	5	3	6	1.5	4	5	1.7	3	2	3

基于以上介绍，本章尝试解决下面两个问题。

问题一。若在周一开始时，所有组件的库存量均为 0，同时工厂要求到周日结束时，所有组件的库存量也为 0。假设每天采购的组件可以立即用于组装，生产完成的组件也可立即用于当天的 WPCR 组装。请制定出使得总成本最低的周生产计划。

问题二。上述假设实际上是对问题进行了一定程度的简化。事实上，生产完成的组件并不能立即用于下一步的组装。这里将问题假设修改如下：生产完成的组件需要提前一天入库才能用于下一步的组装。具体来讲，小组件 A1、A2、A3、B1、B2、C1、C2 和 C3 需要提前一天生产入库才能组装大组件 A、B 和 C，大组件 A、B 和 C 也需要提前一天生产入库才能组装 WPCR。在这种假设下，若工厂要进行多周的连续生产，就需要在周一开始之前准备好要用到的组件，并且在周日结束时为下一周预留足够的组件库存。请制定出使得总成本最低的周生产计划。

11.2 问题一的建模和求解

本节介绍问题一的完整建模过程和编程求解。

11.2.1 问题分析

解决本问题的关键是如何恰当地设计决策变量并正确地表达约束条件。本节主要分析决策变量的设计。本问题涉及的基本决策变量可以从生产计划的具体内容得出，即 WPCR

及所有组件每天的生产量。此外，还需要从目标函数出发，挖掘出隐含的决策变量。本问题的目标函数为最小化总成本，即生产准备费用和库存成本之和。生产准备费用与是否生产每种组件相关，因此需要引入标识每种组件是否生产的指示变量。库存成本与库存量相关，所以需要将每一天每种组件的库存量也设置为决策变量。综上，本问题涉及的主要决策变量包括下面几组：

（1）WPCR 及每种组件每天的生产量。

（2）标识 WPCR 及每种组件每天是否生产的指示变量。

（3）WPCR 及每种组件每天的库存量。

11.2.2 模型参数

本问题的解题模型基于下列参数。

- $\mathcal{J}$：大组件的集合，$\mathcal{J}=\{\mathrm{A},\mathrm{B},\mathrm{C}\}$。
- $\mathcal{K}$：小组件的集合，$\mathcal{K}=\{\mathrm{A1},\mathrm{A2},\mathrm{A3},\mathrm{B1},\mathrm{B2},\mathrm{C1},\mathrm{C2},\mathrm{C3}\}$。
- N：规划周期的长度（天数），本问题中规划周期为一周，即 $N=7$。
- $\mathcal{T}$：时间戳的集合，$\mathcal{T}=\{1,2,\cdots,N\}$。
- $\mathcal{T}'$：$\mathcal{T}\cup\{N+1\}$，为库存数量决策变量的下标 i 的取值范围；
- T_i：第 i 天的总加工时长限制。
- t_j：第 j 种大组件的单位加工时间。
- t_w：WPCR 的单位加工时间。
- S_j：第 j 种大组件单日生产准备费用。
- S_w：单件 WPCR 的单日生产准备费用。
- Sz_k：第 k 种小组件的每日生产准备费用。
- p_j：第 j 种大组件的每日库存成本。
- p_w：单件 WPCR 的每日库存成本。
- p_k：第 k 种小组件的每日库存成本。
- k_j：生产单件 WPCR 所需的第 j 种大组件的数量。
- $h_{j,k}$：生产第 j 种大组件所需的对应第 k 种小组件的数量。
- Nw_i：第 i 天 WPCR 的需求量。

11.2.3 决策变量

本节介绍决策变量的设置。根据11.2.1节的分析，可以引入下面 3 类决策变量。

1. 是否生产的指示决策

具体参数如下。

- l_{ij}：0-1 变量，若工厂第 i 天生产第 j 种大组件，则 $l_{ij}=1$，否则 $l_{ij}=0$。
- lw_i：0-1 变量，若工厂第 i 天生产 WPCR，则 $lw_i=1$，否则 $lw_i=0$。
- lz_{ik}：0-1 变量，若工厂第 i 天生产第 k 种小组件，则 $lz_{ik}=1$，否则 $lz_{ik}=0$。

2. 生产数量决策

具体参数如下。

- w_i：非负整数决策变量，表示工厂第 i 天生产 WPCR 的量。
- x_{ij}：非负整数决策变量，表示工厂第 i 天生产第 j 种大组件的量。
- z_{ik}：非负整数决策变量，表示工厂第 i 天生产第 k 种小组件的量。

3. 库存数量决策

具体参数如下。

- yw_i：非负整数决策变量，表示第 i 天 WPCR 的期初库存量。
- y_{ij}：非负整数决策变量，表示第 i 天第 j 种大组件的期初库存量。
- yz_{ik}：非负整数决策变量，表示第 i 天第 k 种小组件的期初库存量。

在库存决策变量的设置方面有一个需要注意的问题。对于第 i 天，实际上会对应期初库存（第 i 天开始生产前的库存量）和期末库存（第 i 天生产结束后的库存量）两个变量。这两个库存量一般是不相同的。但是注意到第 i 天的期末库存量等于第 $i+1$ 天的期初库存量，因此只需将第 i 天的期初库存量设置为决策变量即可。为了方便建模，库存决策的下标需要变化为 1~8，其中 8 表示下周一。

11.2.4 目标函数

本节构建目标函数。根据题意，本问题的目标函数为最小化总成本，包含生产准备费用和库存费用两部分。

生产准备费用为大组件、小组件和 WPCR 的费用之和。若用 Z_1 表示总生产准备费用，则

$$Z_1 = \sum_{i\in\mathcal{T}}\left(\sum_{j\in\mathcal{J}} S_j l_{ij} + \sum_{k\in\mathcal{K}} Sz_k lz_{ik} + S_w lw_i\right) \tag{11.1}$$

库存费用的计算方式类似。若用 Z_2 表示总库存费用，则

$$Z_2 = \sum_{i\in\mathcal{T}}\left(\sum_{j\in\mathcal{J}} p_j y_{ij} + \sum_{k\in\mathcal{K}} p_k yz_{ik} + p_w yw_i\right) \tag{11.2}$$

因此，本问题的目标函数为

$$\min \quad Z = Z_1 + Z_2 \tag{11.3}$$

11.2.5 构建约束

本问题的约束条件包括：起始和期末库存约束、总工时约束、库存量变化约束、WPCR 的需求约束、生产资料的数量关系约束、是否生产的指示约束等。接下来逐组构建。

1. 起始和期末库存约束

起始和终止条件约束即周一开始时和周日结束时，大组件、小组件和 WPCR 的库存量均为 0。注意，下周一的初始库存（本周日结束时的库存）对应的时间戳可以视为 $N+1$。

$$y_{1,j} = 0, \quad yw_1 = 0, \quad yz_{1,k} = 0, \qquad \forall j \in \mathcal{J}, \forall k \in \mathcal{K} \tag{11.4}$$

$$y_{N+1,j} = 0, \quad yw_{N+1} = 0, \quad yz_{N+1,k} = 0, \qquad \forall j \in \mathcal{J}, \forall k \in \mathcal{K} \tag{11.5}$$

2. 总工时约束

每天生产大组件 A、B、C 所花费的时间总和不能超过当日的生产总工时限制，即

$$\sum_{j \in \mathcal{J}} t_j x_{ij} \leqslant T_i, \qquad \forall i \in \mathcal{T} \tag{11.6}$$

3. 库存量变化约束

库存量的变化约束包括 WPCR 的库存约束、大组件的库存约束和小组件的库存约束。对于 WPCR 而言，第 i 天的生产量与库存量之和，减去第 i 天的需求量，等于第 $i+1$ 天的期初库存量。该约束可以表示为：

$$w_i + yw_i - Nw_i = yw_{i+1}, \qquad \forall i \in \mathcal{T} \tag{11.7}$$

对于大组件而言，相邻两天的库存量满足下面的关系式：

$$\begin{aligned} &\text{当天的期初库存量} + \text{当天的生产量} - \text{当天生产 WPCR 所消耗的量} \\ &= \text{第二天的期初库存量} \end{aligned} \tag{11.8}$$

该关系式对应的约束为：

$$y_{ij} + x_{ij} - k_j w_i = y_{i+1,j}, \qquad \forall i \in \mathcal{T}, \forall j \in \mathcal{J} \tag{11.9}$$

对于小组件而言，相邻两天的库存量满足下面的关系式：

$$\begin{aligned} &\text{当天的期初库存量} + \text{当天的生产量} - \text{当天加工大组件所消耗的量} \\ &= \text{第二天的期初库存量} \end{aligned} \tag{11.10}$$

该关系式对应的约束为：

$$yz_{ik} + z_{ik} - \sum_{j \in \mathcal{J}} h_{jk} x_{ij} = yz_{i+1,k}, \qquad \forall i \in \mathcal{T}, \forall k \in \mathcal{K} \tag{11.11}$$

4. WPCR 的需求约束

每天 WPCR 的需求均要被满足，即当天的库存量与当天的生产量之和大于等于当天的需求量。因此，该约束可以写为

$$yw_i + w_i \geqslant Nw_i, \qquad \forall i \in \mathcal{T} \tag{11.12}$$

5. 生产资料的数量关系约束

生产资料的数量关系约束主要包括 WPCR、大组件和小组件之间的数量关系。

第 i 天生产 WPCR 所需的大组件数量不能超过当天大组件的生产量与库存量之和，即

$$k_j w_i \leqslant x_{ij} + y_{ij}, \qquad \forall i \in \mathcal{T}, \forall j \in \mathcal{J} \tag{11.13}$$

类似地，第 i 天生产大组件所需的小组件的数量不能超过当天小组件的生产量与库存量之和，即

$$h_{jk} x_{ij} \leqslant z_{ik} + yz_{ik}, \qquad \forall i \in \mathcal{T}, \forall j \in \mathcal{J}, \forall k \in \mathcal{K} \tag{11.14}$$

6. 是否生产的指示约束

最后一类约束为是否生产的指示约束，包括是否生产 WPCR、是否生产大组件和是否生产小组件 3 种情形，这些约束的构建方法是类似的。

首先来看 WPCR。若第 i 天生产了 WPCR，则对应的指示变量取值为 1，否则为 0。该关系可以这样描述：若 $w_i > 0$，则 $lw_i = 1$；若 $w_i \leqslant 0$，则 $lw_i = 0$。为方便建模，我们利用逆否命题将上述关系等价转换如下：若 $lw_i = 1$，则 $w_i > 0$；若 $lw_i = 0$，则 $w_i \leqslant 0$ ($w_i = 0$)。考虑到在数学规划中，一般不希望出现 $>$ 和 $<$，所以这里将 $w_i > 0$ 等价为 $w_i \geqslant 1$。

若 $lw_i = 1$，则 $w_i \geqslant 1$，该约束可以表示为

$$1 - w_i - M(1 - lw_i) \leqslant 0, \qquad \forall i \in \mathcal{T}$$

式中，M 是 $1 - w_i$ 的一个上界，这里可取其最紧的上界，即 $M = 1$。因此，上述约束可以简化为

$$w_i \geqslant lw_i, \qquad \forall i \in \mathcal{T} \tag{11.15}$$

若 $lw_i = 0$，则 $w_i = 0$。该约束可以表示为

$$w_i \leqslant M lw_i, \qquad \forall i \in \mathcal{T} \tag{11.16}$$

式中，M 是 w_i 的一个上界。可取 $M = \sum_{i \in \mathcal{T}} Nw_i$。

接下来看大组件对应的指示约束。若 $x_{ij} > 0$，则 $l_{ij} = 1$；若 $x_{ij} \leqslant 0$，则 $l_{ij} = 0$。利用逆否命题将其等价转化如下：若 $l_{ij} = 0$，则 $x_{ij} \leqslant 0$ ($x_{ij} = 0$)；若 $l_{ij} = 1$，则 $x_{ij} \geqslant 1$。因此，大组件对应的指示约束可以被表示为

$$x_{ij} \geqslant l_{ij}, \qquad \forall i \in \mathcal{T}, \forall j \in \mathcal{J} \tag{11.17}$$

$$x_{ij} \leqslant M l_{ij}, \qquad \forall i \in \mathcal{T}, \forall j \in \mathcal{J} \tag{11.18}$$

式中，M 是 x_{ij} 的一个上界。

最后来看小组件对应的指示约束。若 $z_{ik}>0$，则 $lz_{ik}=1$；若 $z_{ik}\leqslant 0$，则 $lz_{ik}=0$。利用逆否命题将其等价转化如下：若 $lz_{ik}=0$，则 $z_{ik}\leqslant 0$ ($z_{ik}=0$)；若 $lz_{ik}=1$，则 $z_{ik}\geqslant 1$。因此，小组件对应的指示约束可以被表示为

$$z_{ik}\geqslant lz_{ik}, \qquad \forall i\in\mathcal{T},\forall k\in\mathcal{K} \tag{11.19}$$

$$z_{ik}\leqslant Mlz_{ik}, \qquad \forall i\in\mathcal{T},\forall k\in\mathcal{K} \tag{11.20}$$

式中，M 是 z_{ik} 的一个上界。

11.2.6 完整数学模型

为了方便查看，这里将问题一的完整数学模型展示如下。

$$\min \quad Z = Z_1 + Z_2$$

$$= \sum_{i\in\mathcal{T}}\left(\sum_{j\in\mathcal{J}} S_j l_{ij} + \sum_{k\in\mathcal{K}} Sz_k lz_{ik} + S_w lw_i\right) + \tag{11.21}$$

$$\sum_{i\in\mathcal{T}}\left(\sum_{j\in\mathcal{J}} p_j y_{ij} + \sum_{k\in\mathcal{K}} p_k yz_{ik} + p_w yw_i\right) \tag{11.22}$$

$$\text{s.t.} \quad y_{1,j}=0, \quad yw_1=0, \quad yz_{1,k}=0, \qquad \forall j\in\mathcal{J},\forall k\in\mathcal{K} \tag{11.23}$$

$$y_{N+1,j}=0, \quad yw_{N+1}=0, \quad yz_{N+1,k}=0, \qquad \forall j\in\mathcal{J},\forall k\in\mathcal{K} \tag{11.24}$$

$$\sum_{j\in\mathcal{J}} t_j x_{ij} \leqslant T_i, \qquad \forall i\in\mathcal{T} \tag{11.25}$$

$$w_i + yw_i - Nw_i = yw_{i+1}, \qquad \forall i\in\mathcal{T} \tag{11.26}$$

$$y_{ij} + x_{ij} - k_j w_i = y_{i+1,j}, \qquad \forall i\in\mathcal{T},\forall j\in\mathcal{J} \tag{11.27}$$

$$yz_{ik} + z_{ik} - \sum_{j\in\mathcal{J}} h_{jk} x_{ij} = yz_{i+1,k}, \qquad \forall i\in\mathcal{T},\forall k\in\mathcal{K} \tag{11.28}$$

$$yw_i + w_i \geqslant Nw_i, \qquad \forall i\in\mathcal{T} \tag{11.29}$$

$$k_j w_i \leqslant x_{ij} + y_{ij}, \qquad \forall i\in\mathcal{T},\forall j\in\mathcal{J} \tag{11.30}$$

$$h_{jk} x_{ij} \leqslant z_{ik} + yz_{ik}, \qquad \forall i\in\mathcal{T},\forall j\in\mathcal{J},\forall k\in\mathcal{K} \tag{11.31}$$

$$w_i \geqslant lw_i, \qquad \forall i\in\mathcal{T} \tag{11.32}$$

$$w_i \leqslant Mlw_i, \qquad \forall i\in\mathcal{T} \tag{11.33}$$

$$x_{ij} \geqslant l_{ij}, \qquad \forall i\in\mathcal{T},\forall j\in\mathcal{J} \tag{11.34}$$

$$x_{ij} \leqslant Ml_{ij}, \qquad \forall i \in \mathcal{T}, \forall j \in \mathcal{J} \tag{11.35}$$

$$z_{ik} \geqslant lz_{ik}, \qquad \forall i \in \mathcal{T}, \forall k \in \mathcal{K} \tag{11.36}$$

$$z_{ik} \leqslant Mlz_{ik}, \qquad \forall i \in \mathcal{T}, \forall k \in \mathcal{K} \tag{11.37}$$

$$l_{ij}, lw_i, lz_{ik} \in \{0,1\}, \qquad \forall i \in \mathcal{T}, \forall j \in \mathcal{J}, \forall k \in \mathcal{K} \tag{11.38}$$

$$w_i, x_{ij}, z_{ik} \in \mathbb{N}_+, \qquad \forall i \in \mathcal{T}, \forall j \in \mathcal{J}, \forall k \in \mathcal{K} \tag{11.39}$$

$$yw_i, y_{ij}, yz_{ik} \in \mathbb{N}_+, \qquad \forall i \in \mathcal{T}', \forall j \in \mathcal{J}, \forall k \in \mathcal{K} \tag{11.40}$$

11.2.7 编程实战：Python 调用 COPT 实现

本节展示 Python 调用 COPT 求解式(11.21)~ 式(11.40)的完整代码。

机器人组装生产计划优化问题模型建立并求解（问题一）：Python 调用 COPT

```python
"""
booktitle: 《数学建模与数学规划：方法、案例及编程实战 Python+COPT/Gurobi 实现》
name: 机器人组装生产计划优化问题 - COPT Python 接口代码实现
author: 杉数科技
date: 2022-10-11
institute: 杉数科技
"""

from coptpy import *

# 定义建立模型，求解模型，输出运行结果
def problem1_build_model_and_solve():...
    """ 完整函数代码见本书配套电子资源 """
```

11.2.8 编程实战：Python 调用 Gurobi 实现

本节展示 Python 调用 Gurobi 求解式(11.21)~ 式(11.40)的完整代码。

机器人组装生产计划优化问题模型建立并求解（问题一）：Python 调用 Gurobi

```python
"""
booktitle: 《数学建模与数学规划：方法、案例及编程实战 Python+COPT/Gurobi 实现》
name: 机器人组装生产计划优化问题 - Gurobi Python 接口代码实现
author: 蔡茂华
date: 2022-8-20
institute: 上海大学
"""

from gurobipy import *

# 定义建立模型，求解模型，输出运行结果
def problem1_build_model_and_solve():...
    """ 完整函数代码见本书配套电子资源 """
```

11.2.9 求解结果

本节展示问题一的最优解，见表11.3。根据表中的结果可知，问题一的最优解为 6260.9 元。

表 11.3 问题一的最优解

日期	WPCR 或组件的生产量				生产准备费用/元	库存费用/元
	WPCR	A	B	C		
周一	83	249	332	416	1200	221.7
周二	0	0	334	0	340	557.7
周三	81	243	0	404	860	285
周四	0	0	0	0	0	85
周五	48	144	173	240	1200	111.5
周六	51	153	203	255	1200	200
周日	0	0	0	0	0	0
合计	263	789	1052	1315	6260.9	

11.3 问题二的建模和求解

问题二在问题一的基础上修改了假设，即：小组件 A1、A2、A3、B1、B2、C1、C2 和 C3 需要提前一天生产入库才能组装大组件 A、B 和 C，大组件 A、B 和 C 也需要提前一天生产入库才能组装 WPCR；并且，在周一开始之前需要准备好要用到的组件，周日结束时需要为下一周的生产预留足够的组件库存。

问题二与问题一的模型参数、决策变量和目标函数完全相同，仅个别约束有一些变化。下面来介绍发生变化的部分。

11.3.1 发生变化的约束

发生变化的约束主要包括：需要删除的约束、需要增加的约束和需要修改的约束。

1. 需要删除的约束

由于问题二要求期末要为下一个周期的生产备好库存，因此需要删去库存为 0 的约束，即删除约束式(11.23)和约束式(11.24)。

2. 需要修改的约束

问题二考虑当天生产或采购的组件不能立即用于组装。因此，问题一中关于生产资料的数量关系的约束式(11.30)和约束式(11.31)需要进行相应的修改。具体来讲，在问题二中，第 i 天用于生产 WPCR 的大组件完全来源于前一天准备的库存。所以，约束式(11.30)需要修改为

$$k_j w_i \leqslant y_{ij}, \qquad \forall i \in \mathcal{T}, \forall j \in \mathcal{J} \tag{11.41}$$

相应地，约束式(11.31)需要修改为

$$h_{jk}x_{ij} \leqslant yz_{ik}, \qquad \forall i \in \mathcal{T}, \forall j \in \mathcal{J}, \forall k \in \mathcal{K} \tag{11.42}$$

3. 需要增加的约束

根据题意，工厂需要进行多周的连续生产，因此，下周一的期初库存量必须与本周一的期初库存量一致，才能保证周生产计划的一致性。所以，需要加入下面的约束：

$$yw_1 = yw_{N+1} \tag{11.43}$$

$$y_{1,j} = y_{N+1,j}, \qquad \forall j \in \mathcal{J} \tag{11.44}$$

$$yz_{1,k} = yz_{N+1,k}, \qquad \forall k \in \mathcal{K} \tag{11.45}$$

11.3.2 完整数学模型

为了方便查看，这里将问题二的完整数学模型展示如下。

$$\min \quad Z = Z_1 + Z_2$$

$$= \sum_{i\in\mathcal{T}}\left(\sum_{j\in\mathcal{J}} S_j l_{ij} + \sum_{k\in\mathcal{K}} Sz_k lz_{ik} + S_w lw_i\right) + \tag{11.46}$$

$$\sum_{i\in\mathcal{T}}\left(\sum_{j\in\mathcal{J}} p_j y_{ij} + \sum_{k\in\mathcal{K}} p_k yz_{ik} + p_w yw_i\right) \tag{11.47}$$

$$\text{s.t.} \quad 式(11.25) \sim 式(11.29), \tag{11.48}$$

$$k_j w_i \leqslant y_{ij}, \qquad \forall i \in \mathcal{T}, \forall j \in \mathcal{J} \tag{11.49}$$

$$h_{jk}x_{ij} \leqslant yz_{ik}, \qquad \forall i \in \mathcal{T}, \forall j \in \mathcal{J}, \forall k \in \mathcal{K} \tag{11.50}$$

$$式(11.32) \sim 式(11.40), \tag{11.51}$$

$$yw_1 = yw_{N+1} \tag{11.52}$$

$$y_{1,j} = y_{N+1,j}, \qquad \forall j \in \mathcal{J} \tag{11.53}$$

$$yz_{1,k} = yz_{N+1,k}, \qquad \forall k \in \mathcal{K} \tag{11.54}$$

11.3.3 编程实战：Python 调用 COPT 实现

本节展示 Python 调用 COPT 求解式(11.46)∼ 式(11.54)的完整代码。

机器人组装生产计划优化问题模型建立并求解（问题二）：Python 调用 COPT

```python
"""
booktitle: 《数学建模与数学规划：方法、案例及编程实战 Python+COPT/Gurobi 实现》
name: 机器人组装生产计划优化问题 - COPT Python 接口代码实现
author: 杉数科技
date: 2022-10-11
institute: 杉数科技
"""

from coptpy import *

# 定义建立模型，求解模型，输出运行结果
def problem2_build_model_and_solve():...
    """ 完整函数代码见本书配套电子资源 """
```

11.3.4 编程实战：Python 调用 Gurobi 实现

本节展示 Python 调用 Gurobi 求解式(11.46)~ 式(11.54)的完整代码。

机器人组装生产计划优化问题模型建立并求解（问题二）：Python 调用 Gurobi

```python
"""
booktitle: 《数学建模与数学规划：方法、案例及编程实战 Python+COPT/Gurobi 实现》
name: 机器人组装生产计划优化问题 - Gurobi Python 接口代码实现
author: 蔡茂华
date: 2022-8-20
institute: 上海大学
"""

from gurobipy import *

# 定义建立模型，求解模型，输出运行结果
def problem2_build_model_and_solve():...
    """ 完整函数代码见本书配套电子资源 """
```

11.3.5 求解结果

本节展示问题二的最优解，具体见表 11.4。根据表中的结果可知，问题二的最优解为 179455.5 元。

与问题一相比，问题二由于考虑了更实际的问题设定，从而使得总成本急剧增大（从 6260.9 元增加到 179455.5 元，增加了 18.6 倍）。费用增加的部分主要体现在库存费用方面。具体来讲，在问题一和问题二中，总生产准备费用分别为 4800 元和 5440 元，而总库存费用却分别为 1460.9 元和 174015.5 元。从这个案例我们可以体会到，问题假设的小幅度修改，有时会导致目标函数产生大幅度的变化。

表 11.4 问题二的最优解

日期	WPCR 或组件的生产量				生产准备费用	库存费用
	WPCR	A	B	C		
周一	52	0	21	0	900	1769
周二	0	250	145	205	810	33891.5
周三	41	0	335	215	900	24237.5
周四	42	125	0	345	870	31470
周五	42	258	345	0	690	27813.5
周六	28	0	0	550	690	36523
周日	58	156	206	0	750	18311
合计	263	789	1052	1315	179455.5	

11.4 总结与拓展

本章详细介绍了 2022 年第三届华数杯全国大学生数学建模竞赛 B 题的问题一和问题二的建模和编程求解。本题的难点在于指示变量和指示约束的部分。在处理此类决策变量和约束时，需要灵活运用本书第 2 章介绍的方法，借助逆否命题和相关定理正确地完成建模。

下面介绍本章内容涉及的一点拓展，即关于约束式(11.32)～约束式(11.37)的编程建模。本章将这几组约束写成了线性不等式的形式。对于线性不等式的形式，在调用 COPT 和 Gurobi 进行建模时，只需用 `Model.addConstr()` 函数添加约束即可。不过，这类约束还有另外的编程实现方法，即使用 COPT 和 Gurobi 的特殊约束或广义约束功能。以约束式(11.32)为例，该约束的含义为：

$$\text{若 } lw_i = 1\text{，则 } w_i \geqslant 1$$

以 COPT 为例，上述关系可以直接用下面的语句进行建模：

逻辑约束建模：Python 调用 COPT

```python
# 使用 addGenConstrIndicator() 函数添加 Indicator 约束：当 lw[i] 为真时，线性约束 w[i] >= 1 成立
model.addGenConstrIndicator(lw[i], True, w[i] >= 1)
```

其余几组约束也可以用相同的方法进行编程建模。

第 12 章　车辆路径规划问题及其若干变体

12.1　车辆路径规划问题简介

车辆路径规划问题（Vehicle Routing Problem，VRP）最早由 George Bernard Dantzig 于 1959 年提出 [24]。该问题是一个非常经典的组合优化问题。VRP 在实际生产制造活动中存在大量应用场景，例如物流、交通运输、生产线管理、航线设计、港口管理、航空、管道运输、军事后勤等。该问题在近几十年间得到了业界和学界的广泛关注和研究（文献 [6]、[8]、[14]、[28]、[29]、[40]、[59]、[60]、[64]、[65]、[69]、[85]、[86]、[91]、[94]、[100]、[103]、[104]、[117]），在 Google Scholar 上以 Vehicle Routing Problem 为关键词进行搜索，返回匹配结果约 88 万条。

基本的 VRP 通常可以描述如下：某区域内存在一定数量的客户和一个配送中心或车场，客户一般分布在不同位置，每个客户都有一定数量的货物配送需求。配送中心或车场需要派出车队并且为其设计合适的配送方案以完成所有客户的货物配送需求。VRP 的目标是在满足所有客户需求的前提下，使得效益最优化。效益的衡量方法通常以目标函数的形式呈现。目标函数随着企业要求的变化而变化，常见的目标函数有最小化车辆的总行驶距离、最短配送总时间、最小化使用的车辆数等。除了需要满足客户的配送需求外，VRP 一般还需要考虑其他多种约束，由此诞生了多种变体。例如，若考虑车辆的载重不能超过其最大装载量（容量），则问题将变成带容量约束的车辆路径规划问题（Capacitated Vehicle Routing Problem，CVRP）；若考虑每个客户的配送需求必须在某个特定的时间范围之内送达，则问题变化为带时间窗的车辆路径规划问题（Vehicle Routing Problem with Time Windows，VRPTW）。

下面以一个简单例子来直观地解释 VRP。考虑只有 1 个配送中心和 9 个客户点，图12.1中给出了两种可行方案，其中方案 1 使用了 2 辆车，车辆 1 负责配送 5 个客户，车辆 2 负责配送 4 个客户，总行驶距离为 120 千米；方案 2 使用了 3 辆车，分别负责配送 4、3 和 2 个客户，总行驶距离为 115 千米。类似这样的可行方案还有很多个，VRP 旨在找到所有可行方案中最优的方案。若以最小化车辆数为目标，则方案 1 优于方案 2。若以最小化总行驶距离为目标，则方案 2 优于方案 1。通常情况下，不同目标设定下的最优方案一般是不同的，因此需要用数学模型作为工具，来严谨地计算出最优配送方案。下面将详细地介绍基本的 VRP 及其若干变体的完整建模过程，并给出每个问题的编程实现。

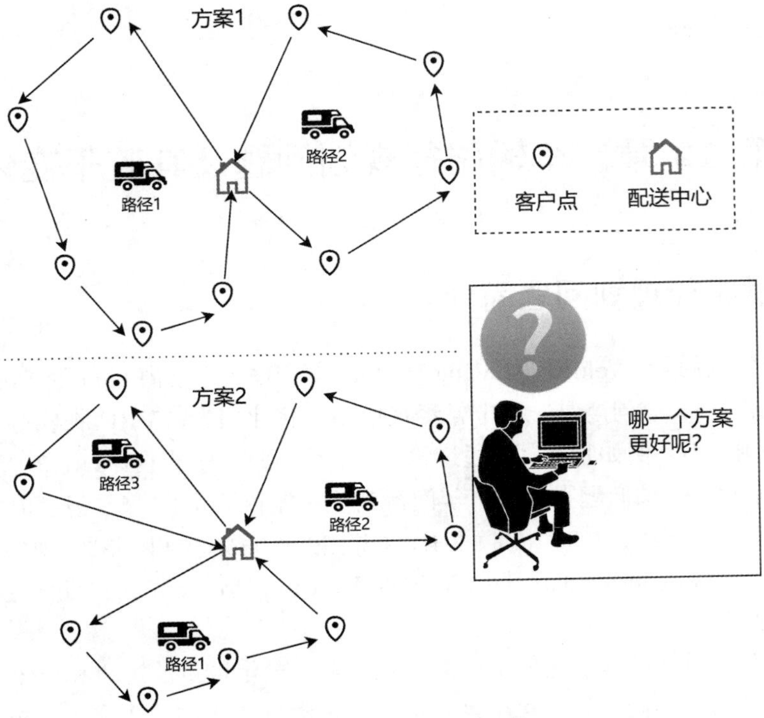

图 12.1　多种配送方案示例

12.2　带容量约束的车辆路径规划问题的建模

12.2.1　基于弧的建模方法

本节介绍 VRP 最常见的变体，即 CVRP[3,7,38,45,61,73,91,103,105]。车辆的容量约束在绝大多数的实际场景下都不能忽视，因此 CVRP 的几种数学模型是本章其他所有变体的基础。

VRP 的数学语言描述一般是结合图论来完成的，这种方式可以比较方便地刻画和辨别问题的关键决策信息和约束信息。CVRP 的数学语言描述如下：给定有向图 $\mathcal{G}=(\mathcal{V},\mathcal{A})$，其中，$\mathcal{V}=\mathcal{C}\cup\{o,d\}$，表示图中的点集，包括客户点集 $\mathcal{C}$ 以及车场（配送中心）点 o 及其复制点 d（创建复制点是为了方便区分车辆从车场或配送中心发车和归场）；$\mathcal{A}=\{(i,j)|\,\forall i,j\in\mathcal{V},i\neq j\}$，表示图中的弧集，即点与点之间的有向连线，其含义为车辆可以从一点沿着连线行驶到另一点。

图12.2对比了一个简单 VRP 案例的现实网络和图网络。在现实网络中允许双向通行的道路在图网络中需要用两个单向的弧来表示，例如，点 2 和点 3 之间的双向通路可以用弧（2，3）和弧（3，2）来表示。若现实中仅允许从点 2 到点 3 单向通行，则图网络中仅需保留弧（2，3）。现实网络中的一个配送中心在图网络中通常被处理成两个节点 o 和 d，其中 d 是 o 的一个复制点。这种做法是为了方便建模，因为在建模过程中，一般需要控制车辆到客户点的参数变化（如容量变化、访问时间变化等），若不引入 d 作为虚拟配送中心，

则车辆在出发和返回配送中心时的相应参数可能需要额外处理。此外，为了方便讨论和优化建模，本章默认图 $\mathcal{G}$ 中不存在下面的几类弧：（1）弧 (o,d)；（2）以 o 为终点或以 d 为起点的弧；（3）从点 i 出发到点 i 自身的弧。排除这些弧并不会影响模型的正确性，后文不再强调这一点。图 $\mathcal{G}$ 中的弧表示所连接的两个点之间是可以直达的，每条弧可以对应若干属性，如行驶时间和距离等。

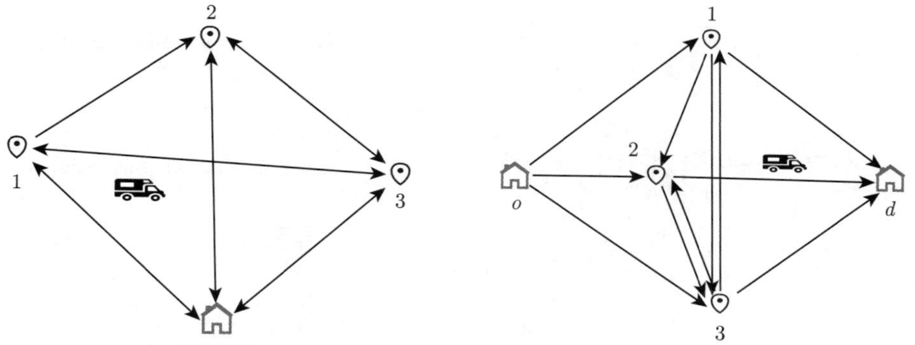

(a) 现实网络　　(b) 图网络

图 12.2　VRP 的现实网络和图网络的对比

用 $\mathcal{K}$ 表示所有可用车辆的编号集合，即 $\mathcal{K}=\{1,2,3,\cdots,K\}$，其中 K 为车辆的总数。每辆车的容量均为 Q①。用 c_{ij} 表示车辆经过弧 $(i,j)\in\mathcal{A}$ 所产生的成本（可以为距离成本或时间成本等），q_i 表示客户 $i(i\in\mathcal{C})$ 的需求量（$q_i>0$）。观察图12.1可知，车辆的行驶路径就是由若干条弧构成的。那么如何得知每辆车经过了哪些弧呢？可以引入 0-1 决策变量 x_{ij}^k 来刻画车辆经过弧的情况。若车辆 k 经过了弧 (i,j)，则 $x_{ij}^k=1$，否则 $x_{ij}^k=0$。基于此，CVRP 的目标函数可以表示为

$$\min\sum_{k\in\mathcal{K}}\sum_{(i,j)\in\mathcal{A}}c_{ij}x_{ij}^k$$

接下来构建约束条件。首先是客户访问约束，即每个客户点都必须精确地被一辆车访问一次，这等价于到达客户点 i 或离开客户点 i 的车辆数量等于 1。图12.3展示了一个直观的例子。客户访问约束既可以通过限制图12.3左侧所有到达点 i 的路径只有一条的方式来实现，也可以通过限制图12.3右侧所有离开点 i 的路径只有一条的方式来实现。若采用第二种方式，则客户访问约束可以表示为

$$\sum_{k\in\mathcal{K}}\sum_{j\in\mathcal{V}}x_{ij}^k=1,\qquad\forall i\in\mathcal{C}$$

观察图 12.3 中展示的所有可行路径，可以发现，除了每个客户都被精确地访问一次外，每条路径还具有另一个特点，即对于每个客户点，到达的总次数等于离开的总次数，且均

① 注意，在本书探讨的所有 VRP 的相关问题中，车辆均为同质的。

为 1。该特点一般被称为流守恒或者流平衡（Flow conservation），所有的可行路径一定会符合流平衡的特点。为了保证模型的解符合该特点，需要在模型中添加下面的流平衡约束：

$$\sum_{j\in\mathcal{V}} x_{ji}^k - \sum_{j\in\mathcal{V}} x_{ij}^k = 0, \qquad \forall k \in \mathcal{K}, i \in \mathcal{C}$$

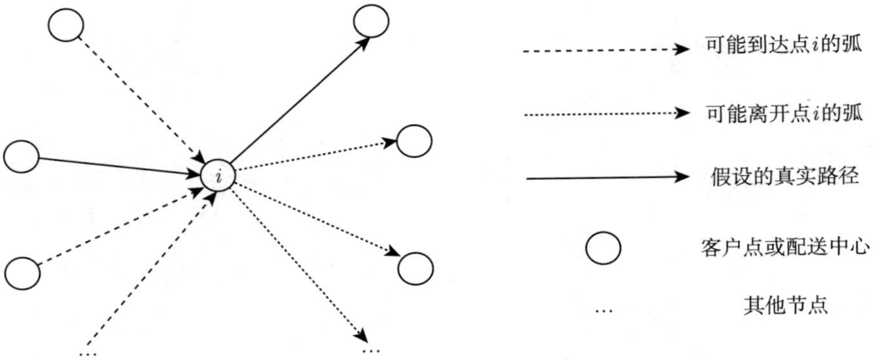

图 12.3　车辆经过一点的说明图

接下来是车辆的发车和归场约束。若一辆车被启用，则该车必须从配送中心出发，且最终返回配送中心。若一辆车不被启用，则该车不发车也不归场。换言之，对每辆车而言，无论该车是否被启用，其发车次数一定等于归场次数。基于上述分析，车辆的发车和归场约束可以被建模为

$$\sum_{j\in\mathcal{C}} x_{oj}^k = \sum_{i\in\mathcal{C}} x_{id}^k \leqslant 1, \qquad \forall k \in \mathcal{K}$$

该约束实际上也是一个流平衡约束。上述两个流平衡约束可以保证如果一辆车不被启用，则该车不发车也不归场，如果一辆车被启用，则该车必须从配送中心出发，连续地访问一系列客户点后最终返回配送中心。

下面是车辆的容量约束，即每辆车在行驶过程中，任意时刻的载重量均不得超过其容量。由于所有客户点的需求均为正，因此一辆车的容量约束可以等价为该车访问的所有客户点的总需求量不超过车辆的容量 Q，即

$$\sum_{i\in\mathcal{C}}\sum_{j\in\mathcal{V}} q_i x_{ij}^k \leqslant Q, \qquad \forall k \in \mathcal{K}$$

上述四组约束已经完整地刻画了可行路径的所有特点，但是仍然不足以保证模型产生的解一定符合 CVRP 的所有问题设定，原因是上述约束不能规避子环路的产生。所谓子环路，就是起点和终点均不是配送中心的环路。图12.4展示了两个子环路的示例，即环路 $4 \to 5 \to 4$ 和 $1 \to 3 \to 2 \to 1$。经过检查可以发现，上述两个子环路竟然满足之前所有的约束！即便如此，图12.4展示的并不是 CVRP 所要求的可行解。为了保证模型产生的解不存在任何子环路，需要在模型中加入消除子环路的相关约束。

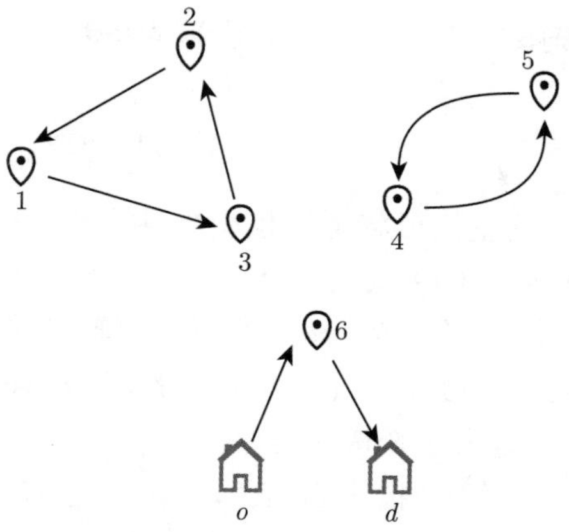

图 12.4　子环路示例

子环路的消除有多种建模方法，本书着重介绍两种，即 DFJ 约束和 MTZ 约束。这两种约束都可以保证模型产生的解中不会存在子环路。首先来介绍 DFJ 约束，其全称为 Dantzig-Fulkerson-Johnson 约束。该约束因由 George Bernard Dantzig、Delbert Ray Fulkerson 和 Selmer Martin Johnson 提出而得名 [25]。DFJ 约束的建模方法非常直观，下面以图12.4中展示的两个子环路为例来解释 DFJ 约束的思想。在图12.4中，子环路 $4 \to 5 \to 4$ 包含 2 个客户点 $\{4,5\}$ 和 2 条弧 $\{(4,5),(5,4)\}$；子环路 $1 \to 3 \to 2 \to 1$ 包含 3 个客户点 $\{1,2,3\}$ 和 3 条弧 $\{(1,2),(2,3),(3,1)\}$。以此类推，对于任意一个由 $n(2 \leqslant n \leqslant |\mathcal{V}|-1)$ 个客户点构成的子集 $\mathcal{S}$ 而言，形成长度为 n 的子环路必须要满足一个条件，即该子环路必须包含 n 个 $\mathcal{S}$ 中的客户点和 n 条首尾相连且起点终点均在 $\mathcal{S}$ 中的弧。因此，若要消除所有可能的子环路，只需破坏子环路构成的条件即可。具体来讲，对于任意一个长度大于等于 2 的 $\mathcal{V}$ 的子集 $\mathcal{S}$，可以加入下面的子环路消除约束：

$$\sum_{i \in \mathcal{S}} \sum_{j \in \mathcal{S}} x_{ij}^k \leqslant |\mathcal{S}| - 1, \qquad \forall \mathcal{S} \subseteq \mathcal{V}, 2 \leqslant |\mathcal{S}| \leqslant |\mathcal{V}| - 1, k \in \mathcal{K}$$

到此为止，基于三下标 0-1 决策变量 x_{ij}^k 和 DFJ 约束的 CVRP 的建模就全部完成了。下面将完整数学模型展示如下，为方便与后续模型区分，这里将其命名为 CVRP1-1。

$$\min \quad \sum_{k \in \mathcal{K}} \sum_{(i,j) \in \mathcal{A}} c_{ij} x_{ij}^k \tag{12.1}$$

$$\text{s.t.} \quad \sum_{k \in \mathcal{K}} \sum_{j \in \mathcal{V}} x_{ij}^k = 1, \qquad \forall i \in \mathcal{C} \tag{12.2}$$

$$\sum_{j \in \mathcal{C}} x_{oj}^k = \sum_{i \in \mathcal{C}} x_{id}^k \leqslant 1, \qquad \forall k \in \mathcal{K} \tag{12.3}$$

$$\sum_{j \in \mathcal{V}} x_{ij}^k - \sum_{j \in \mathcal{V}} x_{ji}^k = 0, \qquad \forall k \in \mathcal{K}, i \in \mathcal{C} \tag{12.4}$$

$$\sum_{i \in \mathcal{C}} \sum_{j \in \mathcal{V}} q_i x_{ij}^k \leqslant Q, \qquad \forall k \in \mathcal{K} \tag{12.5}$$

$$\sum_{i \in \mathcal{S}} \sum_{j \in \mathcal{S}} x_{ij}^k \leqslant |\mathcal{S}| - 1, \qquad \forall \mathcal{S} \subseteq \mathcal{V}, 2 \leqslant |\mathcal{S}| \leqslant |\mathcal{V}| - 1, k \in \mathcal{K} \tag{12.6}$$

$$x_{ij}^k \in \{0, 1\}, \qquad \forall (i,j) \in \mathcal{A}, k \in \mathcal{K} \tag{12.7}$$

为了便于理解和查看，这里简要将上述模型中各个约束的含义解释如下。目标函数（12.1）表示最小化总行驶成本。约束式（12.2）表示每个客户恰好被一辆车访问一次。约束式（12.3）和约束式（12.4）为流平衡约束，保证了每辆车的路径是连续且可行的。约束式（12.5）为车辆容量约束。约束式（12.6）为子环路消除约束，可以保证车辆的路径中不存在子环路。约束式（12.7）定义了变量的类型。

虽然模型 CVRP1-1 可以正确地描述 CVRP，但该模型有一个明显的缺点，即 DFJ 约束式（12.6）的数量是组合数级别的，若要一次性完全穷举，则建模将会非常耗时。因此，显式穷举所有 DFJ 约束的方法是不实际的。在实际编程实现中，一般采用隐式 DFJ 建模的方法，即先将 DFJ 约束全部删除，然后在求解过程中，通过求解器的回调函数（Callback）功能，在整数解节点检查解的可行性，若节点的整数解违反了 DFJ 约束，则将违反的 DFJ 约束加回到模型中，并继续进行求解。

虽然基于回调函数的隐式 DFJ 建模方法有效地避免了穷举，但是这种方法仍然不够便捷。接下来要介绍的 MTZ 约束则是一种更常用、更便捷的建模方法。MTZ 约束因由 Miller. C. E、Tucker A. W. 和 Zemlin R. A. 提出而得名 [76]，起初是为了消除旅行商问题（Traveling Salesman Problem，TSP）中的子环路。MTZ 约束的主要思想是：为每个点 $i(i \in \mathcal{V})$ 引入额外的决策变量，每当车辆访问完一个点后，该点对应的决策变量的值就必须在前一个点对应的决策变量的值的基础上增加一定的量（或者减少一定的量）。添加上述要求后，模型的解中就不会再有子环路的存在，因为子环路一定不满足上述要求。例如，假设子环路为 $1 \to 3 \to 2 \to 1$，点 1 对应的决策变量取值既要小于/大于点 2 和点 3 的取值，又要大于/小于点 2 和点 3 的取值，这显然存在矛盾。

除了被应用于 TSP 的建模中外，MTZ 约束也可以被应用于各种需要消除子环路的场景中。下面介绍如何使用 MTZ 约束消除 CVRP 中的子环路。为每辆车 $k(k \in \mathcal{K})$ 和每个点 $i(i \in \mathcal{V})$ 引入非负连续决策变量 u_i^k，表示车辆 k 到达点 i 时的剩余容量（或者累计需求）。基于此，MTZ 约束可以被写成以下形式：

$$u_i^k + q_i - u_j^k \leqslant M(1 - x_{ij}^k), \qquad \forall (i,j) \in \mathcal{A}, k \in \mathcal{K}$$

式中，M 为表达式 $u_i^k + q_i - u_j^k$ 的一个上界，或者是一个充分大的正数。那么 M 到底应该取多大比较好？根据文献 [28]，M 取 $u_i^k + q_i - u_j^k$ 的最紧的上界效果一般会好一些。通过分析可知，表达式 $u_i^k + q_i - u_j^k$ 的一个比较紧的上界是 Q，因此可取 $M = Q$。

基于 MTZ 约束，可以得到 CVRP 的第二种建模方式，这里将其命名为 CVRP1-2。

CVRP1-2 的完整形式如下：

$$\min \quad \sum_{k \in \mathcal{K}} \sum_{(i,j) \in \mathcal{A}} c_{ij} x_{ij}^k \tag{12.8}$$

$$\text{s.t.}\quad 式 (12.2) \sim 式 (12.4), \tag{12.9}$$

$$u_i^k + q_i - u_j^k \leqslant M(1 - x_{ij}^k), \quad \forall (i,j) \in \mathcal{A}, k \in \mathcal{K} \tag{12.10}$$

$$0 \leqslant u_i^k \leqslant Q, \quad \forall i \in \mathcal{V}, k \in \mathcal{K} \tag{12.11}$$

$$x_{ij}^k \in \{0, 1\}, \quad \forall (i,j) \in \mathcal{A}, k \in \mathcal{K} \tag{12.12}$$

相比于 DFJ 约束，MTZ 约束仅仅新增了 $|\mathcal{K}||\mathcal{V}|$ 个连续决策变量和 $|\mathcal{A}||\mathcal{K}|$ 个约束，模型的复杂度变化不明显，编程实现起来也方便了许多。

【拓展】 CVRP 中的 MTZ 约束还可以有另外的形式。可以将决策变量 u_i^k 的含义修改如下：车辆 k 访问点 i 的顺序。基于修改含义后的决策变量，约束式（12.10）和约束式（12.11）可以修改为

$$u_i^k + 1 - u_j^k \leqslant |\mathcal{V}|(1 - x_{ij}^k), \quad \forall (i,j) \in \mathcal{A}, k \in \mathcal{K} \tag{12.13}$$

$$0 \leqslant u_i^k \leqslant |\mathcal{V}|, \quad \forall i \in \mathcal{V}, k \in \mathcal{K} \tag{12.14}$$

之后再加入容量约束式（12.5）即可，大家也可以自行探索其他形式。

注意到在模型 CVRP1-1 和 CVRP1-2 中，表示车辆路径的决策变量均为 x_{ij}^k，这种三下标的建模方法非常直观，但是却会导致一个潜在的问题，即对称性（Symmetry）。对称性的概念源自几何，分为镜射对称、旋转对称、平移对称等。而 VRP 中的对称性指的是，将不同车辆对应的路径决策变量的取值进行交换之后得到的解与交换之前是等价的。图12.5展示了一个详细的例子。图中共有 3 条路径：

- 配送中心 → 2 → 1 → 配送中心。
- 配送中心 → 3 → 4 → 5 → 6 → 配送中心。
- 配送中心 → 9 → 8 → 7 → 配送中心。

若将这 3 条路径与 3 辆车进行两两配对，则一共有 6 种不同的组合方式，分别如图12.5(a)~ 图12.5(f) 所示。这 6 种组合，对于模型 CVRP1-1 和 CVRP1-2 而言，是 6 个不同的解。具体来讲，12.5(a) 对应的解是（用 0 表示配送中心）：$x_{02}^1 = x_{21}^1 = x_{10}^1 = 1$，$x_{03}^3 = x_{34}^3 = x_{45}^3 = x_{56}^3 = x_{60}^3 = 1$，$x_{09}^2 = x_{98}^2 = x_{87}^2 = x_{70}^2 = 1$，其余路径决策变量取值均为 0。类似地，可以很容易地推出其他 5 种情况下的决策变量的取值，这里不再详细列举。这 6 个解虽然对应不同的决策变量取值，但是它们对应的目标值却完全相同。由于所有车辆都是同质的，所以这 6 个解实际上可以视为同一个解。这就是 VRP 中的对称性，即多种不同的路径—车辆配对方案实际上可以视作同一个解，但求解器却无法自动判定这一点。对称性的存在，很有可能会使得求解器多次寻找到同目标函数的对称解，从而导致大量冗余计算，进而在一定程度上影响求解效率。

为了消除对称性，可以引入对称性破除约束（Symmetry-breaking constraint）。对称性破除约束的基本思想是：人为地引入额外的约束，使得所有对称解中只有一个或少数几

个是可行的，其余的都变为不可行解。例如，在图12.5展示的例子当中，可以限定 3 辆车的总载重符合递减的特征，即车辆 1 的总载重 ⩾ 车辆 2 的总载重 ⩾ 车辆 3 的总载重。依照这种方法，可以很容易地写出 CVRP 的对称性破除约束，即：

$$\sum_{i\in\mathcal{C}}\sum_{j\in\mathcal{V}} q_i x_{ij}^{k-1} \geqslant \sum_{i\in\mathcal{C}}\sum_{j\in\mathcal{V}} q_i x_{ij}^{k}, \qquad \forall k\in\mathcal{K}\backslash\{1\} \tag{12.15}$$

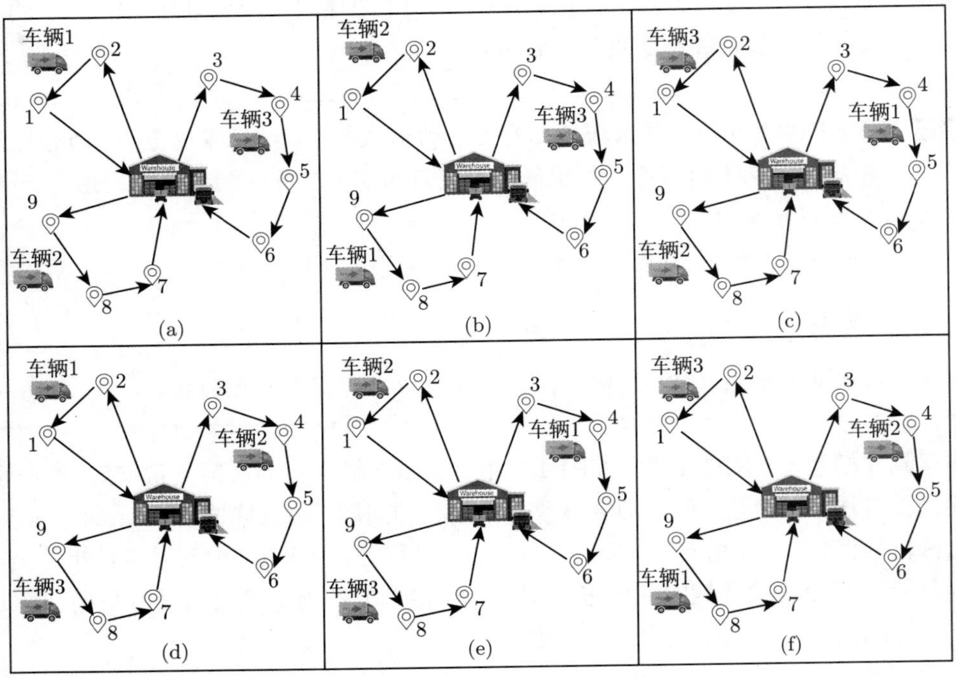

图 12.5 VRP 中的对称性

根据上述介绍可知，CVRP 模型的对称性源自车辆编号下标 k，但是由于车辆均是同质的，所以实际上不强调车辆的编号也是可以的。观察图12.5可知，CVRP 的解包含了若干条首尾相接的弧，这些弧围成了若干个环，每个环对应一辆车的路径。因此，仅需知悉最优解中哪些弧被选中即可。基于该想法，可以将三下标决策变量 x_{ij}^k 精练为双下标决策变量 x_{ij}。下面是基于 x_{ij} 和 MTZ 约束的 CVRP 模型，这里称为 CVRP2。

$$\min \quad \sum_{(i,j)\in\mathcal{A}} c_{ij}x_{ij} \tag{12.16}$$

$$\text{s.t.} \quad \sum_{j\in\mathcal{V}} x_{ij} = 1, \qquad \forall i\in\mathcal{C} \tag{12.17}$$

$$\sum_{j\in\mathcal{C}} x_{oj} - \sum_{i\in\mathcal{C}} x_{id} = 0, \tag{12.18}$$

$$\sum_{i\in\mathcal{V}} x_{ij} - \sum_{i\in\mathcal{V}} x_{ji} = 0, \qquad \forall j\in\mathcal{C} \tag{12.19}$$

$$u_i + q_i - u_j \leqslant M(1 - x_{ij}), \qquad \forall (i,j) \in \mathcal{A} \tag{12.20}$$

$$0 \leqslant u_i \leqslant Q, \qquad \forall i \in \mathcal{V} \tag{12.21}$$

$$x_{ij} \in \{0,1\}, \qquad \forall (i,j) \in \mathcal{A} \tag{12.22}$$

与模型 CVRP1-2 相比，CVRP2 消除了路径决策变量的下标 k。目标函数（12.16）仍然是最小化所有车辆的总行驶成本。约束式（12.17）保证了每个客户恰好被一辆车服务一次。约束式（12.18）和约束式（12.19）为流平衡约束。约束式（12.20）为 MTZ 约束，旨在消除子环路。约束式（12.21）和约束式（12.22）限定了变量的类型和取值范围。

下面比较模型 CVRP1-1、CVRP1-2 和 CVRP2 的复杂度。模型 CVRP1-1 至多包含 $|\mathcal{K}||\mathcal{V}|^2$ 个 0-1 变量和 $|\mathcal{C}| + 2|\mathcal{K}| + |\mathcal{C}||\mathcal{K}| + (2^{|\mathcal{C}|} - |\mathcal{V}| - 1)|\mathcal{K}|$ 个约束，模型 CVRP1-2 至多包含 $|\mathcal{K}||\mathcal{V}|^2$ 个 0-1 变量、$|\mathcal{K}||\mathcal{V}|$ 个连续变量和 $|\mathcal{C}| + |\mathcal{K}| + |\mathcal{C}||\mathcal{K}| + |\mathcal{K}||\mathcal{V}|^2$ 个约束，CVRP2 模型则有 $|\mathcal{V}|^2 + |\mathcal{V}|$ 个变量和 $2|\mathcal{C}| + 1 + |\mathcal{V}|^2$ 个约束。从决策变量和约束的数量上来看，模型 CVRP2 优于 CVRP1-1 和 CVRP1-2。但是从模型的可拓展性上来讲，CVRP1-1 和 CVRP1-2 要好于 CVRP2，因为前者不仅适用于同质车辆的场景，也适用于异质车辆的场景。

12.2.2 基于路径的建模方法

前文介绍了 3 种基于弧的 CVRP 模型，即 CVRP1-1，CVRP1-2 和 CVRP2。本节介绍一种完全不同的建模方法，即基于路径的建模方法。将每辆车的路径决策看作一个整体，可以发现，在任意一个可行解中，每辆车均对应 1 条（或 0 条）闭合的路径，所有车辆的路径之间互相不重叠，并且所有车辆的路径恰好覆盖了所有的客户点，如图12.6(a) 所示。基于这个观察，不难想到，如果可以事先穷举所有车辆的所有可行路径，则 CVRP 问题就可以转化为一个路径选择问题。具体来讲，可以首先生成所有可行路径的集合（见图12.6(b)），然后从这些可行路径中为每辆车选择 1 条路径，同时保证所有客户都被访问一次，且路径之间没有重叠，最终使得被选择的路径的总成本最低。这就是基于路径的建模方法。由于本章考虑车辆均是同质的，因此，所有车辆的所有可行路径等价于单辆车的所有可行路径。

设所有可行路径的集合为 Ω，则 CVRP 就可以被描述为：从 Ω 中选择若干条路径，使得被选择的路径的成本之和最低，同时要求被选的路径之间互不重叠，且所有被选的路径恰好访问了所有的客户点一次。

除了 Ω 之外，还需引入下面的参数：

- c_r：路径 r（$r \in \Omega$） 的成本。
- a_{ir}：取值为 0 或 1 的参数，若路径 r 包含客户点 i，则 $a_{ir} = 1$，否则 $a_{ir} = 0$。

再引入决策变量 θ_r，表示路径选择决策，为 0-1 变量，若路径 $r(r \in \Omega)$ 被选择，则 $\theta_r = 1$，否则 $\theta_r = 0$。

基于上述决策变量和参数，CVRP 的基于路径的模型可以被写成以下形式，这里称为

CVRP3。

$$
\begin{aligned}
\min \quad & \sum_{r\in\Omega} c_r\theta_r & & (12.23)\\
\text{s.t.} \quad & \sum_{r\in\Omega} a_{ir}\theta_r = 1, & \forall i\in\mathcal{C} \quad & (12.24)\\
& \sum_{r\in\Omega} \theta_r \leqslant |\mathcal{K}| & & (12.25)\\
& \theta_r \in \{0,1\}, & \forall r\in\Omega \quad & (12.26)
\end{aligned}
$$

式（12.23）～ 式（12.26）表述的是一个整数规划模型，其中，目标函数（12.23）旨在最小化总成本。约束式（12.24）保证了每个客户都恰好被一辆车服务一次。约束式（12.25）为车辆数的限制。实际上，若从路径选择的角度来重新描述 CVRP，则问题就变成了一个集分割问题（Set Partitioning Problem）。集分割问题已经被证明是 NP-hard 问题。

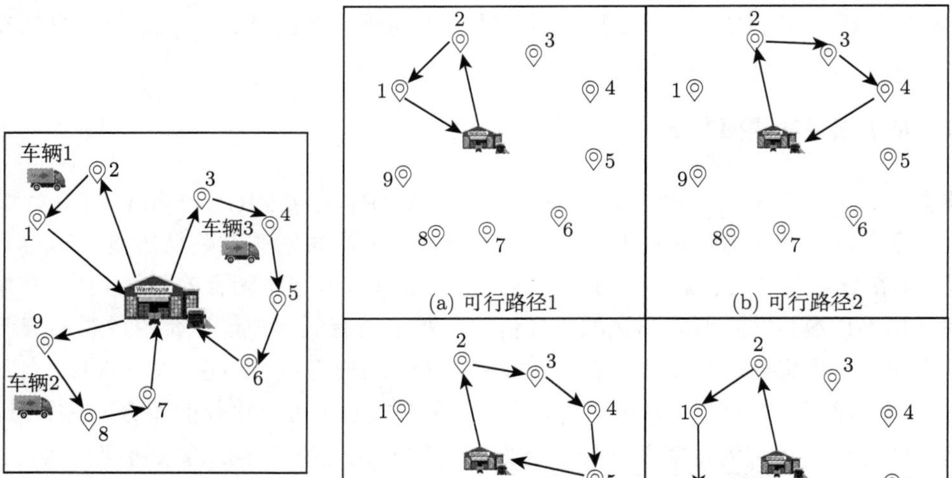

(a) CVRP的一个可行解

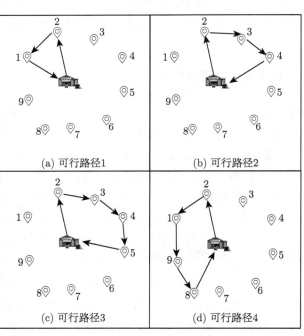

(b) 车辆1的可行路径(部分)

图 12.6　基于路径进行建模的思路

模型 CVRP3 比 CVRP1-1、CVRP1-2 和 CVRP2 都更紧凑，因为它不包含任何含有大 M 的约束，所以其线性松弛可以为原问题提供更紧的下界。但是 CVRP3 也有一个明显的缺点，即所有可行路径的集合 Ω 中的元素一般会随着客户点数量的增加呈阶乘级增长，因此，在建立模型 CVRP3 之前事先穷举出 Ω 中的所有元素是非常耗时的。实际操作中，一般先考虑一部分已知的可行路径，然后使用列生成算法（Column Generation Algorithm），以迭代的方式来识别那些有可能使得目标函数降低且之前尚未被考虑的路径（也就是列生成中的“列”），并将它们加入模型中，其余的可行路径都将被忽略。由于本书主要聚焦在建模方法、技巧、案例介绍和编程实战方面，而列生成属于求解算法，不在本书讨论的范围内，因此这里不做详细介绍。对结合列生成等其他算法来求解整数规划模型感兴趣的，可以参考文献 [28]、[63]、[90] 进行深入学习。

12.3 多车场车辆路径规划问题

12.3.1 问题介绍

城市内的企业、商家和客户面临着大量的补货和配送需求，而城市周边的大型仓库和配送中心则为城市日常生活所需的物资提供了可靠保障。由于物流企业配送环节的效率对利润的影响较大，因此，优化配送方案，节省配送成本，对物流企业非常重要。一般来讲，大型配送中心通常分布在城市周边，而城市内大量商家和客户的补货和配送需求可以由任一配送中心满足。从整体上制定和优化多个配送中心的协同配送方案是一个非常复杂的组合优化问题，也是物流企业面临的挑战之一。具体而言，每个大型配送中心都坐落在不同位置，并配备配送车队，任一配送中心都能派遣车辆满足客户的需求。车辆在完成任务后需返回车场，且发车数量不得超过车队规模（可用车辆数）。在该场景下，物流企业的目标通常是制定出能够使得总体配送成本最小化的配送方案。该问题也是车辆路径规划问题（VRP）的一个经典变体，即多车场（多配送中心）的车辆路径规划问题（Multi-depot Vehicle Routing Problem，MDVRP）[23,62,81,107]。

根据企业日常车辆调度和人员管理上的不同，MDVRP 一般可根据“是否允许车辆回到不同的车场”来分成两种，即允许车辆回到不同的车场的 MDVRP（MDVRP1）和车辆必须回到原车场的 MDVRP（MDVRP2）。图12.7展示了两种 MDVRP 的配送方案示例，其中包含 2 个配送中心和 11 个客户点。由图12.7(a) 可见，在 MDVRP1 中，虽然允许车辆返回不同的车场，但每个车场的发车和收车数量必须相等。而在 MDVRP2 中，发车和收车对应的车场必须相同，如图12.7(b) 所示。可以观察到，两种 MDVRP 的配送方案存

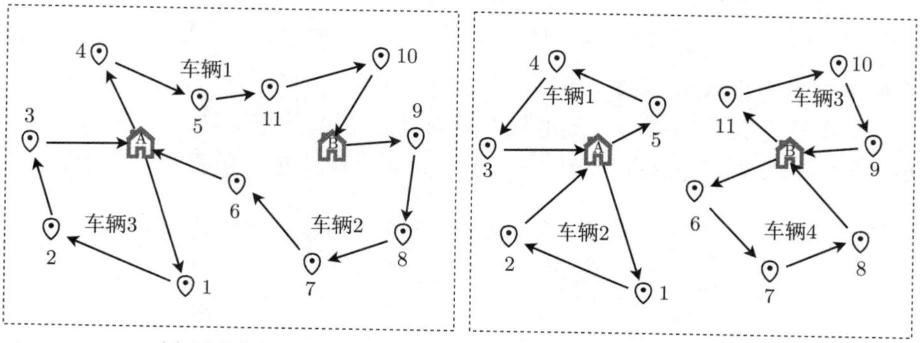

(a) MDVRP1　　(b) MDVRP2

图 12.7　两种 MDVRP 的配送方案示例

在较大区别。下面将分别介绍这两种 MDVRP 的建模过程和思路。

12.3.2 MDVRP1：允许返回不同车场

与单车场的问题相比，多车场的问题从更宏观的角度考虑，也更接近实际运营情况。从建模和求解的角度来说，多车场的场景将会额外引入车场集合，这不仅增加了多车场问题的建模难度，而且也使得问题更难求解。

下面介绍 MDVRP1 的完整建模过程。MDVRP1 的数学语言描述如下：给定有向图 $\mathcal{G}=(\mathcal{V},\mathcal{A})$，其中 $\mathcal{V}$ 为图中的点集，且 $\mathcal{V}=\mathcal{C}\cup\mathcal{D}$，$\mathcal{C}$ 和 $\mathcal{D}$ 分别为客户点集和车场点集；$\mathcal{A}$ 表示图中的弧集，且 $\mathcal{A}=\{(i,j)|\forall i,j\in\mathcal{V},i\neq j\}$。其他参数的符号，包括客户的需求量、车辆容量以及弧上的行驶成本等均与 CVRP 保持一致。MDVRP1 的目标是以最低的总配送成本完成所有客户的配送需求。

基于上述数学描述，可以对 MDVRP1 进行建模。前文提到过，根据可行解的结构设计决策变量是一个较好的方式。因此，可以尝试通过分析图12.7(a) 中的示例来设计决策变量。观察到图中包含 3 辆车的路径：

- 车辆 1：车场 A $\rightarrow 4\rightarrow 5\rightarrow 11\rightarrow 10\rightarrow$ 车场 B （路径 1）。
- 车辆 2：车场 B $\rightarrow 9\rightarrow 8\rightarrow 7\rightarrow 6\rightarrow$ 车场 A（路径 2）。
- 车辆 3：车场 A $\rightarrow 1\rightarrow 2\rightarrow 3\rightarrow$ 车场 A（路径 3）。

根据上面列举的路径信息可以得知，配送方案由车辆的编号和经过的弧组成。基于此，可以将决策变量设置为 x_{ij}^k，表示车辆 k 是否经过了弧 (i,j)。然而，对于 MDVRP1，这种三下标决策变量的设置并不高效。仔细分析上述解，可以发现，将 3 辆车与 3 条配送路径的匹配关系进行任意交换，并不影响解的可行性，且总配送成本不变。这表明 MDVRP1 也存在与 CVRP 类似的对称性。为消除对称性，可以消去车辆编号对应的下标，将三下标决策变量 x_{ij}^k 转化为双下标决策变量 x_{ij}，其含义为：若弧 $(i,j)\in\mathcal{A}$ 被某辆车经过，则 $x_{ij}=1$；若该弧不被任何一辆车经过，则 $x_{ij}=0$。此外，还需引入非负连续决策变量 u_i，表示车辆（无须对车辆编号）到达点 i 时的剩余容量。

MDVRP1 的目标函数与模型 CVRP2 的相同，均为最小化总行驶成本，即式（12.16）。

下面对约束条件进行建模。由于客户访问约束和流平衡约束在 MDVRP1 中仍然存在，因此需要将式（12.17）和式（12.19）加入模型中。不同的是，在 MDVRP1 中还需要对多个车场或配送中心的相关要求进行建模。

第一个与车场有关的约束是车场的发车数量不能超过其车队规模。令 δ_i 为车场 $i(i\in\mathcal{D})$ 的车队规模。车场 i 的发车数量等于所有以该车场为起点的弧的数量之和，因此该约束可以表达为

$$\sum_{j\in\mathcal{C}}x_{ij}\leqslant\delta_i,\qquad\forall i\in\mathcal{D}$$

第二个相关约束是车场的收发平衡约束，即对于每一个车场，其收车数量必须等于发车数量。这是出于管理的考虑，需要保证在不同的配送周期内，每个车场的车队规模保持

不变。该约束可以表述为

$$\sum_{j\in\mathcal{C}} x_{ij} - \sum_{j\in\mathcal{C}} x_{ji} = 0, \qquad \forall i \in \mathcal{D}$$

最后，需要对容量约束进行建模。可以仿照 CVRP 的建模，对车场点进行复制，从而降低建模难度。这种方法虽然容易建模，但会增加模型规模。本节介绍另一种更为高效的建模方法，即根据不同类型的弧分别讨论容量约束的构建。下面分 3 种情况对 MDVRP1 中的容量约束进行讨论，即车辆由客户点到客户点、车场到客户点以及客户点到车场。

首先，讨论客户点到客户点的情况。这种情况只需将模型 CVRP2 中的容量约束式（12.20）进行微小修改，即移除包含车场点的弧。修改后的约束如下。

$$u_i + q_i - u_j \leqslant M(1 - x_{ij}), \qquad \forall (i,j) \in \mathcal{A}, \quad i,j \notin \mathcal{D}$$

其次，讨论车场到客户点的情况。由于从车场到客户点的过程中，车辆的剩余容量并不会发生变化，因此该情况下的容量约束可以忽略。

最后，讨论客户点到车场的情况。当车辆返回车场时，剩余容量一定为 Q，即车辆空载，因此可以用 Q 直接替换 $u_j, \forall j \in \mathcal{D}$。所以，该情况下的约束可以表示为：

$$u_i + q_i - Q \leqslant M(1 - x_{ij}), \qquad \forall (i,j) \in \mathcal{A}, \quad j \in \mathcal{D}$$

以上就是 MDVRP1 的所有基本约束。不过，若车辆可以直接在车场之间移动，就可能会导致发车弧和归场弧数量不相等，或者产生容量上的冲突。为避免此类情况，一般有两种方法，一种是在添加变量时避免添加车场到车场的决策变量，即在建图阶段就删除弧 $(i,j), \forall i,j \in \mathcal{D}$；另一种是添加以下约束：

$$\sum_{j\in\mathcal{D}} x_{ij} = 0, \qquad \forall i \in \mathcal{D}$$

上述两种方法均可避免车辆直接在不同车场之间移动，本节采用第一种做法。下面是 MDVRP1 的完整模型。

$$\min \quad \sum_{(i,j)\in\mathcal{A}} c_{ij} x_{ij} \tag{12.27}$$

$$\text{s.t.} \quad \sum_{j\in\mathcal{V}} x_{ij} = 1, \qquad \forall i \in \mathcal{C} \tag{12.28}$$

$$\sum_{j\in\mathcal{C}} x_{ij} \leqslant \delta_i, \qquad \forall i \in \mathcal{D} \tag{12.29}$$

$$\sum_{i\in\mathcal{V}} x_{ij} - \sum_{i\in\mathcal{V}} x_{ji} = 0, \qquad \forall j \in \mathcal{C} \tag{12.30}$$

$$\sum_{j\in\mathcal{C}} x_{ij} - \sum_{j\in\mathcal{C}} x_{ji} = 0, \qquad \forall i \in \mathcal{D} \tag{12.31}$$

$$u_i + q_i - u_j \leqslant M(1 - x_{ij}), \qquad \forall (i,j) \in \mathcal{A}, \quad i,j \notin \mathcal{D} \tag{12.32}$$

$$u_i + q_i - Q \leqslant M(1 - x_{ij}), \qquad \forall (i,j) \in \mathcal{A}, \quad j \in \mathcal{D} \tag{12.33}$$

$$0 \leqslant u_i \leqslant Q, \qquad \forall i \in \mathcal{C} \tag{12.34}$$

$$x_{ij} \in \{0,1\}, \qquad \forall (i,j) \in \mathcal{A} \tag{12.35}$$

上述模型与模型 CVRP2 非常相似，仅有个别约束有所增加或改动，其中新增加的约束如下：约束式（12.29）保证了每个车场的发车数量不超过车队规模 $\delta_i(i \in \mathcal{D})$；约束式（12.31）确保车场的发车数量等于收车数量；约束式（12.32）和约束式（12.33）为容量约束。

12.3.3 MDVRP2：必须返回原车场

下面介绍 MDVRP2 的完整建模过程。在该模式下，要求车辆必须回到其出发车场。此时，车辆的编号将不能被忽略，否则无法约束车辆返回其出发车场。因此，需要引入车辆集合 $\mathcal{K} = \{1, 2, \cdots, K\}$，其中 $K = \sum\limits_{i \in \mathcal{D}} \delta_i$。此外，还需要将每个车场点复制一份，以区分发车和收车。即 $\mathcal{D} = \bigcup\limits_{i \in \mathcal{D}} \{o_i, d_i\}$，其中，$o_i$ 和 d_i 均表示车场点 i（$i \in \mathcal{D}$）。为方便建模，令 $\mathcal{D}_o = \{o_1, o_2, \cdots, o_{|\mathcal{D}|}\}$，$\mathcal{D}_d = \{d_1, d_2, \cdots, d_{|\mathcal{D}|}\}$。

决策变量的设置与模型 CVRP1-2 相同，即车辆路径决策变量 x_{ij}^k 和剩余容量决策变量 u_i^k。其他参数和符号与 MDVRP1 相同。

MDVRP2 的目标函数与 CVRP1-2 的一致，即式（12.8）。

接下来讨论约束的改写和增加。第一个跟车场有关的约束是发车数量限制，需改写为

$$\sum_{k \in \mathcal{K}} \sum_{j \in \mathcal{C}} x_{ij}^k \leqslant \delta_i, \qquad \forall i \in \mathcal{D}_o$$

之后，需要保证车辆服务完客户后回到原车场。该约束可表示为

$$\sum_{j \in \mathcal{C}} x_{ij}^k - \sum_{j \in \mathcal{C}} x_{jl}^k = 0, \qquad \forall k \in \mathcal{K}, i \in \mathcal{D}_o, l \in \mathcal{D}_d, l = i$$

上述约束不仅可以保证车辆一定回到原车场，而且也能约束该车场的发车数量和收车数量相等。

需要注意的是，在 VRP 中，如果不特别强调，一般默认一辆车只能使用一次。若车辆可被派出多次，则问题变化为多行程车辆路径规划问题（Multi-trip Vehicle Routing Problem），该问题将在 12.5 节展开介绍。为了限制每辆车最多被使用一次，需加入下面的约束：

$$\sum_{i \in \mathcal{D}_o} \sum_{j \in \mathcal{C}} x_{ij}^k \leqslant 1, \qquad \forall k \in \mathcal{K}$$

客户点处的流平衡约束可以表示为

$$\sum_{i \in \mathcal{V}} x_{ij}^k - \sum_{i \in \mathcal{V}} x_{ji}^k = 0, \qquad \forall k \in \mathcal{K}, \quad j \in \mathcal{C}$$

每个客户均被一辆车访问一次，该约束可以表示为

$$\sum_{k\in\mathcal{K}}\sum_{j\in\mathcal{V}}x_{ij}^{k}=1,\qquad \forall i\in\mathcal{C}$$

每辆车在行驶过程中必须遵循剩余容量约束，即若车辆 k 经过弧 (i,j)（$x_{ij}^{k}=1$），则该车到达 i 点和 j 点的剩余容量满足关系式 $u_i^k+q_i=u_j^k$。该关系可以建模为如下约束：

$$u_i^k+q_i-u_j^k\leqslant M(1-x_{ij}^k),\qquad \forall (i,j)\in\mathcal{A}, i\notin\mathcal{D}_d, j\notin\mathcal{D}_o$$

MDVRP2 的完整模型如下。

$$\min\quad \sum_{k\in\mathcal{K}}\sum_{(i,j)\in\mathcal{A}}c_{ij}x_{ij}^k \tag{12.36}$$

$$\text{s.t.}\quad \sum_{k\in\mathcal{K}}\sum_{j\in\mathcal{V}}x_{ij}^{k}=1,\qquad \forall i\in\mathcal{C} \tag{12.37}$$

$$\sum_{i\in\mathcal{D}_o}\sum_{j\in\mathcal{C}}x_{ij}^{k}\leqslant 1,\qquad \forall k\in\mathcal{K} \tag{12.38}$$

$$\sum_{k\in\mathcal{K}}\sum_{j\in\mathcal{C}}x_{ij}^{k}\leqslant \delta_i,\qquad \forall i\in\mathcal{D}_o \tag{12.39}$$

$$\sum_{i\in\mathcal{V}}x_{ij}^{k}-\sum_{i\in\mathcal{V}}x_{ji}^{k}=0,\qquad \forall k\in\mathcal{K}, j\in\mathcal{C} \tag{12.40}$$

$$\sum_{j\in\mathcal{C}}x_{ij}^{k}-\sum_{j\in\mathcal{C}}x_{jl}^{k}=0,\qquad \forall k\in\mathcal{K}, i\in\mathcal{D}_o, l\in\mathcal{D}_d, l=i \tag{12.41}$$

$$u_i^k+q_i-u_j^k\leqslant M(1-x_{ij}^k),\qquad \forall (i,j)\in\mathcal{A}, i\notin\mathcal{D}_d, j\notin\mathcal{D}_o \tag{12.42}$$

$$0\leqslant u_i^k\leqslant Q,\qquad \forall i\in\mathcal{V} \tag{12.43}$$

$$x_{ij}^k\in\{0,1\},\qquad \forall (i,j)\in\mathcal{A} \tag{12.44}$$

12.3.4 小结

两种类型的 MDVRP 都可以基于 CVRP 拓展得到。随着 VRP 研究的发展，这两种 MDVRP 也成为了 VRP 变体问题中的一类经典模型，许多更为复杂的 VRP 也与它们有一定的相似之处。与单车场的情形相比，MDVRP 从更宏观的角度出发对区域配送方案进行整体优化，得到的结果也一般优于对局部分块的多个单车场分别进行优化。因此，通常情况下，MDVRP 在大区域规划中有着更重要的实用价值。

12.4 带时间窗的车辆路径规划问题

12.4.1 问题介绍

带时间窗的车辆路径规划问题（Vehicle Routing Problem with Time Windows，VRPTW）是 VRP 的另一类经典变体问题（参见文献 [6]、[27]、[28]、[30]、[51]、[71]、

[97]、[100]、[104]、[117]）。在实际场景中，客户一般希望在一个特定的时间段（时间窗）内接受配送服务，车辆则需要在时间窗内抵达客户点并为客户服务。VRPTW 有大量应用场景，例如，物流集散站需要在特定的时间段完成包裹入库任务，大型超市的补货，外卖平台的配送等。图12.8展示了一个 VRPTW 的示例，图中包含 1 个配送中心和 8 个客户点，每个客户点都对应一个时间窗。例如客户点 1 的时间窗为 [9:00,12:00]，其中，9:00 和 12:00 分别表示该客户点的最早和最晚开始服务时间。客户 1 的实际开始服务时间为 9:10，在时间窗内，符合要求。VRPTW 一般要求以最小的总行驶成本在客户要求的时间窗内完成所有客户的配送任务。除此之外，VRPTW 的目标函数还可以设置为最短总配送时间、最小总时间损失成本和处罚成本等。一般而言，时间窗主要包括两种，即硬时间窗和软时间窗。硬时间窗（Hard Time Window，HTW）是指客户必须在该时间窗内接受配送服务，不允许提前服务或延迟服务。若车辆提前到达客户点，则必须等待，直到时间窗开启才能进行服务，如超市补货和物流中心入库等情况。软时间窗（Soft Time Window，STW）是指车辆的开始服务时间可以超出时间窗，即允许提前或延迟开始服务，但提前或延迟都会产生相应的惩罚成本，如外卖配送、校车接送等场景。软时间窗实际上可以理解为是对原有硬时间窗的一个松弛或放宽。本章分别介绍两种时间窗考虑下的 VRP。

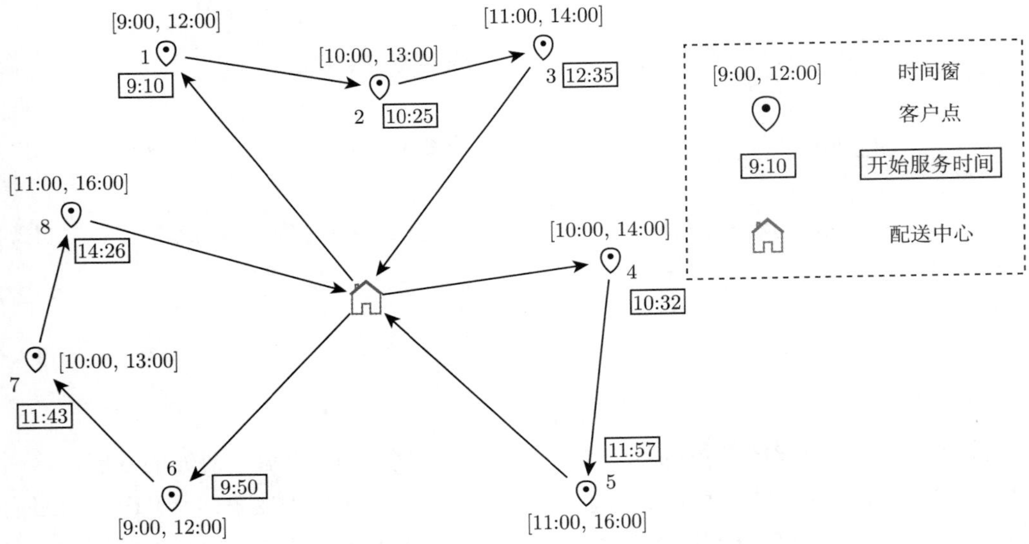

图 12.8　VRPTW 示例

12.4.2 带硬时间窗的车辆路径规划问题

带硬时间窗的车辆路径规划问题（Vehicle Routing Problem with Hard Time Windows，VRPHTW）可以描述如下：区域内存在一定数量的客户点和一个配送中心，其中，每个客户对应一个明确的硬时间窗，客户只接受在时间窗内开始服务。车辆可以提前抵达客户点，并等待时间窗开启，也可以在时间窗内抵达客户点为客户服务。每个客户的需求量和服务时间均已知。配送中心需要制定合理的配送方案来完成所有配送任务，并最小化总行驶成本。

与 CVRP 相比，VRPHTW 考虑的约束更加实际，不仅考虑了客户的配送需求，还考虑了客户对配送时间的要求，这也使得该问题的建模和求解难度都高于 CVRP。下面给出 VRPHTW 的数学描述：给定有向图 $\mathcal{G}=(\mathcal{V},\mathcal{A})$，其中 $\mathcal{V}=\mathcal{C}\cup\{o,d\}$，表示图中的点集，包括客户点集 $\mathcal{C}$ 以及车场（配送中心）点 o 及其复制点 d；$\mathcal{A}=\{(i,j)|\forall i,j\in\mathcal{V},i\neq j\}$，表示图 $\mathcal{G}$ 中点与点之间的连线，即弧集。图和集合的数学符号与 CVRP 基本一致，参数等也沿用 CVRP 的情形。对每一个客户 i, 除了对应需求 q_i 以外，还需引入时间窗 $[a_i,b_i]$ 和服务时间 l_i，其中 a_i 和 b_i 分别表示客户 i 的最早和最晚开始服务时间。由于本问题与时间有关，因此还需设置弧段的行驶时间。这里用 T_{ij} 表示点 i 到点 j 的行驶时间，相当于弧 $(i,j)\in\mathcal{A}$ 的行驶时间。

基于上述问题描述，下面对 VRPHTW 进行数学建模。首先来设计决策变量。通过分析图12.8中展示的解，可知 VRPHTW 中涉及的主要决策变量包含 3 类：路径决策、时间决策和容量决策。由于考虑到车辆均为同质车辆，因此不需要对车辆进行编号。本节仍然采用双下标的路径决策变量 x_{ij} 来建模，即若某车辆经过了弧 $(i,j)\in\mathcal{A}$，则 $x_{ij}=1$，否则 $x_{ij}=0$。时间决策和容量决策的设置如下：分别引入非负连续决策变量 t_i 和 u_i （$\forall i\in\mathcal{V}$）表示车辆到达点 i 的时间和车辆到达点 i 时所剩的容量。

与 CVRP 相同，VRPHTW 的目标函数也为最小化总行驶成本，即

$$\min \sum_{(i,j)\in\mathcal{A}} c_{ij}x_{ij}$$

客户访问约束、车辆路径流平衡约束和容量约束均与 CVRP 相同，即式（12.17）～ 式（12.20），这里不再重复介绍。本节仅介绍时间窗约束。

首先，每个客户的开始服务时间必须在时间窗之内，即

$$a_i\leqslant t_i\leqslant b_i,\qquad \forall i\in\mathcal{V}$$

其次，每条弧的起点和终点处的访问时间满足下面的关系：若 $x_{ij}=1$，则必有 $t_i+l_i+T_{ij}\leqslant t_j$。注意，若 $t_i+l_i+T_{ij}=t_j$，则表示车辆没有等待；若 $t_i+l_i+T_{ij}<t_j$，则表示车辆提前到达客户 j，并等待客户 j 的时间窗开启。该行驶时间约束关系可以表示为

$$t_i+l_i+T_{ij}-t_j\leqslant M(1-x_{ij}),\qquad \forall (i,j)\in\mathcal{A}$$

式中，M 是 $t_i+l_i+T_{ij}-t_j$ 的一个上界。

为方便查看，这里将 VRPHTW 的完整数学模型展示如下：

$$\min \quad \sum_{(i,j)\in\mathcal{A}} c_{ij}x_{ij} \tag{12.45}$$

$$\text{s.t.} \quad \sum_{j\in\mathcal{V}} x_{ij}=1, \qquad \forall i\in\mathcal{C} \tag{12.46}$$

$$\sum_{j\in\mathcal{C}} x_{oj}-\sum_{i\in\mathcal{C}} x_{id}=0 \tag{12.47}$$

$$\sum_{i \in \mathcal{V}} x_{ij} - \sum_{i \in \mathcal{V}} x_{ji} = 0, \quad \forall j \in \mathcal{C} \tag{12.48}$$

$$u_i + q_i - u_j \leqslant M(1 - x_{ij}), \quad \forall (i,j) \in \mathcal{A} \tag{12.49}$$

$$t_i + l_i + T_{ij} - t_j \leqslant M(1 - x_{ij}), \quad \forall (i,j) \in \mathcal{A} \tag{12.50}$$

$$a_i \leqslant t_i \leqslant b_i, \quad \forall i \in \mathcal{V} \tag{12.51}$$

$$0 \leqslant u_i \leqslant Q, \quad \forall i \in \mathcal{V} \tag{12.52}$$

$$x_{ij} \in \{0,1\}, \quad \forall (i,j) \in \mathcal{A} \tag{12.53}$$

该模型与模型 CVRP2 相比，仅新增了行驶时间约束式（12.50）和时间窗约束式（12.51）。VRPHTW 也有很多变体，并非每种变体都可以采用双下标的路径建模方式。若问题涉及与车辆属性等相关的要求，则可能需要使用三下标的路径决策变量进行建模。

12.4.3 带软时间窗的车辆路径规划问题

带软时间窗的车辆路径规划问题（Vehicle Routing Problem with Soft Time Windows，VRPSTW）一般比 VRPHTW 更加贴近实际，在该场景下，客户对实际配送时间有一定容忍度，即允许一定程度的提前或者延迟（参见文献 [15]、[79]、[88]、[89]、[101]、[102]、[104]）。但是，提前和延迟均会产生额外的惩罚成本。根据惩罚规则的不同，软时间窗可以分为 2 种，如图12.9(a)~(b) 所示。第一种考虑提前和延迟均会产生惩罚成本（见图12.9(a)），可参见文献 [68]、[79]、[88]、[89]、[103]。第二种仅考虑延迟会产生惩罚成本（见图12.9(b)），例如文献 [101]。此外，在实际中，客户通常不允许过长的提前或者延迟时间，因此部分文献也会引入硬时间窗，如图12.9(c)~(d) 所示，其中 $[\bar{a}_i, \bar{b}_i]$ 表示硬时间窗，$[a_i, b_i]$ 表示软时间窗，且 $[a_i, b_i] \subseteq [\bar{a}_i, \bar{b}_i]$。在该问题的设定下，配送服务开始时间必须在区间 $[\bar{a}_i, \bar{b}_i]$ 内，若服务开始时间在 $[a_i, b_i]$ 之内，则不会产生惩罚；若服务开始时间在 $[a_i, b_i]$ 之外，则会产生相应的惩罚。此外，惩罚函数的形式也分为线性 [37,57,89]、非线性 [95] 等，其中，考虑线性惩罚函数的文献居多。因此，本节也假设惩罚函数为线性函数。

本节采用文献 [79] 中对软时间窗的设定，即图12.9(c)~(d) 展示的情形。本节探讨的 VRPSTW 可以描述如下：区域内存在一定数量的客户点和一个配送中心，其中，每个客户对应明确的软时间窗和硬时间窗，且服务时间已知。客户只接受在硬时间窗内开始服务。若客户在软时间窗内开始接受服务则不会产生惩罚成本。若车辆未在软时间窗内抵达，则会产生提前服务的公司损失成本或延迟服务的客户惩罚成本。配送中心需要制定合理的配送方案来完成所有配送任务，并最小化总成本（包括总行驶成本、机会损失成本和延迟惩罚成本）或最大化客户满意度。

与 VRPHTW 相比，VRPSTW 的解决方案的容错率更高，且同时也相当于考虑了客户在时间要求上的容忍程度。VRPSTW 的数学语言描述如下：给定有向图 $\mathcal{G} = (\mathcal{V}, \mathcal{A})$，其中 $\mathcal{V} = \mathcal{C} \cup \{o, d\}$，表示图中的点集，包括了客户点集 $\mathcal{C}$、车场或配送中心点 o 及其复制点 d；$\mathcal{A} = \{(i,j) | \forall i,j \in \mathcal{V}, i \neq j\}$，表示图中的弧集。其中，相同的图和集合的符号基本

与 VRPHTW 一致，参数等也沿用 VRPHTW 的设定。除了客户 i 的需求 q_i、客户 i 的服务时间 l_i、弧 (i,j) 对应的行驶时间 T_{ij} 等参数外，客户的原硬时间窗 $[a_i,b_i]$ 被设定为软时间窗，客户的新硬时间窗为 $[\bar{a}_i,\bar{b}_i]$，且 $[a_i,b_i]\subseteq[\bar{a}_i,\bar{b}_i]$。若客户在软时间窗外开始服务，则会产生惩罚成本。考虑惩罚成本与提前或延迟时间成正比。令 c_i^e 和 c_i^l 分别表示提前服务和延迟服务的惩罚成本系数。配送中心需要制定出使得行驶成本和时间惩罚成本之和最小化的配送方案。

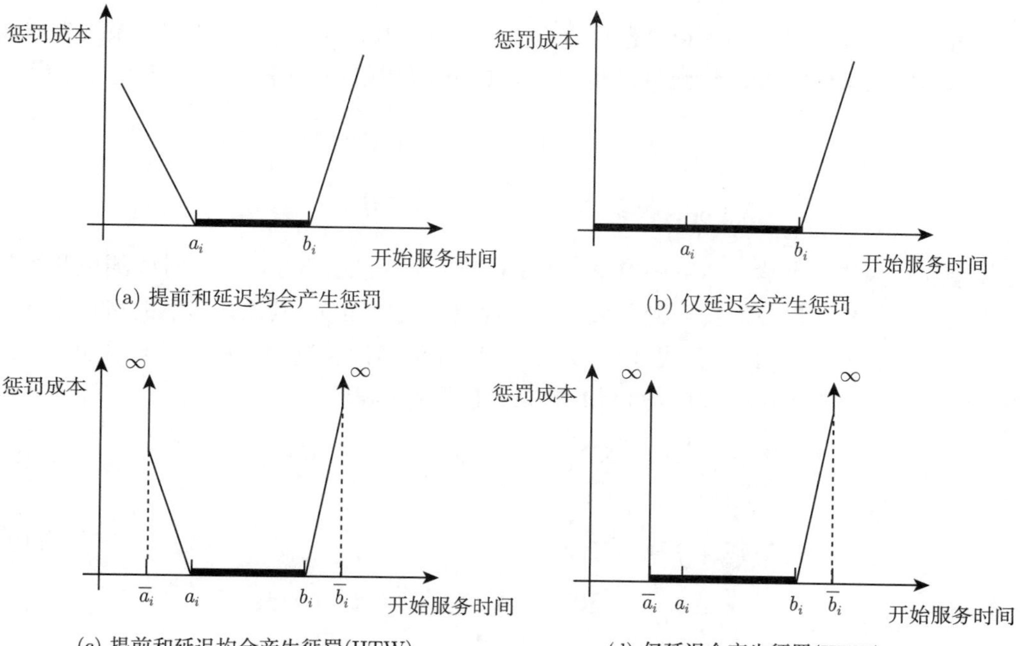

(a) 提前和延迟均会产生惩罚　(b) 仅延迟会产生惩罚

(c) 提前和延迟均会产生惩罚(HTW)　(d) 仅延迟会产生惩罚(HTW)

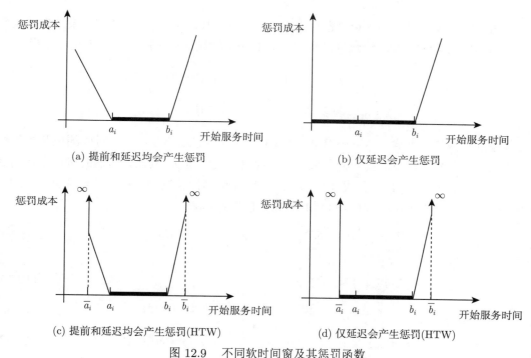

图 12.9　不同软时间窗及其惩罚函数

本节介绍 3 种不同问题设定下的 VRPSTW 的完整建模过程，分别为：

（1）仅考虑延迟惩罚成本且不允许提前开始服务的 VRPSTW（VRPSTW1）。

（2）同时考虑提前服务和延迟惩罚成本且允许车辆在客户点等待的 VRPSTW（VRPSTW2）。

（3）同时考虑提前服务和延迟惩罚成本但不允许车辆在客户点等待的 VRPSTW（VRPSTW3）。

1. VRPSTW1 的完整建模过程

VRPSTW1 考虑车辆可以提前到达客户点，但不能提前开始服务。这种问题设定与文献 [88] 和 [89] 研究的 VRPSSTW（Vehicle Routing Problem with Semi Soft Time Windows）的问题设定几乎一致。

下面介绍 VRPSTW1 的完整建模过程。VRPSTW1 的模型与 VRPHTW 非常相似，主要包含的决策变量为车辆路径决策、时间决策和容量决策。本问题的建模也无须对车辆进行编号，因此，部分决策变量可以沿用 VRPHTW 中的设置，即 x_{ij}、t_i 和 $u_i, \forall (i,j) \in \mathcal{A}, \forall i \in \mathcal{V}$。此外，VRPSTW1 还需添加刻画延迟时间的决策变量。引入非负连续决策变量 β_i，表示车辆到达客户点 i 的延迟时间，$\beta_i \in [0, \bar{b}_i - b_i], \forall i \in \mathcal{V}$。

VRPSTW1 的目标函数为最小化总行驶成本与惩罚成本之和，即

$$\min \sum_{(i,j)\in\mathcal{A}} c_{ij}x_{ij} + \sum_{i\in\mathcal{C}} c_i^l \beta_i$$

下面为刻画延迟时间的约束。容易得出，$\beta_i = \max\{0, t_i - b_i\}$。但是该关系式为非线性表达式，会增加求解难度，因此可以利用 3.4 节介绍的线性化方法将其等价线性化为

$$\beta_i \geqslant t_i - b_i, \qquad \forall i \in \mathcal{C}$$

$$\beta_i \geqslant 0, \qquad \forall i \in \mathcal{C}$$

其余的约束均已包含在 VRPHTW 的模型中，主要包括路径约束、时间约束和容量约束。首先，每个客户都必须被一辆车服务，即约束式（12.46）。其次，车辆的路径需要满足流平衡约束，即式（12.47）和式（12.48）。最后为车辆行驶过程中的容量约束式（12.49）和时间约束式（12.50）。将 VRPSTW1 的完整模型展示如下：

$$\min \sum_{(i,j)\in\mathcal{A}} c_{ij}x_{ij} + \sum_{i\in\mathcal{C}} c_i^l \beta_i \tag{12.54}$$

$$\text{s.t. 式(12.46)} \sim \text{式(12.50)}, \tag{12.55}$$

$$\beta_i \geqslant t_i - b_i, \qquad \forall i \in \mathcal{C} \tag{12.56}$$

$$a_i \leqslant t_i, \qquad \forall i \in \mathcal{V} \tag{12.57}$$

$$0 \leqslant u_i \leqslant Q, \qquad \forall i \in \mathcal{V} \tag{12.58}$$

$$\beta_i \in [0, \bar{b}_i - b_i], \qquad \forall i \in \mathcal{C} \tag{12.59}$$

$$x_{ij} \in \{0,1\}, \qquad \forall (i,j) \in \mathcal{A} \tag{12.60}$$

与 VRPHTW 模型相比，该模型在决策变量、目标函数和约束方面都有更新，具体来讲，目标函数中新增了延迟的惩罚成本项；决策变量方面，新增了延迟时间决策变量 β_i，且 t_i 的取值范围有所改变；在约束方面，新增了延迟时间约束式（12.56）。

注意到 VRPSTW1 中并没有考虑提前服务的惩罚，这是因为在一些实际问题中，一般允许提前服务，不会产生惩罚成本，如快递交付等业务场景。不过，这些场景中有一部分需要等到时间窗内才可以开始服务，以保证货物的安全交付，而延迟则通常不利于客户满意度的提升，影响客户的服务体验，因此需要考虑延迟惩罚。此外，还有一些场景允许提前服务，但是也会产生惩罚成本，因为提前协调相关人员配合货物的交付存在一定的成本和风险。下面就来介绍同时考虑提前服务和延迟惩罚的 VRPSTW。

2. VRPSTW2 的完整建模过程

VRPSTW2 在 VRPSTW1 的基础上新增了一个考虑，即允许车辆提前开始服务，也允许车辆提前到达客户点并等待时间窗开启，再开始服务客户，从而避免提前服务的惩罚成本。

继续在模型 VRPSTW1 的基础上进行拓展。其他决策变量可以保持不变，仅需新增与提前服务相关的设定。与刻画延迟成本相似，刻画提前服务成本需要引入非负连续决策变量 α_i，表示车辆在客户点 i 提前服务的时间差值。同样地，α_i 的取值也不能超过最大允许提前服务的时间窗长度，即 $\alpha_i \in [0, a_i - \bar{a}_i]$。

下面将提前服务的损失成本加入目标函数中，即可得到 VRPSTW2 的目标函数：

$$\min \sum_{(i,j)\in\mathcal{A}} c_{ij}x_{ij} + \sum_{i\in\mathcal{C}} c_i^l \beta_i + \sum_{i\in\mathcal{C}} c_i^e \alpha_i$$

接下来需要刻画提前服务时间的约束。提前服务时间满足关系式 $\alpha_i = \max\{0, a_i - t_i\}$。同样地，可以利用 3.4 节介绍的线性化方法将其等价线性化为

$$\alpha_i \geqslant a_i - t_i, \qquad \forall i \in \mathcal{C}$$

$$\alpha_i \geqslant 0, \qquad \forall i \in \mathcal{C}$$

其他约束与 VRPSTW1 一致。下面给出 VRPSTW2 的完整模型。

$$\min \sum_{(i,j)\in\mathcal{A}} c_{ij}x_{ij} + \sum_{i\in\mathcal{C}} c_i^l \beta_i + \sum_{i\in\mathcal{C}} c_i^e \alpha_i \tag{12.61}$$

$$\text{s.t.} \quad 式(12.46) \sim 式(12.50)，式(12.56) \tag{12.62}$$

$$t_i + \alpha_i \geqslant a_i, \qquad \forall i \in \mathcal{C} \tag{12.63}$$

$$0 \leqslant u_i \leqslant Q, \qquad \forall i \in \mathcal{V} \tag{12.64}$$

$$\alpha_i \in [0, a_i - \bar{a}_i], \beta_i \in [0, \bar{b}_i - b_i], \qquad \forall i \in \mathcal{C} \tag{12.65}$$

$$x_{ij} \in \{0, 1\}, \qquad \forall (i,j) \in \mathcal{A} \tag{12.66}$$

通过观察模型 VRPSTW2 可知，在允许车辆可以在客户点等待的设定下，上述模型比 VRPSTW1 多了一组衡量提前服务时间的变量 α_i 和一组提前服务的时间约束式（12.63），并且目标函数新增了一项提前服务的惩罚成本。

然而，部分实际问题并不允许车辆在客户点等待，如冷链运输等场景。注意到时间约束式（12.50）并不能限制车辆是否在客户点等待。这里以一个简单例子来说明这一点。考虑弧 (i,j)，其中客户点 j 的软时间窗为 $[8,12]$。若车辆驶过弧 (i,j)，且 $t_i + l_i + T_{ij} = 5$，则根据约束式（12.50）可得 $t_j \geqslant 5$。此时，假设只要满足 $t_j \leqslant 10$，最优解都会保持不变。可以取 $t_j = 8$，相当于车辆到达客户点 j 后等待了 3 个时间单位，再开始服务客户 j，从而避免提前服务导致的惩罚成本。

接下来介绍 VRPSTW3 的完整建模过程，即不允许车辆在客户点有等待情况的 VRPSTW。

3. VRPSTW3 的完整建模过程

与 VRPSTW2 相比，VRPSTW3 仅仅新增了一个限制，即不允许车辆在客户点等待。可以继续基于 VRPSTW2 的模型拓展得到本节问题的模型。

VRPSTW3 的决策变量与 VRPSTW2 中的完全相同，仅需要对行驶时间约束进行修改，从而保证不会产生等待。在不允许等待的假设下，对于弧 (i,j)，若车辆经过该弧，则行驶时间必须满足关系式 $t_i + l_i + T_{ij} = t_j$，那么该约束可以表示为以下逻辑关系约束：

$$\text{若 } x_{ij} = 1, \text{ 则 } t_i + l_i + T_{ij} = t_j, \qquad \forall (i,j) \in \mathcal{A}$$

借助 2.3.3 节介绍的方法，可以将上述约束等价地转化为两个线性约束。这里给出线性化过程的大致思路。逻辑约束的构建，一般需要用大-M 建模方法。可以将等式关系等价转化为一个大于等于和一个小于等于的大-M 约束，使得当 $x_{ij} = 1$ 时，$t_i + l_i + T_{ij} \leqslant t_j$ 和 $t_i + l_i + T_{ij} \geqslant t_j$ 同时成立，从而可以达到 $t_i + l_i + T_{ij} = t_j$ 的目的。该约束如下：

$$t_i + l_i + T_{ij} - t_j - M(1 - x_{ij}) \leqslant 0, \qquad \forall (i,j) \in \mathcal{A},\ i,j \in \mathcal{C} \tag{12.67}$$

$$t_i + l_i + T_{ij} - t_j + M(1 - x_{ij}) \geqslant 0, \qquad \forall (i,j) \in \mathcal{A},\ i,j \in \mathcal{C} \tag{12.68}$$

将 VRPSTW2 模型中的约束式（12.50）替换为约束式（12.67）和约束式（12.68），即可得到 VRPSTW3 的完整模型。

12.4.4 小结

值得注意的是，本模型并不需要将与车场点 $\{o, d\}$ 相连的弧对应的行驶时间约束改写为式（12.67）和式（12.68）的形式，原因是从车场发车是允许在车场等待的，从客户点归场也没有等待时间的要求。如果将与这两点相连的弧对应的行驶时间约束也进行改写，则可能会导致模型不可行，因为该模型的车辆发车和返回时间只能有一个取值。

此外，若仅仅需要调用 COPT 或者 Gurobi 求解本节中介绍的数学规划模型，则也可以不对约束 $\beta_i = \max\{0, t_i - b_i\}$ 和 $\alpha_i = \max\{0, a_i - t_i\}$ 进行线性化处理。可以利用 3.4 节介绍的方法，通过直接调用 COPT 或者 Gurobi 的 Python 接口中的函数 `addGenConstrMax()` 来构建这两个约束。

据编者调研，本节 VRPSTW2 和 VRPSTW3 的模型暂未找到确切出处，如果大家发现这些模型之前已在学术期刊等出版物公开发表，敬请联系我们添加引用。

VRPTW 是 VRP 中一类非常具有实际意义和研究价值的经典问题。本节对带硬时间窗和软时间窗的车辆路径规划问题进行了详细的介绍和梳理，鉴别了它们的区别，提供了完整详细的建模思路和过程，介绍了相关的建模方法，相信大家认真学习后可以提升建模能力，从而可应对更加复杂的优化问题建模。

12.5 带时间窗的多行程车辆路径规划问题

12.5.1 问题介绍

随着城市人口的增多，城市内的物流配送需求也实现了大幅度增长，这对城市物流的效率，尤其是末端短途配送的效率提出了更高的要求。出于对噪声和环境污染的考虑，很多城市对大型货车实施了不同程度的限行政策。在这种情况下，一些中型或者小型的运输工具，例如小型货车、电动车及无人配送载具（如无人机、自动导引车）等，成为了城市物流运输和配送的主要载体 [35,48,83−84]。然而，由于这些中小型运输工具的载重有限，物流企业一般会在一定的时间周期内（如一周或一天）重复地使用它们来完成配送任务。例如，使用小型货车在一天内执行多趟配送任务。基于上述实际背景，本节将要介绍的问题，即带时间窗的多行程车辆路径规划问题（Multi-trip Vehicle Routing Problems with Time Windows，MTVRPTW）应运而生 [17,34−35,48,83−84]。

在很多情况下，不同客户的时间窗有一定的时间差，这使得车辆在完成一趟配送任务后，再进行额外趟次的配送成为了可能。这种运输模式一般被称为多行程。图12.10展示了一个 MTVRPTW 的示例，其中包含 1 个配送中心和 11 个客户。配送方案显示，完成这些客户的配送任务需要使用 2 辆车，且每辆车需要执行 2 个行程（2 条路径）。即：

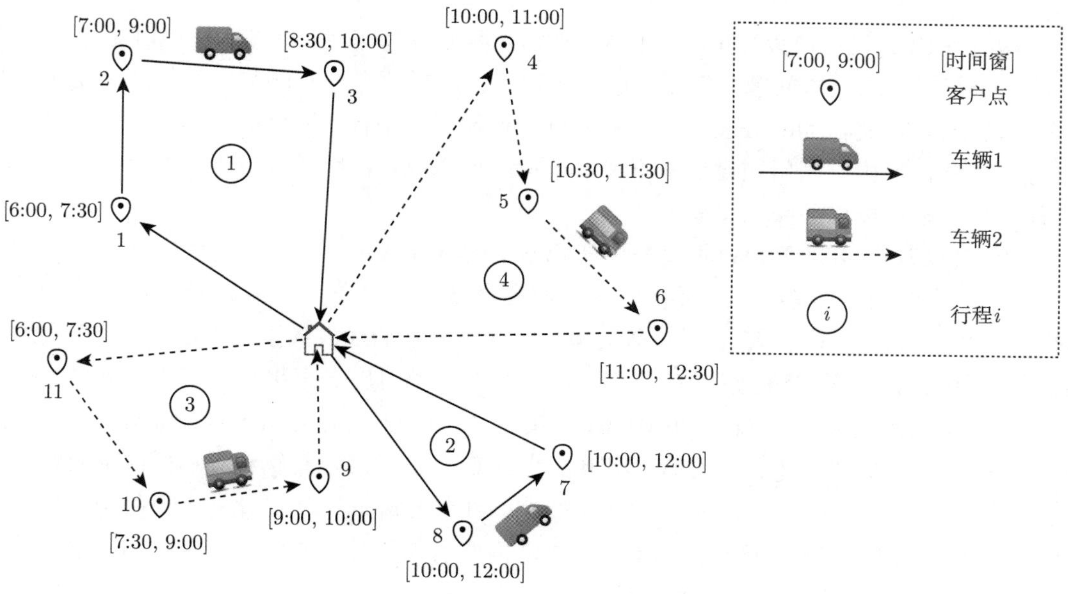

图 12.10　MTVRPTW 的示例

- 车辆 1 的第 1 个行程：配送中心 → 1 → 2 → 3 → 配送中心（图12.10展示的行程①）。
- 车辆 1 的第 2 个行程：配送中心 → 8 → 7 → 配送中心 （图12.10展示的行程②）。
- 车辆 2 的第 1 个行程：配送中心 → 11 → 10 → 9 → 配送中心（图12.10展示的行程③）。

- 车辆 2 的第 2 个行程：配送中心 → 4 → 5 → 6 → 配送中心（图12.10展示的行程④）。

MTVRPTW 的问题描述如下：区域内存在一个配送中心和若干个客户点。配送中心运营有一个同质的车队，且每辆车可以被多次使用。每个客户都对应一个确定的需求量和硬时间窗，且服务时间已知。配送中心需要为车队安排配送方案，以完成所有配送任务，且最小化总配送成本（包括总行驶成本和总车辆配备成本）。

与单行程的 VRPTW 相比，MTVRPTW 需要额外考虑车辆的循环使用以及配备成本的情形，因此该问题更为复杂。MTVRPTW 的数学描述如下：给定有向图 $\mathcal{G}=(\mathcal{V},\mathcal{A})$，$\mathcal{V}$ 表示图中所有点的集合，包括了客户点集 $\mathcal{C}$、配送中心 o 及其复制点 d；$\mathcal{A}=\{(i,j)|\forall i,j\in\mathcal{V},i\neq j\}$，表示图中的弧集。图和集合的符号与 VRPHTW 基本一致，参数等也继续沿用 VRPHTW 的设定。除了客户 i 的需求 q_i、服务时间 l_i、时间窗 $[a_i,b_i]$，弧 (i,j) 上的行驶时间 T_{ij} 和成本 c_{ij} 以外，还需新增车辆重复使用时，再次出发前的平均装货时间 τ，以及单辆车的配备成本 F。

接下来介绍 MTVRPTW 的两种模型，分别为 MTVRPTW1 和 MTVRPTW2。这两种模型在建模思路上有所不同，但都对 MTVRPTW 进行了正确的建模。

12.5.2 第一种建模方法

根据图12.10设计决策变量。由于该问题涉及重复使用车辆，例如图12.10中展示的车辆 1 的两个行程，因此本问题不仅要考虑路径决策，还需要考虑车辆和路径的匹配决策。为了建模该问题，文献 [48] 在变量 x_{ij}^k 的基础上增加了一个行程顺序的下标。这是一种经典的建模思路，但由于其问题设定中不涉及车辆的配备成本，所以本节不详细介绍这种建模思路，感兴趣的可以参阅该文献。

上文提到，MTVRPTW 不仅需要考虑车辆的路径决策，还需要考虑车辆和路径的匹配决策。为了刻画这些决策，可以引入车辆集合 $\mathcal{K}=\{1,2,\cdots,K\}$ 和行程的编号集合 $\mathcal{R}=\{1,2,\cdots,R\}$，其中 K 表示车队规模，R 表示行程的最大数量。注意，此处需要为 R 设置合理的值，其极端情况为 $R=|\mathcal{C}|$，即每个客户都对应一个单独的行程。此时，引入第一组 0-1 决策变量 x_{ij}^r，表示车辆的路径决策，若行程 r（$r\in\mathcal{R}$）经过了弧 $(i,j)\in\mathcal{A}$，则 $x_{ij}^r=1$，否则 $x_{ij}^r=0$。引入第二组 0-1 决策变量 y_k^r，表示车辆和行程的匹配决策，若将行程 $r\in\mathcal{R}$ 与车辆 $k\in\mathcal{K}$ 进行匹配，则 $y_k^r=1$，否则 $y_k^r=0$。此外，令每个车辆的配备成本为 F，为了方便计算车辆的配备成本，需要引入第三组 0-1 决策变量 f_k，若车辆 k（$k\in\mathcal{K}$）被使用，则 $f_k=1$，否则 $f_k=0$。

MTVRPTW 的目标函数为最小化车辆的行驶成本和配置成本之和，即

$$\min\sum_{r\in\mathcal{R}}\sum_{(i,j)\in\mathcal{A}}c_{ij}x_{ij}^r+\sum_{k\in\mathcal{K}}Ff_k$$

MTVRPTW 的主要约束包括车辆的路径决策约束（路径约束、时间约束和容量约束）以及车辆和行程的匹配决策约束。接下来先介绍与路径决策相关的约束。首先，确保每个

客户必须被且仅被一辆车（即一个行程）访问一次。该约束可以表示为

$$\sum_{r\in\mathcal{R}}\sum_{i\in\mathcal{V}} x_{ij}^r = 1, \qquad \forall j\in\mathcal{C}$$

其次，每辆车的每个行程都必须从配送中心出发，最终回到配送中心，且每个行程至多对应一条路径。该约束可以表示为

$$\sum_{j\in\mathcal{C}} x_{oj}^r = \sum_{i\in\mathcal{C}} x_{id}^r \leqslant 1, \qquad \forall r\in\mathcal{R}$$

同样地，为了保证路径的连续性，需要为每个行程加入流平衡约束，即

$$\sum_{i\in\mathcal{V}} x_{ij}^r - \sum_{i\in\mathcal{V}} x_{ji}^r = 0, \qquad \forall j\in\mathcal{C}, r\in\mathcal{R}$$

刻画车辆的容量可以继续使用连续变量 u_i（$0\leqslant u_i\leqslant Q$），表示车辆到达客户点 i（$i\in\mathcal{V}$）的剩余容量。由于在任意可行解中，弧 (i,j) 至多被所有行程访问一次，即 $\sum_{r\in\mathcal{R}} x_{ij}^r\in\{0,1\}$。所以，该弧段上的剩余容量变化可以综合所有行程 r（$r\in\mathcal{R}$）来刻画，即

$$u_i + q_i - u_j \leqslant M(1-\sum_{r\in\mathcal{R}} x_{ij}^r), \qquad \forall (i,j)\in\mathcal{A}$$

同样地，由于每个行程 r 都对应一条独立的路径，所以也可以根据行程 r 中访问的弧来刻画车辆的容量约束，即

$$\sum_{i\in\mathcal{C}}\sum_{j\in\mathcal{V}} q_i x_{ij}^r \leqslant Q, \qquad \forall r\in\mathcal{R}$$

上述两个容量约束都可以刻画每个行程上的车辆容量的变化。

另外，在时间约束上，由于车辆可能会多次访问配送中心，因此就需要记录不同的行程的起止时间以方便决定车辆行程的先后顺序。为达到该目的，需要对到达点 $i(i\in\mathcal{V})$ 的时间变量 t_i 增加行程编号下标，以区分在不同行程中到达点 i 的时间。可以引入非负连续变量 t_i^r，表示车辆在行程 $r(r\in\mathcal{R})$ 中到达点 i 的时间。基于此，时间约束可以表示为

$$t_i^r + l_i + T_{ij} - t_j^r \leqslant M(1-x_{ij}^r), \qquad \forall (i,j)\in\mathcal{A}, r\in\mathcal{R}$$

以上是车辆的路径决策约束，接下来介绍车辆和行程的匹配决策约束。首先，需要决策将行程分配给了哪辆车，即若 $\exists j\in\mathcal{C}$，使得 $x_{oj}^r=1$（此时必有 $\sum_{j\in\mathcal{C}} x_{oj}^r=1$），则有且仅有一辆车 k 被安排执行行程 r（即 $\sum_{k\in\mathcal{K}} y_k^r=1$）。若 $\forall j\in\mathcal{C}$，均满足 $x_{oj}^r=0$，即 $\sum_{j\in\mathcal{C}} x_{oj}^r=0$，则不会有任何一辆车执行行程 r，亦即 $\sum_{k\in\mathcal{K}} y_k^r=0$。综上，该约束可以表示为

$$\sum_{k\in\mathcal{K}} y_k^r = \sum_{j\in\mathcal{C}} x_{oj}^r, \qquad \forall r\in\mathcal{R}$$

接下来，为确定车辆 k 是否被使用，需要为变量 f_k 添加相应的车辆使用约束。即若车辆 k 至少被分配了一个行程（即 $\sum_{r\in\mathcal{R}} y_k^r \geqslant 1$），则车辆被使用，$f_k=1$；若车辆 k 未被分配任何行程（即 $\sum_{r\in\mathcal{R}} y_k^r = 0$），则车辆未被使用，$f_k=0$。该逻辑约束可以表示为

$$\sum_{r\in\mathcal{R}} y_k^r \leqslant M f_k, \qquad \forall k\in\mathcal{K}$$

式中，M 是 $\sum_{r\in\mathcal{R}} y_k^r$ 的一个上界，可设置 $M=|\mathcal{C}|$。

此外，对于车辆 k，其被分配的不同行程的开始时间和结束时间应当有执行先后顺序。具体来讲，若行程 i 和 j（$i,j\in\mathcal{R}, i\neq j$）均被分配给了车辆 k，且行程 i 在 j 之前执行，则行程 i 的结束时间加车辆的装载时间应当小于等于行程 j 的开始时间，即 $t_d^i+\tau\leqslant t_o^j$。然而，仅依靠当前设计的决策变量无法表示行程 i 是否在行程 j 之前。因此，需要引入一组新的 0-1 决策变量 z_{ij}^k 来刻画行程之间的先后顺序。若车辆 k 先执行行程 i，紧接着再执行行程 j，则 $z_{ij}^k=1$，否则 $z_{ij}^k=0$。注意，这里若 $z_{ij}^k=1$，则表示 i 是 j 的紧前行程。

首先需要添加约束以保证 z_{ij}^k 的取值条件，即当 $y_k^i=y_k^j=0$ 时，$z_{ij}^k+z_{ji}^k=0$；当 $y_k^i=1, y_k^j=0$ 或者 $y_k^i=0, y_k^j=1$ 时，$z_{ij}^k+z_{ji}^k=0$；当 $y_k^i=1, y_k^j=1$ 时，$z_{ij}^k+z_{ji}^k=1$。若基于上述分析进行建模，则非常复杂。下面介绍两种更为简便的建模方法。

本节介绍第一种建模方法，我们将使用这种建模方法的模型称为 MTVRPTW1。假设行程 i 被分配给车辆 k，即 $y_k^i=1$。此时，若行程 i 需要被排序，则需要保证该行程在车辆 k 的某行程之前，或者在车辆 k 的某行程之后。换句话说，行程 i 可能的紧前或紧后行程的数量都至多为 1。若行程 i 未被分配给车辆 k，则行程 i 可能的紧前或紧后行程的数量都为 0。基于上述分析，刻画行程 i 紧前行程的数量约束可以表示为

$$y_k^i \geqslant \sum_{j\in\mathcal{R}} z_{ji}^k, \qquad \forall k\in\mathcal{K}, i\in\mathcal{R}, i\neq j$$

同理，其紧后行程的数量约束可以表示为

$$y_k^i \geqslant \sum_{j\in\mathcal{R}} z_{ij}^k, \qquad \forall k\in\mathcal{K}, i\in\mathcal{R}, i\neq j$$

此外，还需要额外加入一组约束才可以保证 z_{ij}^k 的取值完全正确。为了更直观地理解这组约束的建模思路，这里提供一个简单的示例，如图12.11所示。图中展示了分配给车辆 k 的 3 个行程，即行程 1、2 和 3。这 3 个行程所有可能的先后顺序有 6 种。可以观察到，不论最终行程排序如何，一定存在两个 z 取值为 1。因此可以推导出下面的约束：

$$\sum_{r\in\mathcal{R}} y_k^r - 1 \leqslant \sum_{i\in\mathcal{R}}\sum_{j\in\mathcal{R}} z_{ij}^k, \qquad \forall k\in\mathcal{K}$$

此外，基于变量 z_{ij}^k，行程间的时间约束可表示为

$$t_d^i+\tau-t_o^j \leqslant M\left(1-z_{ij}^k\right), \qquad \forall i,j\in\mathcal{R}, i\neq j, \forall k\in\mathcal{K}$$

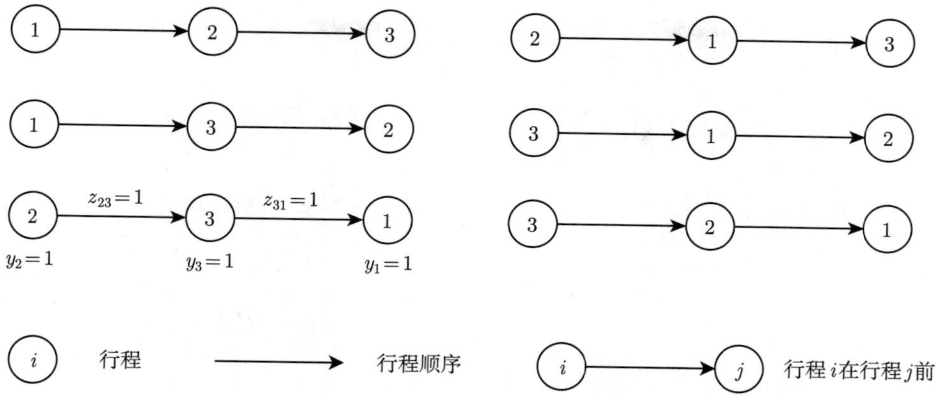

图 12.11　z_{ij}^k 的取值思路示例

注意到一个行程只能分配给一辆车，因此上述约束可以被进一步加强为

$$t_d^i+\tau-t_o^j \leqslant M\left(1-\sum_{k\in\mathcal{K}} z_{ij}^k\right), \qquad \forall i,j\in\mathcal{R}, i\neq j$$

至此，MTVRPTW1 的建模过程已全部结束，现将其完整模型展示如下。

$$\min \sum_{r\in\mathcal{R}}\sum_{(i,j)\in\mathcal{A}} c_{ij}x_{ij}^r+\sum_{k\in\mathcal{K}} Ff_k \tag{12.69}$$

$$\text{s.t.} \sum_{r\in\mathcal{R}}\sum_{i\in\mathcal{V}} x_{ij}^r=1, \qquad \forall j\in\mathcal{C} \tag{12.70}$$

$$\sum_{j\in\mathcal{C}} x_{oj}^r=\sum_{i\in\mathcal{C}} x_{id}^r \leqslant 1, \qquad \forall r\in\mathcal{R} \tag{12.71}$$

$$\sum_{i\in\mathcal{V}} x_{ij}^r-\sum_{i\in\mathcal{V}} x_{ji}^r=0, \qquad \forall j\in\mathcal{C}, r\in\mathcal{R} \tag{12.72}$$

$$u_i+q_i-u_j \leqslant M(1-\sum_{r\in\mathcal{R}} x_{ij}^r), \qquad \forall (i,j)\in\mathcal{A} \tag{12.73}$$

$$t_i^r+l_i+T_{ij}-t_j^r \leqslant M(1-x_{ij}^r), \qquad \forall (i,j)\in\mathcal{A}, r\in\mathcal{R} \tag{12.74}$$

$$\sum_{k\in\mathcal{K}} y_k^r=\sum_{j\in\mathcal{C}} x_{oj}^r, \qquad \forall r\in\mathcal{R} \tag{12.75}$$

$$\sum_{r\in\mathcal{R}} y_k^r \leqslant Mf_k, \qquad \forall k\in\mathcal{K} \tag{12.76}$$

$$y_k^i \geqslant \sum_{j\in\mathcal{R}} z_{ji}^k, \qquad \forall k\in\mathcal{K}, i\in\mathcal{R}, i\neq j \tag{12.77}$$

$$y_k^i \geqslant \sum_{j\in\mathcal{R}} z_{ij}^k, \qquad \forall k\in\mathcal{K}, i\in\mathcal{R}, i\neq j \tag{12.78}$$

$$\sum_{r\in\mathcal{R}} y_k^r - 1 \leqslant \sum_{i\in\mathcal{R}}\sum_{j\in\mathcal{R}} z_{ij}^k, \qquad \forall k\in\mathcal{K} \tag{12.79}$$

$$t_d^i + \tau - t_o^j \leqslant M(1-\sum_{k\in\mathcal{K}} z_{ij}^k), \qquad \forall i,j\in R, i\neq j \tag{12.80}$$

$$a_i \leqslant t_i^r \leqslant b_i, \qquad \forall i\in\mathcal{V}, r\in\mathcal{R} \tag{12.81}$$

$$0\leqslant u_i \leqslant Q, \qquad \forall i\in\mathcal{V} \tag{12.82}$$

$$x_{ij}^r \in \{0,1\}, \qquad \forall (i,j)\in\mathcal{A}, r\in\mathcal{R} \tag{12.83}$$

$$y_k^r \in \{0,1\}, f_k\in\{0,1\}, \qquad \forall r\in\mathcal{R}, k\in\mathcal{K} \tag{12.84}$$

$$z_{ij}^k \in \{0,1\}, \qquad \forall i,j\in\mathcal{R}, k\in\mathcal{K} \tag{12.85}$$

12.5.3 第二种建模方法

下面介绍第二种建模方法，即上文提及的 MTVRPTW2。相比第一种建模方法，第二种方法仅需添加一组约束，但约束的数量却比第一种方法更多。具体来讲，与 MTVRPTW1 不同的是，MTVRPTW2 的模型忽略了行程 i 和 j 是否紧前的信息，而只需要考虑 i 和 j 的先后顺序。因此，需要将排序决策变量 z_{ij}^k 的含义修改如下：若行程 i 和行程 j 均被分配给车辆 k，且行程 i 在 j 之前发生（不一定紧前），则 $z_{ij}^k=1$，否则 $z_{ij}^k=0$。

修改 z_{ij}^k 的含义后，可以基于此构建另一种形式的约束来同时刻画行程排序和行程时间之间的关系。大体思路如下：将行程 i 和 j 的分配和排序与相应的开始时间绑定在一起进行刻画。具体来讲，若行程 i 和 j 均被分配给车辆 k，则一定只有下面两种情况：i 在 j 之前执行或者 j 在 i 之前执行（注意，这里并不一定必须是紧前）。若第一种情况成立，即 $y_k^i=y_k^j=z_{ij}^k=1$，则一定满足 $t_d^i+\tau\leqslant t_o^j$。该约束可以表示为

$$t_d^i+\tau-t_o^j \leqslant M(3-z_{ij}^k-y_k^i-y_k^j), \qquad \forall k\in\mathcal{K},\ i,j\in\mathcal{R},\ i\neq j$$

式中，M 为 $t_d^i+\tau-t_o^j$ 的一个上界。

若第二种情况成立，即 $y_k^i=y_k^j=1-z_{ij}^k=1$，则一定满足 $t_o^i\geqslant\tau+t_d^j$。该约束可以表示为

$$t_o^i-t_d^j-\tau \geqslant -M(2+z_{ij}^k-y_k^i-y_k^j), \qquad \forall k\in\mathcal{K},\ i,j\in\mathcal{R},\ i\neq j$$

式中，M 为 $t_d^j+\tau-t_o^i$ 的一个上界。

MTVRPTW2 的完整模型如式（12.86）～ 式（12.94）所示。由于 MTVRPTW2 与 MTVRPTW1 有诸多相同的约束，为方便对比，这里仅展示不相同的约束。

$$\min \sum_{r\in\mathcal{R}}\sum_{(i,j)\in\mathcal{A}} c_{ij}x_{ij}^r + \sum_{k\in\mathcal{K}} Ff_k \tag{12.86}$$

$$\text{s.t.式(12.70)} \sim \text{式(12.76)} \tag{12.87}$$

$$t_d^i+\tau-t_o^j \leqslant M(3-z_{ij}^k-y_k^i-y_k^j), \qquad \forall k\in\mathcal{K},\ i,j\in\mathcal{R} \tag{12.88}$$

$$t_o^i - t_d^j - \tau \geqslant -M(2 + z_{ij}^k - y_k^i - y_k^j), \qquad \forall k \in \mathcal{K},\ i,j \in \mathcal{R} \tag{12.89}$$

$$a_i \leqslant t_i^r \leqslant b_i, \qquad \forall i \in \mathcal{V},\ r \in \mathcal{R} \tag{12.90}$$

$$0 \leqslant u_i \leqslant Q, \qquad \forall i \in \mathcal{V} \tag{12.91}$$

$$x_{ij}^r \in \{0,1\}, \qquad \forall (i,j) \in \mathcal{A},\ r \in \mathcal{R} \tag{12.92}$$

$$y_k^r \in \{0,1\}, f_k \in \{0,1\}, \qquad \forall r \in \mathcal{R},\ k \in \mathcal{K} \tag{12.93}$$

$$z_{ij}^k \in \{0,1\}, \qquad \forall i,j \in \mathcal{R},\ k \in \mathcal{K} \tag{12.94}$$

通过比较不难发现，模型 MTVRPTW1 与模型 MTVRPTW2 在刻画排序行程和分配行程决策的约束上有所不同。前者采用式（12.77）～ 式（12.80）进行建模，而后者则采用式（12.88）和式（12.89）来进行刻划。经过分析可知，在对排序行程和分配行程决策的约束上，模型 MTVRPTW1 使用的约束数量为 $|\mathcal{R}|^2 + |\mathcal{K}| + 2|\mathcal{R}||\mathcal{K}|$，而 MTVRPTW2 使用的约束数量为 $2|\mathcal{K}||\mathcal{R}|^2$。在实际中，一般会多次使用车辆，所以 $|\mathcal{R}| \geqslant |\mathcal{K}|$。特别地，当 $|\mathcal{R}| \geqslant |\mathcal{K}| \geqslant 2$ 时，虽然模型 MTVRPTW2 仅用 2 组约束就完成了建模（MTVRPTW1 用了 4 组），但其约束数量更多。

【拓展】 值得注意的是，在 MTVRPTW2 中，变量 z_{ij}^k 的上标 k 可以去除，从而可以进一步改进模型，并使得改进后的模型的变量数量少于 MTVRPTW1。这种改进模型的思想来源于文献 [67]。此外，据编者调研，这两个 MTVRPTW 模型也暂未找到相关文献及出处，若读者发现相关研究，敬请联系编者添加引用。

12.5.4 小结

MTVRPTW 的模型决策变量和约束较多，约束耦合关系复杂，建模难度较大，需要综合运用多种手段才能对问题进行正确的建模。该问题与本章其他 VRP 及其变体相比，除了基本的路径决策、时间决策和容量决策之外，还需要额外考虑车辆和行程的匹配和排序决策的刻画。当大家遇到 VRP 与其他问题场景结合的决策优化问题时，也可以参考本节介绍的建模思路和方法。

在建模过程中，可以多尝试深入挖掘决策变量之间的隐含关系，也许可以发现一些潜在的模型改进策略，例如本节介绍的加强约束式（12.80）的方法。此外，还可以从不同的角度思考问题，尝试找到不同的决策变量设置方法和不同的约束刻画思路，这有助于发现更好的建模角度，从而建立更高效的模型，例如本节介绍的两种刻画行程排序决策的方法。这两种方法都能够正确地对相关决策进行建模，但在决策变量和约束的数量上却各有优劣。这充分说明了建模思路和方法的区别，可能会导致对同一问题的刻画有较大差异。总之，要建立高效的模型，不仅要深入思考，还要勇于尝试。

12.6 带时间窗的电动车辆路径规划问题

12.6.1 背景简介

交通运输系统对全球能源消耗和温室气体排放有着重大影响。相关国际组织和各国的统计数据都表明，交通运输在所有温室气体排放源中占据主导地位。根据国际能源署的统计数据，2016 年全球有将近 25% 的二氧化碳排放来自交通运输 [50]。而在我国，根据交通运输部规划研究院 2022 年发布的研究报告，2019 年全国交通运输领域的碳排放量占全国总排放量的 11%[66,82]。在美国和欧洲的情况也类似。根据美国国家环境保护局的统计数据，2021 年美国交通运输产生的温室气体排放量居所有部门首位，占排放总量的 28%。同时，欧洲的数据显示，从 1990 年到 2019 年，各类交通运输导致的温室气体排放量增加了 33.5%[33]。出于对环境保护和可持续发展的考虑，各国政府都提出了限制碳排放的相关政策。为减少交通导致的碳排放，采用新能源车辆（尤其是电动车）代替传统的燃油车辆是一个很有前景的做法 [29,54,98,115]。在物流领域，采用电力驱动的运输设备（如电动卡车、自动导引车和无人机等）进行运输，不仅可以减少配送过程产生的碳排放，节省相关运营成本，还可以帮助物流企业提升绿色环保的社会形象 [29]，为社会的可持续发展贡献力量。此外，在公共交通领域，电动交通工具也逐渐被相关部门采用，例如电动出租车、电动公交车和电动助力车等。

电动车与燃油车相比有两个较大的不同点，即电动车需要更长的时间来补充电能，且续航里程更短。基于以上两个技术瓶颈，电动车一般适用于短途或区域内的调度运营，如自动化码头使用的自动导引车、自动化仓库中采用的自动搬运车等。若物流与供应链企业采用电动车完成配送任务，则城市物流配送中涉及的车辆路径规划问题就会产生新的变体，即本节要介绍的带时间窗的电动车辆路径规划问题（Electric Vehicle Routing Problem with Time Windows，EVRPTW）。由于引入了电动车的充电时间和续航里程方面的考虑，EVRPTW 的建模和求解均发生了较大的变化。图12.12展示了一个 EVRPTW 示例，其中包含了 3 辆电动车、10 个客户点以及 1 个充电站。3 辆电动车的行驶路径以及其电量状态（State Of Charge，SOC）如下：

- 电动车 1：配送中心(100%) → 4(60%) → (45%)充电站(100%) → 3(90%) → 2(70%) → 1(45%) → 配送中心(25%)。
- 电动车 2：配送中心(100%) → 7(55%) → 6(20%) → (5%)充电站(100%) → 5(70%) → 配送中心(35%)。
- 电动车 3：配送中心(100%) → 10(75%) → 9(60%) → 8(40%) → 配送中心(10%)。

观察以上路径可知，相比于 VRPTW，EVRPTW 需要额外考虑电动车的充电决策（即何时去哪个充电站充电）以及电动车的剩余电量决策（即电动车到达每个客户点的 SOC）。

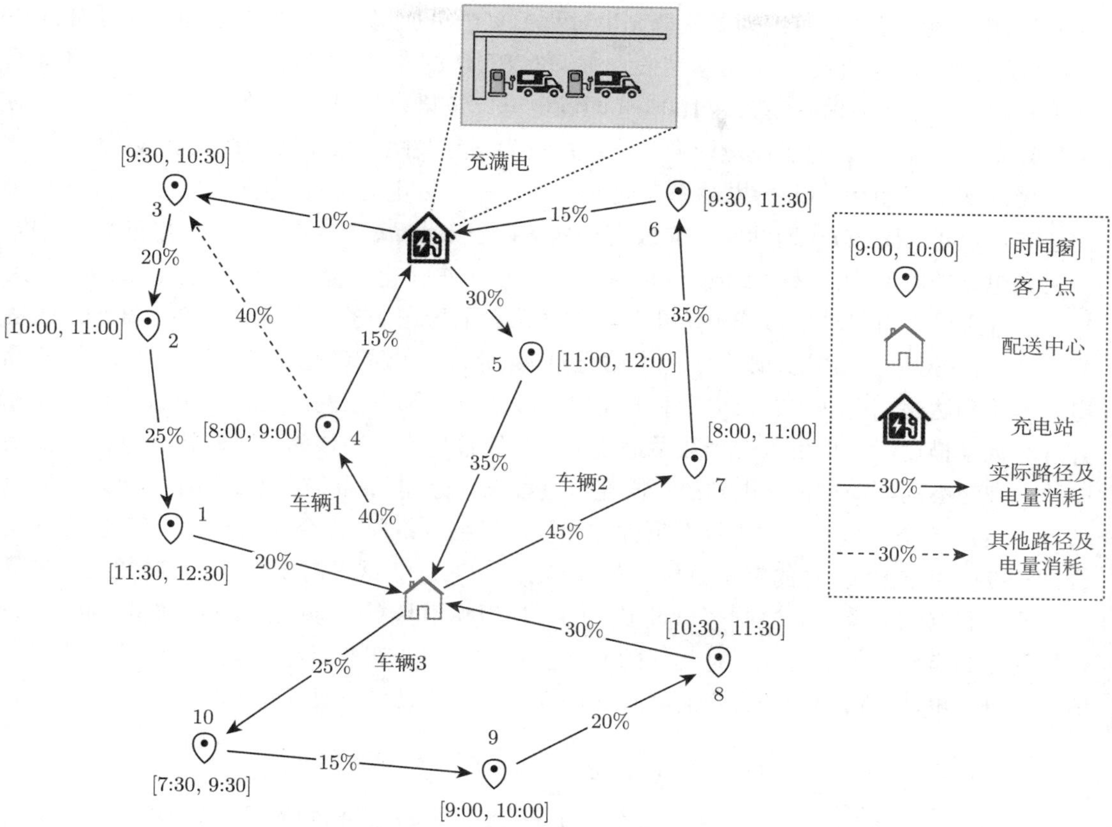

图 12.12　EVRPTW 示例

12.6.2　问题描述

EVRPTW 的问题描述如下：区域内存在一个车场或配送中心、一个或多个充电站以及若干个客户，每个客户都对应明确的服务需求和服务时间窗，且服务时间已知。车辆的行驶过程需要保证电能、时间、货物容量上的可行性。配送中心或车场需要派出车队并且为其设计合适的配送方案，使其以最小的总行驶成本完成所有客户的货物配送需求。

为了更清晰地阐明 EVRPTW 的建模思路和技巧，本节只考虑一个充电站的情形，多个充电站的建模方式与之类似。此外，本节考虑的时间窗为硬时间窗，下文不再重复强调这一点。

与经典的 VRPTW 相比，EVRPTW 在车辆的属性上考虑得更加复杂，这也使得问题的建模难度和求解难度有所增加。EVRPTW 的数学描述如下：给定有向图 $\mathcal{G}=(\mathcal{V},\mathcal{A})$，$\mathcal{V}=\mathcal{C}\cup\{o,d\}\cup\{r\}$，为图中的点集，包括了客户点集 $\mathcal{C}$、车场或配送中心点 o 及其复制点 d 以及一个充电站点 r；$\mathcal{A}=\{(i,j)|\ \forall i,j\in\mathcal{V}, i\neq j\}$，表示图中的弧集。

相同参数的设定沿用模型 VRPHTW 中的情形，其中，除了客户 i 的需求 q_i、服务时间 l_i、服务时间窗 $[a_i,b_i]$ 和弧 (i,j) 的行驶时间 T_{ij} 和行驶成本 c_{ij} 外，还需新增车辆的单位时间充电速率 g（相当于采用线性充电假设）。线性充电假设在文献中很常见，例如文献

[19]、[54]、[98]、[115] 等。为了使得充电过程的刻画更加精准，一些文献也采用了非线性（或分段线性）充电函数 [58,78]。本节假设车辆的 SOC 的取值范围为 [0%, 100%]，车辆从配送中心和充电站出发时 SOC 为 100%（即满电充电策略）[98,115]。此外，很多文献也考虑了部分充电策略 [29]。对于电量消耗，一般假设为与行驶距离成正比的线性函数 [54,98,115]。

接下来基于图12.13分析电动车充电的具体过程。以电动车 1 为例，该车首先在 8:30 到达客户点 1，且 SOC 为 20%，完成配送任务后于 8:45 离开客户点 1，去往充电站充电，到达充电站的时间为 9:20，此时 SOC 为 5%。该车在充电站充电 76 分钟后，SOC 达到 100%。而后，该车于 10:36 离开充电站，继续后续的配送服务。而电动车 2 于 13:15 到达充电站，且 SOC 为 45%。该车于充电站充电 44 分钟后，SOC 达到 100%。显然，这两辆电动车在到达该充电站的剩余电量和充电时间段等情况都不相同，但图 $\mathcal{G}$ 并没有对上述差异进行数学描述。这里引入一个数学描述上的建模技巧来解决该问题，即将充电站 r 复制多个，来对不同电动车在充电站的不同充电过程进行分别刻画。在图12.14中，可以将充电站点 r 复制多个（每一个的坐标等属性均相同，仅编号不同），令 $\mathcal{R}$ 表示所有复制点的集合。将图 $\mathcal{G}$ 中的点集 $\mathcal{V}$ 的定义更新为 $\mathcal{V}=\mathcal{C}\cup\{o,d\}\cup\mathcal{R}$。这里需要注意，复制的数量也是一个不可忽略的问题。若复制数量过多，则会使得模型具有较强的对称性（即访问不同充电站的复制点对应的解实际上是相同的），这与12.2.1节介绍的对称性类似。理论上最差的情况是每辆电动车访问一个客户后就必须进行充电，即最差需要复制 $|\mathcal{C}||\mathcal{K}|$ 个充电站点。

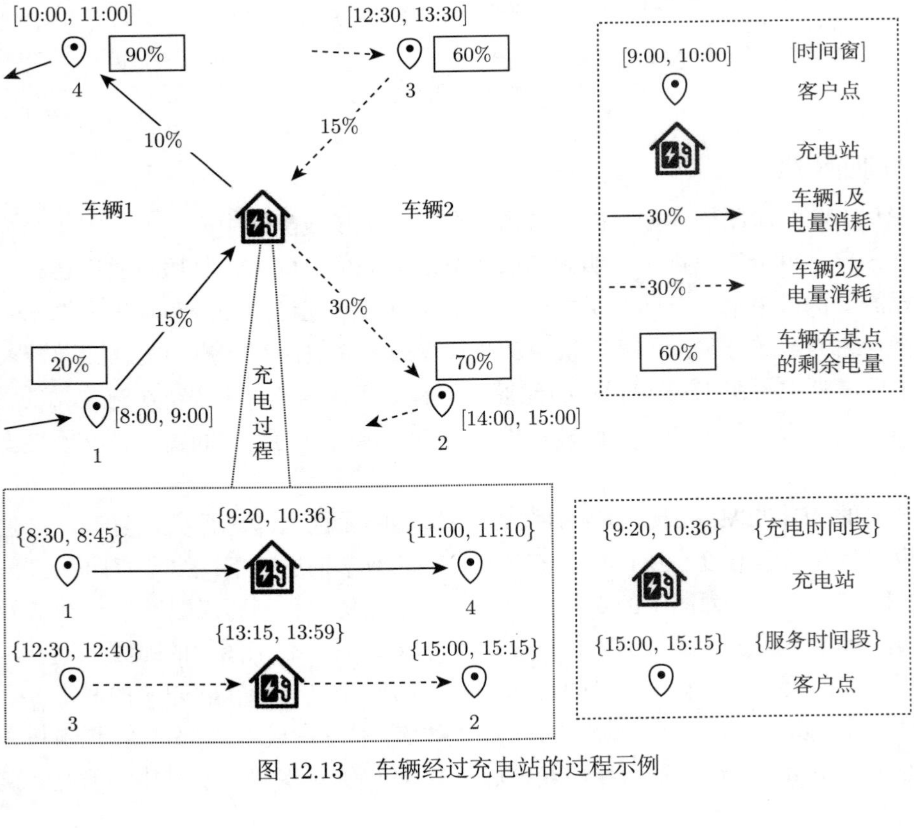

图 12.13　车辆经过充电站的过程示例

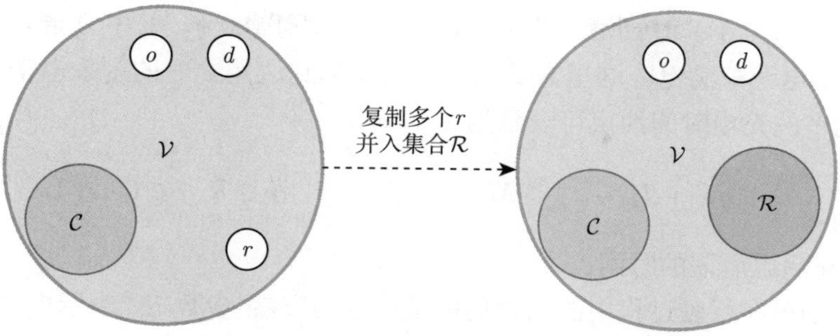

图 12.14　EVRPTW 中的点集变化示意图

12.6.3　问题建模

本节正式对 EVRPTW 进行数学建模。首先设计决策变量。可以沿用 VRPTW 的决策变量，即路径决策 x_{ij}、访问时间决策 t_i 和剩余容量决策 u_i。EVRPTW 的目标函数为最小化总行驶成本，即

$$\min \sum_{(i,j)\in\mathcal{A}} c_{ij}x_{ij}$$

接下来对约束进行刻画。每个客户都必须被一辆车访问一次，该约束可以表示为

$$\sum_{i\in\mathcal{V}} x_{ij} = 1, \qquad \forall j \in \mathcal{C}$$

车辆必须从配送中心出发，最后返回配送中心，该约束可以表示为

$$\sum_{j\in\mathcal{V}} x_{oj} - \sum_{i\in\mathcal{V}} x_{id} = 0$$

为了保证路径的连续性，需要引入车辆的流平衡约束，即

$$\sum_{i\in\mathcal{V}} x_{ij} - \sum_{i\in\mathcal{V}} x_{ji} = 0, \qquad \forall j \in \mathcal{C}\cup\mathcal{R}$$

车辆的容量约束为

$$u_i + q_i - u_j \leqslant M(1 - x_{ij}), \qquad \forall (i,j) \in \mathcal{A}$$

接下来刻画车辆的行驶时间约束。由于车辆的路径中可能存在充电过程，因此需要对不存在充电过程的弧和存在充电过程的弧分别进行讨论。首先对不存在充电过程的弧进行刻画，包括车场点与客户点之间的弧和以充电站复制点为起点的弧。具体时间约束如下：

$$t_i + l_i + T_{ij} - t_j \leqslant M(1 - x_{ij}), \qquad \forall i \in \mathcal{C}\cup\{o\}, j \in \mathcal{V}$$

当电动车访问以充电站点为起点的弧时，表明电动车进行了充电。为了对充电过程进行刻画，需要新增记录电动车到达客户点的 SOC 的决策变量。引入非负连续变量 y_i 表示

电动车到达点 i（$i \in \mathcal{V}$）时已消耗的电量，且 $0 \leqslant y_i \leqslant 100\%$，其中 0 表示电动车电量耗尽，100% 表示电动车满电。这里需要注意，电动车到达点 i 时的剩余电量为 $100\% - y_i$。基于此，电动车的充电时间约束可表示为

$$t_i + gy_i + T_{ij} - t_j \leqslant M(1 - x_{ij}), \qquad \forall i \in \mathcal{R}, j \in \mathcal{C} \cup \{d\}$$

式中，gy_i 为充满电所需的时间。

下面对电动车在行驶过程中的已消耗电量进行约束。用参数 E_{ij} 表示电动车在弧 $(i,j) \in \mathcal{A}$ 上的电量消耗。该约束包含两种情况。第一种情况为以车场点或者充电站点为起点的弧。若电动车驶过弧 $(i,j), i \in \{o\} \cup \mathcal{R}, j \in \mathcal{C} \cup \{d\}$，电动车到达点 j 的电量消耗为 E_{ij}，即 $y_j = y_i + E_{ij} = 0 + E_{ij} = E_{ij}$。该约束可表示为

$$E_{ij} - y_j \leqslant M(1 - x_{ij}), \qquad \forall i \in \{o\} \cup \mathcal{R}, j \in \mathcal{V}$$

第二种情况为以客户点为起点的弧。若电动车经过弧 $(i,j), i \in \mathcal{C}, j \in \mathcal{V}$，即 $x_{ij} = 1$，则电动车在点 i 和 j 处的电量消耗满足 $y_j = y_i + E_{ij}$。该约束可以表示为

$$y_i + E_{ij} - y_j \leqslant M(1 - x_{ij}), \qquad \forall i \in \mathcal{C}, j \in \mathcal{V}$$

EVRPTW 的完整数学模型如下：

$$\min \sum_{(i,j) \in \mathcal{A}} c_{ij} x_{ij} \tag{12.95}$$

$$\text{s.t.} \sum_{i \in \mathcal{V}} x_{ij} = 1, \qquad \forall j \in \mathcal{C} \tag{12.96}$$

$$\sum_{j \in \mathcal{V}} x_{oj} - \sum_{i \in \mathcal{V}} x_{id} = 0 \tag{12.97}$$

$$\sum_{i \in \mathcal{V}} x_{ij} - \sum_{i \in \mathcal{V}} x_{ji} = 0, \qquad \forall j \in \mathcal{C} \cup \mathcal{R} \tag{12.98}$$

$$u_i + q_i - u_j \leqslant M(1 - x_{ij}), \qquad \forall (i,j) \in \mathcal{A} \tag{12.99}$$

$$t_i + l_i + T_{ij} - t_j \leqslant M(1 - x_{ij}), \qquad \forall i \in \mathcal{C} \cup \{o\},\ j \in \mathcal{V} \tag{12.100}$$

$$t_i + gy_i + T_{ij} - t_j \leqslant M(1 - x_{ij}), \qquad \forall i \in \mathcal{R},\ j \in \mathcal{C} \cup \{d\} \tag{12.101}$$

$$E_{ij} - y_j \leqslant M(1 - x_{ij}), \qquad \forall i \in \{o\} \cup \mathcal{R},\ j \in \mathcal{V} \tag{12.102}$$

$$y_i + E_{ij} - y_j \leqslant M(1 - x_{ij}), \qquad \forall i \in \mathcal{C},\ j \in \mathcal{V} \tag{12.103}$$

$$a_i \leqslant t_i \leqslant b_i, \qquad \forall i \in \mathcal{V} \tag{12.104}$$

$$0 \leqslant u_i \leqslant Q, \qquad \forall i \in \mathcal{V} \tag{12.105}$$

$$0 \leqslant y_i \leqslant 100\%, \qquad \forall i \in \mathcal{V} \tag{12.106}$$

$$x_{ij} \in \{0,1\}, \qquad \forall (i,j) \in \mathcal{A} \tag{12.107}$$

12.6.4 小结

EVRPTW 是近些年 VRP 中的一个重要的变体，由于其独特的问题背景和特征，很多研究者都对其从问题场景、模型构建和算法设计等方面进行了诸多探索和挖掘。相比 VRPTW，EVRPTW 需要考虑充电站和电动车的电量变化等因素，这增加了问题的建模难度。本节介绍的建模方法通过复制多个充电站位置解决了刻画充电决策的挑战。这种建模思想非常有借鉴意义，大家在实际问题中可以灵活运用这种思想。除了在建模方面，EVRPTW 在编程实现方面的难度也有所增加。由于该模型涉及的集合关系较为复杂，在构建底层网络图时需要小心留意，否则容易出现模型不可行等错误。

此外，在电量决策变量设置方面，也可以采用其他方法灵活设置决策变量。本节采用了记录电动车的电量消耗的方法。大家也可以尝试通过刻画电动车的剩余电量，从而完成充电过程的建模，具体方法可参考文献 [98]。

至此，本章涉及的 VRP 及其重要变体问题的建模方法的理论介绍部分已全部完结。实际上 VRP 还有很多其他变体，本章不再做详细介绍，感兴趣的可以参考文献 [104]。

12.7 编程实战

本节介绍如何使用 Python 调用 COPT 和 Gurobi 建模并求解上文介绍的所有 VRP 模型。本节采用文献 [100] 提供的标杆算例集进行数值实验。该算例数据集下载地址见本书配套电子资源。此外，为了帮助大家直观地理解解的结构，本节对配送方案进行了可视化。

12.7.1 算例数据读取

本章介绍的多个 VRP 模型的算例数据有诸多重合之处，例如客户的位置、需求和服务时间、底层网络图的距离矩阵等数据。在编程实战中，这些数据的读取和处理过程几乎完全相同。这里给出读取数据的规范代码，后文不再重复介绍该部分的编程实现。

读取数据部分

```
"""
booktitle: 《数学建模与数学规划：方法、案例及编程实战 Python+COPT/Gurobi 实现》
name: 车辆路径问题及其若干变体问题的代码实现
author: 张一白
date: 2022-11-11
institute: 香港科技大学（广州）
"""

# 读取算例，只取了前 15 个客户点
f = open('r101.txt', 'r')
sth = f.readlines()

# 存取数据，并打印数据
```

```
14 data = []
15 for i in sth:
16     item = i.strip("\n").split()
17     data.append(item)
18 N = len(data)
19 for i in range(N):
20     for j in range(len(data[i])):
21         print(data[i][j], end="\t\t")
22         data[i][j] = int(data[i][j])
23     print()
24
25 # 计算距离矩阵，保留两位小数，并打印矩阵
26 Distance = [[round(math.sqrt(sum((data[i][k] - data[j][k]) ** 2 for k in range(1, 3))), 2) for i in range(N)]
27             for j in range(N)]
28 for i in range(len(Distance)):
29     for j in range(len(Distance[i])):
30         if i != j:
31             print(Distance[i][j], end="\t\t")
32     print()
33
34 # 读取算例中的需求列
35 Demand = [data[i][3] for i in range(N)]
```

在上述代码中，第 9~11 行为读取算例的部分，代码中强调了读取的算例名称和客户数量。注意，若读取客户点的数量为 15，则仅保留前 15 个客户，而删去其余的数据。之后就需要将已读取的算例数据转化成适合建模的矩阵数据。注意，代码中的距离矩阵为欧几里得距离。为方便计算，距离矩阵中的元素均保留两位小数，这也可以在一定程度上避免数值问题。在后续的编程实战中，有的模型可能需要补充一些数据处理的部分。

12.7.2 Python 调用 COPT 实现

本节展示建模理论部分的编程实战代码，代码主要包含以下几部分：读取数据、参数转化、调用 COPT 建模、求解和输出最优解。由于本节介绍的代码是严格按照约束逐组建模的，因此使用了较多的循环语句和判断语句。当多次调用求解器求解时，可以将相同的循环语句等进行合并，以减少多次调用过程中的建模时间。

1. CVRP 系列的编程实现

接下来介绍 Python 调用 COPT 求解 CVRP 模型的实现代码。

（1）CVRP1-1 的实现代码。

CVRP1-1 模型的约束式（12.6）有指数数量级个约束。枚举出所有约束是非常耗时的，有时候比求解问题本身更耗时。为了提高建模效率，本节使用 COPT 提供的 Callback 功能来完成该约束的建模。具体来讲，忽略约束式（12.6），将其他约束添加到模型中，并进行求解。若得到一个整数可行解，则检查该解是否存在子环路，若存在，则将相应的子环路消除约束并添加回模型，继续求解进程，直到得到不存在子环路的最优整数解为止。Callback 建模的代码如下。

CVRP1-1 的 Callback 部分

```python
# 该函数的目的是找到当前整数解中存在的一个子环路
def getRoute(x_values):
    x = copy.deepcopy(x_values)
    routes_by_car = {}       # 路径字典: key 为车辆 ID, value 为路径
    for k in range(K):
        routes = []          # 路径 list
        is_subtour = False   # Boolean Value: 是否为子回路
        for i in range(1, N):
            route = []
            for j in range(1, N):
                if i != j and x[i][j][k] > 0.01:
                    route.append(i)
                    route.append(j)
                    current_node = j
                    while not is_subtour:
                        for next_node in range(1, N + 1):
                            if current_node != next_node and x[current_node][next_node][k] > 0.01:
                                route.append(next_node)
                                # 如果下一个节点等于路径中的第一个节点则形成回路
                                if route[0] == next_node:
                                    is_subtour = True
                                    routes.append(route)
                                    break
                                # 若遍历完所有节点，则终止循环
                                if next_node == N:
                                    is_subtour = True
                                    break
                                current_node = next_node
        routes_by_car[k] = routes

    return routes_by_car

# 实例化一个作为参数传入模型的 callback 类
class COPTCallback(CallbackBase): # x 为 tupledict 类
    def __init__(self, x):
        super().__init__()
        self.x = x
        self.ctr = 0

    def callback(self): # 该函数是通过 Callback 方法，将每次求解发现的子回路约束添加回模型再次求解
        if self.where() == COPT.CBCONTEXT_MIPSOL:
            x_values = np.zeros([N + 1, N + 1, K])
            sol = self.getSolution(self.x)
            for (a, b, c) in sol:
                x_values[a][b][c] = sol[a, b, c]
            tour = getRoute(x_values)
            # 只打印非空子回路
            if sum(len(t) for t in tour.values()) > 0:
                print(f'Callback addLazyConstr No.{self.ctr} tour = {tour}')
            # 将当前子回路约束添加回模型
```

```
        for k in range(K):
            for r in range(len(tour[k])):
                tour[k][r].remove(tour[k][r][0])
                expr = LinExpr()
                for i in range(len(tour[k][r])):
                    for j in range(len(tour[k][r])):
                        if tour[k][r][i] != tour[k][r][j]:
                            expr.addTerms(x[tour[k][r][i], tour[k][r][j], k], 1.0)
                self.addLazyConstr(expr <= len(tour[k][r]) - 1)
                self.ctr += 1
```

下面为调用函数对模型 CVRP1-1 进行建模并求解的代码。

CVRP1-1 的建模和求解

```
from coptpy import *

# 读取算例，只取了前 15 个客户点
f = open('r101.txt', 'r')

# 设置车辆数 K
K = 3

# 开始在 COPT 中建模
def CVRP1_1(N, K, Demand, Distance):...
    # 函数内容及完整代码详见本书配套电子资源 12-1

# 调用函数对模型 CVRP1-1 进行建模和求解
CVRP1_1(N, K, Demand, Distance)
```

（2）CVRP1-2 的实现代码。

下面为模型 CVRP1-2 的具体实现代码。

CVRP1-2 的建模和求解

```
from coptpy import *

# 读取算例，只取了前 15 个客户点
f = open('r101.txt', 'r')

# 设置车辆数 K
K = 3

# 开始在 COPT 中建模
def CVRP1_2(N, K, Demand, Distance):...
    # 函数内容及完整代码详见本书配套电子资源 12-2

# 调用函数对模型 CVRP1-2 进行建模和求解
CVRP1_2(N, K, Demand, Distance)
```

（3）CVRP2 的实现代码。

CVRP2 使用了双下标的建模方法，其实现代码如下。

CVRP2 的建模和求解

```
from coptpy import *

# 读取算例，只取了前 15 个客户点
f = open('r101.txt', 'r')

# 开始在 COPT 中建模
def CVRP2(N, Demand, Distance):...
    # 函数内容及完整代码详见本书配套电子资源 12-3

# 调用函数对模型 CVRP2 进行建模和求解
CVRP2(N, Demand, Distance)
```

2. MDVRP 系列的编程实现

上文介绍了 MDVRP 的两个模型，即 MDVRP1 和 MDVRP2。这两个模型的区别在于是否允许车辆返回其他车场。下面是这两个模型的实现代码。

（1）MDVRP1 的实现代码。

MDVRP1 的建模和求解

```
from coptpy import *

# 读取算例，只取了前 14 个客户点
f = open('r101.txt', 'r')

# 设计车场的最大发车数量，限制第二个车场只能发一辆车
Fleet_size = [3, 1]

# 设置前两个点为车场
K = 2

# 开始在 COPT 中建模
def MDVRP_1(N, K, Demand, Distance, Fleet_size):...
    # 函数内容及完整代码详见本书配套电子资源 12-4

# 调用函数对模型 MDVRP1 进行建模和求解
MDVRP_1(N, K, Demand, Distance, Fleet_size)
```

（2）MDVRP2 的实现代码。

MDVRP2 的建模和求解

```
from coptpy import *

# 读取算例，只取了前 14 个客户点
f = open('r101.txt', 'r')

# 设计车场的最大发车数量，限制第二个车场只能发一辆车
Fleet_size = [3, 1]
# 设置前两个点为车场
```

```
D = 2
# 设置车辆集合
K = 3

# 开始在 COPT 中建模
def MDVRP_2(N, K, Demand, Distance, Fleet_size):...
    # 函数内容及完整代码详见本书配套电子资源 12-5

# 调用函数对模型 MDVRP2 进行建模和求解
MDVRP_2(N, K, Demand, Distance, Fleet_size)
```

3. VRPTW 系列的编程实现

VRPTW 系列共有 4 个模型，即 VRPHTW、VRPSTW1、VRPSTW2 和 VRPSTW3。它们的建模过程比较相近，VRPTW 新增的读取数据部分的代码如下。

VRPTW 新增的读取数据部分

```
# 读取算例，只取了前 20 个客户点
f = open('r101.txt', 'r')

# 读取算例中的服务时间列
ST = [data[i][6] for i in range(N)]

# 读取算例中的时间窗，A 为下界，B 为上界
A = [data[i][4] for i in range(N)]
B = [data[i][5] for i in range(N)]
```

（1）VRPHTW 的实现代码。

下面是 VRPHTW 的实现代码。

VRPHTW 的建模和求解

```
from coptpy import *

# 开始在 COPT 中建模
def VRPHTW(N, A, B, Demand, Distance, ST):...
    # 函数内容及完整代码详见本书配套电子资源 12-6

# 调用函数对模型 VRPHTW 进行建模和求解
VRPHTW(N, A, B, Demand, Distance, ST)
```

（2）VRPSTW1 的实现代码。

模型 VRPSTW1 仅考虑了延迟的惩罚成本，且不允许提前开始服务。VRPSTW1 的实现代码如下。

VRPSTW1 的建模和求解

```
from coptpy import *

# 设置最大可延迟时间和惩罚成本
MAX_B = 10
```

```
Cost_B = 0.5

# 开始在 COPT 中建模
def VRPSTW_1(N, A, B, Demand, Distance, ST, MAX_B, Cost_B):...
    # 函数内容及完整代码详见本书配套电子资源 12-7

# 调用函数对模型 VRPSTW1 进行建模和求解
VRPSTW_1(N, A, B, Demand, Distance, ST, MAX_B, Cost_B)
```

（3）VRPSTW2 的实现代码。

模型 VRPSTW2 既考虑了延迟的惩罚成本，又考虑了提前开始服务的损失成本，并且允许车辆在客户点等待以尽可能地避免提前服务，其实现代码如下。

VRPSTW2 的建模和求解

```
from coptpy import *

# 设置最大可延迟时间和惩罚成本
MAX_B = 10
Cost_B = 0.5

# 设置最大可提前开始服务的时间和损失成本
MAX_A = 15
Cost_A = 0.3

# 开始在 COPT 中建模
def VRPSTW_2(N, A, B, Demand, Distance, ST, MAX_B, Cost_B, MAX_A, Cost_A):...
    # 函数内容及完整代码详见本书配套电子资源 12-8

# 调用函数对模型 VRPSTW2 进行建模和求解
VRPSTW_2(N, A, B, Demand, Distance, ST, MAX_B, Cost_B, MAX_A, Cost_A)
```

（4）VRPSTW3 的实现代码。

模型 VRPSTW3 不仅考虑了延迟的惩罚成本和提前开始服务的损失成本，还禁止车辆在客户点等待，其实现代码如下。

VRPSTW3 的建模和求解

```
from coptpy import *

# 设置最大可延迟时间和惩罚成本
MAX_B = 10
Cost_B = 0.5

# 设置最大可提前开始服务的时间和损失成本
MAX_A = 15
Cost_A = 0.3

# 开始在 COPT 中建模
def VRPSTW_3(N, A, B, Demand, Distance, ST, MAX_B, Cost_B, MAX_A, Cost_A):...
```

```
    # 函数内容及完整代码详见本书配套电子资源 12-9

# 调用函数对模型 VRPSTW3 进行建模和求解
VRPSTW_3(N, A, B, Demand, Distance, ST, MAX_B, Cost_B, MAX_A, Cost_A)
```

4. MTVRPTW 系列的编程实现

本节介绍两个 MTVRPTW 模型的编程实战。这两个模型各有优劣，但结果是一致的。本节对算例进行了微小调整，具体来讲，仅挑选算例中的客户 1 ~ 7 和 13 ~ 15，设置车辆容量为 75，并设置每个客户的需求均为 35。其他相同参数的读取部分与 VRPTW 一致，这里不再赘述。下面是两个 MTVRPTW 模型的实现代码。

（1）MTVRPTW1 的实现代码。

模型 MTVRPTW1 通过描述行程的紧前和紧后顺序从而完成建模，下面是其实现代码。

MTVRPTW1 的建模和求解

```
from coptpy import *

# 读取算例，只挑选了 10 个客户点
f = open('r101_35.txt', 'r')

# 设置行程数，最差应为 N-1 个，但会增加模型的对称性，这里设置的行程数小一些
R = 7

# 同理设置车辆数，车辆数应比行程数略小，这两个参数大了都会使得模型臃肿
K = 7

# 设置重新装货时间和车辆使用成本
Tau = 1
F = 300

# 开始在 COPT 中建模
def MTVRPTW_1(N, A, B, Demand, Distance, ST, R, K, Tau, F):...
    # 函数内容及完整代码详见本书配套电子资源 12-10

# 调用函数对模型 MTVRPTW1 进行建模和求解
MTVRPTW_1(N, A, B, Demand, Distance, ST, R, K, Tau, F)
```

（2）MTVRPTW2 的实现代码。

模型 MTVRPTW2 通过考虑行程的时间先后顺序从而完成建模，下面是其实现代码。

MTVRPTW2 的建模和求解

```
from coptpy import *

# 读取算例，只挑选了 10 个客户点
f = open('r101_35.txt', 'r')

# 设置行程数，这里设置的行程数小一些
```

```python
R = 7

# 同理设置车辆数，车辆数应比行程数略小，这两个参数大了都会使得模型臃肿
K = 7

# 设置重新装货时间和车辆使用成本
Tau = 1
F = 300

# 开始在 COPT 中建模
def MTVRPTW_2(N, A, B, Demand, Distance, ST, R, K, Tau, F):...
    # 函数内容及完整代码详见本书配套电子资源 12-11

# 调用函数对模型 MTVRPTW2 进行建模和求解
MTVRPTW_2(N, A, B, Demand, Distance, ST, R, K, Tau, F)
```

5. EVRPTW 的编程实现

本节介绍 EVRPTW 的编程实战。该问题的测试算例来自文献 [75] 和 [78]，其中充电站选用 S11，相同参数的读取与 VRPTW 一致，这里不再赘述。下面是 EVRPTW 的实现代码。

EVRPTW 的建模和求解

```python
from coptpy import *

# 读取 EVRPTW 的算例，有 15 个客户点
f = open('r102C15.txt', 'r')

# 令第 16 个点为充电站点
C = 15

# 设置充电速率，假定充满要 20 分钟
g = 0.2

# 开始在 COPT 中建模
def EVRPTW(N, A, B, Demand, Distance, ST, C, g):...
    # 函数内容及完整代码详见本书配套电子资源 12-12

# 调用函数对模型 EVRPTW 进行建模和求解
EVRPTW(N, A, B, Demand, Distance, ST, C, g)
```

12.7.3 Python 调用 Gurobi 实现

本节展示建模理论部分的编程实战代码，代码主要包含如下几部分：读取数据、参数转化、调用 Gurobi 建模、求解和输出最优解。由于本节介绍的代码是严格按照约束逐组建模的，因此使用了较多的循环和判断语句。当多次调用求解器求解时，可以将相同的循环语句等进行合并，以减少多次调用过程中的建模时间。

1. CVRP 系列的编程实现

本节介绍 Python 调用 Gurobi 求解 CVRP 模型的实现代码。

（1）CVRP1-1 的实现代码。

CVRP1-1 模型的约束式（12.6）有指数数量级个约束。枚举出所有约束是非常耗时的，有时候比求解问题本身更耗时。为了提高建模效率，本节使用 Gurobi 提供的 Callback 功能来完成该约束的建模。具体来讲，忽略约束式（12.6），将其他约束添加到模型中，并进行求解。若得到一个整数可行解，则检查该解是否存在子环路，若存在，则将相应的子环路消除约束并添加回模型，继续求解进程，直到得到不存在子环路的最优整数解为止。Callback 建模的代码如下。

CVRP1-1 的 Callback 部分

```python
# 该函数的目的是找到当前整数解中存在的一个子环路
def getRoute(x_value):
    x = copy.deepcopy(x_value)
    routelist = {}
    for k in range(K):
        Route = []
        A = True
        for i in range(1, N): # 遍历所有路径的起点
            R = []
            for j in range(1, N):
                if i != j and x[i][j][k] >= 0.01:
                    R.append(i)
                    R.append(j)
                    Cur = j
                    Count = 1
                    while (A !=False): # 以某个起点开始遍历该路径是否为子回路
                        for l in range(1, N + 1):
                            if Cur != l and x[Cur][l][k] >= 0.01:
                                R.append(l)
                                if R[0] == l:
                                    A = False
                                    Route.append(R)
                                    break
                                if l==N:
                                    A = False
                                    break
                                Cur = l
                        Count +=1
        routelist[k] = Route
    return routelist

def subtourlim(model, where): # 这个函数就是 Callback 方法，每次调用都会将当前解中的子回路找到，并将子回路约束添加回模型再次求解
    if (where == GRB.Callback.MIPSOL):
        x_value = np.zeros([N + 1, N + 1, K])
        for m in model.getVars(): # 获取当前 x_ijk
```

```python
            if (m.varName.startswith('x')):
                a = (int)(m.varName.split('_')[1])
                b = (int)(m.varName.split('_')[2])
                c = (int)(m.varName.split('_')[3])
                x_value[a][b][c] = model.cbGetSolution(m)
        tour = getRoute(x_value)
        print('tour = ', tour)
        for k in range(K): # 将当前子回路约束添加回模型
            for r in range(len(tour[k])):
                tour[k][r].remove(tour[k][r][0])
                expr = LinExpr()
                for i in range(len(tour[k][r])):
                    for j in range(len(tour[k][r])):
                        if tour[k][r][i] != tour[k][r][j]:
                            expr.addTerms(1.0, x[tour[k][r][i], tour[k][r][j], k])
                model.cbLazy(expr <= len(tour[k][r]) - 1)
```

下面为调用函数对模型 CVRP1-1 进行建模并求解的代码。

CVRP1-1 的建模和求解

```python
from gurobipy import *

# 读取算例，只取了前 15 个客户点
f = open('r101.txt', 'r')

# 设置车辆数 K
K = 3

# 开始在 Gurobi 中建模
def CVRP1_1(N, K, Distance, Demand):...
    # 函数内容及完整代码详见本书配套电子资源 12-13

# 调用函数对模型 CVRP1-1 进行建模和求解
CVRP1_1(N, K, Distance, Demand)
```

（2）CVRP1-2 的实现代码。

下面为模型 CVRP1-2 的具体实现代码。

CVRP1-2 的建模和求解

```python
from gurobipy import *

# 读取算例，只取了前 15 个客户点
f = open('r101.txt', 'r')

# 设置车辆数 K
K = 3

# 开始在 Gurobi 中建模
```

```
def CVRP1_2(N, K, Distance, Demand):...
    # 函数内容及完整代码详见本书配套电子资源 12-14

# 调用函数对模型 CVRP1-2 进行建模和求解
CVRP1_2(N, K, Distance, Demand)
```

（3）CVRP2 的实现代码。

CVRP2 使用了双下标的建模方法，其实现代码如下。

CVRP2 的建模和求解

```
from gurobipy import *

# 读取算例，只取了前 15 个客户点
f = open('r101.txt', 'r')

# 开始在 Gurobi 中建模
def CVRP2(N, Demand, Distance):...
    # 函数内容及完整代码详见本书配套电子资源 12-15

# 调用函数对模型 CVRP2 进行建模和求解
CVRP2(N, Demand, Distance)
```

2. MDVRP 系列的编程实现

上文介绍了 MDVRP 的两个模型，即 MDVRP1 和 MDVRP2。这两个模型的区别在于是否允许车辆返回其他车场。下面是这两个模型的实现代码。

（1）MDVRP1 的实现代码。

MDVRP1 的建模和求解

```
from gurobipy import *

# 读取算例，只取了前 14 个客户点
f = open('r101.txt', 'r')

# 设计车场的最大发车数量，限制第二个车场只能发一辆车
Fleet_size = [3, 1]

# 设置前两个点为车场
K = 2

# 开始在 Gurobi 中建模
def MDVRP_1(N, Demand, Distance, Fleet_size, K):...
    # 函数内容及完整代码详见本书配套电子资源 12-16

# 调用函数对模型 MDVRP1 进行建模和求解
MDVRP_1(N, Demand, Distance, Fleet_size, K)
```

（2）MDVRP2 的实现代码。

MDVRP2 的建模和求解

```
from gurobipy import *

# 读取算例，只取了前 14 个客户点
f = open('r101.txt', 'r')

# 设计车场的最大发车数量，限制第二个车场只能发一辆车
Fleet_size = [3, 1]

# 设置前两个点为车场
D = 2
# 设置车辆集合
K = 3

# 开始在 Gurobi 中建模
def MDVRP_2(N, Demand, Distance, Fleet_size, D, K):...
    # 函数内容及完整代码详见本书配套电子资源 12-17

# 调用函数对模型 MDVRP2 进行建模和求解
MDVRP_2(N, Demand, Distance, Fleet_size, D, K)
```

3. VRPTW 系列的编程实现

VRPTW 系列共有 4 个模型，即 VRPHTW、VRPSTW1、VRPSTW2 和 VRPSTW3。它们的建模过程比较相近，VRPTW 新增的读取数据部分的代码如下。

VRPTW 新增的读取数据部分

```
# 读取算例，只取了前 20 个客户点
f = open('r101.txt', 'r')

# 读取算例中的服务时间列
ST = [data[i][6] for i in range(N)]

# 读取算例中的时间窗，A 为下界，B 为上界
A = [data[i][4] for i in range(N)]
B = [data[i][5] for i in range(N)]
```

（1）VRPHTW 的实现代码。

下面是 VRPHTW 的实现代码。

VRPHTW 的建模和求解

```
from gurobipy import *

# 开始在 Gurobi 中建模
def VRPHTW(N, A, B, Demand, Distance, ST):
    # 函数内容及完整代码详见本书配套电子资源 12-18

# 调用函数对模型 VRPHTW 进行建模和求解
VRPHTW(N, A, B, Demand, Distance, ST)
```

（2）VRPSTW1 的实现代码。

模型 VRPSTW1 仅考虑了延迟的惩罚成本，且不允许提前开始服务。VRPSTW1 的实现代码如下。

VRPSTW1 的建模和求解

```python
from gurobipy import *

# 设置最大可延迟时间和惩罚成本
MAX_B = 10
Cost_B = 0.5

# 开始在 Gurobi 中建模
def VRPSTW_1(N, A, B, Demand, Distance, ST, MAX_B, Cost_B):...
    # 函数内容及完整代码详见本书配套电子资源 12-19

# 调用函数对模型 VRPSTW1 进行建模和求解
VRPSTW_1(N, A, B, Demand, Distance, ST, MAX_B, Cost_B)
```

（3）VRPSTW2 的实现代码。

VRPSTW2 模型既考虑了延迟的惩罚成本，又考虑了提前开始服务的损失成本，并且允许车辆在客户点等待以尽可能地避免提前开始服务，其实现代码如下。

VRPSTW2 的建模和求解

```python
from gurobipy import *

# 设置最大可延迟时间和惩罚成本
MAX_B = 10
Cost_B = 0.5

# 设置最大可提前开始服务的时间和损失成本
MAX_A = 15
Cost_A = 0.3

# 开始在 Gurobi 中建模
def VRPSTW_2(N, A, B, Demand, Distance, ST, MAX_B, Cost_B, MAX_A, Cost_A):...
    # 函数内容及完整代码详见本书配套电子资源 12-20

# 调用函数对模型 VRPSTW2 进行建模和求解
VRPSTW_2(N, A, B, Demand, Distance, ST, MAX_B, Cost_B, MAX_A, Cost_A)
```

（4）VRPSTW3 的实现代码。

模型 VRPSTW3 不仅考虑了延迟的惩罚成本和提前开始服务的损失成本，还禁止车辆在客户点等待，其实现代码如下。

VRPSTW3 的建模和求解

```python
from gurobipy import *

# 设置最大可延迟时间和惩罚成本
```

```python
MAX_B = 10
Cost_B = 0.5

# 设置最大可提前开始服务的时间和损失成本
MAX_A = 15
Cost_A = 0.3

# 开始在 Gurobi 中建模
def VRPSTW_3(N, A, B, Demand, Distance, ST, MAX_B, Cost_B, MAX_A, Cost_A):...
    # 函数内容及完整代码详见本书配套电子资源 12-21

# 调用函数对模型 VRPSTW3 进行建模和求解
VRPSTW_3(N, A, B, Demand, Distance, ST, MAX_B, Cost_B, MAX_A, Cost_A)
```

4. MTVRPTW 系列的编程实现

本节介绍两个 MTVRPTW 模型的编程实战。这两个模型各有优劣，但结果是一致的。本节对算例进行了微小调整，具体来讲，仅挑选算例中的客户 $1 \sim 7$ 和 $13 \sim 15$，设置车辆容量为 75，并设置每个客户的需求均为 35。其他相同参数的读取部分与 VRPTW 一致，这里不再赘述。下面是两个 MTVRPTW 模型的实现代码。

（1）MTVRPTW1 的实现代码。

模型 MTVRPTW1 通过描述行程的紧前和紧后顺序从而完成建模，下面是其实现代码。

MTVRPTW1 的建模和求解

```python
from gurobipy import *

# 读取算例，只挑选了 10 个客户点
f = open('r101_35.txt', 'r')

# 设置行程数，最差应为 N-1 个，但会增加模型的对称性，这里设置的行程数小一些
R = 7

# 同理设置车辆数，车辆数应比行程数略小，这两个参数大了都会使得模型臃肿
K = 7

# 设置重新装货时间和车辆使用成本
Tau = 1
F = 300

# 开始在 Gurobi 中建模
def MTVRPTW_1(N, A, B, Demand, Distance, ST, R, K, Tau, F):...
    # 函数内容及完整代码详见本书配套电子资源 12-22

# 调用函数对模型 MTVRPTW1 进行建模和求解
MTVRPTW_1(N, A, B, Demand, Distance, ST, R, K, Tau, F)
```

（2）MTVRPTW2 的实现代码。

模型 MTVRPTW2 通过考虑行程的时间先后顺序从而完成建模，下面是其实现代码。

MTVRPTW2 的建模和求解

```
from gurobipy import *

# 读取算例，只挑选了 10 个客户点
f = open('r101_35.txt', 'r')

# 设置行程数，最差应为 N-1 个，但会增加模型的对称性，这里设置的行程数小一些
R = 7

# 同理设置车辆数，车辆数应比行程数略小，这两个参数大了都会使得模型臃肿
K = 7

# 设置重新装货时间和车辆使用成本
Tau = 1
F = 300

# 开始在 Gurobi 中建模
def MTVRPTW_2(N, A, B, Demand, Distance, ST, R, K, Tau, F):...
    # 函数内容及完整代码详见本书配套电子资源 12-23

# 调用函数对模型 MTVRPTW2 进行建模和求解
MTVRPTW_2(N, A, B, Demand, Distance, ST, R, K, Tau, F)
```

5. EVRPTW 的编程实现

本节介绍 EVRPTW 的编程实战。该问题的测试算例来自文献 [75] 和 [78]，其中充电站选用 S11，相同参数的读取与 VRPTW 一致，这里不再赘述。下面是 EVRPTW 的实现代码。

EVRPTW 的建模和求解

```
from gurobipy import *

# 读取 EVRPTW 的算例，有 15 个客户点
f = open('r102C15.txt', 'r')

# 令第 16 个点为充电站点
C = 15

# 设置充电速率，假定充满要 20 分钟
g = 0.2

# 开始在 Gurobi 中建模
def EVRPTW(N, A, B, Demand, Distance, ST, C, g):...
    # 函数内容及完整代码详见本书配套电子资源 12-24

# 调用函数对模型 EVRPTW 进行建模和求解
EVRPTW(N, A, B, Demand, Distance, ST, C, g)
```

12.8 数值实验和结果分析

本节对各个模型的数值实验结果进行分析，并对部分结果进行可视化展示。数值实验中采用的算例均已在前文有所介绍。

12.8.1 CVRP

本节使用文献 [100] 提供的标杆算例集中的 R101 作为测试算例。为方便展示结果，仅选择前 15 个客户点（算例 R101-15），并设置车辆容量为 100。求解结果如图12.15所示。该算例的最优目标值为 276.75。最优解包含 3 条路径，其中第 1 条路径为车场 $\to 6 \to 5 \to 14 \to 15 \to 2 \to 4 \to$ 车场；第 2 条路径为车场 $\to 8 \to 7 \to 11 \to 10 \to 1 \to 9 \to 3 \to 12 \to$ 车场；第 3 条路径为车场 $\to 13 \to$ 车场。注意，各个模型只是建模方法有所不同，但最优解是一致的。

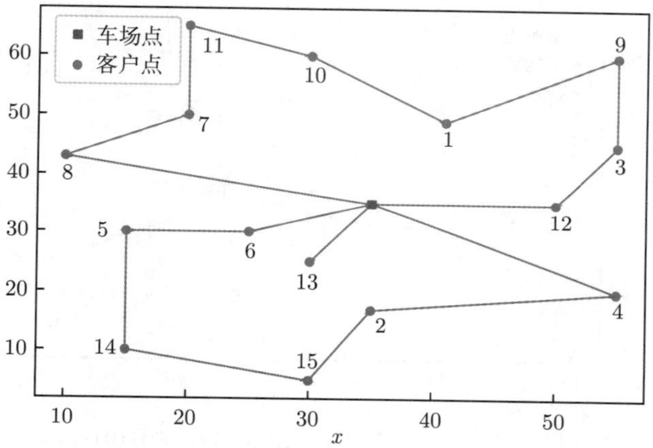

图 12.15　CVRP 的最优解（算例 R101-15）

12.8.2 MDVRP

本节展示两个 MDVRP 模型的求解结果。由于 MDVRP1 允许车辆发车车场和返回车场不相同，而 MDVRP2 不允许，因此两个模型的结果不同。选用文献 [100] 提供的标杆算例集中的 R101 作为测试算例。为方便展示，仅保留前 14 个客户点（算例 R101-14）。设置车场数量为 2，其中车场 1 的车队规模为 3，且位置为算例数据中车场的坐标，车场 2 的车队规模为 1，且位置为第一个客户点的坐标。此外，设置车辆容量为 80。图12.16和图12.17分别展示了两个模型的最优解。

MDVRP1 的最优目标值为 245.43。在最优解中，第 1 条路径为车场 $0 \to 13 \to 14 \to 2 \to$ 车场 0；第 2 条路径为车场 $1 \to 9 \to 3 \to 12 \to 4 \to$ 车场 0；第 3 条路径为车场 $0 \to 6 \to 5 \to 8 \to 7 \to 11 \to 10 \to$ 车场 1。

MDVRP2 的最优目标值为 258.42。在最优解中，第 1 条路径为车场 $0 \to 6 \to 5 \to 8 \to 7 \to 11 \to 10 \to$ 车场 0；第 2 条路径为车场 $1 \to 12 \to 3 \to 9 \to$ 车场 1；第 3 条路径为车场 $0 \to 4 \to 2 \to 14 \to 13 \to$ 车场 0。

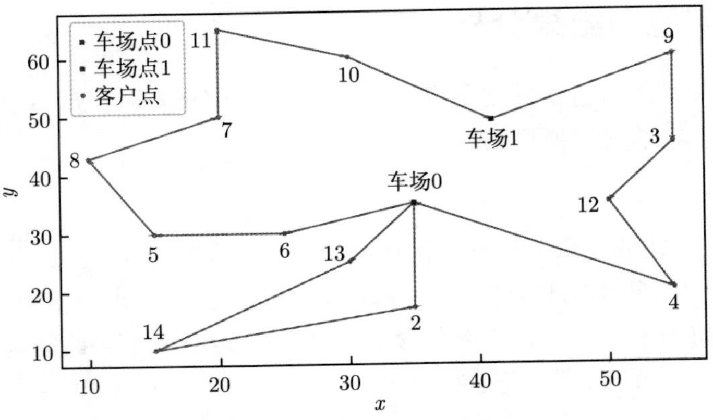

图 12.16　MDVRP1 的最优解（算例 R101-14）

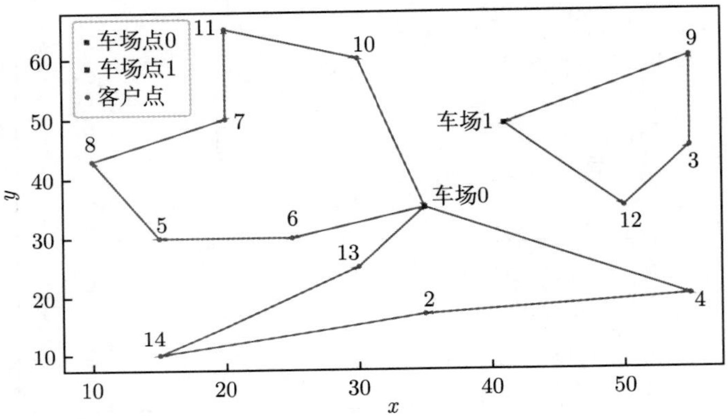

图 12.17　MDVRP2 的最优解（算例 R101-14）

12.8.3　VRPTW

本节对 VRPTW 系列的 4 种模型进行数值实验，继续选取 R101 作为测试算例。为方便展示，仅保留前 20 个客户点（R101-20），且设置车容量为 100，车辆的行驶时间与行驶距离相等（即比例为 1：1）。

图12.18展示了 VRPHTW 在算例 R101-20 上的最优解。该算例的最优目标值为 511.26，最优路径如下：

- 车场 $\to 2 \to 18 \to$ 车场。
- 车场 $\to 5 \to 16 \to 6 \to$ 车场。
- 车场 $\to 7 \to 8 \to 17 \to$ 车场。
- 车场 $\to 9 \to 20 \to 1 \to$ 车场。
- 车场 $\to 11 \to 19 \to 10 \to$ 车场。
- 车场 $\to 12 \to 3 \to 4 \to$ 车场。
- 车场 $\to 14 \to 15 \to 13 \to$ 车场。

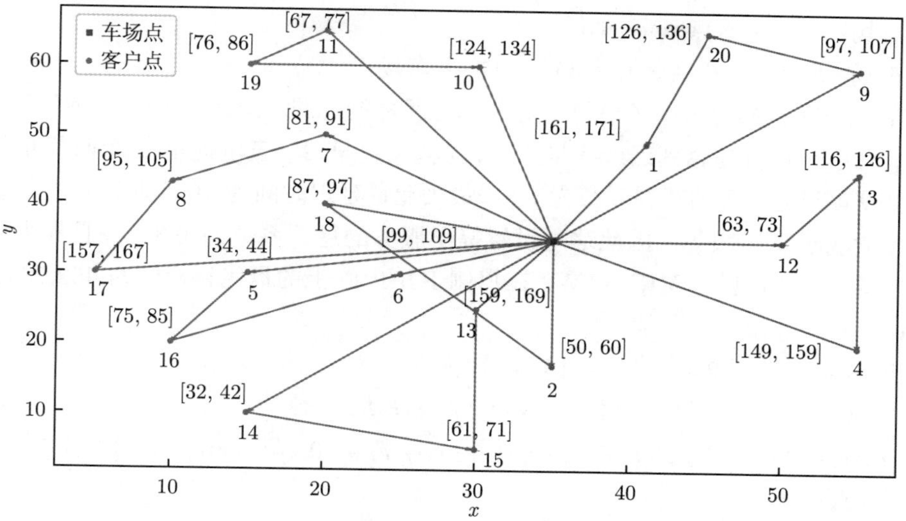

图 12.18　VRPHTW 的最优解（算例 R101-20）

图12.19展示了 VRPSTW1 在算例 R101-20 上的最优解，其中，算例的参数设定如下：延迟惩罚系数为 0.5，允许延迟的最大时间为 10 个时间单位。图中的“迟”描述了车辆到达一点时是否延迟服务，例如，“迟 2”表示延迟 2 个时间单位开始服务。该算例的最优目标值为 489.05，最优路径如下：

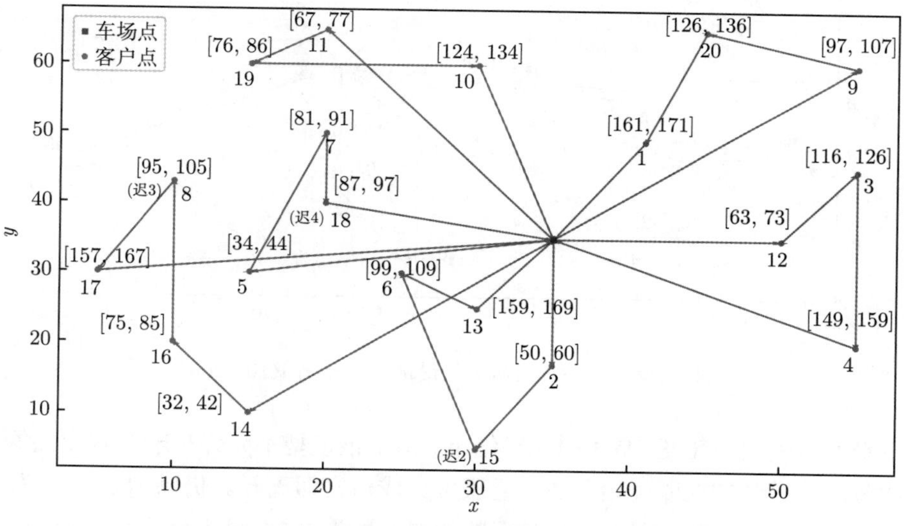

图 12.19　VRPSTW1 的最优解（算例 R101-20）

- 车场 → 2 → 15（迟 2）→ 6 → 13 → 车场。
- 车场 → 5 → 7 → 18（迟 4）→ 车场。
- 车场 → 9 → 20 → 1 → 车场。
- 车场 → 11 → 19 → 10 → 车场。

- 车场 → 12 → 3 → 4 → 车场。
- 车场 → 14 → 16 → 8（迟 3）→ 17 → 车场。

VRPSTW2 则同时考虑了提早服务和延迟服务的惩罚。图12.20中的“迟”和“早”描述了车辆到达一点时是否延迟或提早服务，例如，“早 2”表示提早 2 个时间单位开始服务。这里设置延迟服务的惩罚系数为 0.5，最大允许延迟时间为 10 个时间单位。提早服务的影响一般弱于延迟服务，因此这里设置提早服务的惩罚系数为 0.3，并且最大允许提早 15 个时间单位开始服务。VRPSTW2 在算例 R101-20 上的最优目标值为 452.724，最优路径如下：

- 车场 → 2（早 2）→ 15 → 13 → 车场。
- 车场 → 5 → 18（早 2.44）→ 8 → 17 → 车场。
- 车场 → 11（早 14.25）→ 19（早 6.18）→ 7 → 10（早 8.86）→ 20（迟 4.95）→ 1 → 车场。
- 车场 → 12 → 9 → 3 → 4 → 车场。
- 车场 → 14 → 16 → 6 → 车场。

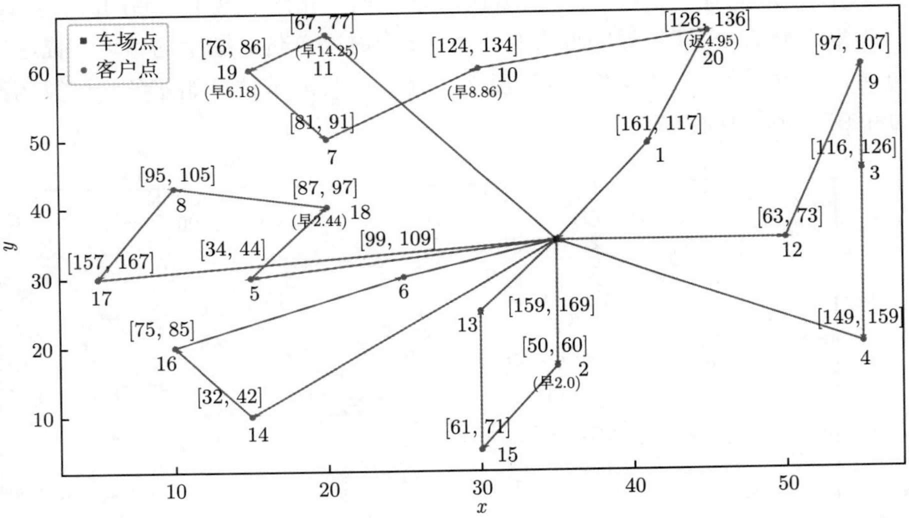

图 12.20　VRPSTW2 的最优解（算例 R101-20）

接下来展示模型 VRPSTW3 的求解结果。由于该模型不允许车辆在客户点等待，因此车辆到达客户点后必须立即开始服务，且服务完成后立即离开。仍以 R101-20 为测试算例进行数值实验。实验参数设置如下：延迟的惩罚系数为 0.5，最大延迟时间为 10 个时间单位，提早服务的惩罚系数为 0.3，允许提早服务的最大时间间隔为 15 个时间单位。图12.21展示了模型 VRPSTW3 在算例 R101-20 上的最优解，其中最优目标值为 496.466，最优路径如下：

- 车场 → 2（早 2）→ 15 → 车场；
- 车场 → 5（早 13.18）→ 14（迟 8.82）→ 16（早 3）→ 8 → 车场；

- 车场 → 11（早 14.25）→ 19（早 6.18）→ 7 → 10（早 8.86）→ 20（迟 4.95）→ 1 → 车场；
- 车场 → 12 → 9 → 3 → 4 → 车场；
- 车场 → 18 → 6（迟 3）→ 17（早 15）→ 13（迟 8.5）→ 车场。

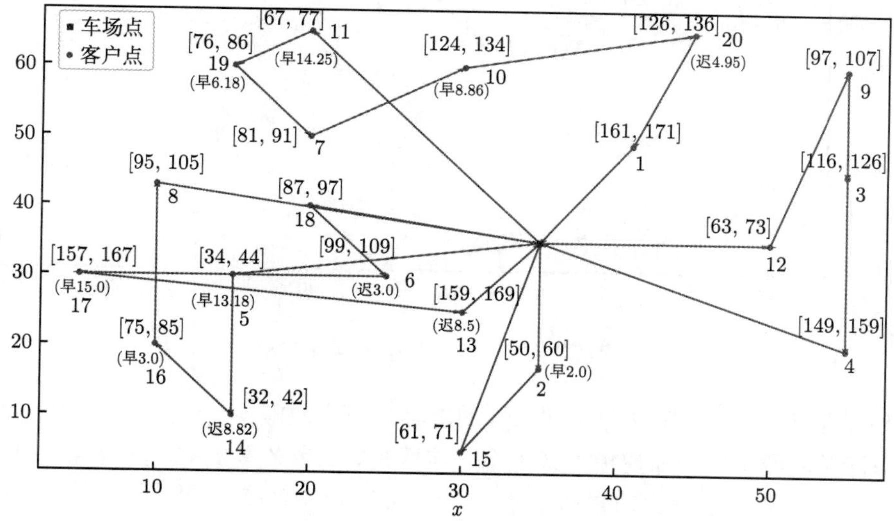

图 12.21　VRPSTW3 的最优解（算例 R101-20）

在 VRPTW 系列的模型中，VRPHTW 的问题设定非常常见，也最为常用，但相比软时间窗灵活性稍差。而 VRPSTW 系列的问题设定虽然在时间窗上更加灵活，但由于其求解上相较 VRPHTW 更难，因此在实际中应用难度略大。两种时间窗具体如何使用还需针对具体问题进行设计。

12.8.4　MTVRPTW

本节展示 MTVRPTW 系列的数值实验结果。为了展现出多行程的特点，这里对算例 R101 进行一定的修改，具体如下：选择客户 1 ∼ 7，13 ∼ 15 作为需要访问的客户点，设置每个客户的需求为 35，车容量为 75，车辆的配备成本为 300，重新装货时间为 1 个时间单位，行程数和车辆数为 7。经过建模和求解，MTVRPTW 的两个模型在上述修改后的算例上的最优目标值为 1208.27。图12.22可视化地展示了 MTVRPTW 的最优解，下面是最优路径（括号中的数字代表某行程从车场出发或回到车场的时间）：

- 车辆 1 的行程 1：车场 (0.0) → 9 → 10 → 车场 (101.41)。
- 车辆 1 的行程 2：车场 (103.64) → 3 → 1 → 车场 (186.23)。
- 车辆 2 的行程 1：车场 (0.0) → 5 → 7 → 车场 (112.21)。
- 车辆 2 的行程 2：车场 (113.21) → 4 → 车场 (184.0)。
- 车辆 3 的行程 1：车场 (0.0) → 2 → 车场 (46.0)。
- 车辆 3 的行程 2：车场 (47.0) → 6 → 8 → 车场 (180.18)。

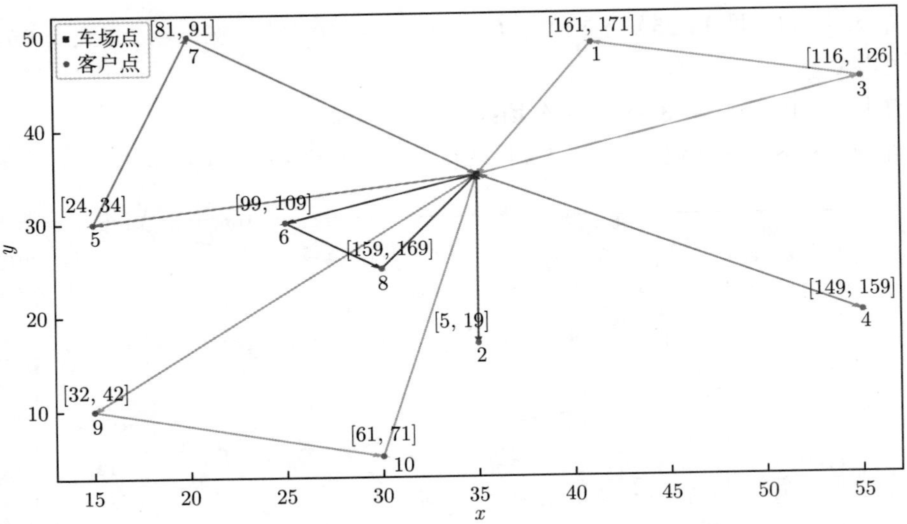

图 12.22　MTVRPTW 的最优解

虽然模型 MTVRPTW2 中变量 z_{ij}^k 的上标 k 可以去除，但是去除后并不会改变最优解。本节涉及的两个模型在建模方式上有一定区别，二者各有优劣。模型 MTVRPTW1 的变量更多，并且考虑了行程的紧前排序。而模型 MTVRPTW2 并不考虑行程的紧前排序，若将该模型中的变量 z_{ij}^k 消去上标 k 后，其变量数将少于模型 MTVRPTW1。

12.8.5 EVRPTW

本节展示 EVRPTW 的求解结果。从文献 [75] 和 [78] 提供的数据集中选择 R102C15 作为测试算例，并对相关参数作如下修改：选择 S11 作为充电站，设置充电速度为单位时间可充 5%。EVRPTW 的最优解如图12.23所示，其中，最优目标值为 390.48，最优路径如下：

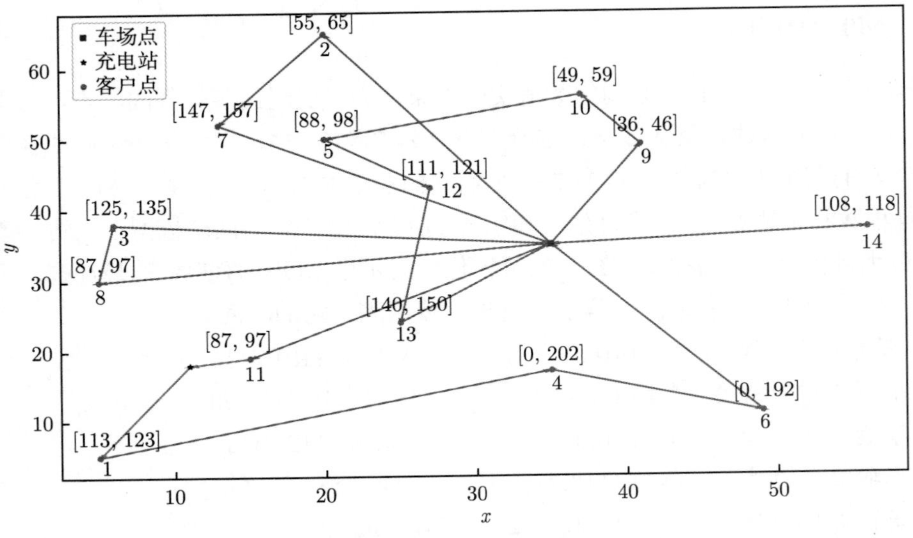

图 12.23　EVRPTW 的最优解（算例 R102C15）

- 车场 $\to 2 \to 7 \to$ 车场。
- 车场 $\to 8 \to 3 \to$ 车场。
- 车场 $\to 9 \to 10 \to 5 \to 12 \to 13 \to$ 车场。
- 车场 $\to 11 \to$ 充电站 $\to 1 \to 4 \to 6 \to$ 车场。
- 车场 $\to 14 \to$ 车场。

由于需要对充电站点进行复制，因此 EVRPTW 的模型求解速度可能会相对较慢。

12.9 总结

本章介绍了 CVRP、MDVRP、VRPTW、MTVRPTW 和 EVRPTW 共 5 个系列的问题及其建模和求解，其中 CVRP 和 VRPTW 最为经典，也是交通运输、物流、工业工程和管理科学等领域的常见问题。本章的建模过程涉及了大 M 建模方法、线性化方法、逻辑约束、子环路消除、对称性破除、模型加强或重构等常用建模技巧，大家可以结合本书第 2 章和第 3 章进行深入思考。此外，本章还通过结合具体案例的方式，详细讲解了如何设计合适的决策变量、如何精准地刻画约束条件、如何从多个不同的角度思考建模方式以及如何挖掘模型的加强策略等。希望这些内容可以在解决实际问题、提高模型效率、设计高效算法和发掘研究的创新点等方面为大家提供一定的启示和帮助。

第 13 章 取送货问题

13.1 问题描述

车辆路径规划问题（Vehicle Routing Problem, VRP）自 1959 年被提出以来一直是运筹优化领域的研究热点。近年来，随着物流、供应链、交通等领域的蓬勃发展，大量新的应用场景不断涌现，一些新的决策和约束也因为场景的要求逐渐被纳入标准的 VRP 中，从而形成了各式各样的变体。本章探讨的就是 VRP 的重要变体之一——取送货问题（Pickup and Delivery Problem，PDP）。

一般来讲，经典的 PDP 旨在给位于仓库的若干同类型车辆安排合适的配送方案（路径），使其能在满足一定约束条件的前提下，完成一组已知的配送任务，并最终达到目标函数值的最优化（如行驶距离最短或配送总成本最小等）。虽然 PDP 和 VRP 的核心任务都是为车辆设计最优的配送路径，但是二者却有非常显著的区别。在 VRP 中，一般假设所有货物都会在仓库完成装载，而且所有的客户点都只有送货需求。但是在 PDP 中，客户点的需求却分为两大类，即取货需求和送货需求。车辆需要首先前往取货点装载货物，然后再运往送货点。这个区别也导致 PDP 和 VRP 在建模和算法设计方面都有诸多不同。PDP 有很多变体，本章选择其中的 3 个展开进行讲解，即多对多 PDP、一对多对一 PDP 和一对一 PDP。对于 PDP 的其他变体，文献 [104] 给出了全面的总结，感兴趣的可以参阅。

现实生活中存在着大量 PDP 的场景，外卖配送优化就是其中之一。在外卖配送问题中，每一个外卖订单都对应一对起点和终点（分别对应外卖商家和客户所在的位置），每个订单都需要在规定的时间内完成配送，每一位配送员的运输车辆（如电瓶车）都有确定的容量。基于以上约束，平台需要为每个外卖员设计最优的配送路径（其中包含取货和送货决策），从而使得整个系统的运营效率达到最大（例如配送时间最短、行驶距离最短等）。此外，共享乘车优化（Ride-sharing）问题、共享单车再平衡（Shared-bike rebalancing）问题等，都可以被描述为 PDP。更确切地说，这些问题都可以被归类为 PDPTW（Pickup and Delivery Problem with Time Windows，有时间窗口的取送货问题）。

从数学规划的角度讲，PDP 通常被定义在一个有向图 $\mathcal{G} = (\mathcal{V}, \mathcal{A})$ 上，其中 $\mathcal{V}$ 表示需要运输的不同实体（或商品）的起点和终点的集合，$\mathcal{A}$ 表示图中所有弧的集合。PDP 中需要做出的决策主要包括两方面：

（1）任务分配决策，也就是每个运输任务被分配给哪辆车执行。

（2）车辆路径决策，也就是规划每辆车的运输路径（即决策需要完成的任务的先后顺序）。

下面以一个外卖配送问题的简单案例来说明 PDP 中涉及的决策。考虑有两个配送员

（A_1 和 A_2）和 6 份外卖订单（包括 3 个快餐订单和 3 个咖啡订单），订单及其位置的具体信息如图13.1所示。基于图13.1，首先将订单的起点和终点抽象为有向图中的节点，即 $\mathcal{V}=\{A_1,A_2,B_1,B_2,B_3,B_4,C,D\}$。然后需要决策两件事：（1）每份订单由哪个配送员服务；（2）每个配送员的配送路径是怎样的。假设我们已经通过某种方法获得了如图 13.2所示的一个可行解。在该可行解中，配送员 A_1 的配送路径如虚线所示。A_1 首先前往快餐店 C，取到

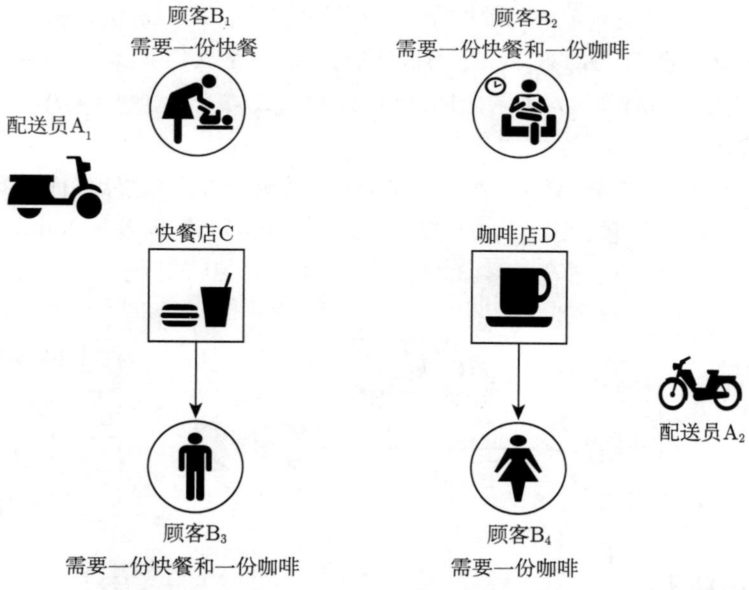

图 13.1　订单及其位置的具体信息

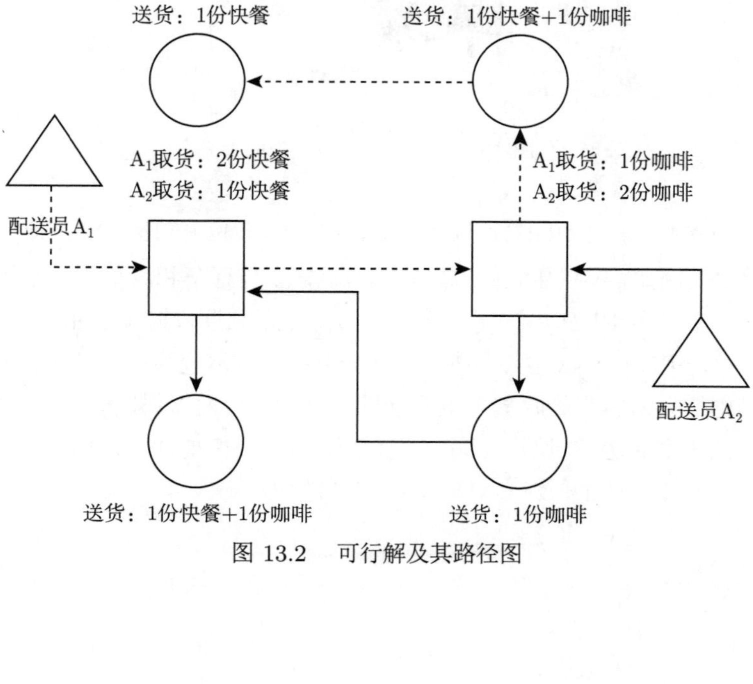

图 13.2　可行解及其路径图

属于顾客 B_1 和 B_2 的快餐，再前往咖啡店 D 取属于顾客 B_2 的咖啡，之后将一份快餐和一份咖啡送达顾客 B_2 的所在地，最后将一份快餐送达顾客 B_1 的所在地。简单来讲，被分配给 A_1 的顾客集合为 $\{B_1, B_2\}$，A_1 的完整配送路径为 $A_1 \to C \to D \to B_2 \to B_1$。对于配送员 A_2，其配送路径如实线所示。A_2 首先前往咖啡店 D，取到属于顾客 B_3 和 B_4 的咖啡，然后前往顾客 B_4 所在地送达一份咖啡（此时车上还有一份属于顾客 B_3 的咖啡），之后前往快餐店 C 取属于顾客 B_3 的快餐，最后前往 B_3 所在地将其所点的一份快餐和一份咖啡送达。被分配给 A_2 的顾客集合为 $\{B_3, B_4\}$，A_2 的完整配送路径为 $A_2 \to D \to B_4 \to C \to B_3$。

根据需求的类型和路线结构要求，PDP 可分为三大类：一对一 PDP、多对多 PDP 和一对多对一 PDP。

（1）一对一 PDP（1-1-PDP）：每种商品都只有一个起点和一个终点，而且商品只能在起点处被装载，在终点处被卸载。这类问题的典型应用包括拨号叫车问题（Dial-a-ride problem）、共享乘车问题和外卖配送问题等。图13.3是一个一对一 PDP 的例子。

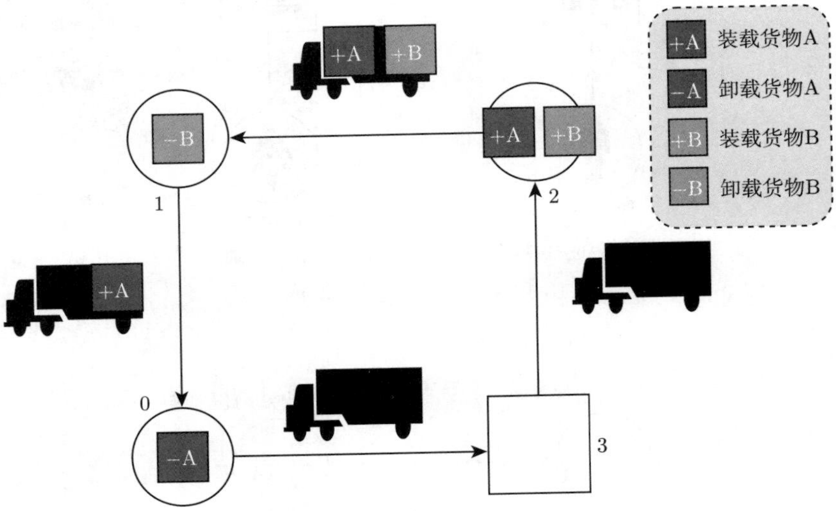

图 13.3　一对一 PDP 的例子

（2）多对多 PDP（M-M-PDP）：每个商品可能有多个起点和终点，任何点都可能是多个商品的起点和终点。例如，零售店之间的库存调度问题、自行车和汽车共享系统的再平衡问题等。图13.4是一个多对多 PDP 的例子（图中正方形表示仓库，圆形表示客户，下同）。

（3）一对多对一 PDP（1-M-1-PDP）：一部分商品需要从仓库进行装载，再交付给多个客户，而其余商品则需要从客户处收集并运回仓库。例如，分发饮料同时回收空罐空瓶的场景、正向和逆向物流系统中的运输问题（即除了交付新产品，还需要回收使用过的、有缺陷的或过时的产品）等。图13.5是一个一对多对一 PDP 的例子。

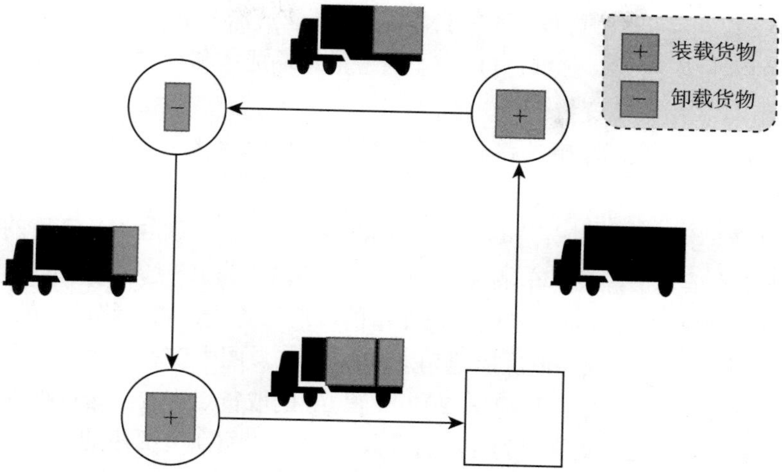

图 13.4　多对多 PDP 的例子

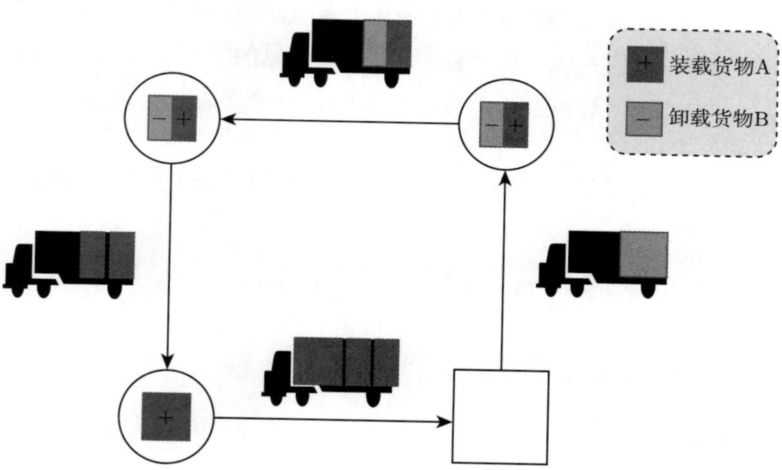

图 13.5　一对多对一 PDP 的例子

13.2　问题建模

13.2.1　一对一的场景

在 1-1-PDP 中，每个需求都对应一个起点（Origin）和一个终点（Destination），我们也将其称之为 OD 对（OD pair）。起点和终点通常分别对应取货点和送货点。该问题通常可以被建模为一个混合整数线性规划（MILP）模型。定义图 $\mathcal{G}=(\mathcal{V},\mathcal{A})$，其中 $\mathcal{V}$ 和 $\mathcal{A}$ 分别为 $\mathcal{G}$ 中点和弧（边）的集合。$\mathcal{V}$ 中的点包括三类，即仓库节点 $\{0,2n+1\}$、需要运输的不同实体（或商品）的起点集合 $\mathcal{O}=\{1,\cdots,n\}$ 和目的地集合 $\mathcal{D}=\{n+1,\cdots,2n\}$。$\mathcal{V}$ 中的每个点都对应一个需求量 q_i（q_i 可正可负）。用 $\mathcal{P}$ 表示所有配送需求的集合，$\mathcal{P}=\{1,2,\cdots,i,\cdots,n\}$。每一个配送需求 i（$i\in\mathcal{P}$）都对应一个三元组 $(i,n+i,q_i)$，其中，i 表示起点，$n+i$ 表示终

点，q_i 表示需求量。为了建模方便，一般设置 $q_{n+i}=-q_i, q_0=q_{2n+1}=0$。用 $\mathcal{K}$ 表示车辆的集合。所有车的容量均为 Q。弧（i,j）$\in \mathcal{A}$ 对应的运输成本和行驶时间分别为 c_{ij} 和 T_{ij}。

首先引入下面 3 组决策变量：

- x_{ijk}：0-1 变量，表示车辆的路径决策。若车辆 k（$k \in \mathcal{K}$）经过弧 (i,j)，则 $x_{ijk}=1$，否则 $x_{ijk}=0$。
- Q_{ik}：非负连续变量，表示车辆 k（$k \in \mathcal{K}$）经过节点 i（$i \in \mathcal{V}$）之后的载货量。
- t_{ik}：非负连续变量，表示车辆 k（$k \in \mathcal{K}$）到达节点 i（$i \in \mathcal{V}$）时的时间。

下面以图13.3为例来解释本问题的决策变量的取值。首先，将网络图中的 4 个节点按照左上，右上，左下，右下的顺序依次标记为 1，2，3，0。图中仅有一辆车，设置车辆的编号为 0，初始载货量为 0，最大容量 $Q=20$。设置 A 的取货点为 2，送货点为 3，需求量为 10；设置 B 的取货点为 2，送货点为 1，需求量为 10。设置所有弧段的行驶时间均为 1，车辆在 0 点的出发时间为 0。图13.3展示的配送方案为：编号为 0 的车辆从仓库 0 出发，沿着弧 $(0,2)$ 行驶到节点 2 装载货物 A 和 B，之后沿着弧 $(2,1)$ 行驶到节点 1，卸载货物 B，再沿着弧 $(1,3)$ 行驶到节点 3，卸载货物 A，最后沿着弧 $(3,0)$ 返回仓库 0。车辆 0 的完整行驶路线为 $0 \to 2 \to 1 \to 3 \to 0$。相应地，所有决策变量的取值为 $x_{020}=1, Q_{00}=0, t_{00}=0, x_{210}=1, Q_{20}=20, t_{20}=1, x_{130}=1, Q_{10}=10, t_{10}=2, x_{300}=1, Q_{30}=0, t_{30}=3$，其余决策变量的取值均为 0。

接下来给出 1-1-PDP 的数学模型。考虑将最小化总的行驶距离作为目标函数，则目标函数的表达式如下：

$$\min \quad \sum_{i\in\mathcal{V}}\sum_{j\in\mathcal{V}}\sum_{k\in\mathcal{K}} c_{ij}x_{ijk} \tag{13.1}$$

本问题的所有约束条件如下：

$$\sum_{j\in\mathcal{V}}\sum_{k\in\mathcal{K}} x_{ijk}=1, \qquad \forall i\in\mathcal{O} \tag{13.2}$$

$$\sum_{j\in\mathcal{V}} x_{ijk}-\sum_{j\in\mathcal{V}} x_{n+i,jk}=0, \qquad \forall i\in\mathcal{O}, k\in\mathcal{K} \tag{13.3}$$

$$\sum_{j\in\mathcal{V}} x_{0jk}=1, \qquad \forall k\in\mathcal{K} \tag{13.4}$$

$$\sum_{i\in\mathcal{V}} x_{i,2n+1,k}=1, \qquad \forall k\in\mathcal{K} \tag{13.5}$$

$$\sum_{j\in\mathcal{V}} x_{ijk}-\sum_{j\in\mathcal{V}} x_{jik}=0, \qquad \forall i\in\mathcal{O}\cup\mathcal{D}, k\in\mathcal{K} \tag{13.6}$$

$$t_{ik}+T_{ij}-M(1-x_{ijk})\leqslant t_{jk}, \qquad \forall i,j\in\mathcal{V}, k\in\mathcal{K} \tag{13.7}$$

$$t_{n+i,k}-t_{ik}\geqslant T_{i,n+i}, \qquad \forall i\in\mathcal{O}, k\in\mathcal{K} \tag{13.8}$$

$$Q_{ik}+q_j-M(1-x_{ijk})\leqslant Q_{jk}, \qquad \forall i,j\in\mathcal{V}, k\in\mathcal{K} \tag{13.9}$$

$$\max\{0, q_i\} \leqslant Q_{ik} \leqslant \min\{Q_k, Q_k + q_i\}, \qquad \forall i \in \mathcal{V}, k \in \mathcal{K} \tag{13.10}$$

$$x_{ijk} \in \{0,1\}, Q_{ik}, t_{ik} \geqslant 0, \qquad \forall i, j \in \mathcal{V}, k \in \mathcal{K} \tag{13.11}$$

其中，M 是一个足够大的正数。在实际编程实现时，可以通过恰当的方法为 M 设置合适的值以加速求解，具体见第 2 章大 M 建模方法部分。

下面是各个约束式的具体含义。

- 约束式（13.2）保证了每个节点必须被访问一次；
- 约束式（13.3）保证了取货任务和送货任务由同一辆车完成；
- 约束式（13.4）～ 约束式（13.6）为流平衡约束，保证了每一辆车进出每个节点的次数相等；
- 约束式（13.7）为时间连续性约束，保证了节点访问的先后顺序及相应的到达时间的合理性；
- 约束式（13.8）保证了访问每个配送需求的取货点和送货点的顺序，即先取货，后送货；
- 约束式（13.9）～ 约束式（13.10）为载荷和容量约束。

约束式（13.10）中含有 max 运算，为非线性项，该非线性项可以用求解器直接进行建模，也可以使用第 3 章介绍的线性化技巧将其线性化。需要注意的是，在编程实现中，上述模型中没有考虑时间窗约束，感兴趣的可以参照文献 [104] 自行完成时间窗约束的建模。

13.2.2 多对多的场景

M-M-PDP 通常也可以被建模为一个混合整数线性规划模型。我们仍然基于图 $\mathcal{G}$ 对其进行建模。引入连续参数 q_i 表示点 i（$i \in \mathcal{V}$）的需求量，q_i 为正表示取货需求，q_i 为负表示送货需求，t 表示仓库。

引入下面 2 组决策变量：

- x_{ijk}：0-1 变量，表示车辆的路径决策。若车辆 $k \in \mathcal{K}$ 经过弧 $(i,j) \in \mathcal{A}$，则 $x_{ijk} = 1$，否则 $x_{ijk} = 0$。
- y_{ij}：非负连续变量，表示弧 $(i,j) \in \mathcal{A}$ 上的载货量。

下面以图13.6和13.7 为例来解释本问题的决策变量的取值。图13.6展示了一个全连接的网络图。将仓库、A、B、C 分别记为点 0、1、2、3，图中各个弧的长度见表13.1。考虑仅有一辆车，设置车辆的编号为 0，初始载货量为 0，最大容量 $Q = 20$。设置客户 A、B 和 C 的需求量分别为 10、-5、10。图13.7展示的配送方案为：编号为 0 的车辆从仓库 0 出发，沿着弧 $(0,1)$ 行驶到节点 1，装载 10 单位货物，再沿着弧 $(1,2)$ 行驶到节点 2，卸载 5 单位货物，接下来沿着弧 $(2,3)$ 行驶到节点 3，装载 10 单位货物，最后沿着弧 $(3,0)$ 返回仓库 0。车辆 0 的完整行驶路线为 $0 \to 1 \to 2 \to 3 \to 0$。相应地，所有决策变量的取值为 $x_{010} = 1, x_{120} = 1, y_{12} = 10, x_{230} = 1, y_{23} = 5, x_{300} = 1, y_{30} = 15$，其余决策变量的取值均为 0。

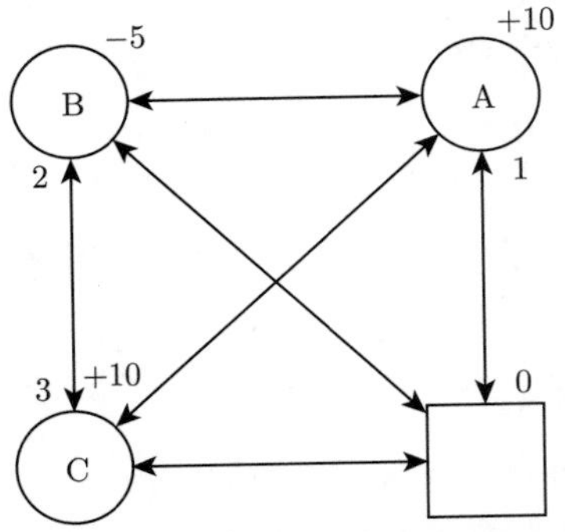

图 13.6　多对多问题全连接网络图

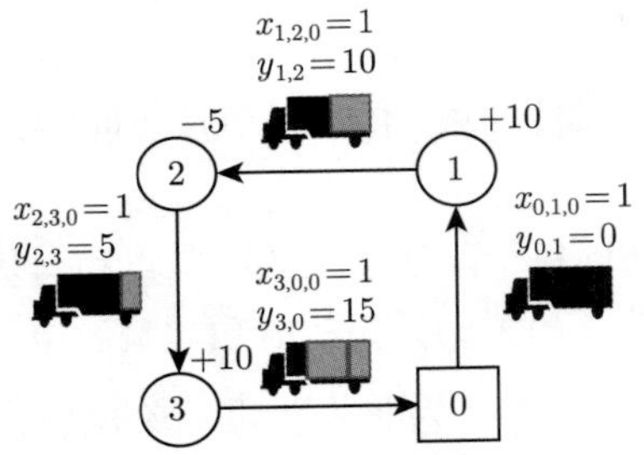

图 13.7　多对多问题决策变量结果示意图

表 13.1　全连接网络距离矩阵

位置编号	**0**	**1**	**2**	**3**
0	0	5	10	5
1	5	0	5	10
2	10	5	0	5
3	5	10	5	0

下面给出 M-M-PDP 的数学模型。考虑目标函数为最小化总行驶成本，则目标函数可以表示为下面的形式：

$$\min \quad \sum_{i\in\mathcal{V}}\sum_{j\in\mathcal{V}}\sum_{k\in\mathcal{K}} c_{ij}x_{ijk} \tag{13.12}$$

M-M-PDP 的所有约束条件如下：

$$\sum_{j\in\mathcal{V}}\sum_{k\in\mathcal{K}} x_{ijk} = 1, \qquad \forall i\in\mathcal{V}\backslash\{t\} \tag{13.13}$$

$$\sum_{j\in\mathcal{V}} x_{ijk} - \sum_{j\in\mathcal{V}} x_{jik} = 0, \qquad \forall i\in\mathcal{V}, k\in\mathcal{K} \tag{13.14}$$

$$0 \leqslant y_{ij} \leqslant Q\sum_{k\in\mathcal{K}} x_{ijk}, \qquad \forall i,j\in\mathcal{V} \tag{13.15}$$

$$\sum_{j\in\mathcal{V}} y_{ji} - \sum_{j\in\mathcal{V}} y_{ij} = q_i, \qquad \forall i\in\mathcal{V}\backslash\{t\} \tag{13.16}$$

$$\sum_{S\in\mathcal{V}}\sum_{S\in\mathcal{V}} x_{ijk} \leqslant |S|-1, \qquad \forall S\subseteq\mathcal{V}\backslash\{t\}, 2\leqslant|S|\leqslant\mathcal{V}-1, k\in\mathcal{K} \tag{13.17}$$

$$x_{ijk}\in\{0,1\}, \qquad \forall i,j\in\mathcal{V}, k\in\mathcal{K} \tag{13.18}$$

下面是各个约束式的具体含义。

- 约束式（13.13）保证了每个节点必须被访问一次；
- 约束式（13.14）为车辆流平衡约束，保证了每一辆车进出每个节点的次数相等；
- 约束式（13.15）为车辆的容量约束；
- 约束式（13.16）保证了每个客户点的需求都被满足；
- 约束式（13.17）为子环路消除约束（Subtour elimination constraints）。

注：当存在负需求时，子环路消除约束是必要的，因为流平衡约束不足以确保所有的路径都从仓库开始和结束。另外，上述模型对离开和进入仓库的载货量没有任何限制，因此，车辆从仓库出发时处于空载状态或载有一定量的货物都是可行的。若尝试固定车辆的初始载货量，则有可能会导致目标函数值大幅增长。

13.2.3 一对多对一的场景

一般情况下，在 1-M-1-PDP 中，交货和取货的操作涉及两组截然不同的商品：有些商品需要从仓库运给客户，有些商品需要从客户处取货并交付给仓库。随着产品回收再利用以及逆向物流的不断发展，1-M-1-PDP 变得越来越普遍。

相较于传统的 PDP，1-M-1-PDP 中会存在一些独特的装卸货要求。例如，取货和送货不能同时进行。这种要求可能会迫使运输车辆只能先执行送货任务，再执行取货任务。在这种要求下，若一个客户同时有取货和送货需求，则车辆必须对这类客户进行两次访问，一般称此类问题为回程问题。若允许同时进行取货和送货操作，则问题变化为混合问题。此外，还有一种折中的情况，即允许部分客户（或所有客户）被多次访问。

带有同时取送货需求的车辆路径规划问题（The Vehicle Routing Problem with Simultaneous Pickup and Delivery，VRPSPD）是 1-M-1-PDP 中研究最多、最常见的变体。按照文献 [11] 的分类，该问题属于考虑综合需求的多车汉密尔顿 1-M-1-PDP（Multiple-Vehicle Hamiltonian 1-M-1-PDP with Combined Demands）。本节以 VRPSPD 为例来介绍 1-M-1-PDP 的建模方法。设有向图 $\mathcal{G}=(\mathcal{V},\mathcal{A})$，其中 $\mathcal{V}$ 为 $\mathcal{G}$ 中点的集合，$\mathcal{A}$ 为 $\mathcal{G}$ 中弧的集合。t 代表仓库。考虑有一个同质的车队，车辆的编号集合为 $\mathcal{K}$，每辆车的容量为 Q。每个客户 i $[i\in\mathcal{V}\backslash\{t\}]$ 都对应一个非负的送货需求 d_i 和取货需求 p_i。车辆沿弧 $(i,j)[(i,j)\in\mathcal{A}]$ 行驶的成本为 c_{ij}。VRPSPD 的目标是为车辆规划配送路线，使得在所有客户的取货和送货需求被满足的前提下，总行驶成本达到最小。

引入下面 3 组决策变量：

- x_{ijk}：0-1 变量，表示车辆的路径决策。若车辆 k（$k\in\mathcal{K}$）经过弧 (i,j)，则 $x_{ijk}=1$，否则 $x_{ijk}=0$。
- y_{ij}：非负连续变量，表示弧 (i,j) 上装载的取货载荷。

- z_{ij}：非负连续变量，表示弧 (i,j) 上装载的送货载荷。

接下来给出 VRPSPD 的数学模型。目标函数可以写成以下形式：

$$\min \quad \sum_{i\in\mathcal{V}}\sum_{j\in\mathcal{V}}\sum_{k\in\mathcal{K}} c_{ij}x_{ijk} \tag{13.19}$$

VRPSPD 的所有约束条件如下：

$$\sum_{j\in\mathcal{V}}\sum_{k\in\mathcal{K}} x_{ijk} = 1, \qquad \forall i \in \mathcal{V}\backslash\{t\} \tag{13.20}$$

$$\sum_{j\in\mathcal{V}} x_{ijk} - \sum_{j\in\mathcal{V}} x_{jik} = 0, \qquad \forall i \in \mathcal{V}, k \in \mathcal{K} \tag{13.21}$$

$$\sum_{j\in\mathcal{V}} x_{tjk} \leqslant 1, \qquad \forall i \in \mathcal{V}, k \in \mathcal{K} \tag{13.22}$$

$$y_{ij} + z_{ij} \leqslant Q\sum_{k\in\mathcal{K}} x_{ijk}, \qquad \forall i,j \in \mathcal{V} \tag{13.23}$$

$$\sum_{j\in\mathcal{V}} y_{ji} - \sum_{j\in\mathcal{V}} y_{ij} = p_i, \qquad \forall i \in \mathcal{V}\backslash\{t\} \tag{13.24}$$

$$\sum_{j\in\mathcal{V}} z_{ji} - \sum_{j\in\mathcal{V}} z_{ij} = d_i, \qquad \forall i \in \mathcal{V}\backslash\{t\} \tag{13.25}$$

$$y_{ij}, z_{ij} \geqslant 0, \qquad \forall i,j \in \mathcal{V} \tag{13.26}$$

$$x_{ijk} \in \{0,1\}, \qquad \forall i,j \in \mathcal{V}, k \in \mathcal{K} \tag{13.27}$$

下面是各个约束式的具体含义。

- 约束式（13.20）和约束式（13.21）与其他 PDP 模型的约束式（13.13) 和约束式（13.14）完全相同，这里不再重复解释。
- 约束式（13.22）保证了每辆车至多只能从仓库出发一次，即规定车队中的车辆最多只能使用一次。
- 约束式（13.23）限制了每条弧上运输的总货物量不能超过车辆的容量；
- 约束式（13.24）和约束式（13.25）是取货和送货操作的流平衡约束，保证了所有客户的取货和送货需求都被满足。

注：相较于13.2.2节中介绍的 M-M-PDP 模型，VRPSPD 的模型去掉了子环路消除约束，原因是送货需求量 d_i 和取货需求量 p_i 均为非负值，流平衡约束式（13.21）可以自动保证没有子环路的存在。

13.3 一对一场景的编程实战及结果展示

本节使用 Python 分别调用 COPT 和 Gurobi 实现 1-1-PDP 模型的建立和求解，主要内容包括：算例的生成和读取、建模编程实现和求解结果展示。本节使用的算例数据是在 Solomon VRPTW benchmark 数据集的基础上修改而得到的，具体的修改为：将每个客户点的需求（q_i）设定为一个 OD 对，也就是需要为每个客户点设置一个起点和一个终点。

13.3.1 算例的生成和读取

算例数据的生成和读取代码如下。

算例数据的生成和读取

```
""" 导包部分（省略，完整代码见本书配套电子资源） """
# 定义数据类
class Data(object):
    """ 类内完整代码见本书配套电子资源 """
```

13.3.2 建立模型并求解：Python 调用 COPT 实现

成功读取算例数据之后，就可以进行模型的建立和求解了。本节展示 Python 调用 COPT 求解 1-1-PDP 模型的完整代码。

建立模型并求解

```
"""
booktitle: 《数学建模与数学规划：方法、案例及编程实战 Python+COPT/Gurobi 实现》
name: 1-1-PDP 优化问题- COPT Python 接口代码实现
author: 杉数科技
date: 2022-10-11
institute: 杉数科技
"""
import pandas as pd
import numpy as np
from coptpy import *
# 定义建立 1-1-PDP 模型，求解并输出运行结果的函数
def build_and_solve_1_1_PDP_model(data):
    """ 函数完整代码见本书配套电子资源"""
```

13.3.3 建立模型并求解：Python 调用 Gurobi 实现

本节展示 Python 调用 Gurobi 求解 1-1-PDP 模型的完整代码。

建立模型并求解

```
"""
booktitle: 《数学建模与数学规划：方法、案例及编程实战 Python+COPT/Gurobi 实现》
name: 1-1-PDP 优化问题- Gurobi Python 接口代码实现
author: 王基光
date: 2022-10-11
institute: 清华大学
"""
import pandas as pd
import numpy as np
```

```
from gurobipy import *
# 定义建立 1-1-PDP 模型，求解并输出运行结果的函数
def build_and_solve_1_1_PDP_model(data):
    """ 函数完整代码见本书配套电子资源 """
```

13.3.4 算例参数设计与结果展示

为方便展示，本节以一个小规模算例为例来展示求解结果。设置客户数量为 8（点的总个数即为 $2\times8+2=18$），车辆数为 3，车容量为 100。

程序运行结果显示，模型的求解时间为 870s①，最优目标函数值为 184.9。3 辆车的最优配送路径如下：

- 车辆 1：$0 \to 1 \to 2 \to 9 \to 10 \to 0$。
- 车辆 2：$0 \to 3 \to 11 \to 0$。
- 车辆 3：$0 \to 5 \to 7 \to 4 \to 6 \to 8 \to 12 \to 14 \to 16 \to 15 \to 13 \to 0$。

图13.8展示了本算例的最优配送路径，其中节点 1~8 表示取货点，节点 9~16 表示送货点，节点 0 为仓库。

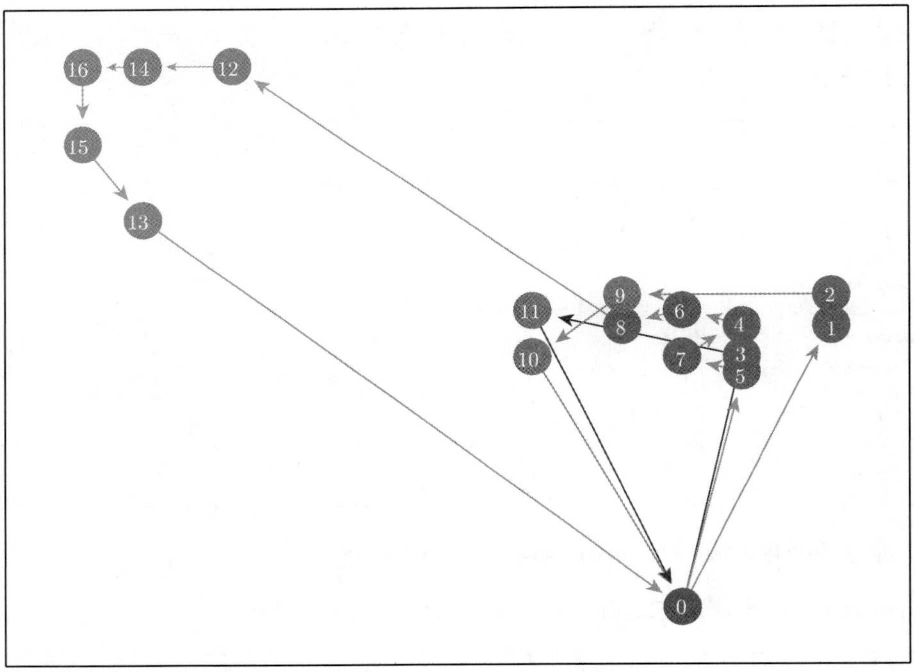

图 13.8　本算例的最优配送路径

① 本章所有求解结果均为 Gurobi 的运行结果。

13.4 多对多场景的编程实战及结果展示

本节介绍 M-M-PDP 模型的建立和求解，主要内容包括算例的生成和读取、建模编程实现和求解结果展示。

13.4.1 算例的生成和读取

与前文类似，本节的算例也是基于 Solomon VRPTW benchmark 修改而来的，具体的修改为：将每个客户点的需求（q_i）修改为既有取货（$q_i > 0$），又有取货（$q_i < 0$）的形式。算例数据的生成和读取代码如下。

算例数据的生成和读取

```
""" 导包部分（省略，完整代码见本书配套电子资源） """
# 定义数据类
class Data(object):
    """ 类内完整代码见本书配套电子资源 """
    def read_data(self, file_name, customer_num, Vehicle_num):
        """ 函数完整代码见本书配套电子资源 """
        return data
```

13.4.2 建立模型并求解：Python 调用 COPT 实现

成功读取算例数据之后，就可以进行模型的建立和求解了。本节展示 Python 调用 COPT 求解 M-M-PDP 模型的完整代码。

建立模型并求解

```
"""
booktitle: 《数学建模与数学规划：方法、案例及编程实战 Python+COPT/Gurobi 实现》
name: M-M-PDP 优化问题- COPT Python 接口代码实现
author: 杉数科技
date:2022-10-11
institute: 杉数科技
"""
from coptpy import *
import Data
import time
# 定义建立 M-M-PDP 模型，求解并输出运行结果的函数
def build_and_solve_MMPDP_model(data):
    """ 完整函数代码见本书配套电子资源"""
```

13.4.3 建立模型并求解：Python 调用 Gurobi 实现

本节展示 Python 调用 Gurobi 求解 M-M-PDP 模型的完整代码。

建立模型并求解

```
"""
booktitle: 《数学建模与数学规划：方法、案例及编程实战 Python+COPT/Gurobi 实现》
name: M-M-PDP 优化问题- Gurobi Python 接口代码实现
author: 王基光
date:2022-10-11
institute: 清华大学
"""
```

```
from gurobipy import *
import Data
import time
# 定义建立 MMPDP 模型，求解并输出运行结果的函数
def build_and_solve_M-M-PDP_model(data):
    """ 完整函数代码见本书配套电子资源"""
```

由于 M-M-PDP 模型中的子环路消除约束式（13.17）的数量最多可能为 $2^{|\mathcal{V}|}$，穷举这些约束非常耗时，甚至有可能比求解原问题耗费更多的时间。为提高求解效率，这里将其作为惰性约束（Lazy constraints）通过回调函数（Callback）加入模型，即首先将其移除，然后求解松弛后的模型。当得到整数解时，检查该整数解是否违背约束式（13.17）。若违背，则创建相应的子环路消除约束，将其添加到当前模型中，并继续求解。具体代码如下。

callback 函数添加消除子环路约束

```
# callback 功能消除子环路
def subtourelim(model, where):
    """ 函数完整代码见本书配套电子资源 """
```

13.4.4 算例参数设计与结果展示

M-M-PDP 是 NP-hard 问题，其求解时间会随问题规模的增大而急剧增加。为方便展示，本节仅以两个小算例为例来展示求解结果。两个算例的参数设置分别如下。

（1）算例 1：2 辆车，20 个客户需求点，车辆的容量为 50。

（2）算例 2：5 辆车，40 个客户需求点，车辆的容量为 50。

这里需要注意，过少的车辆数可能导致模型无可行解。

下面是算例 1 的求解结果。

算例 1：20 个客户需求点的 PDP 求解结果

```
------数据集信息---------------
车辆数 =    2
客户数 =   20
节点数 =   20
ObjVal: 150.4
[0-7-3-5-0]
[0-10-13-15-17-18-19-16-14-12-11-9-8-6-4-2-1-0]
```

根据求解结果可知，算例 1 的最优目标函数值为 150.4，程序运行时间小于 1s。两辆车的最优配送路径如下：

- 车辆 1: $0 \to 7 \to 3 \to 5 \to 0$。
- 车辆 2: $0 \to 10 \to 13 \to 15 \to 17 \to 18 \to 19 \to 16 \to 14 \to 12 \to 11 \to 9 \to 8 \to 6 \to 4 \to 2 \to 1 \to 0$。

图13.9展示了算例 1 的最优配送路径。

下面是算例 2 的求解结果。

算例 2：40 个客户需求点的 PDP 求解结果

```
------数据集信息---------------
车辆数 =    5
客户数 =   40
节点数 =   40
ObjVal: 375.1
[0-7-3-5-0]
[0-10-13-15-17-18-19-16-14-12-11-9-8-6-4-2-1-0]
[0-20-24-27-25-22-21-0]
[0-23-26-28-30-29-39-36-34-33-32-35-31-0]
[0-37-38-0]
```

根据求解结果可知，算例 2 的最优目标函数值为 375.1，程序运行时间约为 2136s（由于篇幅原因，这里只展示了部分求解日志信息）。可以发现，客户需求点从 20 增加到 40，求解时间增加了 2000 多倍，这也从一定程度上反映了该问题的求解难度。

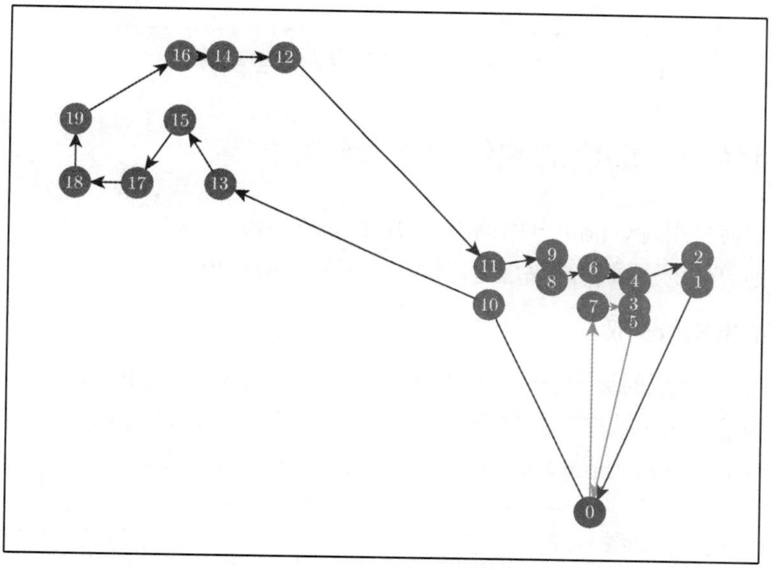

图 13.9　算例 1 的最优配送路径

5 辆车的最优配送路径如下：

- 车辆 1：0 → 7 → 3 → 5 → 0。
- 车辆 2：0 → 10 → 13 → 15 → 17 → 18 → 19 → 16 → 14 → 12 → 11 → 9 → 8 → 6 → 4 → 2 → 1 → 0。
- 车辆 3：0 → 20 → 24 → 27 → 25 → 22 → 21 → 0。
- 车辆 4：0 → 23 → 26 → 28 → 30 → 29 → 39 → 36 → 34 → 33 → 32 → 35 → 31 → 0。
- 车辆 5：0 → 37 → 38 → 0。

图13.10展示了算例 2 的最优配送路径。

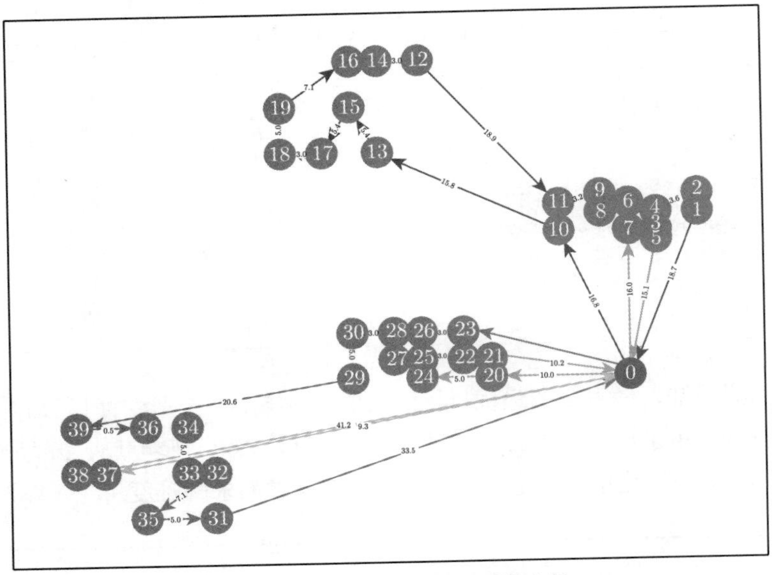

图 13.10　算例 2 的最优配送路径

13.5　一对多对一场景的编程实战及结果展示

本节介绍如何使用 Python 分别调用 COPT 和 Gurobi 实现 1-M-1-PDP 模型的建立和求解，主要包括算例的生成和读取，建模编程实现和求解结果展示。

13.5.1　算例的生成和读取

将 M-M-PDP 模型的算例进行一些修改，即可得到 1-M-1-PDP 的算例。具体的修改为将原有的基于需求的正负数据重新按照一定的随机比例生成取货需求（Pickup demand）数据和送货需求（Delivery demand）数据（注意，装卸量均为非负值）。

算例数据生成和读取

```
""" 导包部分（省略，完整代码见本书配套电子资源） """
# 定义数据类
class Data(object):
    """ 类内完整代码见本书配套电子资源 """
```

13.5.2　建立模型并求解：Python 调用 COPT 实现

完成算例的生成和读取之后，即可进行模型的建立和求解。本节展示 Python 调用 COPT 求解 1-M-1-PDP 模型的完整代码。

建立模型并求解

```
"""
booktitle: 《数学建模与数学规划：方法、案例及编程实战 Python+COPT/Gurobi 实现》
name: 1-M-1-PDP 优化问题- Gurobi Python 接口代码实现
author: 杉数科技
date:2022-10-11
institute: 杉数科技
```

```
"""
import pandas as pd
import numpy as np
from coptpy import *
# 定义建立 1-M-1-PDP 模型，求解并输出运行结果的函数
def build_and_solve_1_M_1_PDP_model(data):
    """ 函数完整代码见本书配套电子资源 """
```

13.5.3 建立模型并求解：Python 调用 Gurobi 实现

本节展示 Python 调用 Gurobi 求解 1-M-1-PDP 模型的完整代码。

建立模型并求解

```
"""
booktitle: 《数学建模与数学规划：方法、案例及编程实战 Python+COPT/Gurobi 实现》
name: 1-M-1-PDP 优化问题- Gurobi Python 接口代码实现
author: 王基光
date:2022-10-11
institute: 清华大学
"""
import pandas as pd
import numpy as np
from gurobipy import *
# 定义建立 1-M-1-PDP 模型，求解并输出运行结果的函数
def build_and_solve_1_M_1_PDP_model(data):
    """ 函数完整代码见本书配套电子资源 """
```

13.5.4 算例参数设计与结果展示

为方便展示，本节设置客户点数量为 10，车辆数为 5（注意，过少的车辆数可能导致模型无可行解），车容量为 50。算例的取货需求和送货需求数据如下。

10 个客户点 1-M-1-PDP 的需求数据

```
---pickup demand---
{0: 0, 1: 12, 2: 33, 3: 10, 4: 9, 5: 11, 6: 18, 7: 27, 8: 29, 9: 8}

---delivery demand---
{0: 0, 1: 10, 2: 30, 3: 10, 4: 10, 5: 10, 6: 20, 7: 20, 8: 20, 9: 10}
```

根据程序运行结果可知，该模型的最优目标函数值为 152.8，程序运行时间小于 1s。在最优解中，只需要 3 辆车即可完成所有的送货和取货任务，每辆车的最优配送路径如下：

- 车辆 1: $0 \to 1 \to 2 \to 0$;
- 车辆 2: $0 \to 5 \to 3 \to 4 \to 6 \to 0$;
- 车辆 3: $0 \to 7 \to 0$;
- 车辆 4: $0 \to 9 \to 8 \to 0$。

图13.11展示了本算例的最优配送路径。

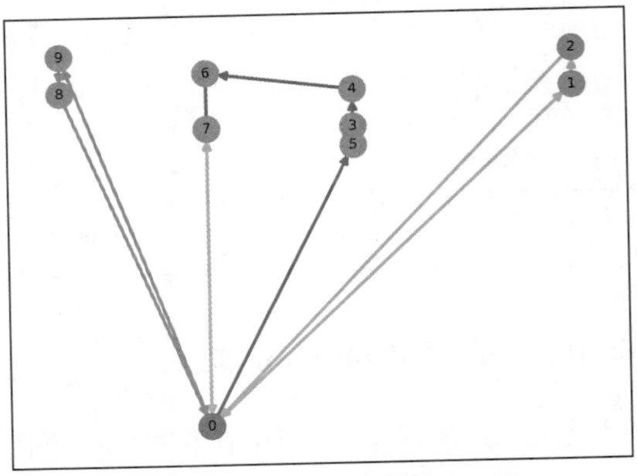

图 13.11　本算例的最优配送路径

13.6　总结

本章着重介绍了三类 PDP（1-1-PDP、M-M-PDP 和 1-M-1-PDP）的建模方法和编程实现。虽然 PDP 是 VRP 的变体，但是二者在建模层面上还是存在一些明显的区别，主要体现在取货和送货约束的构建方面。在构建 PDP 的送货和取货约束时，可以使用设置需求数据和设置节点编号的方法来降低建模难度。这些方法需要大家仔细揣摩和体会。

PDP 属于 NP-hard 问题，求解非常耗时，直接调用求解器往往只能求解小规模的算例。为了扩大求解规模，一般需要设计定制化的高效精确算法。目前，比较高效的求解 PDP 的精确框架有分支定价（Branch-and-price）算法、分支定价切割（Branch-price-and-cut）算法等。虽然上述精确框架的效率可以显著地超过现有的求解器，但是在大多数情形下，其求解规模仍然达不到实际问题的规模。为了可以在合理时间内得到实际问题的高质量可行解，我们往往需要使用一些高效的元启发式算法框架，例如大规模自适应邻域搜索（Adaptive Large Neighborhood Search，ALNS）算法等。若大家学有余力，可以尝试在算法层面做更多的探索。

第 14 章　无人机与卡车联合配送问题

14.1　问题背景

随着无人机技术的不断发展，无人机在工业界的应用场景也日益多样化。近几年，很多物流企业开始将目光瞄向无人机配送业务。比如亚马逊、DHL、京东、顺丰等。渐渐地，这种新的配送模式受到了业界更广泛的关注。现如今，很多企业都开始使用无人配送的提法，而在无人配送的场景中，无人驾驶物流车、无人机配送（见图 14.1（a））、配送机器人是主要的配送设备。本章主要关注无人机配送。无人机配送的模式多种多样，本章仅介绍其中两种主要的模式，其他模式暂不涉及。

（1）第一种模式是在城市中选择若干个位置作为无人机的起飞点。无人机从起飞点出发去完成航程范围内的配送任务。

（2）第二种模式是无人机和卡车联合配送，这种模式也有若干不同的操作方法。下面介绍其中两种。

- 卡车司机携带无人机一起配送，该问题是经典的旅行商问题（Travelling Salesman Problem，TSP）的一个变体，被称为 Flying sidekick TSP（FSTSP）。在该模式下，所有的配送任务被分为 2 类：只能由卡车配送的（由于包裹太大，无法使用无人机配送）和卡车与无人机均可配送的。具体的配送方法为卡车携带无人机从仓库出发去执行配送任务，卡车在配送过程中，可以选择合适的配送任务交给无人机去完成，无人机在完成任务后在预先指定的客户点与卡车会合并被回收（见图 14.1（b））。
- 无人机并行配送 (Parallel Drone Scheduling TSP, PDSTSP)。在这种模式下，首先决策哪些任务交给无人机去完成，哪些任务交给卡车去完成；然后独立为卡车和无人机规划配送顺序，以完成所有的配送任务。执行配送任务期间，卡车和无人机没有交互（见图 14.1（c））。

目前，关于无人机配送的研究论文主要发表在一些交通和物流领域的著名高水平国际期刊上，如 Transportation Science（TS）、Transportation Research Part B: Methodological （TRB）、Transportation Research Part C: Emerging Technologies （TRC）等。这些研究论文考虑的场景主要包括能源、食品、快递等常见物品和疫苗、药品、血液等需求较为紧急的物品的配送。主要的研究方向大致分为无人机路径规划、无人机内部物品存放、无人机配送模式与方案等。由于无人机的续航能力非常有限，因此陆续有学者考虑建立无人机发射站和补给站（无人机站）来提高无人机的服务能力。其中，无人机与卡车的联合配送是一个经典的模式，该模式由 Chase C. Murray 于 2015 年首次提出 [80]，随后大量的研究在此基础上进行了拓展，包括寻找新场景、设计高效的求解算法等。

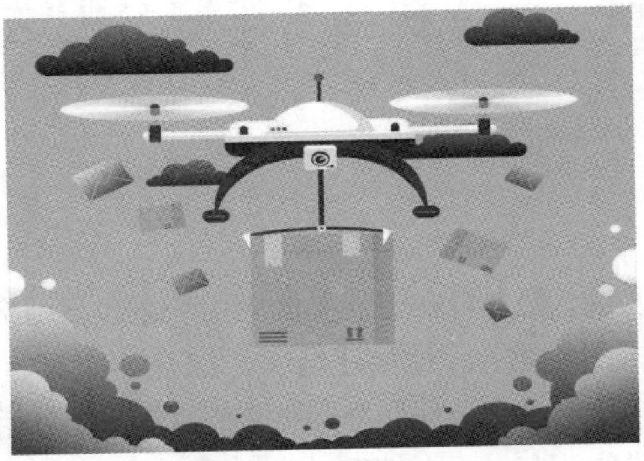

(a) 无人机配送

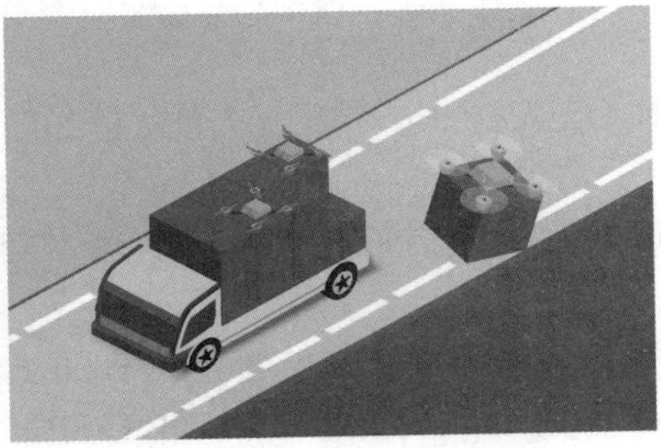

(b) FSTSP

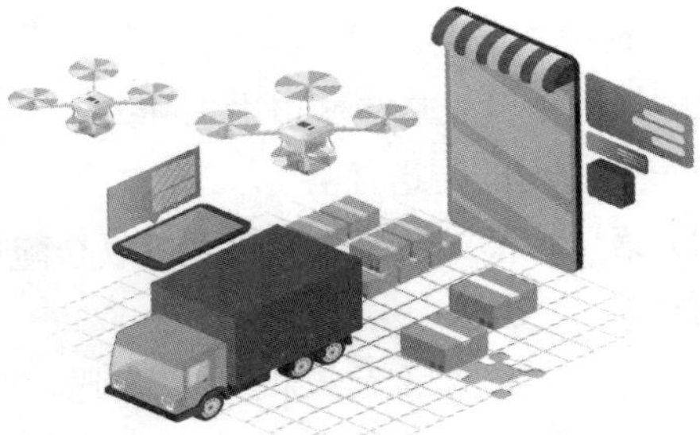

(c) PDSTSP

图 14.1　无人机配送

本章主要介绍文献 [80] 中涉及的数学模型。首先给出两个有代表性的卡车和无人机联合配送模式下的小规模说明性案例（即联合但无交互的模式和联合有交互的模式），然后以联合有交互的模式（即 FSTSP）为例，对建模过程进行详细的解释，最后提供完整的实现代码。

14.2　两种联合配送模式

本节以可视化的小案例来直观介绍上文提及的两种无人机和卡车联合配送的模式。

14.2.1　联合但无交互模式

图14.2和图14.3中，方框代表在无人机飞行里程范围内且快件重量在无人机承重范围之内的客户点，这些点都可以被无人机服务；圆点表示在无人机飞行里程范围之外或者快件重量超出无人机承重范围的客户点，这些点只能被卡车服务，不能被无人机服务。

图14.2（a）所示为传统配送模式下的最优配送方案，即卡车按照规划好的访问顺序，从出发点依次服务完所有的客户点。图 14.2（b）所示为卡车和无人机联合配送但无交互场景下

的最优配送方案。由图可知，客户点 2 和客户点 9 是无法被无人机服务的，其余的点均可被无人机服务。图 14.2（b）展示了一个可行的配送方案：

- 卡车的配送顺序为仓库 → 9 → 2 → 7 → 仓库。
- 无人机服务的客户集合为 $\{1,3,4,5,6,8\}$。

图 14.2（c）是经过优化的最优配送方案，图 14.2（d）展示了 3 种配送模式下的配送时间对比。由图可知，经过优化的最优配送方案所需的时间得到了显著的缩短。

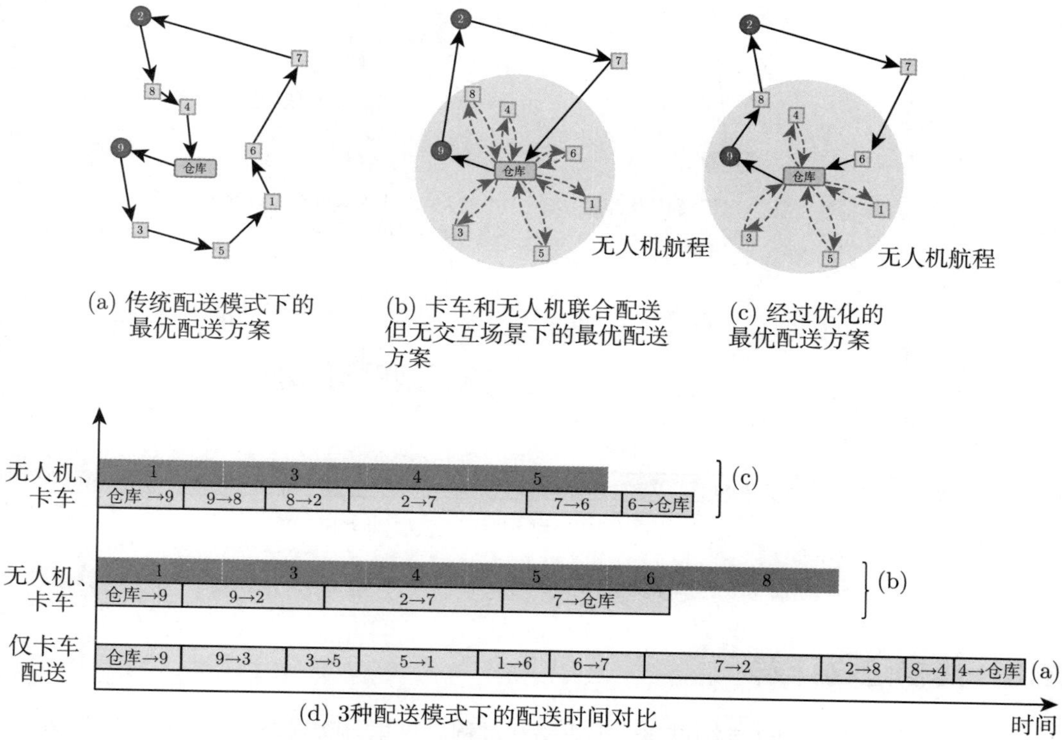

(a) 传统配送模式下的最优配送方案

(b) 卡车和无人机联合配送但无交互场景下的最优配送方案

(c) 经过优化的最优配送方案

(d) 3种配送模式下的配送时间对比

图 14.2　联合但无交互模式与卡车单独配送的对比 [80]

14.2.2　联合有交互模式

如上文所述，在联合有交互的配送模式下，卡车司机需要在客户点发射或者回收无人机。图14.3对比了卡车单独配送的场景和无人机与卡车联合配送且有交互场景下的最优配送方案。其中，图14.3（a）是卡车单独配送场景下的最优配送方案，图14.3（b）是无人机与卡车联合且有交互场景下的最优配送方案。根据图14.3（b）可知，卡车司机在服务客户点 4 的时候，放飞无人机去服务客户点 7，并在客户点 6 处将其回收。随后，卡车司机又在客户点 6 处放飞无人机去服务客户点 1，并在客户点 5 处将其回收。图14.3（c）对比了卡车单独配送和联合有交互模式下的配送时间。结果显示，联合有交互模式所需时间更少。

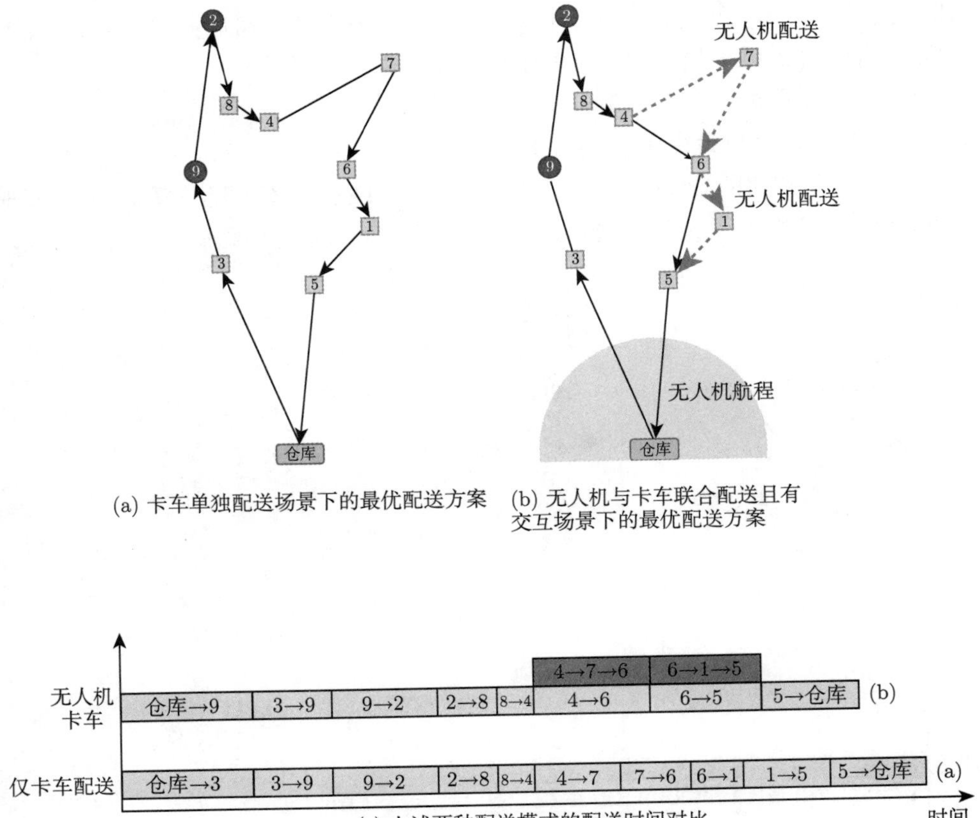

(a) 卡车单独配送场景下的最优配送方案 (b) 无人机与卡车联合配送且有交互场景下的最优配送方案

(c) 上述两种配送模式的配送时间对比

图 14.3　联合有交互模式与卡车单独配送的对比 [80]

14.3　建模过程详解

本节以 FSTSP 为例来详细讲解建模思路和过程。这里再次强调一下 FSTSP 场景中与配送过程相关的细节：卡车携带无人机一起从配送中心或仓库出发，对于合适的客户点，卡车司机可以使用无人机去服务，并在某个客户点和无人机会合，将其回收。为了更直观地观察可行解的结构，从而更容易地设计决策变量和构建约束，我们先绘制出一个可行的配送方案，如图14.4所示。

本问题的建模难度较大，对此，初学者往往会无从下手。绘制出问题的可行解，结合可视化后的可行解来建模对于初学者而言是一个行之有效的做法。从图14.4中我们可以观察到 FSTSP 的可行解主要包含以下信息：

- 卡车的路径（图中实线所示），包括卡车访问的客户点和访问顺序。卡车的路径由一系列的弧段组成。图14.4中展示的卡车路径为仓库 $\rightarrow 9 \rightarrow 12 \rightarrow 8 \rightarrow 7 \rightarrow 5 \cdots \rightarrow 2 \rightarrow$ 仓库。
- 无人机的飞行路径（图中虚线所示），包括无人机的起飞点、服务的客户点以及无人机的回收点。图 14.4中展示的无人机路径包括 $3 \rightarrow 1 \rightarrow 2$ 和 $7 \rightarrow 6 \rightarrow 5$ 等。

- 每个客户点开始接受服务的时间。

基于上述说明，可以很容易地设计出 FSTSP 的决策变量。

- x_{ij}：卡车的路径决策，为 0-1 变量，如果卡车经过弧 (i,j)，则 $x_{ij}=1$，否则 $x_{ij}=0$。
- y_{ijk}：无人机的飞行路径决策，也为 0-1 变量；如果无人机从客户点 i 起飞，去服务客户点 j，最后在客户点 k 被回收，则 $y_{ijk}=1$，否则为 0。文献 [80] 中要求无人机的起飞点、回收点与访问点必须不相同，也就是 i、j、k 互不相同。
- t_i：连续变量，表示卡车到达客户点 i 的时间。
- t'_i：连续变量，表示无人机到达客户点 i 的时间。
- u_i：为了消除子环路而引入的辅助决策变量；该变量可以认为是第 i 个客户点被访问的次序。
- p_{ij}：0-1 变量，是一个辅助决策变量，如果卡车在路径中先访问了 i，再访问了 j，则 $p_{ij}=1$，否则 $p_{ij}=0$。该变量是为了确保无人机访问点的先后顺序和卡车是一致的。例如，如果优化结果为卡车访问的一部分序列为 $7\rightarrow5\rightarrow11$，无人机的某一次配送序列为 $5\rightarrow6\rightarrow7$，则该结果是不可行的，因为无人机的访问顺序和卡车的访问顺序不一致。

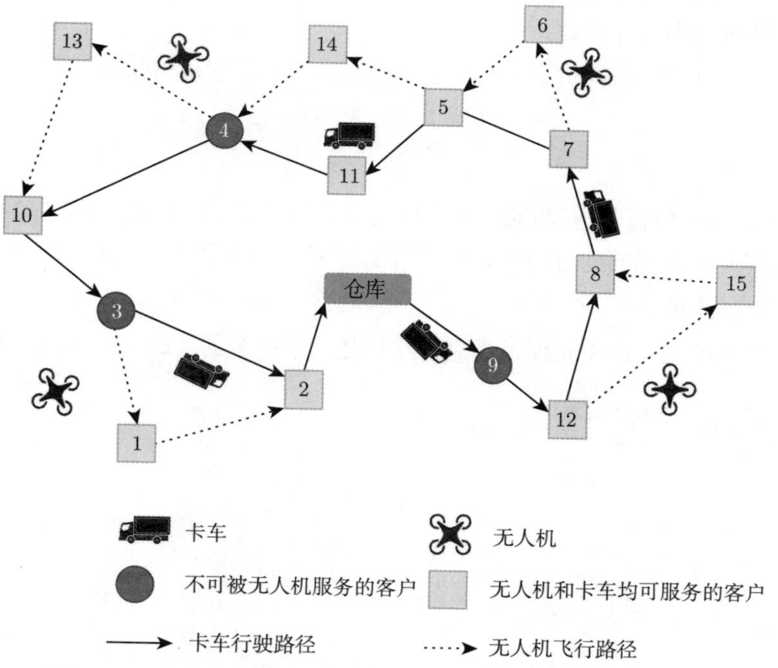

图 14.4　一个无人机与卡车联合配送且有交互的可行的配送方案

FSTSP 的模型还涉及若干参数，包括无人机的飞行速度、卡车的行驶速度、无人机的起飞和回收时间等，这些参数均可自行设置。除此之外，模型还涉及一些其他的参数和集合，具体列举如下：

- c：客户的总数。
- $\mathcal{C}=\{1,2,...,c\}$：所有客户的编号集合。
- $\mathcal{C}' \subsetneq \mathcal{C}$：无人机可以服务的客户子集。
- $\mathcal{N}=\{0,1,...,c+1\}$：网络中所有点的集合，其中，0 和 $c+1$ 分别表示起点和终点。
- $\mathcal{N}_0=\{0,1,...,c\}$：卡车可以离开的点的集合。
- $\mathcal{N}_+=\{1,2,...,c+1\}$：卡车在行驶过程中可以到达的点的集合。
- τ_{ij}：卡车从点 i 行驶到点 j 所需的时间。
- τ'_{ij}：无人机从点 i 飞行到点 j 所需的时间。
- S_L：无人机飞行所需的准备时间。
- S_R：无人机回收所需的时间。
- e：无人机的飞行能力或者续航能力 (以时间为单位)。
- $\mathcal{P}=\{\langle i,j,k\rangle \,|\forall i\in\mathcal{N}_0, j\in\mathcal{C}', k\in\mathcal{N}_+\}$：无人机飞行所有可能的路径三元组 $\langle i,j,k\rangle$ 的集合，其中，i 为飞行点，j 为服务点，k 为回收点。
- M：一个足够大的正数。

配送过程中的优化目标主要集中在配送时间最小化、配送成本最小化、配送效益最大化等。也有一些研究将环境影响纳入目标函数，如考虑碳成本最小化等。本章的模型以最小化服务完所有客户所用的时间为目标函数。

因此，模型的目标函数等价于最小化卡车或无人机返回仓库的最晚时间。

$$\min \quad t_{c+1} \tag{14.1}$$

接下来构建约束条件。本问题的约束条件主要分为以下几个大类：卡车路径约束、无人机路径约束、卡车与无人机的配合约束、访问时间约束、子环路消除约束以及一些初始条件。

（1）卡车路径约束。

卡车路径约束的主要作用是保证规划的路径是一个闭合的环路。具体约束如下：

$$\sum_{\substack{i\in\mathcal{N}_0\\ i\neq j}} x_{ij}+\sum_{\substack{i\in\mathcal{N}_0\\ i\neq j}}\sum_{\substack{k\in\mathcal{N}_+\\ \langle i,j,k\rangle\in\mathcal{P}}} y_{ijk}=1, \qquad \forall j\in\mathcal{C} \tag{14.2}$$

$$\sum_{j\in\mathcal{N}_+} x_{0j}=1 \tag{14.3}$$

$$\sum_{i\in\mathcal{N}_0} x_{i,c+1}=1 \tag{14.4}$$

$$u_i-u_j+1-(c+2)(1-x_{ij})\leqslant 0, \qquad \forall i\in\mathcal{C}, j\in\{\mathcal{N}_+ : i\neq j\} \tag{14.5}$$

$$1\leqslant u_i\leqslant c+2, \qquad \forall i\in\mathcal{N}_+ \tag{14.6}$$

$$\sum_{\substack{i\in\mathcal{N}_0\\ i\neq j}} x_{ij}=\sum_{\substack{k\in\mathcal{N}_+\\ k\neq j}} x_{jk}, \qquad \forall j\in\mathcal{C} \tag{14.7}$$

各个约束式的含义如下。约束式（14.2）确保每个客户只被访问一次（无人机和卡车加起来访问一次）。约束式（14.3）保证卡车一定从仓库出发一次。约束式（14.4）保证卡车最终必须到达终点一次。约束式（14.5）为子环路消除约束。约束式（14.6）限定了访问顺序决策变量 u_i 的取值范围。约束式（14.7）为卡车的路径流平衡约束。

（2）无人机路径约束。

无人机的路径约束旨在确保规划出的路径是可行的。具体约束如下：

$$\sum_{\substack{j\in\mathcal{C}\\ i\neq j}}\sum_{\substack{k\in\mathcal{N}_+\\ \langle i,j,k\rangle\in\mathcal{P}}} y_{ijk}\leqslant 1, \qquad \forall i\in\mathcal{N}_0 \tag{14.8}$$

$$\sum_{\substack{i\in\mathcal{N}_0\\ i\neq k}}\sum_{\substack{j\in\mathcal{C}\\ \langle i,j,k\rangle\in\mathcal{P}}} y_{ijk}\leqslant 1, \qquad \forall k\in\mathcal{N}_+ \tag{14.9}$$

$$2y_{ijk}\leqslant \sum_{\substack{h\in\mathcal{N}_0\\ h\neq i}} x_{hi}+\sum_{\substack{l\in\mathcal{C}\\ l\neq k}} x_{lk}, \qquad \forall i\in\mathcal{C}, j\in\{\mathcal{C}: i\neq j\}, k\in\{N_+:\langle i,j,k\rangle\in\mathcal{P}\} \tag{14.10}$$

$$y_{0jk}\leqslant \sum_{\substack{h\in\mathcal{N}_0\\ h\neq k}} x_{hk}, \qquad \forall j\in\mathcal{C}, k\in\{\mathcal{N}_+:\langle 0,j,k\rangle\in\mathcal{P}\} \tag{14.11}$$

$$u_k-u_i-1+(c+2)\left(1-\sum_{\substack{j\in\mathcal{C},\\ \langle i,j,k\rangle\in\mathcal{P}}} y_{ijk}\right)\geqslant 0, \quad \forall i\in\mathcal{C}, k\in\{\mathcal{N}_+: k\neq i\} \tag{14.12}$$

各个约束式的含义如下。约束式（14.8）和约束式（14.9）限制了无人机至多可以从特定点（包括仓库）起飞或者回收一次。约束式（14.10）表示如果无人机从 i 点起飞，且在 k 点被回收，则卡车必须访问 i 点和 k 点。约束式（14.11）表示如果无人机从起点起飞并在 k 点被回收，则卡车必须访问 k 点。约束式（14.12）表示如果无人机从 i 点起飞，且在 k 点被回收，则卡车必须在访问 k 点之前就访问 i 点。

（3）卡车与无人机的配合约束。

卡车与无人机的配合约束主要是为了保证无人机和卡车在时间和空间上的一致性。具体约束如下：

$$t'_i\geqslant t_i-M\left(1-\sum_{\substack{j\in\mathcal{C}\\ i\neq j}}\sum_{\substack{k\in\mathcal{N}_+\\ \langle i,j,k\rangle\in\mathcal{P}}} y_{ijk}\right), \qquad \forall i\in\mathcal{C} \tag{14.13}$$

$$t'_i\leqslant t_i+M\left(1-\sum_{\substack{j\in\mathcal{C}\\ i\neq j}}\sum_{\substack{k\in\mathcal{N}_+\\ \langle i,j,k\rangle\in\mathcal{P}}} y_{ijk}\right), \qquad \forall i\in\mathcal{C} \tag{14.14}$$

$$t'_k\geqslant t_k-M\left(1-\sum_{\substack{i\in\mathcal{N}_0\\ i\neq k}}\sum_{\substack{j\in\mathcal{C}\\ \langle i,j,k\rangle\in\mathcal{P}}} y_{ijk}\right), \qquad \forall k\in\mathcal{N}_+ \tag{14.15}$$

$$t'_k \leqslant t_k + M\left(1 - \sum_{\substack{i \in \mathcal{N}_0 \\ i \neq k}} \sum_{\substack{j \in \mathcal{C} \\ \langle i,j,k \rangle \in \mathcal{P}}} y_{ijk}\right), \qquad \forall k \in \mathcal{N}_+ \tag{14.16}$$

各个约束式的含义如下。约束式（14.13）和约束式（14.14）表示如果卡车司机要在 i 点放飞无人机，则无人机和卡车一定是同时到达 i 点的，即 $t'_i = t_i$。约束式（14.15）和约束式（14.16）表示如果卡车司机要在 k 点回收无人机，则无人机和卡车必须同时到达 k 点，即 $t'_k = t_k$。

（4）访问时间约束。

访问时间约束旨在决策卡车和无人机访问每个客户点的时间，并保证访问先后顺序和到达客户点的时间的一致性。具体约束如下：

$$t_k \geqslant t_h + \tau_{hk} + s_L\left(\sum_{\substack{l \in \mathcal{C} \\ k \neq l}} \sum_{\substack{m \in \mathcal{N}_+ \\ \langle k,l,m \rangle \in \mathcal{P}}} y_{klm}\right) + s_R\left(\sum_{\substack{i \in \mathcal{N}_0 \\ i \neq k}} \sum_{\substack{j \in \mathcal{C} \\ \langle i,j,k \rangle \in \mathcal{P}}} y_{ijk}\right) - M\left(1 - x_{hk}\right),$$
$$\forall h \in \mathcal{N}_0, k \in \{\mathcal{N}_+ : k \neq h\} \tag{14.17}$$

$$t'_j \geqslant t'_i + \tau'_{ij} - M\left(1 - \sum_{\substack{k \in \mathcal{N}_+ \\ \langle i,j,k \rangle \in \mathcal{P}}} y_{ijk}\right), \qquad \forall j \in C', i \in \{\mathcal{N}_0 : i \neq j\} \tag{14.18}$$

$$t'_k \geqslant t'_j + \tau'_{jk} + s_R - M\left(1 - \sum_{\substack{i \in \mathcal{N}_0 \\ \langle k,l,m \rangle \in \mathcal{P}}} y_{ijk}\right), \qquad \forall j \in \mathcal{C}', k \in \{\mathcal{N}_+ : k \neq j\} \tag{14.19}$$

$$t'_k - \left(t'_j - \tau'_{ij}\right) \leqslant e + M\left(1 - y_{ijk}\right), \quad \forall k \in \mathcal{N}_+, j \in \{\mathcal{C} : j \neq k\}, i \in \{\mathcal{N}_0 \, \langle k,l,m \rangle \in \mathcal{P}\} \tag{14.20}$$

$$t'_l \geqslant t'_k - M\left(3 - \sum_{\substack{j \in \mathcal{C} \\ \langle i,j,k \rangle \in \mathcal{P}, l \neq j}} y_{ijk} - \sum_{\substack{m \in \mathcal{C} \\ m \neq i,k,l}} \sum_{\substack{n \in \mathcal{N}_+ \\ \langle l,m,n \rangle \in \mathcal{P}, n \neq i,k}} y_{lmn} - p_{il}\right),$$
$$\forall i \in \mathcal{N}_0, k \in \{\mathcal{N}_+ : k \neq i\}, l \in \{\mathcal{C} : l \neq i, l \neq k\} \tag{14.21}$$

各个约束式的含义如下。约束式（14.17）表示如果卡车经过弧 (h,k)，则到达 h 点的时间，加上弧 (h,k) 上的行驶时间，再加上卡车放飞和回收无人机的时间，小于等于卡车于 k 点开始服务的时间。约束式（14.18）表示无人机访问客户的时间和起飞时间之间的数量先后关系。约束式（14.19）表示无人机到达回收点处的时间先后关系。约束式（14.19）表示无人机单次配送来回的总飞行时间不得超过其续航时间。约束式（14.21）保证了前后两次放飞无人机的时间先后关系。如果卡车经过弧 (i,l)，在 i 点放飞无人机，在 k 点回收无人机，之后

在 l 点再次放飞无人机，则无人机到达 k 点的时间必须小于等于其到达 l 点的时间。简单来讲就是无人机被放飞后必须首先回收，然后才能再次放飞。

（5）子环路消除约束。

接下来是子环路消除约束，如约束式（14.22）～ 约束式（14.24）所示。其中，u_i 和 p_{ij} 仅描述卡车访问的点的顺序，并且它们的取值与被无人机访问的点无关。

$$u_i - u_j - 1 + (c+2)p_{ij} \geqslant 0, \quad \forall i \in \mathcal{C}, j \in \{\mathcal{C} : i \neq j\} \tag{14.22}$$

$$u_i - u_j + 1 - (c+2)(1 - p_{ij}) \leqslant 0, \quad \forall i \in \mathcal{C}, j \in \{\mathcal{C} : i \neq j\} \tag{14.23}$$

$$p_{ij} + p_{ji} = 1, \quad \forall i \in \mathcal{C}, j \in \{\mathcal{C} : i \neq j\} \tag{14.24}$$

（6）初始条件。

初始条件设置如下：

$$t_0 = 0 \tag{14.25}$$

$$t'_0 = 0 \tag{14.26}$$

$$p_{0j} = 1, \quad \forall j \in \mathcal{C} \tag{14.27}$$

至此，FSTSP 的建模全部完成。该问题约束的构建较为困难，大家需要仔细揣摩体会。

14.4 完整数学模型

为方便查看，这里将 FSTSP 的模型的完整形式展示如下。

$$\min \quad t_{c+1} \tag{14.28}$$

$$\text{s.t.} \quad \sum_{\substack{i \in \mathcal{N}_0 \\ i \neq j}} x_{ij} + \sum_{\substack{i \in \mathcal{N}_0 \\ i \neq j}} \sum_{\substack{k \in \mathcal{N}_+ \\ \langle i,j,k \rangle \in \mathcal{P}}} y_{ijk} = 1, \quad \forall j \in \mathcal{C} \tag{14.29}$$

$$\sum_{j \in \mathcal{N}_+} x_{0j} = 1 \tag{14.30}$$

$$\sum_{i \in \mathcal{N}_0} x_{i,c+1} = 1 \tag{14.31}$$

$$u_i - u_j + 1 - (c+2)(1 - x_{ij}) \leqslant 0, \quad \forall i \in \mathcal{C}, j \in \{\mathcal{N}_+ : i \neq j\} \tag{14.32}$$

$$1 \leqslant u_i \leqslant c+2, \quad \forall i \in \mathcal{N}_+ \tag{14.33}$$

$$\sum_{\substack{i \in \mathcal{N}_0 \\ i \neq j}} x_{ij} = \sum_{\substack{k \in \mathcal{N}_+ \\ k \neq j}} x_{jk}, \quad \forall j \in \mathcal{C} \tag{14.34}$$

$$\sum_{\substack{j \in \mathcal{C} \\ i \neq j}} \sum_{\substack{k \in \mathcal{N}_+ \\ \langle i,j,k \rangle \in \mathcal{P}}} y_{ijk} \leqslant 1, \quad \forall i \in \mathcal{N}_0 \tag{14.35}$$

$$\sum_{\substack{i \in \mathcal{N}_0 \\ i \neq k}} \sum_{\substack{j \in \mathcal{C} \\ \langle i,j,k \rangle \in \mathcal{P}}} y_{ijk} \leqslant 1, \qquad \forall k \in \mathcal{N}_+ \tag{14.36}$$

$$2y_{ijk} \leqslant \sum_{\substack{h \in \mathcal{N}_0 \\ h \neq i}} x_{hi} + \sum_{\substack{l \in \mathcal{C} \\ l \neq k}} x_{lk}, \qquad \forall i \in \mathcal{C}, j \in \{\mathcal{C} : i \neq j\}, k \in \{N_+ : \langle i,j,k \rangle \in \mathcal{P}\} \tag{14.37}$$

$$y_{0jk} \leqslant \sum_{\substack{h \in \mathcal{N}_0 \\ h \neq k}} x_{hk}, \qquad \forall j \in \mathcal{C}, k \in \{\mathcal{N}_+ : \langle 0,j,k \rangle \in \mathcal{P}\} \tag{14.38}$$

$$u_k - u_i - 1 + (c+2)\left(1 - \sum_{\substack{j \in \mathcal{C}, \\ \langle i,j,k \rangle \in \mathcal{P}}} y_{ijk}\right) \geqslant 0, \qquad \forall i \in \mathcal{C}, k \in \{\mathcal{N}_+ : k \neq i\} \tag{14.39}$$

$$t'_i \geqslant t_i - M\left(1 - \sum_{\substack{j \in \mathcal{C} \\ i \neq j}} \sum_{\substack{k \in \mathcal{N}_+ \\ \langle i,j,k \rangle \in \mathcal{P}}} y_{ijk}\right), \qquad \forall i \in \mathcal{C} \tag{14.40}$$

$$t'_i \leqslant t_i + M\left(1 - \sum_{\substack{j \in \mathcal{C} \\ i \neq j}} \sum_{\substack{k \in \mathcal{N}_+ \\ \langle i,j,k \rangle \in \mathcal{P}}} y_{ijk}\right), \qquad \forall i \in \mathcal{C} \tag{14.41}$$

$$t'_k \geqslant t_k - M\left(1 - \sum_{\substack{i \in \mathcal{N}_0 \\ i \neq k}} \sum_{\substack{j \in \mathcal{C} \\ \langle i,j,k \rangle \in \mathcal{P}}} y_{ijk}\right), \qquad \forall k \in \mathcal{N}_+ \tag{14.42}$$

$$t'_k \leqslant t_k + M\left(1 - \sum_{\substack{i \in \mathcal{N}_0 \\ i \neq k}} \sum_{\substack{j \in \mathcal{C} \\ \langle i,j,k \rangle \in \mathcal{P}}} y_{ijk}\right), \qquad \forall k \in \mathcal{N}_+ \tag{14.43}$$

$$t_k \geqslant t_h + \tau_{hk} + s_L\left(\sum_{\substack{l \in \mathcal{C} \\ k \neq l}} \sum_{\substack{m \in \mathcal{N}_+ \\ \langle k,l,m \rangle \in \mathcal{P}}} y_{klm}\right) + s_R\left(\sum_{\substack{i \in \mathcal{N}_0 \\ i \neq k}} \sum_{\substack{j \in \mathcal{C} \\ \langle i,j,k \rangle \in \mathcal{P}}} y_{ijk}\right) - M(1 - x_{hk}),$$
$$\forall h \in \mathcal{N}_0, k \in \{\mathcal{N}_+ : k \neq h\} \tag{14.44}$$

$$t'_j \geqslant t'_i + \tau'_{ij} - M\left(1 - \sum_{\substack{k \in \mathcal{N}_+ \\ \langle i,j,k \rangle \in \mathcal{P}}} y_{ijk}\right), \qquad \forall j \in C', i \in \{\mathcal{N}_0 : i \neq j\} \tag{14.45}$$

$$t'_k \geqslant t'_j + \tau'_{jk} + s_R - M\left(1 - \sum_{\substack{i \in \mathcal{N}_0 \\ \langle k,l,m \rangle \in \mathcal{P}}} y_{ijk}\right), \qquad \forall j \in \mathcal{C}', k \in \{\mathcal{N}_+ : k \neq j\} \tag{14.46}$$

$$t'_k - \left(t'_j - \tau'_{ij}\right) \leqslant e + M(1 - y_{ijk}),$$
$$\forall k \in \mathcal{N}_+, j \in \{\mathcal{C} : j \neq k\}, i \in \{\mathcal{N}_0 \langle k,l,m \rangle \in \mathcal{P}\} \tag{14.47}$$

$$
t'_l \geqslant t'_k - M\left(3 - \sum_{\substack{j\in\mathcal{C}\\ \langle i,j,k\rangle\in\mathcal{P},l\neq j}} y_{ijk} - \sum_{\substack{m\in\mathcal{C}\\ m\neq i,k,l}} \sum_{\substack{n\in\mathcal{N}_+\\ \langle l,m,n\rangle\in\mathcal{P},n\neq i,k}} y_{lmn} - p_{il}\right),
$$
$$
\forall i\in\mathcal{N}_0, k\in\{\mathcal{N}_+ : k\neq i\}, l\in\{\mathcal{C}: l\neq i, l\neq k\} \quad (14.48)
$$

$$u_i - u_j - 1 + (c+2)p_{ij} \geqslant 0, \quad \forall i\in\mathcal{C}, j\in\{\mathcal{C}: i\neq j\} \quad (14.49)$$

$$u_i - u_j + 1 - (c+2)(1-p_{ij}) \leqslant 0, \quad \forall i\in\mathcal{C}, j\in\{\mathcal{C}: i\neq j\} \quad (14.50)$$

$$p_{ij} + p_{ji} = 1, \quad \forall i\in\mathcal{C}, j\in\{\mathcal{C}: i\neq j\} \quad (14.51)$$

$$x_{ij}\in\{0,1\}, \quad \forall i\in\mathcal{N}_0, j\in\{\mathcal{N}_+ : i\neq j\} \quad (14.52)$$

$$y_{ijk}\in\{0,1\}, \quad \forall i\in\mathcal{N}_0, j\in\{\mathcal{C}: i\neq j\}, k\in\{\mathcal{N}_+ : \langle i,j,k\rangle\in\mathcal{P}\} \quad (14.53)$$

$$t_i \geqslant 0, \quad \forall i\in\mathcal{N} \quad (14.54)$$

$$t'_i \geqslant 0, \quad \forall i\in\mathcal{N} \quad (14.55)$$

$$p_{ij}\in\{0,1\}, \quad \forall i\in\mathcal{N}_0, j\in\{\mathcal{C}: i\neq j\} \quad (14.56)$$

14.5 编程实战

本节使用 Python 分别调用 COPT 和 Gurobi 实现 FSTSP 的模型的建立和求解。

14.5.1 算例设计

为方便验证模型，本节基于 VRPTW 的标杆算例 [100] 进行略微调整，作为测试数据集来验证 FSTSP 的模型①。具体修改为：在算例中加入无人机的飞行里程（RANGE），以及无人机的起飞时间（LUNCHING）和回收时间（RECOVER）。本章中，我们简单地设置 RANGE 为 100，LUNCHING 和 RECOVER 均为 1。设置无人机的里程为 100 也许并不一定合理，但是这能保证在小规模算例中无人机能被成功放飞，并服务完成一个客户点，最后返回到回收点。

这里以 Solomon VRPTW 标杆算例中的 C101 算例为例，展示其中的前 10 个客户点的完整数据，如下所示。

C101 的前 10 个客户点的数据

```
RANGE
100

LUNCHING    RECOVER
1       1

CUSTOMER
CUST NO.  XCOORD.    YCOORD.     DEMAND    READY TIME  DUE DATE   SERVICE    TIME
0       40          50          0          0         1236         0
1       45          68          10         912         967         90
```

① 虽然本章探讨的是 TSP 的变体，但是 VRPTW 的数据集仍然可以用于测试本章的研究问题。

```
2     45     70     30     825     870     90
3     42     66     10      65     146     90
4     42     68     10     727     782     90
5     42     65     10      15      67     90
6     40     69     20     621     702     90
7     40     66     20     170     225     90
8     38     68     20     255     324     90
9     38     70     10     534     605     90
10    35     66     10     357     410     90
```

14.5.2 算例读取

定义数据（Data）类以更方便地存储数据。在 Data 类中定义读取数据和打印数据的函数，为后续建模和求解做准备。具体代码如下。

读取算例数据

```python
"""
booktitle: 《数学建模与数学规划：方法、案例及编程实战 Python+COPT/Gurobi 实现》
name: 无人机与卡车联合配送问题
author: 刘兴禄
date: 2017-10-30
institute: 清华大学
"""
""" 定义数据类 """
class Data(object):
    """ 存储算例数据的类 """
    def __init__(self):
        self.customer_num = 0           # 客户数量
        self.node_num = 0               # 点的数量
        self.range = 0                  # 无人机的飞行范围
        self.lunching_time = 0          # 放飞无人机消耗的时间
        self.recover_time = 0           # 回收无人机消耗的时间
        self.cor_X = []                 # 点的横坐标
        self.cor_Y = []                 # 点的纵坐标
        self.demand = []                # 客户点的需求
        self.service_time = []          # 服务时间
        self.ready_time = []            # 最早开始时间
        self.due_time = []              # 最晚结束时间
        self.dis_matrix = [[]]          # 点的距离矩阵

    # 读取数据的函数
    def read_data(self, path, customer_num):
        """ 完整函数代码见本书配套电子资源"""

    # 打印数据的函数
    def print_data(self, customer_num):
        print("\n------- 无人机参数 --------")
        print("%-20s %4d" % ('UAV range: ', self.range))
        print("%-20s %4d" % ('UAV lunching time: ', self.lunching_time))
        print("%-20s %4d" % ('UAV recover time: ', self.recover_time))
        print("\n------- 点的信息 --------")
        print('%-10s %-8s %-6s %-6s' % ('需求', '开始时间', '结束时间', '服务时间'))
        for i in range(len(self.demand)):
            print('%-12.1f %-12.1f %-12.1f %-12.1f' % (self.demand[i], self.ready_time[i], self.due_time[i],
             self.service_time[i]))

        print("-------距离矩阵-------\n")
```

```python
        for i in range(self.node_num):
            for j in range(self.node_num):
                print("%6.2f" % (self.dis_matrix[i][j]), end=" ")
            print()
```

14.5.3 建立模型并求解：Python 调用 COPT 实现

基于读取的算例数据，可以进行建模和求解。本节展示 Python 调用 COPT 求解 FSTSP 模型的完整代码。

建立 FSTSP 模型并求解:Python 调用 COPT

```python
"""
booktitle: 《数学建模与数学规划：方法、案例及编程实战 Python+COPT/Gurobi 实现》
name: 无人机与卡车联合配送问题 - COPT Python 接口代码实现
author: 杉数科技
date: 2022-10-11
institute: 杉数科技
"""

""" 构建 Model_builder 类，用于建模求解和输出求解结果 """
from coptpy import *
class Model_builder(object):
    """
    构建模型并求解的类
    """

    def __init__(self):
        ...

    def build_FSTSP_model_and_solve(self, data=None, solve_model=False):
        """ 完整函数代码见本书配套电子资源"""
```

14.5.4 建立模型并求解：Python 调用 Gurobi 实现

本节展示 Python 调用 Gurobi 求解 FSTSP 模型的完整代码。

建立 FSTSP 模型并求解:Python 调用 Gurobi

```python
"""
booktitle: 《数学建模与数学规划：方法、案例及编程实战 Python+COPT/Gurobi 实现》
name: 无人机与卡车联合配送问题 - Gurobi Python 接口代码实现
author: 刘兴禄
date: 2017-10-30
institute: 清华大学
"""

""" 构建 Model_builder 类，用于建模求解和输出求解结果 """
from gurobipy import *
class Model_builder(object):
    """
    构建模型并求解的类
    """

    def __init__(self):
        ...

```

```python
    def build_FSTSP_model_and_solve(self, data=None, solve_model=False):
        """ 完整函数代码见本书配套电子资源"""
```

14.5.5 解的提取和可视化

为了更好地查看求解的结果，本节提供了获取模型的解并将其可视化的代码，具体如下。注意，由于求解器有可能会出现数值问题，因此在提取决策变量 x_{ij} 和 y_{ijk} 的值时，可以将其值圆整为 0 或 1。

解的提取和可视化：Solution 类

```python
"""
booktitle: 《数学建模与数学规划：方法、案例及编程实战 Python+COPT/Gurobi 实现》
name: 无人机与卡车联合配送问题
author: 刘兴禄
date: 2017-10-30
institute: 清华大学
"""
class Solution(object):
    """ Solution 类，用于记录关于解的信息 """
    def __init__(self):
        self.ObjVal = 0             # 目标函数值
        self.X = [[]]               # 决策变量 X[i, j] 的取值
        self.Y = [[[]]]             # 决策变量 Y[i, j, k] 的取值
        self.U = []                 # 决策变量 U[i] 的取值
        self.P = []                 # 决策变量 P[i, j] 的取值
        self.T = []                 # 决策变量 T[i] 的取值
        self.Tt = []                # 决策变量 T[i]' 的取值
        self.route_truck = []       # 卡车的行驶路径
        self.route_UAV = []         # 无人机的飞行路径

    def get_solution(self, data, model):
        """ 完整函数代码见本书配套电子资源 """

    def plot_solution(self, file_name=None, customer_num=0):
        """ 完整函数代码见本书配套电子资源 """
```

14.6 数值实验及结果展示

由于该问题求解难度极大，本节仅使用小规模算例对模型进行验证。本章的数值实验使用的求解器均为 Gurobi （版本为 9.5.1），大家也可以自行将求解器更改为 COPT 进行测试。可以通过控制客户点的个数来控制算例的规模。经过测试，当客户点个数超过 9 时，问题求解就已经非常困难了。为了让求解器在规定的时间内终止求解进程，返回当前最好解，我们设置求解时间为 1200s。设置完参数后，基于算例 C101 进行了 6 次数值实验，即分别设置客户点的数量（node_num）为 5、6、7、8、9、10。调用函数求解算例的代码如下。

调用函数求解算例

```python
if __name__ == "__main__":
    # 调用函数读取数据
```

```python
    path = 'instances/C101.txt'
    node_num_set = [5, 6, 7, 8, 9, 10]

    for customer_num in node_num_set:
        data = Data()
        customer_num = 5
        data.read_data(path, customer_num)
        data.print_data(customer_num)

        # 建立模型并求解
        model_handler = Model_builder()
        model_handler.build_model(data=data, solve_model=True)

        # 获取解并将其可视化
        solution = Solution()
        solution.get_solution(data, model_handler.model)
        file_name = str(customer_num)+ '_customer.pdf'
        solution.plot_solution(file_name=file_name, customer_num=customer_num)
```

FSTSP 的算例求解结果（C101）见表14.1。

表 14.1　FSTSP 的算例求解结果（C101）

顾客数	目标值	卡车的行驶路径	无人机的飞行路径	求解时间/s	解的状态
5	42.23	$0\to5\to1\to4\to3\to0$	$0\to2\to6$	1.07	最优
6	43.42	$0\to1\to2\to4\to3\to5\to0$	$0\to6\to3$	3.98	最优
7	44.97	$0\to7\to6\to4\to1\to3\to5\to0$	$0\to2\to1$	33.90	最优
8	47.03	$0\to5\to3\to7\to4\to6\to9\to8\to0$	$0\to2\to9$	171.34	最优
9	48.26	$0\to5\to3\to1\to4\to6\to8\to7\to0$	$0\to1\to4$ 和 $4\to2\to10$	1200	TimeLimit
10	50.52	$0\to5\to3\to7\to4\to6\to9\to8\to10\to0$	$0\to1\to4$ 和 $4\to2\to11$	1200	TimeLimit

图14.5是 6 次数值实验结果的可视化，从图中可以很直观地观察解的结构。

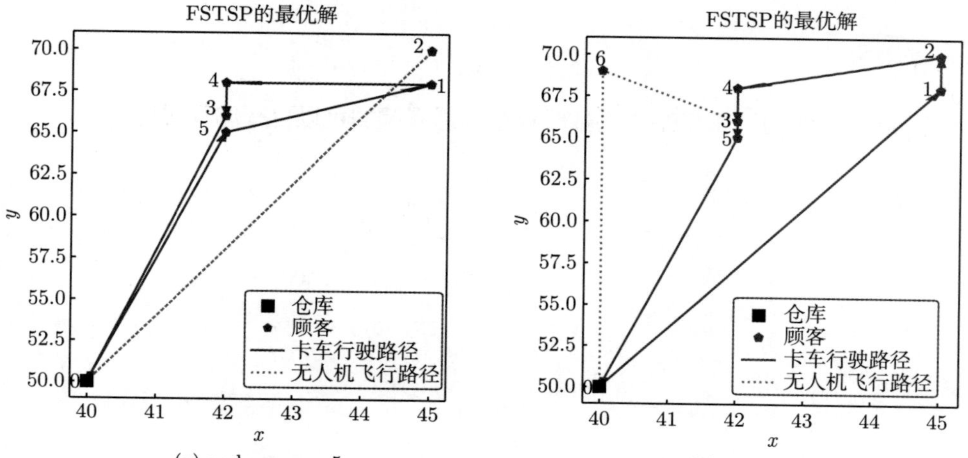

(a) node_num=5　　(b) node_num=6

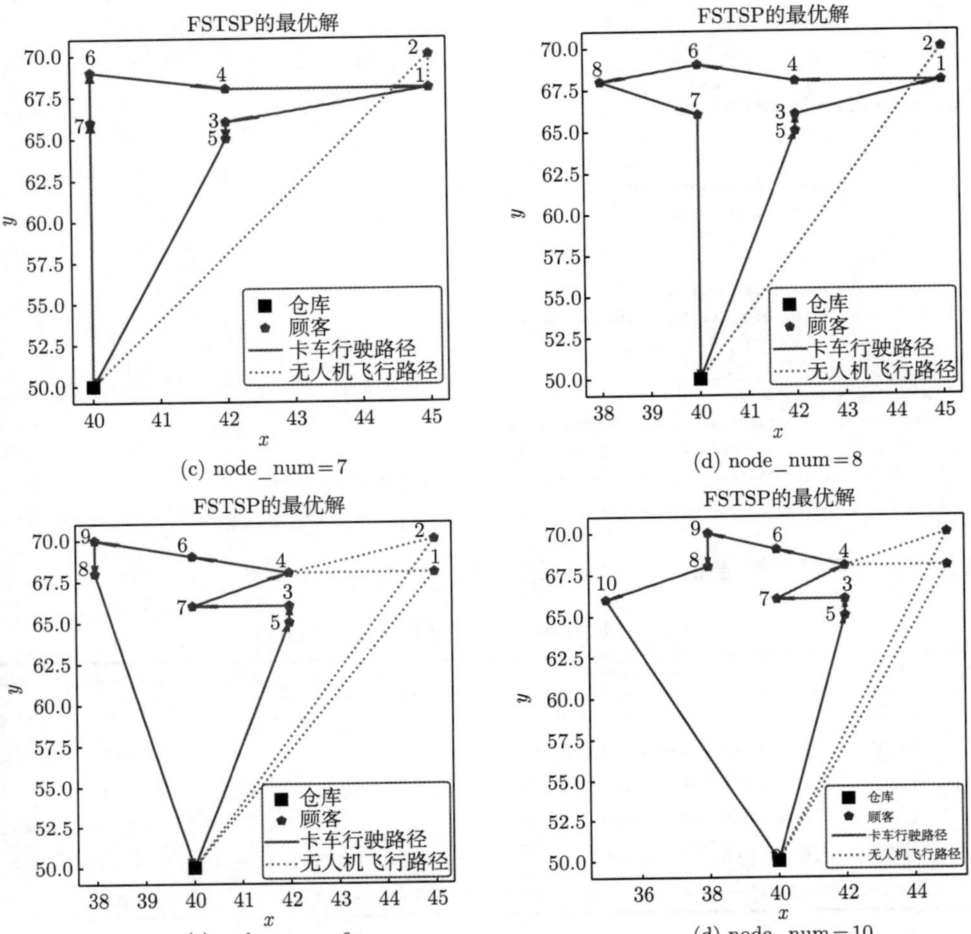

(c) node_num = 7　(d) node_num = 8

(c) node_num = 9　(d) node_num = 10

图 14.5　FSTSP 的数值实验结果

14.7　拓展

文献 [80] 也提供了 PDSTSP 的数学模型，感兴趣的可以自行编程实现。

第 III 部分

编程实战：COPT

第 15 章　基本建模求解方法

本章将对杉数求解器 COPT 支持的问题类型以及基本的建模方法进行初步介绍。本章重点如下：

- 杉数求解器 COPT 基本介绍。
- COPT Python 建模求解的基本流程和方法。
- COPT Python 建模求解入门：一维下标决策变量与线性规划模型（食谱搭配问题）。
- 获取和分析求解结果。

15.1　杉数求解器 COPT 基本介绍

杉数求解器 COPT 是一款针对大规模优化问题的高效数学规划求解器，COPT 7.1 同时具备大规模混合整数规划、线性规划、半定规划、（混合整数）二阶锥规划，以及（混合整数）凸二次规划和（混合整数）凸二次约束规划问题的求解能力。COPT 7.1 支持求解的优化问题类型及对应的求解算法见表15.1。

表 15.1　COPT 支持求解的优化问题类型及对应的求解算法

问 题 类 型	求 解 算 法
线性规划（LP）	对偶单纯形法、内点法、一阶算法
半定规划（SDP）	内点法、交替乘子下降法
二阶锥规划（SOCP）	内点法
凸二次规划（Convex QP）	内点法
凸二次约束规划（Convex QCP）	内点法
混合整数线性规划（MILP）	分支切割算法
混合整数二阶锥规划（MISOCP）	分支切割算法
混合整数凸二次规划（convex MIQP）	分支切割算法
混合整数凸二次约束规划（convex MIQCP）	分支切割算法
指数锥规划（ExpCone）	内点法

COPT 支持所有主流操作系统，如 Windows、MacOS、Linux（包括苹果自研芯片与 ARM64 芯片）。用户可以选择适合的语言及建模工具来调用 COPT 进行模型的建立和求解，包括基于数据的 C 语言接口，面向对象的 Python、C++、C#、Java 接口，以及第三方接口 AIMMS、AMPL、GAMS、Julia、Pyomo、PuLP、CVXPY 等。

15.2 COPT 建模求解的准备工作和基本步骤

15.2.1 准备工作

在正式开始使用 COPT 前，用户需要做好以下准备工作：

（1）安装 COPT 并配置许可文件。

（2）准备好 Python 环境，推荐下载 Anaconda 发行版，对 Python 新手更友好。

（3）安装 COPT Python 接口 coptpy，在命令行输入如下命令。

```
pip install coptpy
```

如果电脑中已安装过旧版本的 coptpy ，需要升级到最新版本，对应的指令为。

```
pip install --upgrade coptpy
```

此外，COPT 支持输入提示，该功能会提示变量名补全及函数参数的可取值。最新版本的 COPT 及其相关文档资料的获取见本书配套电子资源。

15.2.2 基本步骤

1. 导入 COPT Python 接口库和测试数据

在使用 Python 调用 COPT 之前，用户需要安装并导入 Python 接口库，即coptpy。如果模型为抽象模型，则需要导入外部数据或手动将测试数据添加到模型中。

```
from coptpy import *
```

2. 创建 COPT 求解环境

Envr 类是 COPT 求解环境相关操作的封装，其构造函数 Envr()用于创建 COPT 求解环境；Envr.createModel(name)用于创建求解模型，用户可通过参数 name 指定模型名称。该方法将返回 Model 类的对象，Model 类是 COPT 构建模型相关操作的封装。

```
env = Envr()
model = env.createModel(name="shanshu")
```

3. 构建模型

构建模型的过程主要包括 3 个步骤：（1）添加决策变量；（2）设置目标函数；（3）添加约束条件。用户可以通过调用 Model 类中的成员方法实现模型的构建。

首先来介绍如何添加决策变量。COPT 中决策变量的类型可用参数 vtype 指定，其可取值包括连续型（COPT.CONTINUOUS）、整数型（COPT.INTEGER）、二进制或 0-1 型（COPT.BINARY）。用户可以选择以下两种添加决策变量的方法：

（1）添加单个决策变量：Model.addVar()，创建并返回一个Var类对象，可指定决策变量的上下界 [lb, ub]、在目标函数中的系数（obj）、变量类型（vtype）、变量名称（name）等信息。决策变量默认是连续非负的。

（2）批量添加一组决策变量：Model.addVars()，创建并返回一个 tupledict 类对象，其键为变量的下标，值为相应的 Var 类对象。此外，用户还可以在该函数中指定变量下标（*indices）。

COPT 还支持半定规划问题的求解，并提供了相应的函数。通过指定变量维度（dim），用户可以将单个或一组半定变量添加到模型中。下面是添加半定变量的函数。

- Model.addPsdVar()：添加单个半定变量。
- Model.addPsdVars()：添加一组半定变量。

添加完变量后，可以使用函数 Model.setObjective(expr, sense)设置模型的目标函数。其中，expr是指目标函数的表达式，sense 是指优化的方向，其可取值如下：

- 最小化问题：sense = COPT.MINIMIZE。
- 最大化问题：sense = COPT.MAXIMIZE。

最后一步即为添加模型的约束条件。COPT 支持的约束类型及对应的添加方法如下：

- 线性约束和半定约束：Model.addConstr()。
- 二阶锥约束：Model.addCone()。
- 二次约束：Model.addQConstr()。

4. 设置求解参数并求解模型

优化参数的作用是控制 COPT 中优化算法的运行和使用情况，每个参数都有各自的默认值和取值范围。在开始求解前，用户可以通过改变参数的设置，从而使得求解算法和求解过程等满足特定的要求。

按照执行任务的不同，参数可以分为不同的类别，包括限制和容差类（如求解时间限制 TimeLimit）、预求解类（如预求解强度 Presolve）等。对于不同类型的优化问题，COPT 也提供了专门的参数，方便用户选择使用不同的求解算法。例如，参数 LpMethod 可以用来选择求解线性规划问题所使用的算法。

此外，用户可以通过指定参数的名称来访问和设置参数的取值，COPT 中相关的函数如下：

- 获取指定参数的详细信息（当前值/最大值/最小值）：Model.getParamInfo(paramname)。

- 获取指定参数的当前取值：Model.getParam(paramname)。
- 设置指定参数为新取值 newval：Model.setParam(paramname, newval)。

5. 查看和分析模型的求解结果

用户可以在求解日志汇总部分查看求解结果信息。当然，这些信息也可以通过直接访问模型的成员属性的方式来获取，例如：

- Model.status：获取模型求解状态。
- Model.objval：获取模型的最优目标函数值。
- Var.x：获取决策变量最优解。

更多有关 COPT 参数的介绍及设置方法，请参考杉数求解器用户手册 [39]。

15.3 COPT 建模求解入门：食谱搭配问题

食谱搭配问题（Diet Problem）可以被建模为线性规划模型。该问题的目标是在满足营养成分需求的条件下，决策出最优的食材搭配方案，以最小化食谱中包含的食材的总费用。

首先需要定义以下参数：

- $\mathcal{F}$：所有食材的集合。
- $\mathcal{N}$：所有营养成分的集合。
- c_f：食材 f 的单位价格。
- v_{fn}：每单位食材 f 含营养成分 n 的量。
- L_n：每日必需营养成分 n 的摄入量的下界。
- U_n：每日必需营养成分 n 的摄入量的上界。

引入非负连续决策变量 $x_f, \forall f \in \mathcal{F}$，表示食谱中包含食材 f 的数量。则食谱搭配问题可以被建模为下面的线性规划模型：

$$
\begin{aligned}
\min \quad & \sum_{f \in \mathcal{F}} c_f x_f \\
\text{s.t.} \quad & L_n \leqslant \sum_{f \in \mathcal{F}} v_{fn} x_f \leqslant U_n, && \forall n \in \mathcal{N} \\
& x_f \geqslant 0, && \forall f \in \mathcal{F}
\end{aligned}
$$

接下来使用 Python 调用 COPT 对食谱搭配问题的模型进行建模和求解。

1. 导入 coptpy 包和测试数据

```
from coptpy import *
```

由于模型的测试数据已在代码中给出，因此这里无须导入测试数据。

2. 创建 COPT 求解环境和模型实例

首先，调用函数 `Envr()` 创建 COPT 求解环境。然后，调用函数 `Envr.createModel()` 创建 `Model` 类实例。`Model` 类的实例会有不同的状态，用户可以通过访问 `Model` 类的成员属性 `Model.status` 来获取模型求解状态。下面是 3 种模型求解状态的取值及其含义。

- `COPT.UNSTARTED`：模型尚未开始求解。
- `COPT.OPTIMAL`：模型找到了最优解。
- `COPT.INFEASIBLE`：模型无解。

创建 COPT 求解环境和获取模型求解状态的代码如下。

```
# Create environment
env = Envr()

# Create model
model = env.createModel(name="diet")
print(model.status == COPT.UNSTARTED)
```

3. 构建模型：添加决策变量、设置目标函数和添加约束条件

下面是相应的实现代码。

```
# 添加决策变量
x = model.addVar(name="Beef")
y = model.addVar(name="Chicken")
z = model.addVar(name="Fish")
print(" 决策变量 x 的名称: ",x.getName())
print(" 决策变量 x 的变量类型: ",x.getType())
print(" 决策变量个数: ",model.getAttr("cols"))

# 设置目标函数
model.setObjective(3.19*x + 2.59*y + 2.29*z, sense=COPT.MINIMIZE)
print(" 模型优化方向是: ", model.ObjSense)

# 添加约束条件: 添加单边约束
# 维生素 A
model.addConstr(60*x + 8*y + 8*z >= 700)
# 维生素 C
model.addConstr(20*x + 0*y + 10*z >= 700)
print(" 约束数量: ", model.getAttr("rows"))
```

4. 设置求解参数并求解模型

这里通过参数 `TimeLimit` 将求解时间设置为 10.0s；同时，设置参数 `LPMethod`的取值为 4，即选择使用并发求解（同时启用对偶单纯形法与内点法）方法来求解线性规划模型。

```
# 设置参数（Set parameters）
model.setParam("TimeLimit", 10.0)
model.setParam("LPMethod", 4)
# 求解模型（Solve the model）
model.solve()
```

5. 获取和分析求解结果

如果模型求到最优解，则用户可以通过以下语句输出最优目标值和变量最优值。

```
# 结果分析（Analyze solution)
if model.status == COPT.OPTIMAL:
    # 最优目标值（Optimal objective value)
    print(" 最少食谱构建费用：{:.4f}".format(model.objval))
    allvars = model.getVars()
    # 变量最优值（Variable value)
    print("\n每种食材的取值：\n")
    for var in allvars:
        print(" 决策变量{0}，最优值为 {1:.4f}，基状态为：{2}".format(var.name, var.x, var.basis))
```

上述代码的运行结果如下：

```
最少食谱构建费用：111.6500

每种食材的取值：

决策变量 Beef，最优值为 35.0000，基状态为 1
决策变量 Chicken，最优值为 0.0000，基状态为 0
决策变量 Fish，最优值为 0.0000，基状态为 0
```

15.4 获取模型的属性和结果信息

在上述基础示例问题（食谱搭配问题）中，我们用到了获取模型指定属性的取值的函数 `Model.getAttr(attrname)`。COPT 中的模型还有一些其他的常用属性，具体见表15.2。

模型求解完毕后，用户可以通过访问 `Model` 类的成员属性来获取相关信息，如模型的求解状态（`Model.status`）、决策变量最优解（`Var.x`）、决策变量的基状态（`Var.basis`）、目标函数最优值（`Model.objval`）等基础信息。其中，基状态表示该变量是否为基础解以及是否取到边界值等，该属性的可能取值为 $\{0, 1, 2, 3, 4\}$，不同的取值对应不同的基状态。若因 `TimeLimit` 等参数设置导致模型未求到最优解，在获取相关属性时，将返回当前最佳可行解的取值。COPT 求解结果的获取方法见表 15.3。

表 15.2　COPT 常用属性

attrname 取值	含　义
Cols	标量变量（非半定变量）数目
PSDCols	半定变量数目
Rows	线性约束数目
PSDConstrs	半定约束数目
Cones	二阶锥约束数目
QConstrs	二次约束数目

表 15.3 COPT 求解结果的获取方法

信 息 项	成员属性/方法
模型求解状态	Model.status
目标函数值	Model.objval
所有决策变量	Model.getVars()
变量名称	Var.name 或 Var.getName()
变量取值	Var.x
变量基状态	Var.basis

针对线性规划模型，用户还可以进一步获取对偶问题的额外信息。例如，用户可以通过调用函数 Model.getDuals() 获取模型的所有对偶变量；用户还可以通过调用函数 Model.getSlacks() 获取模型中所有约束的松弛变量。

第 16 章　建模求解方法进阶

本章将介绍 COPT 建模的高阶方法以及一些重要的求解参数。本章重点如下：

- 建模技巧和辅助工具函数的使用。
- COPT 的重要求解参数。
- 利用 COPT 建模并求解整数线性规划模型（下料问题）。

16.1　建模技巧和辅助工具函数的使用

16.1.1　构建表达式的技巧

COPT 提供了直观地创建线性、二次和半定表达式的方法，同时也提供了一些高效的方法，帮助用户提高目标函数或约束条件的建模效率。

- 对于线性和二次表达式，建议使用 `quicksum()` 来创建表达式对象；
- 对于线性和半定表达式，建议使用 `psdquicksum()` 来创建表达式对象。

以上两个辅助函数虽然和 Python 的内置函数 `sum()` 实现的功能一致，但是 `quicksum()` 和 `psdquicksum()` 的性能更好，因为它们对求和过程进行了优化，执行速度更快，占用内存空间更少，性能比调用函数 `sum()` 或直接使用加号运算符（`+`）好很多，特别是在处理大规模的问题的时候。

此外，用户在批量添加决策变量时，可以调用 `Model.addVars()` 函数，此时将返回 `tupledict` 类对象。COPT 的 `tupledict` 类提供了以下成员方法，可以用于直接添加由该组决策变量构成的线性表达式。

- `tupledict.sum(pattern)`：首先根据指定的匹配模式（`pattern`）筛选决策变量并将符合条件的变量累加，构成线性表达式，然后返回 `LinExpr` 类对象。为方便大家更直观地理解匹配模式，这里举一个简单例子。例如，`pattern=('a',*)` 对应的加和运算为 $\sum_{j=1}^{10} x['a',j]$。
- `tupledict.prod(pattern, coeff)`：首先根据指定的匹配模式筛选决策变量，并与相应的系数 `coeff` 进行内积运算，构成线性表达式，然后返回 `LinExpr` 类对象。

当模型中包含多维决策变量时，利用上面两个函数构建线性约束的优势将会更加显著，它们可以让表达式中各项的加和或内积运算更加清晰且方便。比如在对数独游戏进行建模的过程中，需要引入 0-1 决策变量 X_{ijk} 来表示网格 (i,j) 处是否要填入数字 k。该变量为 3 维决策变量。根据数独游戏的规则，每个网格 (i,j) 内能且只能填写一个数字。该约束可以表示为式（16.1）的形式。

$$\sum_{k=1}^{9} X_{ijk} = 1, \qquad \forall i, j \in \{1, ..., 9\} \tag{16.1}$$

下面是添加该条约束的代码：

```
model.addConstrs(x.sum(i, j, "*") == 1 for i in range(9) for j in range(9))
```

上述代码指定了匹配模式为 pattern=(i,j,"*")，其含义为固定前 2 个维度的下标 (i 和 j)，在第 3 个维度上对 X_{ijk} 进行加和。可以看到，上述方法可以直观地实现式（16.1）中的加和操作。

16.1.2 批量添加决策变量/约束

对于多维下标的决策变量，用户可以使用 Model 类的 Model.addVars(I, J, K) 函数来批量添加一组下标维度为 $I \times J \times K$ 的三维决策变量。下面是一个简单示例。

```
# 批量添加一组 9*9*9 的三维决策变量
x = model.addVars(9, 9, 9, vtype=COPT.BINARY)
```

对于约束而言，用户可以使用 Model 类的 Model.addConstrs(generator) 函数批量地将一组线性约束添加到模型中，其中 generator 为表达式生成器。下面是一个简单示例。

```
# 添加 10 条线性约束，每条约束形如：x[0] + y[0] >= 2.0
model.addConstrs(x[i] + y[i] >= 2.0 for i in range(10))
```

16.2 COPT 的重要求解参数

为了简化模型，使其更容易被求解，COPT 会在正式求解模型之前执行预求解的操作，以达到删除冗余约束或收紧变量范围的目的。COPT 正式求解的模型实际上是经过预求解后的版本。在正式求解阶段，COPT 会使用多种求解算法（如对偶单纯形法、内点法、分支切割算法）对预求解后的模型进行求解。需要说明的是，预求解的强度有多个可选项，用户可以通过修改参数 Presolve 的取值来控制预求解的强度。参数 Presolve 的可取值如下：

- −1：自动选择（默认值）。
- 0：关闭。
- 1：快速完成（可能效果较弱）。
- 2：正常。
- 3：增加强度（可能耗时较长）。
- 4：无限制，直至无法改变模型（可能非常耗时）。

在求解混合整数规划问题时，可以使用 COPT 提供的相关参数来控制分支切割算法的求解进程。例如，可以使用参数 `CutLevel` 来控制生成割平面操作的强度。默认情况下，该参数的取值由求解器自动选择，其所有可取值如下：

- −1：自动选择（默认值）。
- 0：关闭。
- 1：快速完成（可能效果较弱）。
- 2：正常。
- 3：增加强度（可能耗时较长）。

COPT 在使用分支切割算法求解混合整数规划模型的过程中，会尝试通过启发式算法找到可行解。用户可通过参数 `HeurLevel` 来控制启发式算法的强度。默认情况下，该参数的取值由求解器自动选择，其所有可取值如下：

- −1：自动选择（默认值）。
- 0：关闭。
- 1：快速完成（可能效果较弱）。
- 2：正常。
- 3：增加强度（可能耗时较长）。

更多有关 COPT 求解参数的介绍，请参考杉数求解器用户手册 [39]。

16.3 COPT 建模求解进阶：下料问题

下料问题（Cutting Stock Problem）是一个经典的组合优化问题，它通常可以被建模为混合整数线性规划模型。该问题的描述如下：工厂有一批长度固定的木材原料，现需将每根木材原料切成不同长度的成品，以满足各类型成品的订单需求。工厂需要决策出最优下料方案（每根木材原料以何种方式进行切割），以最小化木材原料的消耗总数。

首先需要定义如下参数：

- W：每根木材原料的长度。
- $\mathcal{K}$：所有木材原料的编号构成的集合。
- $\mathcal{I}$：所有成品类型的集合。
- w_i：第 i 种类型成品的长度。
- d_i：第 i 种类型成品的需求量。

引入下面两组决策变量。

- y_k：$\forall k \in \mathcal{K}$；0-1 变量，表示原料 k 是否被使用。
- x_{ik}：$\forall i \in \mathcal{I}, \forall k \in \mathcal{K}$；非负整数变量，表示切割原料 k 得到的第 i 种类型的成品的数量。

基于上述参数和决策变量，可以写出下料问题的整数规划模型，具体如下：

$$\min \quad \sum_{k \in \mathcal{K}} y_k$$

$$
\begin{aligned}
\text{s.t.} \quad & \sum_{k \in \mathcal{K}} x_{ik} \geqslant d_i, && \forall i \in \mathcal{I} \\
& \sum_{i \in \mathcal{I}} w_i x_{ik} \leqslant W y_k, && \forall k \in \mathcal{K} \\
& x_{ik} \in \mathbb{N}, && \forall i \in \mathcal{I}, k \in \mathcal{K} \\
& y_k \in \{0,1\}, && \forall k \in \mathcal{K}
\end{aligned}
$$

下面参照第15章介绍的建模步骤，用 Python 调用 COPT 对上述模型进行建模和求解。

1. 导入 coptpy 包并设置算例数据

首先，导入 coptpy 包，并设置模型所需的算例数据，包括木材原料的长度、成品的长度、需求量和可用木材原料的总数等。

```python
from coptpy import *
# 每根木材原料的（固定）长度
rollwidth = 115
# 不同类型成品的长度
rollsize = [25, 40, 50, 55, 70]
# 不同类型成品的需求量
rolldemand = [50, 136, 114, 80, 89]
# 成品的类型数
nkind = len(rollsize)
# 可用木材原料的总数
nroll = 500
```

2. 创建 COPT 求解环境和模型实例

接下来需要创建 COPT 求解环境和模型实例。

```python
env = Envr()
model = env.createModel("cutstock")
```

3. 构建模型：添加决策变量、设置目标函数和添加约束

创建好模型实例后，就可以向模型实例中添加决策变量，利用决策变量来设置目标函数并添加约束。

```python
# 要素 1: 添加决策变量
ncut = model.addVars(nkind, nroll, vtype=COPT.INTEGER, nameprefix='ncut')
ifcut = model.addVars(nroll, vtype=COPT.BINARY, nameprefix='y')

# 要素 2: 添加约束条件
model.addConstrs(ncut.sum(i, '*') >= rolldemand[i] for i in range(nkind))
model.addConstrs(quicksum(ncut[i, k] * rollsize[i] for i in range(nkind)) <= rollwidth * ifcut[k] for k in
↪ range(nroll))

# 要素 3: 设置目标函数
model.setObjective(quicksum(ifcut), COPT.MINIMIZE)
```

4. 设置求解参数并求解模型

若对一些求解参数有要求，则可以先设置模型的求解参数。本节仅设置 TimeLimit 参数。设置完成后就可以求解模型了。

```
# 设置参数，求解时间限制为 120 秒（Set optimization parameter 'TimeLimit' to 120s）
model.setParam(COPT.Param.TimeLimit, 120)
model.solve()
```

5. 获取和分析求解结果

求解完毕后，用户可以获取求解结果并加以分析。注意，当模型求解完毕后，用户可通过模型的 HasMipSol 属性来判断该模型是否找到了整数解。

```
# 展示结果（Display the solution）
if model.status == COPT.OPTIMAL or model.status in [COPT.TIMEOUT, COPT.NODELIMIT, COPT.INTERRUPTED] and
↪  model.hasmipsol:
    print('\nBest MIP objective value: {0:.0f}'.format(model.objval))
    print('Cut patterns: ')
    for key in ncut:
        if ncut[key].x > 1e-6:
            print('  {0:8s} = {1:.0f}'.format(ncut[key].name, ncut[key].x))
```

下面是具体的求解结果，包括最优值和最优切割方案。从求解结果可知，本算例的最优目标函数值（最少的原料消耗总数）为 211。

```
Best MIP objective value: 211
Cut patterns:
ncut(0,4) = 3
ncut(0,5) = 4
ncut(0,11) = 1
ncut(0,13) = 1
ncut(0,14) = 1
ncut(0,17) = 1
ncut(0,19) = 1
```

第 17 章　非线性优化问题建模与求解

本章将介绍杉数求解器 COPT 支持求解的非线性优化问题，主要内容包括相关函数介绍和代码实现。本章的重点如下：

- 半定规划（SDP）的建模求解。
- 二阶锥规划（SOCP）的建模求解。
- 凸二次（约束）规划（Convex QP/Convex QCP）的建模求解。

17.1　半定规划（SDP）

在 COPT 中构建 SDP 模型并求解的基本步骤如下：

（1）创建 COPT 求解环境和模型实例。

（2）添加模型数据。

（3）构建 SDP 模型：

- 添加决策变量（半定变量、非半定变量）。
- 添加半定约束。
- 设置目标函数。

（4）设置求解参数并求解。

（5）获取求解结果。

> **注：** 在 SDP 模型中，$X \succeq 0$ 一般被称为半正定锥约束，简称为半定锥约束。而形如 $A \bullet X = b$ 的表达式则被称为含半定变量的线性约束，简称为半定约束。

下面以 COPT 安装包中的示例模型 `sdp_ex1.py` 为例来介绍 SDP 的建模方法。该模型同时包含半定约束和二阶锥约束（在17.2节将会具体介绍），其数学形式如下。

目标函数：

$$\min \quad \begin{bmatrix} 2 & 1 & 0 \\ 1 & 2 & 1 \\ 0 & 1 & 2 \end{bmatrix} \bullet X + x_0$$

半定约束：

$$\begin{bmatrix} 1 & 0 & 0 \\ 0 & 1 & 0 \\ 0 & 0 & 1 \end{bmatrix} \bullet X \leqslant 0.8$$

$$\begin{bmatrix} 1 & 1 & 1 \\ 1 & 1 & 1 \\ 1 & 1 & 1 \end{bmatrix} \bullet X + x_1 + x_2 = 0.6$$

线性约束：

$$x_0 + x_1 + x_2 \leqslant 0.9$$

二阶锥约束：

$$x_0 \geqslant (x_1^2 + x_2^2)^{1/2}$$

变量取值范围：

$$x_0, x_1, x_2 \geqslant 0$$

$$X \succeq 0$$

需要注意的是，上面的运算符 $\bullet$ 表示矩阵的内积，它等于两个矩阵对应分量乘积之和。

用户可以通过指定变量的维度（dims）来添加单个或一组半定变量。添加半定变量的函数如下：

- m.addPsdVar(3, "X")：添加 1 个维度为 3 的半定变量。
- m.addPsdVars([3, 3])：添加 2 个维度均为 3 的半定变量。

在约束的添加方面，函数 Model.addConstr(expr) 既可以用于添加线性约束和 Indicator 约束，也可以用于添加半定约束。此外，在 SDP 的求解方面，COPT 提供的优化参数 SDPMethod 可以方便用户选择半定规划问题的求解算法。默认情况下，该参数的取值由求解器自动选择，其所有可取值如下：

- −1：自动选择（默认值）。
- 1：原始–对偶内点法。
- 2：交替方向乘子法。
- 3：对偶内点法。

下面展示使用 Python 调用 COPT 完成上述 SDP 模型的建立和求解的完整代码。

调用 COPT 求解 SDP 模型

```python
from coptpy import *

# 创建环境（Create COPT environment）
env = Envr()
# 创建模型（Create COPT model）
m = env.createModel("sdp_ex1")
# Add symmetric matrix C in objective function
rows = [0, 1, 1, 2, 2]
cols = [0, 0, 1, 1, 2]
vals = [2, 1, 2, 1, 2]
C = m.addSparseMat(3, rows, cols, vals)
# 添加单位矩阵（Add identity matrix A1）
A1 = m.addEyeMat(3)
# 添加全 1 矩阵（Add ones matrix A2）
A2 = m.addOnesMat(3)
# 添加半定变量（Add PSD variable）
X = m.addPsdVars(3, "X")
```

```python
# 添加其他变量（Add other variables）
x0 = m.addVar(lb=0.0, ub=COPT.INFINITY, name="x0")
x1 = m.addVar(lb=0.0, ub=COPT.INFINITY, name="x1")
x2 = m.addVar(lb=0.0, ub=COPT.INFINITY, name="x2")
# 添加半定约束（Add PSD constraints）
m.addConstr(A1 * X <= 0.8, "PSD_R1")
m.addConstr(A2 * X + x1 + x2 == 0.6, "PSD_R2")
# 添加线性约束（Add linear constraint）: x0 + x1 + x2 <= 0.9
m.addConstr(x0 + x1 + x2 <= 0.9)
# 添加二阶锥约束（Add Cone constraint）: x0^2 >= x1^2 + x2^2
m.addCone([x0, x1, x2], COPT.CONE_QUAD)
# 设置半定目标函数（Set PSD objective）
m.setObjective(X * C + x0, COPT.MINIMIZE)
# 求解模型（Solve the model）
m.solve()
```

上述代码的运行结果如下：

```
Optimal objective value: 0.44558441601797016

SDP variable '0', flattened by column:
Primal solution:
[[ 1.81986442e-02 -5.92356437e-07  1.81986440e-02]
 [-5.92356437e-07  1.13857618e-09 -5.92356437e-07]
 [ 1.81986440e-02 -5.92356437e-07  1.81986442e-02]]

Dual solution:
[[ 1.00000000e+00  6.47071962e-10 -9.99999999e-01]
 [ 6.47071962e-10  1.00000000e+00  6.47079924e-10]
 [-9.99999999e-01  6.47079924e-10  1.00000000e+00]]

Non-PSD variables:
Solution value:
0.3727922062008146
0.26360389683629065
0.2636038968368417
```

17.2 二阶锥规划（SOCP）

在 COPT 中构建二阶锥规划（SOCP）模型并求解的基本步骤如下：

（1）创建 COPT 求解环境和模型实例。

（2）添加模型数据。

（3）构建 SOCP 模型：

- 添加变量。
- 添加二阶锥约束。
- 设置线性目标函数。

（4）设置求解参数并求解。

（5）获取求解结果。

COPT 支持对以下两种类型的二阶锥约束进行建模：

（1）标准二阶锥。

$$Q^n = \left\{ x \in \mathbb{R}^n \;\middle|\; x_0 \geqslant \sqrt{\sum_{i=1}^{n-1} x_i^2} \right\}$$

在 COPT 中，标准二阶锥对应的常量为 CONE_QUAD。

（2）旋转二阶锥。

$$Q_r^n = \left\{ x \in \mathbb{R}^n \;\middle|\; 2x_0x_1 \geqslant \sum_{i=2}^{n-1} x_i^2,\ x_0 \geqslant 0,\ x_1 \geqslant 0 \right\}$$

在 COPT 中，旋转二阶锥对应的常量为 CONE_RQUAD。

可以使用以下函数来添加二阶锥约束。

- Model.addCone(vars, ctype)：通过指定参与构成二阶锥约束的变量来构建二阶锥约束。
- Model.addConeByDim(dim, ctype, vtype)：通过指定二阶锥约束的维度来构建二阶锥约束。

在上述函数中，参数 ctype 表示二阶锥的类型，其可取值为 CONE_QUAD（标准二阶锥）和 CONE_RQUAD（旋转二阶锥）。

下面以一个简单案例来展示如何在 COPT 中构建二阶锥约束，案例如下：

$$z^2 \geqslant x^2 + 2y^2, \quad z \geqslant 0, \quad x, y \text{ 无约束}$$

可以将上述案例转换为由变量 z、x、t 构成的标准二阶锥：

$$\sqrt{2}y - t = 0, \quad z^2 \geqslant x^2 + t^2, \quad z \geqslant 0, \quad x, y, t \text{ 无约束}$$

下面对转换后的约束进行建模，具体代码如下。

调用 COPT 添加二阶锥约束

```python
x = m.addVar(lb=-COPT.INFINITY)
y = m.addVar(lb=-COPT.INFINITY)
z = m.addVar()
t = m.addVar(lb=-COPT.INFINITY)
m.addConstr(math.sqrt(2.0) * y - t == 0.0)
m.addCone([z, x, t], COPT.CONE_QUAD)
```

上述代码用到了函数 Model.addCone(vars, ctype)，其中参数 vars 为 list 对象 [z, x, t]，并且元素的顺序需要依照二阶锥约束表达式中变量的顺序，即从左到右依次排列。具体来讲，即：

（1）首个元素 z 为约束左端项。

（2）其余元素（x 和 t）为约束右端项。

COPT 支持对决策变量为整数型或连续型的二阶锥规划进行建模和求解，用户在添加决策变量时可以通过参数 vtype 进行设置。

17.3 凸二次规划和凸二次约束规划（Convex QP/Convex QCP）

在 COPT 中构建凸二次（约束）规划模型并求解的基本步骤如下：

（1）创建 COPT 求解环境和模型实例。

（2）添加模型数据。

（3）构建 convex Q(C)P 模型：

- 添加变量。
- 添加二次约束。
- 设置二次目标函数。

（4）设置求解参数并求解。

（5）获取求解结果。

下面是一个 COPT 安装包中的示例问题，该问题的目标函数中包含二次项，约束条件中包含凸二次约束。该问题的数学模型如下。

目标函数：

$$\min \quad 2.1x_1 - 1.2x_2 + 3.2x_3 + x_4 + x_5 + x_6 + 2x_7 + \frac{1}{2}x_2^2$$

约束条件：

- 线性约束：

$$x_1 + 2x_2 = 6$$
$$2x_1 + x_3 \geqslant 5$$
$$x_6 + 2x_7 \leqslant 7$$
$$-x_1 + 1.2x_7 \geqslant -2.3$$

- 二次约束：

$$-1.8x_1^2 + x_2^2 \leqslant 0$$
$$4.25x_3^2 - 2x_3x_4 + 4.25x_4^2 - 2x_4x_5 + 4x_5^2 + 2x_1 + 3x_3 \leqslant 9.9$$
$$x_6^2 - 2.2x_7^2 \geqslant 5$$

变量取值范围：

$$0.2 \leqslant x_1 \leqslant 3.8$$

x_2 无约束

$$0.1 \leqslant x_3 \leqslant 0.7$$

x_4 无约束

x_5 无约束

$$x_6 \geqslant 0$$

$$x_7 \text{ 无约束}$$

在 COPT 中，可以使用 Model 类的成员方法 Model.addQConstr() 来添加二次约束。下面是几个简单的案例。

调用 COPT 添加二次约束

```
# 添加二次约束（Add quadratic constraints）
model.addQConstr(-1.8*x1*x1 + x2*x2 <= 0, name="q1")
model.addQConstr(4.25*x3*x3 - 2*x3*x4 + 4.25*x4*x4 - 2*x4*x5 + 4*x5*x5 + 2*x1 + 3*x3 <= 9.9, name="q2")
model.addQConstr(x6*x6 - 2.2*x7*x7 >= 5, name="q3")
```

对于二次目标函数，用户仍然可以使用函数 Model.setObjective(expr)（同样适用于线性目标函数）来进行设置，其中 expr 可为线性表达式或二次表达式。

调用 COPT 添加二次目标函数

```
# 添加二次目标函数（Set quadratic objective）
obj = 2.1*x1 - 1.2*x2 + 3.2*x3 + x4 + x5 + x6 + 2*x7 + 0.5*x2*x2
model.setObjective(obj, COPT.MINIMIZE)
```

COPT 支持决策变量为整数型或连续型的凸二次（约束）规划，用户在添加决策变量时可以通过参数 vtype 对变量类型进行设置。

下面是上述 Convex QCP 模型的求解结果。

求解结果

```
Optimal obiective value: 5.707499017e+00
Variable solution:
x1 = 2.450000365e+00
x2 = 1.774999818e+00
x3 = 9.999989308e-02
x4 = -8.178314732e-01
x5 = -8.787230226e-01
X6 = 2.243741052e+00
x7 = 1.249998208e-01
```

第 18 章　不可行问题的处理

本章介绍杉数求解器 COPT 对不可行问题的两种处理方式。重点如下：

- 不可行模型的最小冲突子集（Irreducible Inconsistent Subsystem，IIS）。
- 不可行模型的可行化松弛。

在对现实问题进行建模时，用户常常会遇到模型不可行的情况。此时，若使用语句 `Model.status` 去访问模型的求解状态，得到的结果为 `COPT.INFEASIBLE`。可是，根据这个结果，用户只能得知模型是无可行解的，但不能确定是什么原因导致了模型不可行。

通常来讲，导致模型不可行的原因有以下两种：

（1）问题本身就不可行（即可行域为空）：某些约束条件或变量范围之间相互矛盾。

（2）描述模型时出现了错误：例如模型参数数据输入错误，或者某条约束的左端项为空等。

然而，现实问题往往规模巨大（包含成千上万的决策变量和约束条件），并且约束关系较为复杂，用户一般难以直接分析出导致模型不可行的原因。为了克服这个困难，COPT 提供了以下 2 个功能，方便用户对模型不可行的原因进行定性和定量分析。

（1）IIS 计算：`Model.computeIIS()`，定位导致不可行的约束、边界以及相关变量的范围。

（2）计算可行化松弛：`Model.feasRelaxS()`，定量地给出最小的改动量，将不可行的问题转换为可行。

18.1　计算 IIS

COPT 支持的 IIS 计算功能支持在给定时间内计算不可行模型的 IIS，并且指出约束或变量的上界/下界是否在该集合中，从而快速定位导致模型不可行的是哪些约束或变量的上界/下界。用户可以根据上述信息修改模型，最终使模型变得可行。

COPT 计算得到的 IIS 不一定是最小的，也不一定是唯一的。不可行模型可能存在多组 IIS，COPT 每次计算时只返回一组。因此，有时用户可能需要根据返回的冲突原因，多次修改模型和计算 IIS，才能使模型最终变得可行。

18.1.1 实例演示

下面是一个不可行的线性规划模型的例子：

$$
\begin{aligned}
\max \quad & z = 12x_1 + 8x_2 \\
\text{s.t.} \quad & 5x_1 + 2x_2 \geqslant 140 \\
& 2x_1 + 3x_2 \leqslant 90 \\
& 4x_1 + 2x_2 \leqslant 100 \\
& x_1, x_2 \geqslant 0
\end{aligned}
$$

图18.1在二维坐标系中展示了该问题的约束，可以看出这个问题的可行域为空集。

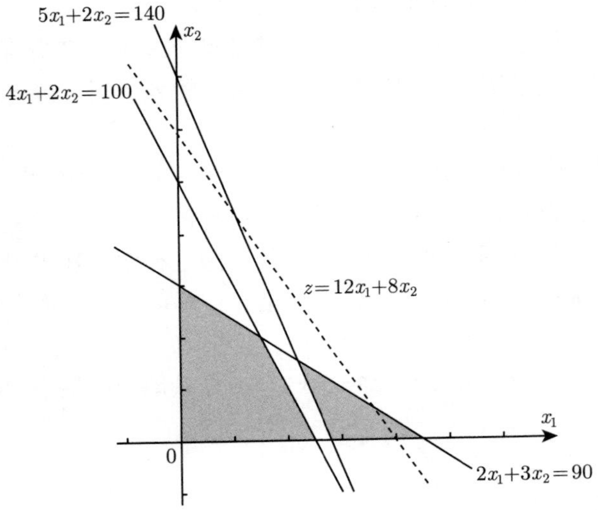

图 18.1 不可行的线性规划模型

下面使用语句 computeIIS() 来计算 IIS，调查模型不可行的原因。

调用 COPT 计算 IIS

```
from coptpy import *
env = Envr()
model = env.createModel(name="example")
x1 = model.addVar(name="x[1]")
x2 = model.addVar(name="x[2]")
c1 = model.addConstr(5*x1+2*x2>=140, name="c1")
c2 = model.addConstr(2*x1+3*x2<=90, name="c2")
c3 = model.addConstr(4*x1+2*x2<=100, name="c3")
model.setObjective(12*x1+8*x2, sense=COPT.MAXIMIZE)
model.solve()
model.computeIIS()
model.write("example.iis")
```

IIS 的计算结果如下。结果显示，导致模型不可行的原因是约束 c1 和 c3 有冲突，这和图18.1中展示的情况一致。

IIS 计算结果

```
\Generated by Cardinal Operations

Maximize
     12 x[1] + 8 x[2]
Subject To
  c1: 5 x[1] + 2 x[2] >= 140
  c3: 4 x[1] + 2 x[2] <= 100
END
```

18.1.2 获取 IIS 计算结果

在通过 Model.computeIIS() 计算不可行模型的 IIS 后，用户还可以分别获取每个决策变量和每条约束（下界或上界）的 IIS 状态，状态输出值表明变量边界是否在 IIS 中。

- 1：指定变量或约束（下界或上界）在 IIS 中。
- 0：指定变量或约束（下界或上界）不在 IIS 中。

可以通过属性 Model.hasIIS 判断模型是否存在 IIS。COPT 中提供的获取变量 IIS 状态的成员属性和方法见表18.1。

表 18.1 COPT 中提供的获取变量 IIS 状态的成员属性和方法

对　象	下界 IIS 状态	上界 IIS 状态
决策变量	Var.iislb 或 Var.getLowerIIS()	Var.iisub 或 Var.getUpperIIS()
约束条件	Constraint.iisub 或 Constraint.getLowerIIS()	Constraint.iisub 或 Constraint.getLowerUpperIIS()

调用 COPT 获取 IIS 计算结果

```
# 如果模型不可行，调用 IIS（Compute IIS if problem is infeasible）
allconstrs = model.getConstrs()
allvars = model.getVars()

if model.status == COPT.INFEASIBLE:
    # 调用 IIS（Compute IIS）
    model.computeIIS()
    if model.hasIIS:
        print("---"*7,"IIS result of Variables","---"*7)
        for var in allvars:
            if var.iislb or var.iisub:
                print("{0}:{1}".format(var.name, "Lower Bound" if var.iislb else "Upper Bound"))
        print("---"*7,"IIS result of Constraints","---"*7)
        for constr in allconstrs:
            if constr.iislb or constr.iisub:
                print("{0}: {1}".format(constr.name, "Lower Bound" if constr.iislb else "Upper Bound"))
```

上述代码的运行结果如下：

IIS 结果

```
--------------------- IIS result of Variables ---------------------
--------------------- IIS result of Constraints ---------------------
c1: Lower Bound
c3: Upper Bound
```

根据变量的 IIS 状态，可以得知，导致模型不可行的原因是约束 c1 的下界和约束 c3 的上界存在冲突，这同样和图18.1中展示的情况一致。

18.2 可行化松弛

可行化松弛（Feasibility Relaxation）的过程就是通过最小化原不可行模型中约束及变量的冲突值，来求解变量和约束上、下界的松弛量（最小改动）。该数值在某种程度上表示约束资源的短缺量。用户可根据可行化松弛计算的结果，定量地宽松约束或变量范围，从而使得模型变得可行。

对于最小改动的计算方法，COPT 中提供了多种衡量准则和计算模式，用户可以通过设置参数 FeasRelaxMode 选择不同的取值。参数 FeasRelaxMode 的可取值范围为 0~5 的整数，其中每个数值分别代表不同计算方法。例如，

- 0（默认值）：最小化加权冲突值。
- 2：最小化加权平方冲突数目。

更多关于参数 FeasRelaxMode 的取值请参考杉数求解器用户手册 [39]。

18.2.1 计算可行化松弛

COPT 提供了 Model.feasRelax() 和 Model.feasRelaxS() 两个成员方法来方便用户计算可行化松弛。

（1）相对简略的版本：Model.feasRelaxS(vrelax, crelax)。其中参数 vrelax 表示是否对变量范围进行松弛，参数 crelax 表示是否对约束条件进行松弛，这两个参数均为 boolean 类型。

（2）相对复杂的版本：Model.feasRelax()。该函数提供了更多的参数供用户设置。具体来讲，用户可以分别设置计算可行化松弛的对象（vars 和 cons）、变量的惩罚系数（lbpen 和 ubpen）或约束边界的惩罚系数（rhspen）。

18.2.2 可行化松弛结果解读与模型改进

通过 Model.hasFeasRelaxSol 可以判断模型是否存在可行化松弛结果。获取变量和约束可行化松弛结果的方式见表18.2。

其中，可行化松弛结果相关的成员属性如下：

（1）RelaxLB：变量（列）或者约束（行）下界的可行化松弛量。

（2）RelaxUB：变量（列）或者约束（行）上界的可行化松弛量。

表 18.2　获取变量和约束可行化松弛结果的方式

待获取值	方　式
变量下界/上界的可行化松弛量	var.RelaxLB / var.RelaxUB
约束下界/上界的可行化松弛量	constr.RelaxLB / constr.RelaxUB

上述代码中包含的以图18.1中展示的案例为例来计算不可行线性规划问题的可行化松弛，具体代码如下。

调用 COPT 计算可行化松弛

```
allconstrs = model.getConstrs()
allvars = model.getVars()
# 如果模型不可行，计算可行化松弛（Compute feasibility relaxation if problem is infeasible）
if model.status == COPT.INFEASIBLE:
    model.feasRelaxS(True, True)
    model.writeRelax('feasrelax.relax')
    # 若存在可行化松弛方案（Check if feasibility relaxation solution is available）
    if model.hasFeasRelaxSol:
        # 输出导致不可行的变量和约束（Print violations of variables and constraints）
        print("\n======================== FeasRelax result ========================")
        for constr in allconstrs:
            if constr.RelaxLB or constr.RelaxUB:
                print(" 约束条件 {0}: violation = ({1}, {2})".format(constr.name, constr.RelaxLB, constr.RelaxUB))
        print("")
        for var in allvars:
            if var.RelaxLB != 0.0 or var.RelaxUB != 0.0:
                print(" 变量范围 {0}: violation = ({1}, {2})".format(var.name, var.RelaxLB, var.RelaxUB))
```

在最小化加权冲突值的默认计算方法下，得到的可行化松弛结果如下：

可行化松弛结果

```
======================== FeasRelax result ========================
约束条件 c3: violation = (0.0, 12.0)
```

通过可行化松弛结果得知，原模型不可行的原因是约束 c3 的上界超出 12.0，若该约束表示某种资源的限制，则其对应资源短缺量为 12.0。因此，可以尝试将原来的 c3 约束的上界增加 12.0，使模型变得可行。对于线性规划问题，在修改模型前，可以先保存变量和约束的基状态，这样可以在修改完约束的边界并载入基状态后重新快速地求解修改后的问题。我们按照上述方法修改模型并重新进行求解，求解结果显示模型变得可行。

调用 COPT 修改约束边界并载入基状态后再重新求解

```
# 保存变量和约束的基状态（Save the basis of variables and constraints）
var_basis = model.getVarBasis()
con_basis = model.getConstrBasis()
# 约束上界增加 12.0（Set the ub of c3 to 112.0）
model.setInfo("UB", c3, 112.0)
# 将基状态载入模型（Load the basis to model）
model.setBasis(var_basis, con_basis)
# 重新运行模型（Reoptimize the model）
model.solve()
```

重新求解结果

```
Solving finished
Status: Optimal  Objective: 3.3600000000e+02  Iterations: 2  Time: 0.01s
```

上述代码中包含的 2 个函数常用于修改线性规划模型的参数。

（1）Model.setInfo(infoname, args, value)：用来设置变量或约束的信息值，如上界 UB、下界 LB，变量在目标函数中的系数 Obj等。

（2）Model.setBasis(varbasis, constrbasis)：用来设置线性规划中全部变量和线性约束的基状态。

用户也可以将参数 FeasRelaxMode 的值设置为 2，这表示将计算方法变为最小化加权平方冲突数目，对应的语句为 model.setParam("FeasRelaxMode", 2)。

第 19 章 参数调优工具

本章介绍杉数求解器 COPT 的参数调优工具，重点如下：

- 参数调优工具基本介绍。
- 参数调优工具重要功能及对应参数介绍。
- 参数调优代码示例。

19.1 引言

参数调优是调用求解器进行建模和求解时的一项常见操作，尤其是在求解混合整数规划（MIP）时非常重要。COPT 的混合整数规划求解模块实现了多种启发式算法和割平面算法。有时针对某个问题，加大某个割平面算法的执行强度会有益处；而对于另一个问题，可能需要更多地依赖某种启发式算法来加快寻优效率。COPT 为启发式算法和割平面算法的强度都设置了默认值，但默认参数一般不会在所有情况下都表现优秀。

因此，在面对某一特定类别的混合整数规划问题时，用户需要对相关参数进行“定制化”调整。用户可以通过调用参数调优工具（COPT Tuner），自动寻找到针对模型的最合适的参数组合，以期改进求解性能。COPT 的参数调优工具可以对求解性能进行自动调优。对于连续或非连续优化问题，COPT 支持的调优模式有所不同。

- 非连续优化问题：支持调优求解时间、最优相对容差、目标函数值和目标函数值下界。
- 连续优化问题：支持调优求解时间。

19.2 参数调优工具的重要功能及参数

COPT 的调优工具可以实现对求解性能进行自动调优。此外，用户还可以自己设置一些参数，表达对调优过程的期望和控制。本节介绍几个重要的功能及对应的参数设置方式，详细的参数介绍请参考杉数求解器用户手册 [39]。

1. 设置调优模式

该功能由参数 `TuneMode` 控制，表示希望通过参数调优获得某个方面的性能提升。可选项有：求解时间、最优相对容差、目标函数值和目标函数值下界，默认设置为自动选择。不同调优模式选项分别对应该参数的不同取值。

- −1：自动选择。

- 0：求解时间。
- 1：最优相对容差。
- 2：目标函数值。
- 3：目标函数值下界。

若设置 TuneMode=0，调优工具会寻找缩短求解时间（Solving time）的最优参数组合；若设置 TuneMode=1，调优工具会寻找缩小最优相对容差（Best RelGap）的最优参数组合。

> 注：对于整数规划问题，如果在默认设置下，基准计算[①]在给定的时间限制内未能将模型求至最优，求解器会自动切换调优模式为最优相对容差。在原始模型中，若用户未设置求解参数，则基准计算会使用默认求解参数（Default parameter）；若用户已设置求解参数，则基准计算会使用自定义求解参数，并且这些参数会被固定下来（Fixed parameter），后续不参与调优。

2. 调优过程时间限制

和求解时间限制 TimeLimit 类似，可以通过设定参数 TuneTimeLimit 的取值，表达用户对参数调优搜索过程时间长短的期望（默认情况下，求解器将自行设置时间限制）。例如，若将调优时间限制设为 120s，则当调优时间超过 120s 后，COPT 会终止调优进程的运行。

```
model.setParam("TuneTimeLimit", 120)
```

3. 参数调优的搜索策略

通过参数 TuneMethod 可以选择调优的搜索策略。COPT 提供了以下两种搜索方式（默认为自动选择）：

(1) 贪婪搜索 TuneMethod=0：期望以较少次数的参数调优计算，寻找较优的参数设置。

(2) 广泛搜索 TuneMethod=1：尝试更多的参数组合，具有更大的搜索空间，但同时也会消耗更多的调优时间。

4. 调优结果计算准则

该功能由参数 TuneMeasure 控制，用来设置调优结果的计算方式。对于每一组参数组合，COPT 调优工具的每次尝试会运行多次模型，根据设置的结果计算准则来计算合成的调优值。该参数的可选项有：平均值和最大值，默认设置为自动选择。

- 0：计算平均值。
- 1：计算最大值。

5. 用户自定义

参数调优工具允许用户对以下部分进行自定义。

- 自定义基准计算的参数。这些参数将作为固定参数，后续不会参与调优。

① 基准计算是指以原始模型中的求解参数设置为基准，对模型进行求解。

- 自定义整数初始解。在调优计算中，COPT 会使用自定义的初始解进行计算。
- 自定义调优文件。可以从调优文件中读取待选择的参数组合，并以指定的参数组合为依据进行调优计算。

19.3 代码示例

本节用公共数据集 MIPLIB 2017 [41] 中的例子 neos-957323.mps 来演示调优工具的用法。设置调优时间限制 `TuneTimeLimit` 为 120s，其余调优参数保持调优工具的默认设置，具体代码如下。

```
env = Envr()
m = env.createModel("copt")
m.read("neos-957323.mps")
m.setParam("TuneTimeLimit", 120)
m.tune()
```

调优过程分为下面两个步骤。

（1）基准运算。在原始模型已有参数设置下，对模型进行求解，后续每次调优尝试的结果会和该基准运算结果进行比较。如果用户在原始模型中已经设置了某些参数，则这些参数将会被看作固定参数，不会参与后续调优计算。

（2）调优过程。逐次生成调优参数，在每次调优尝试过程中，可以通过参数调优计算寻找改进求解性能的参数组合。

参数调优完成后，调优日志会输出结果汇总，包括参数调优结果的数目，以及（相较于基准计算）能够带来求解性能提升的调优参数组合。COPT 会把这些组合按照调优结果的好坏来排序，效果较好的参数组合排序靠前。衡量结果好坏的指标是用户所设置的调优模式（`TuneMode`）和调优计算准则（`TuneMeasure`）。如果两个参数组合的调优结果（如`Solving Time`）是相近的，则参数数目越少的组合会排在前面。下面是调优模式 `TuneMode` 的可取值及其含义：

- `TuneMode=0` 表示设置调优模式为求解时间，排序准则是 `Solving Time` 越小越靠前；
- `TuneMode=1` 表示设置调优模式为最优相对容差，排序准则是 `RelGap` 越小越靠前。

以下是上述问题的调优结果日志。

```
Improvement run finished (52.429s)

Tuner summary: Found 5 improved parameter settings with 34 trials

Baseline parameter setting:
Tune measure: solving time 1.845s
Default parameter settings

Improved parameter setting 0:
```

```
Tune measure: solving time 0.716s
Tune parameters:
Presolve 0
LpMethod 2
CutLevel 0
RootCutLevel 0
ConflictAnalysis 0

Improved parameter setting 1:
Tune measure: solving time 0.718s
Tune parameters:
Presolve 0
LpMethod 2
CutLevel 0
RootCutLevel 0

Improved parameter setting 2:
Tune measure: solving time 0.727s
Tune parameters:
Presolve 0
LpMethod 2
CutLevel 0

Improved parameter setting 3:
Tune measure: solving time 0.757s
Tune parameters:
Presolve 0
LpMethod 2

Improved parameter setting 4:
Tune measure: solving time 0.811s
Tune parameters:
Presolve 0

Tuning computation finished (54.335s)
```

本次调用 COPT 参数调优工具的测试环境为 MacOS 系统、Apple M1 芯片、16GB 内存。运行结果显示，本次调优得到了 5 个可以提高求解性能的参数组合，其中，在编号为 0 的参数组合下，求解时间由基准计算的 1.845s 缩短为 0.716s。此外，用户也可以将指定编号的参数调优结果写入指定文件，如 `m.writeTuneParam(0, "testmip.par")`。

第 20 章　初始解和解池

本章将介绍杉数求解器 COPT 的初始解和解池功能。本章重点如下：

- 初始解和解池基本介绍。
- 初始解重要参数介绍。
- 代码示例：木材切割问题的初始解设置。

20.1　初始解和解池简介

在使用分支定界算法求解混合整数规划问题时，有时需要迭代很多步才能找到一个可行解，这样很有可能会导致求解时间过长。实际上，我们可以事先找到一个不错的可行解（比如通过启发式算法或者某种策略得到），并将其提供给模型作为初始解，以期加快求解速度。COPT 支持对混合整数规划问题提供初始可行解，用户可以向模型提供完整或部分的初始解。为模型提供初始解的方法有以下两种：

（1）通过调用函数进行设置：`Model.setMipStart(vars, startvals)`，其中，

- `vars` 用来指定要赋值的变量。
- `startvals` 用来指定变量的初始值。

（2）按照初始解文件格式将初始解加载到模型中。

对于第一种方法，用户可以通过多次调用`Model.setMipStart()`输入不同的初始解，再调用`Model.loadMipStart()`将当前已指定的初始值加载到模型中。而对于第二种方法，COPT 提供了文件读取函数`Model.readMst()`，用户可以采用从初始解文件“`.mst`”中读取变量取值的方式，完成初始解的设置。此外，用户还可以调用文件输出函数`Model.writeMst()`，将整数规划模型当前最好的整数解输出到初始解文件中。

对于混合整数规划问题，分支切割算法会找到多个可行解，这些解会存储在解池（Solution Pool）中。COPT 为解池功能提供了以下函数。

（1）`Model.getPoolSolution(isol, vars)`：获取解池中第 `isol` 个解中指定变量的取值。需要指定的参数有：

- `isol`：解池中解的索引，即解池中第 `isol` 个解（从 0 开始）。
- `vars`：指定的变量。

（2）`Model.getPoolObjVal(isol)`：获取解池中第 `isol` 个解的目标函数值，返回一个常数。

20.2 初始解重要参数介绍

COPT 提供了 2 个优化参数来控制算法对模型初始解的处理方式，即 `MipStartMode` 和 `MipStartNodeLimit`。

（1）`MipStartMode`：处理初始解的方式。可取值如下：

- −1：自动选择（默认值）。
- 0：不使用任何初始解。
- 1：仅使用完整且可行的初始解。
- 2：仅使用可行的初始解（若初始解不完整，则通过求解子 MIP 来补全）。

> **注：** COPT 支持用户提供不完整的初始解（即只有部分变量有初始值），但需要先设置参数 MipStartMode=2，否则初始解会被拒绝。

（2）`MipStartNodeLimit`：在对不完整的初始解进行补全时，求解子 MIP 问题的节点数限制。该参数的默认值为 −1（由求解器自动选择），最大值为 `INT_MAX`。补全时可探索的节点数越多，初始解补全后的目标值可能越好。

20.3 代码示例：木材切割问题的初始解

木材切割问题的数学模型如下：

$$
\begin{aligned}
\min \quad & \sum_{k \in \mathcal{K}} y_k & \\
\text{s.t.} \quad & \sum_{k \in \mathcal{K}} x_{ik} \geqslant d_i, & \forall i \in \mathcal{I} \\
& \sum_{i \in \mathcal{I}} w_i x_{ik} \leqslant W y_k, & \forall k \in \mathcal{K} \\
& x_{ik} \in \mathbb{N}, & \forall i \in \mathcal{I}, k \in \mathcal{K} \\
& y_k \in \{0, 1\}, & \forall k \in \mathcal{K}
\end{aligned}
$$

下面用 Python 调用 COPT 来求解木材切割问题的数学模型，模型的输入数据如下：

```python
rollwidth = 115
rollsize = [25, 40, 50, 55, 70]
rolldemand = [50, 136, 114, 80, 89]
nkind = len(rollsize)
ndemand = 500
```

设置求解时间限制为 `TimeLimit=200`，求解模型。测试环境为 MacOS 系统、Apple M1 芯片、16GB 内存。求解结果如下。

```
Best solution   : 211.000000000
Best bound      : 210.000000000
Best gap        : 0.4739%
Solve time      : 200.00
Solve node      : 225484
MIP status      : stopped (time limit reached)
Solution status : integer feasible

Best MIP objective value: 211
```

结果显示，COPT 未能在时间限制内找到模型的最优解，相应地，求解日志信息显示模型的求解状态为`stopped (time limit reached)`。

观察求解日志可以发现，导致求解时间长的原因主要有下面两点：

（1）寻找初始可行解花费了一定的时间（3.76s）。

（2）最优相对容差（`RelGap=0.47%`）难以收敛，耗费了大量的计算时间（从第 5.68s 到第 200s）。

```
      Nodes     Active   LPit/n   IntInf     BestBound    BestSolution     Gap    Time
          0          1       --     1003  2.083938e+02              --     Inf   2.65s
H         0          0       --     1003  2.083938e+02    5.000000e+02   58.3%   3.76s
...
H       241         32    145.9        7  2.100000e+02    2.110000e+02   0.47%   5.68s
        300         68    134.1       12  2.100000e+02    2.110000e+02   0.47%   5.86s
...
     225484      46410     33.2        6  2.100000e+02    2.110000e+02   0.47%    200s
```

下面以一种非常朴素的策略来构造出可行解：对于每种类型的成品，使用尽可能少的木材来切割出满足需求量的成品。在生成初始解的同时，可以立即将初始解的值逐个赋给相应的变量，并将其加载至模型中。这样操作完成后，模型就可以得到一个初始可行解。由于该初始解是不完整的，所以需要设置 `MipstartMode=2`。下面是具体的实现代码。

```python
# Set initial solution
roll_index = 0
for i in range(nkind):
    n_per_roll = int(np.floor(rollwidth / rollsize[i]))
    n_roll = int(np.ceil(rolldemand[i] / n_per_roll))
    for j in range(n_roll-1):
        mcut.setMipStart(ncut[i, roll_index+j], n_per_roll)
        mcut.setMipStart(ifcut[roll_index+j], 1)
    roll_index += n_roll
    mcut.setMipStart(ncut[i, roll_index-1], rolldemand[i]-n_per_roll*(n_roll-1))
    mcut.setMipStart(ifcut[roll_index-1], 1)

mcut.loadMipStart()
mcut.setParam(COPT.Param.MipStartMode, 2)
```

按照上述方式给模型设置初始解后再求解模型。从初始解日志输出可以看出，COPT 通过求解子 MIP 补全了初始解（初始目标函数值为 267），并且 COPT 成功接受了该解。

```
Loading 1 initial MIP solution
Extending partial MIP solution # 1
Extending partial MIP solution # 1 succeed (0.0s)
Initial MIP solution # 1 with objective value 267 was accepted
```

通过观察分支切割算法的搜索日志以及求解结果汇总部分的信息，可以得知，从初始解的目标函数值 267 出发，COPT 的求解速度得到了大幅提升，算法在 2.66s 内就找到了最优解。

```
     Nodes    Active  LPit/n  IntInf     BestBound  BestSolution    Gap   Time
         0         0      --       0 -1.000000e+30  2.670000e+02    Inf  0.05s
         0         1      --       0  0.000000e+00  2.670000e+02 100.0%  1.41s
         0         1      --     243  2.001739e+02  2.670000e+02  25.0%  1.47s
H        0         1      --     243  2.001739e+02  2.440000e+02  18.0%  1.55s
         0         1      --     262  2.001739e+02  2.440000e+02  18.0%  1.60s
         0         1      --     281  2.001739e+02  2.440000e+02  18.0%  1.65s
         0         1      --     336  2.001739e+02  2.440000e+02  18.0%  1.70s
         0         1      --     364  2.001739e+02  2.440000e+02  18.0%  1.74s
         0         1      --     402  2.001739e+02  2.440000e+02  18.0%  1.81s
         0         1      --     369  2.001739e+02  2.440000e+02  18.0%  1.89s
         0         1      --     399  2.001739e+02  2.440000e+02  18.0%  1.96s
         0         1      --     370  2.001739e+02  2.440000e+02  18.0%  2.03s
         0         1      --     358  2.001739e+02  2.440000e+02  18.0%  2.10s
         0         1      --     383  2.001739e+02  2.440000e+02  18.0%  2.17s

     Nodes    Active  LPit/n  IntInf     BestBound  BestSolution    Gap   Time
         0         1      --     365  2.001739e+02  2.440000e+02  18.0%  2.33s
         0         1      --     339  2.001739e+02  2.440000e+02  18.0%  2.43s
...
H      209        48   122.5       1  2.100000e+02  2.110000e+02  0.47%  2.50s
       300        71   101.5       7  2.100000e+02  2.110000e+02  0.47%  2.61s
       400         0    78.6      17  2.110000e+02  2.110000e+02  0.00%  2.66s
       410         0    76.6      16  2.110000e+02  2.110000e+02  0.00%  2.66s
```

求解日志的汇总信息如下：

```
Best solution   : 211.000000000
Best bound      : 211.000000000
Best gap        : 0.0000%
Solve time      : 2.66
Solve node      : 410
MIP status      : solved
Solution status : integer optimal (relative gap limit 0.0001)
```

20.4 初始解日志解读

用户提供给模型的初始解会有以下两种情况：被接受或被拒绝。可以通过求解日志输出的信息来进行解读。初始解被接受或被拒绝的可能情况以及对应的原因见表20.1。

表 20.1 COPT 的初始解被接受或被拒绝的可能情况以及对应的原因

可能情况	原因	日志输出信息示例
初始解被接受	初始解可行且比历史初始解更优	`Initial MIP solution # 1 with objective value 9.66566 was accepted`
	提供的是部分初始解（partial），且设置参数 MipstartMode=2，通过求解子问题补全了初始解	`Extending partial MIP solution # 1 succeed (0.2s)`
初始解被拒绝	提供的初始解不可行	`Initial MIP solution # 1 was rejected: Primal Inf 1.00e+00 Int Inf 1.78e-15`
	当前载入的初始解没有比模型中的历史初始解更优（not better）	`Initial MIP solution # 2 with objective value 10.3312 was rejected (not better)`
	初始解不完整（partial），且未设置参数 MipStartMode=2	`Initial MIP solution # 1 was rejected: partial`
	根据当前不完整的初始解，无法通过求解子 MIP 找到可行解	`Extending partial MIP solution # 1 failed (infeasible)`

第 21 章　回调函数的使用

本章将介绍杉数求解器 COPT 的 Callback（回调）功能。本章重点如下：

- Callback 功能基本介绍。
- Callback 使用步骤和详细案例。

21.1　引言

针对 MIP 问题，COPT 向用户提供了高级控制功能：Callback，主要用于 MIP 求解进程的信息监控和动态控制，以便用户嵌入自己设计的算法模块。具体来讲，在 MIP 求解过程中，用户可以根据指定的触发点（Callback Context）进行以下操作：

- 获取中间信息（如当前最好解、当前可行解、当前 LP 松弛解等）。
- 动态添加惰性约束（Lazy constraints）或者用户割平面（User cuts）。
- 设置自定义的可行解。

此外，用户可以通过下面两种方式，逐个或者批量地添加惰性约束或用户割平面：

- 在求解之前，直接向模型中添加。
- 在求解过程中，通过 Callback 功能，根据指定的触发点动态添加。

需要注意的是，获取什么信息，以及进行什么样的操作，取决于 Callback Context。

- `CBCONTEXT_MIPSOL`：当找到 MIP 可行解时，触发回调函数。可获取当前可行解及对应目标值、最好目标值、最好下界、当前最好可行解。
- `CBCONTEXT_MIPRELAX`：当找到 MIP 线性松弛解时，触发回调函数。可获取当前 LP 松弛解及对应目标值、最好目标值、最好下界、当前最好可行解。

COPT 最新 Callback 功能介绍请参考杉数求解器用户手册 [39]。

21.2　使用步骤

以面向对象的编程接口为例，在不同的 API 中，调用 Callback 功能的基本步骤如下：

（1）构建自定义 `Callback` 类，并继承 `CallbackBase` 类。

（2）实现 `CallbackBase.callback()` 函数（这一步是最关键的，用户需要在函数中定义需要进行什么操作）。

（3）新建自定义 `Callback` 实例，并传入所需的参数。

（4）通过调用 `Model` 类的 `setCallback()` 函数，将 `Callback` 实例添加至模型中。

21.3 详细案例

本节将结合具体案例来介绍如何在 COPT 的 Python API 中使用 Callback 功能。

旅行商问题（Travelling Salesman Problem，TSP）是组合优化中一个非常重要的问题，其描述如下：考虑有 n 个城市，所有城市两两可直达；旅行商问题的目标是找到一条不重复地访问所有城市的最短路径。在给出旅行商问题的数学模型之前，首先定义下列参数：

- $\mathcal{G}=(\mathcal{V},\mathcal{A})$，$\mathcal{G}$ 为有向图，$\mathcal{V}=\{1,2,\cdots,n\}$ 表示 n 个城市的集合，$\mathcal{A}=\{(i,j)|\forall i,j\in\mathcal{V},i\neq j\}$ 表示图 $\mathcal{G}$ 中弧（即任意两个城市之间的路径）的集合；
- d_{ij} 表示弧 (i,j)（即城市 i 到城市 j）的距离或者成本。

引入决策变量 $x_{ij}\in\{0,1\},\forall(i,j)\in\mathcal{A}$，表示是否选择弧 (i,j)，若弧 (i,j) 被选中，则 $x_{ij}=1$，否则 $x_{ij}=0$。

基于上述参数和决策变量，旅行商问题可以被建模为下面的数学模型[①]：

$$\min \quad \sum_{(i,j)\in\mathcal{A}} d_{ij}x_{ij} \tag{21.1}$$

$$\text{s.t.} \quad \sum_{(i,j)\in\mathcal{A}} x_{ij}=1, \qquad \forall i\in\mathcal{V} \tag{21.2}$$

$$\sum_{(i,j)\in\mathcal{A}} x_{ij}=1, \qquad \forall j\in\mathcal{V} \tag{21.3}$$

$$\sum_{(i,j)\in\mathcal{A}(\mathcal{S})} x_{ij}\leqslant|\mathcal{S}|-1, \qquad \forall\mathcal{S}\subset\mathcal{V},2\leqslant|S|\leqslant n-1 \tag{21.4}$$

$$x_{ij}\in\{0,1\}, \qquad \forall(i,j)\in\mathcal{A} \tag{21.5}$$

其中，$\mathcal{A}(\mathcal{S})$ 表示起点和终点都在集合 $\mathcal{S}$ 中的弧的集合。目标函数（21.1）旨在最小化总行驶距离。约束式（21.2）保证了每个城市都被离开一次。约束式（21.3）保证了每个城市都被到达一次。约束式（21.4）为子环路消除（Subtour-elimination）约束。该约束随着城市数量 n 的增长而呈指数级增长。因此，当问题规模较大时，完全列举出该约束是非常耗时的。不过，可以借助 Callback 功能，用添加惰性约束的方式来完成该约束的添加。具体来讲，首先，将约束式（21.4）删除，求解剩余部分的模型。每当 COPT 获得一个整数可行解时，就使用 Callback 功能，获取当前整数解，并判断该整数解中是否存在子环路，若存在，则添加相应的惰性约束式（21.4），用于排除当前整数不可行解，若不存在，则说明当前整数解为可行解。在这种交互的方式下，约束式（21.4）中只有被违背的那一部分才会被添加到模型中，最终获得的解就不会有任何子环路。

下面是使用 Callback 功能消除旅行商问题的子环路的详细步骤。

（1）构建自定义 `Callback` 类，并继承 `CallbackBase` 类。该类名称可由用户自定义。这里将该`Callback` 类命名为 `TspCallback`。实现代码如下。

① 注意：旅行商问题还有其他建模方法，具体介绍和编程实现见文献 [63]。

```python
class TspCallback(cp.CallbackBase):

    def __init__(self, vars, nCities) -> None:
        super().__init__()
        self._vars = vars
        self._nCities = nCities
```

（2）在自定义的 TspCallback 类中定义 callback() 函数。该函数的作用是在 branch-and-cut 算法的搜索过程中，每当 COPT 找到整数解时，就获取当前整数解，并检查该解是否包含子环路。若包含子环路，则添加消除子环路的惰性约束，否则不进行操作。实现代码如下。

```python
def callback(self) -> None:
    if self.where() == COPT.CBCONTEXT_MIPSOL:
        solution = self.getSolution(self._vars)
        tour = find_subtour(solution)
        sz = len(tour)
        if sz < self._nCities:
            self.addLazyConstr(cp.quicksum(vars[tour[i], tour[i+1]] for i in range(sz - 1)) + vars[tour[-1],
            ↪  tour[0]] <= sz - 1)
```

注：

- 这里的 find_subtour 是用户自定义函数，其作用是返回当前整数解中包含的最短子环路。
- 代码中涉及的部分 COPT 内置函数的功能如下：
  - self.where() 用于获取 Callback Context；
  - self.getSolution() 用于获取当前可行解；
  - self.addLazyConstr() 用于向当前模型中添加一条惰性约束。

（3）接下来是主程序。我们首先需要构建 TSP 模型，并将约束式（21.2）和约束式（21.3）添加到模型中。

```python
if __name__ == "__main__":
    # 解析参数
    nCities = 10
    if len(sys.argv) > 1:
        nCities = int(sys.argv[1])

    # 随机生成城市的坐标
    random.seed(1)
    cities = [[random.random(), random.random()] for i in range(nCities)]

    distances = dict()
    for i in range(nCities):
        for j in range(i + 1, nCities):
            distances[(j, i)] = distances[(i, j)] = get_distance(cities[i], cities[j])
    edges = list(distances.keys())
```

```
    # 创建 COPT 环境和模型
    env = cp.Envr()
    model = env.createModel("TSP Callback Example")

    # 添加决策变量 x_ij
    vars = model.addVars(edges, vtype=COPT.BINARY, nameprefix='e')
    # 添加约束：每个城市都被离开一次
    model.addConstrs(vars.sum(i, '*') == 1 for i in range(nCities))
    # 添加约束：每个城市都被到达一次
    model.addConstrs(vars.sum('*', j) == 1 for j in range(nCities))

    # 设置目标函数
    model.setObjective(vars.prod(distances), sense=COPT.MINIMIZE)
```

新建自定义 TspCallback对象实例 tcb，并传入所需的参数：所有决策变量和城市数量。

```
# 设置 TSPcallback 对象实例
tcb = TspCallback(vars, nCities)
```

（4）最后，将 TspCallback 对象实例添加到模型中并求解。

```
model.setCallback(tcb, COPT.CBCONTEXT_MIPSOL)
# 求解模型
model.solve()
```

调用 COPT 的 Callback 功能求解对称旅行商问题的完整代码可在 COPT 安装包的 examples 目录下找到，更多关于 Callback 功能的详细用法也可参考杉数求解器用户手册 [39]。

第 IV 部分

编程实战：Gurobi

第 22 章　基本建模方法

22.1　Gurobi 中的建模方法

本节我们将会介绍 Gurobi 支持的 3 种常用建模方法，包括按行建模、按列建模与按矩阵建模，并对各方法的优势与适用场景进行比较。

22.1.1　建模流程

相信通过前面章节的学习，大家已经掌握了基本的建模技巧。那么在介绍具体建模方法前，我们先回顾一下在 Python 环境中调用 Gurobi 构建数学规划模型的通用流程，具体分为以下步骤：

（1）**创建模型对象**。建模的第一步是调用 `Model(name, env)` 函数创建 `Model` 类对象。其中参数 `name` 用于指定模型名称，参数 `env` 属于可选参数，用于指定模型环境。我们需要向 `Model` 类对象添加优化模型的所有内容，包括目标函数、模型约束、决策变量等，并对相关求解参数进行设置。

（2）**创建决策变量**。在创建完模型对象后，需要向模型中添加决策变量。可选的方法为 `Model.addVar()` 或 `Model.addVars()`。前者一次只能向模型添加一个变量，后者则可以添加多个变量。可以通过 `lb`、`ub`、`obj`、`vtype`、`name` 等参数，分别对应设置决策变量的下界、上界、在目标函数中的系数、变量类型 (整型、0-1 型、连续型、半连续型、半整数型) 和变量名称（字符串类型）。在创建决策变量时，Gurobi 实际封装了以下三步操作：首先创建决策变量 `Var` 类对象；其次将决策变量传给用户定义的数据结构，如 `x[i][j]`；最后将决策变量加入模型中。

（3）**构建目标函数**。创建目标函数前首先需要确定模型的优化方向（对应的参数名称为 `sense`），即模型属于 max（`GRB.MAXIMIZE`）问题还是 min（`GRB.MINIMIZE`）问题，然后再构建目标函数表达式（`expr`），最后调用函数 `Model.setObjective(expr, sense)` 完成目标函数的构建。

（4）**构建模型约束**。模型的约束由约束符号（参数名称为 `sense`，可选值为 $\geqslant$、$\leqslant$ 或 $=$）、左端项 `lhs`（Left Hand Side）和右端项 `rhs`（Right Hand Side）构成。以 Gurobi 中的线性约束为例，其左端项为线性表达式（`LinExpr` 类实例），右端项为常数（`double` 型），约束符号可选值为 $\geqslant$、$\leqslant$或 $=$。向模型中添加约束的函数有 `Model.addConstr()`、`Model.addConstrs()`、`Model.addQConstr()` 等。需要注意的是，当调用这些函数添加约束时，函数参数也有左端项和右端项，但是它们均可以为线性表达式（`LinExpr`）、二次表达式（`QuadExpr`）或常数。在添加完成后，Gurobi 会自动对约束进行整理，将带有决策变量的部分移项到约束左端，将常数项移项到约束右端。此外，还需要注意，Gurobi 不接受 $<$ 或 $>$ 符号。对于类似 $x > 1$ 这样的约束，用户可以通过引入一个很小的正数 ϵ（例如，取 $\epsilon = 1 \times 10^{-6}$），将约束转换为 $x - \epsilon \geqslant 1$。

（5）**进行模型求解**。完成上述建模工作后，Gurobi 会在执行 `Model.optimize()` 语句后选择合适的算法求解该模型。如果用户设计了回调函数（Callback），则可以将回调函数名称作为参数传入 `Model.optimize(Callback)` 中。具体使用方法可见 22.2 节的介绍。

（6）**获取求解信息**。求解结束后，我们可以通过 Gurobi 的内置函数获取求解结果相关信息，可获取的信息包括求解日志信息、最优目标函数值、决策变量的取值、对偶变量取值（仅特定类型的模型可获取）、变量检验数（仅特定类型的模型可获取）、求解最终状态、模型中已定义的表达式（线性表达式或二次表达式等）的取值以及其他内容。关于各类信息获取的相关操作可以浏览后续章节。

下面我们以文献 [47] 提供的 Nori & Leets 工厂污染控制问题为例，演示使用 Gurobi 建模的具体操作方法。该问题的数学规划模型如下：

$$
\begin{aligned}
\min \quad & 8x_1 + 10x_2 + 7x_3 + 6x_4 + 11x_5 + 9x_6 \\
\text{s.t.} \quad & 12x_1 + 9x_2 + 25x_3 + 20x_4 + 17x_5 + 13x_6 \geqslant 60, \\
& 35x_1 + 42x_2 + 18x_3 + 31x_4 + 56x_5 + 49x_6 \geqslant 150, \\
& 37x_1 + 53x_2 + 28x_3 + 24x_4 + 29x_5 + 20x_6 \geqslant 125, \\
& 0 \leqslant x_i \leqslant 1, \ \forall i = 1, 2, \cdots, 6
\end{aligned}
$$

下面给出用 Python 调用 Gurobi 求解上述模型的代码。

Nori & Leets 问题的简单实现

```python
from gurobipy import *
varNum = 6          # 决策变量个数
consNum = 3         # 模型约束个数

# 步骤（1），创建模型对象
model = Model('Nori&Leets_Problem')

# 步骤（2），创建决策变量
x = [[] for i in range(varNum)]
for i in range(varNum):
    x[i] = model.addVar(lb=0, ub=1, vtype=GRB.CONTINUOUS, name='x_'+str(i+1))  # 决策变量

# 步骤（3），构建目标函数
model.setObjective(8*x[0]+10*x[1]+7*x[2]+6*x[3]+11*x[4]+9*x[5], sense=GRB.MINIMIZE)

# 步骤（4），构建模型约束
cons = [[] for i in range(consNum)]
cons[0] = model.addConstr(12*x[0]+9*x[1]+25*x[2]+20*x[3]+17*x[4]+13*x[5]>=60, name='Constraint_1')    # 约束 1
cons[1] = model.addConstr(35*x[0]+42*x[1]+18*x[2]+31*x[3]+56*x[4]+49*x[5]>=150, name='Constraint_2')  # 约束 2
cons[2] = model.addConstr(37*x[0]+53*x[1]+28*x[2]+24*x[3]+29*x[4]+20*x[5]>=125, name='Constraint_3')  # 约束 3

# 步骤（5），进行模型求解
```

```python
model.optimize()

# 步骤（6），获取求解信息
print('The objective value is {}'.format(model.ObjVal))    # 输出目标函数值
for v in model.getVars():
    print('{} = {}'.format(v.varName, v.X))               # 输出决策变量名称与相应取值
```

求解结果如下：

求解结果

```
The objective value is 32.154631330359486
x_0 = 1.0
x_1 = 0.6226974547362896
x_2 = 0.34347940173182906
x_3 = 1.0
x_4 = 0.04757281553398046
x_5 = 1.0
```

对于结构较为简单的模型，最直接的建模方式就是在 `Model.addConstr()` 和 `Model.setObjective()` 中直接写出具体表达式。但是当模型变得更加复杂时，这种方法的效率会显著降低。在上述案例中，尽管 Nori & Leets 模型只考虑了 6 个决策变量，但在代码中直接写出该模型的各项表达式已略显烦琐。可见在面对更复杂的模型时，我们需要借助一些进阶技巧提高建模效率。

22.1.2 按行建模和按非零系数建模

接下来介绍 Gurobi 中常用的高级建模技巧，这些技巧的基本思路如图22.1所示。按建模顺序划分，可以将它们分为按行建模、按非零系数建模（也叫按稀疏矩阵方式建模）、按列建模与按矩阵建模。

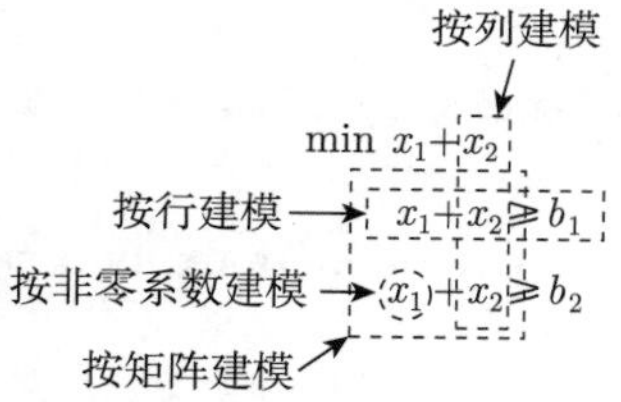

图 22.1　高级建模技巧基本思路

按行建模，顾名思义就是逐行构建模型的方法。在按行建模中，用户需要使用线性表达式 `LinExpr` 类对象或调用 `quicksum()` 函数按行拼凑表达式。再执行 `Model.setObjective()` 与 `Model.addConstr()`，将拼凑好的目标函数与模型约束加入 `Model` 类对象中。我们继续以 Nori & Leets 模型为例演示按行建模的操作方法。

将 Nori & Leets 模型改写成矩阵形式。通过简化符号，令：

$$\mathbf{rhs} = \begin{bmatrix} 60 \\ 150 \\ 125 \end{bmatrix}, \quad \boldsymbol{A} = \begin{bmatrix} 12 & 9 & 25 & 20 & 17 & 13 \\ 35 & 42 & 18 & 31 & 56 & 49 \\ 37 & 53 & 28 & 24 & 29 & 20 \end{bmatrix}, \quad \boldsymbol{c} = \begin{bmatrix} 8 \\ 10 \\ 7 \\ 6 \\ 11 \\ 9 \end{bmatrix}, \quad \boldsymbol{x} = \begin{bmatrix} x_1 \\ x_2 \\ x_3 \\ x_4 \\ x_5 \\ x_6 \end{bmatrix}$$

代入后 Nori & Leets 模型可以写为以下更紧凑的形式：

$$\begin{aligned} \min \quad & \boldsymbol{c}^{\mathrm{T}}\boldsymbol{x} \\ \text{s.t.} \quad & \boldsymbol{A}\boldsymbol{x} \geqslant \mathbf{rhs} \\ & \mathbf{0} \leqslant \boldsymbol{x} \leqslant \mathbf{1} \end{aligned}$$

上述形式可以帮助大家更好地理解按行建模的思想：首先将约束系数、目标函数系数与右端项保存在独立的数据结构中，然后通过循环语句按行逐项拼接约束表达式，最后将表达式逐一加入模型中。现在我们重新实现一遍 Nori & Leets 模型，请留意代码中步骤（3）与步骤（4）做出的改变。

按行建模 Nori & Leets 问题

```
from gurobipy import *
varNum = 6        # 决策变量个数
consNum = 3       # 模型约束个数

coef = [8, 10, 7, 6, 11, 9]                 # 目标函数系数
rhs = [60, 150, 125]                        # 右端项 rhs
A = [[12, 9, 25, 20, 17, 13], [35, 42, 18, 31, 56, 49], [37, 53, 28, 24, 29, 20]]      # 约束系数矩阵

# 步骤（1），创建模型对象
model = Model('Nori&Leets_Problem')

# 步骤（2），创建决策变量
x = [[] for i in range(varNum)]
for i in range(varNum):
    x[i] = model.addVar(lb=0, ub=1, vtype=GRB.CONTINUOUS, name='x_'+str(i+1))          # 决策变量 x_1

# 步骤（3），构建目标函数
model.setObjective(quicksum(coef[j]*x[j] for j in range(varNum)), sense=GRB.MINIMIZE)  # 使用 quicksum 函数拼接表达式

# 步骤（4），构建模型约束
expr = LinExpr()                            # 建立线性表达式对象
cons = [[] for i in range(consNum)]
for i in range(consNum):
    for j in range(varNum):
        expr.addTerms(A[i][j], x[j])        # 使用 addTerms(a,b) 循环逐项拼接约束表达式，每次迭代向表达式添加一项 a*b
    cons[i] = model.addConstr(expr >= rhs[i], name='Constraint_'+str(i+1))
    expr.clear()

# 步骤（5），进行模型求解
```

```
    model.optimize()

    # 步骤（6），获取求解信息
    print('The objective value is {}'.format(model.ObjVal) )
    for v in model.getVars():
        print('{} = {}'.format(v.varName, v.X))
```

步骤（3）演示了如何使用 quicksum 函数快速拼接目标函数表达式。步骤（4）演示了如何使用 LinExpr 类对象逐项拼接约束表达式，以及使用 Model.addConstr() 函数逐行构建模型约束。当模型较为复杂时，按行建模的方法可以显著提升建模效率。

按行建模的核心思想在于，对于具有相同公式形式的约束表达式，用户可以借助约束矩阵逐行构建约束。然而在处理某些特别复杂的模型时，构建约束矩阵可能会占用较多的内存空间。在这种情况下，我们可以考虑使用按非零系数建模的方法，即调用函数 LinExpr.addTerms() 来拼接约束表达式。

22.1.3 按列建模

对于最优化模型而言，通用的建模思路是将完整模型的决策变量、约束与目标函数统一输入求解器再进行求解。然而在一些实际问题中，我们很难事前穷举所有决策变量以及对应的约束系数。例如对于下料问题而言，为了写出下料问题的完整模型，我们需要在建模前枚举出所有可能的切割方案并构造相应的决策变量。这是几乎不可能完成的任务，即使用户成功找出了所有切割方案，也会导致最终模型具有数量庞大的决策变量和冗长的约束表达式，造成模型求解困难。

实际上，我们可以通过某些特殊的建模技巧避免上述问题。一种常用的方法是：先求解只包含部分决策变量的模型，并在单纯形法的迭代过程中，不断生成新的可行切割方案（决策变量），并由入基条件判断出极有可能在最优单纯形表中成为基变量的决策变量，再将筛选后的决策变量逐一加入模型中。这种方法称作列生成算法，该算法能有效规避对冗余决策变量的穷举。这里我们不对列生成算法的理论进行过多展开，感兴趣的读者可以参考《运筹优化常用模型、算法及案例实战》学习列生成算法的具体原理。

在列生成算法中，按列建模是最核心的技巧。按列建模的思路与按行建模类似：用户只需向约束矩阵加入新的约束系数列，并向模型添加对应的决策变量，再循环这一过程即可。在具体实现上，用户需要使用 Column() 函数创建新的列对象，并调用列对象的 addTerms() 来拼凑新列，最后执行 Model.addVar() 即可向模型添加对应决策变量。

接下来演示按列建模的操作方法。假设我们需要向 Nori & Leets 模型添加新列，通过向模型添加新变量 x_7 以及对应的约束列，原模型更新为以下形式：

$$
\begin{aligned}
\min \quad & 8x_1 + 10x_2 + 7x_3 + 6x_4 + 11x_5 + 9x_6 + x_7 \\
\text{s.t.} \quad & 12x_1 + 9x_2 + 25x_3 + 20x_4 + 17x_5 + 13x_6 + x_7 \geqslant 60 \\
& 35x_1 + 42x_2 + 18x_3 + 31x_4 + 56x_5 + 49x_6 + x_7 \geqslant 150
\end{aligned}
$$

$$37x_1 + 53x_2 + 28x_3 + 24x_4 + 29x_5 + 20x_6 + x_7 \geqslant 125$$

$$0 \leqslant x_i \leqslant 1, \quad \forall i = 1, 2, \cdots, 6, \ x_7 \geqslant 0$$

我们仿照列生成算法中基于子问题解向主问题添加新列的操作，演示如何使用按列建模的方法将 x_7 及其对应的约束列添加进模型中。请大家留意步骤（6）中的操作。

按列建模 Nori & Leets 问题

```python
""" 步骤（1）～ 步骤（5）与上述按行建模代码一致，此处省略 """

# 步骤（6）使用按列建模方法添加新列
new_col = [1, 1, 1]                          # 约束矩阵新列的系数
col = Column()                               # 创建 Column() 对象，用于加入新列
for j in range(consNum):
    col.addTerms(new_col[j], cons[j])        # 将新列加入既有约束矩阵中

model.addVar(obj=1, column=col, name='x_7')  # 添加新的决策变量，并指定决策变量在目标函数中的系数

model.write('Nori&Leets_Problem.lp')         # 导出 LP 文件
model.optimize()                             # 再次求解模型

# 步骤（7）获取求解信息
print('The objective value is {}'.format(model.ObjVal))
for v in model.getVars():
    print('{} = {}'.format(v.varName, v.X))
```

将更新后的模型导出为 LP 文件（LP 文件是常用于模型检查的文件格式），文件内容如下：

Nori & Leets 模型按列建模的 LP 文件

```
\ Model Nori&Leets_Problem
\ LP format - for model browsing. Use MPS format to capture full model detail.
Minimize
  8 x_1 + 10 x_2 + 7 x_3 + 6 x_4 + 11 x_5 + 9 x_6 + x_7
Subject To
 Constraint_1: 12 x_1 + 9 x_2 + 25 x_3 + 20 x_4 + 17 x_5 + 13 x_6 + x_7 >= 60
 Constraint_2: 35 x_1 + 42 x_2 + 18 x_3 + 31 x_4 + 56 x_5 + 49 x_6 + x_7 >= 150
 Constraint_3: 37 x_1 + 53 x_2 + 28 x_3 + 24 x_4 + 29 x_5 + 20 x_6 + x_7 >= 125
Bounds
 x_1 <= 1
 x_2 <= 1
 x_3 <= 1
 x_4 <= 1
 x_5 <= 1
 x_6 <= 1
End
```

可以发现，变量 x_7 及其对应的约束列被成功添加进模型中。大家可以动手尝试实现上述代码，以便更深入地理解按列建模的思想。

22.1.4 按矩阵建模

按矩阵建模的思想是将模型约束以矩阵的形式直接输入模型对象中。在按矩阵建模中，用户需要使用 MVar 类对象创建决策变量，所使用的函数是 Model.addMVar(shape, lb, ub, vtype)，其中，参数 shape 用于指定决策变量的总数。创建决策变量后，用户需依次构建约束矩阵 $\boldsymbol{A}$，目标函数系数向量 $\boldsymbol{c}$，右端项向量 $\boldsymbol{b}$，最后执行 Model.addConstr(A @ x >= b) 完成模型约束的构造。其中，运算符 @ 是 Gurobi 中用于矩阵乘积运算的重载运算符。

按矩阵建模的方法不支持使用 Var 类对象构造决策变量，这是因为 Gurobi 规定重载运算符 @ 的运算对象必须限定为 MVar 类对象。同时由于运算符 @ 不支持 List 数据结构，因此用户需要导入 numpy 构造约束矩阵。更多有关 MVar 类对象与运算符 @ 的介绍可参见 Gurobi 用户手册中的相关内容。

现在我们使用按矩阵建模的思想对 Nori & Leets 问题重新建模：

按矩阵建模 Nori & Leets 问题

```
from gurobipy import *
import numpy as np                                  # 重载运算符 @ 不支持 List，需要使用 numpy

c = np.array([8, 10, 7, 6, 11, 9])                  # 目标函数系数
b = np.array([60, 150, 125])                        # 右端项
A = np.array([[12, 9, 25, 20, 17, 13], [35, 42, 18, 31, 56, 49], [37, 53, 28, 24, 29, 20]])   # 约束系数矩阵

model = Model("Nori&Leets_Problem")                          # 步骤（1）创建模型对象
x = model.addMVar(6, lb=0, ub=1, vtype=GRB.CONTINUOUS)       # 步骤（2）创建 MVar 决策变量
model.setObjective(c @ x, GRB.MINIMIZE)                      # 步骤（3）构建目标函数
model.addConstr(A @ x >= b)                                  # 步骤（4）构建模型约束
model.optimize()                                             # 步骤（5）进行模型求解

print( 'The objective value is {}'.format(model.ObjVal) )    # 输出求解结果
for v in model.getVars():
    print('{} = {}'.format(v.varName, v.X))
```

不难看出，按矩阵建模相较于前两种方法更为简洁。

这里我们介绍一些按矩阵建模的小技巧：在某些情况下，用户在创建决策变量时已经使用了 Var 类对象，此时若想继续使用按矩阵建模的方法，可以通过 x = MVar(model.getVars()) 将所有决策变量从 Var 类对象转换为 MVar 类对象。当用户求解的模型是读取自 MPS 这类外部文件时，函数 Model.getA() 可以帮助用户获得原问题的约束矩阵信息。需要注意的是，该函数需要 scipy 包的支持，用户需要提前安装并导入 scipy 包才能使用该函数。

考虑到 numpy 提供了便捷的矩阵转置运算，我们可以借助 numpy 快速获得原问题的对偶解。具体操作方法是：在使用按矩阵建模后，用户可以将约束矩阵 $\boldsymbol{A}$ 转置为 $\boldsymbol{A}^{\mathrm{T}}$，并添加对偶变量 $\boldsymbol{y}$，再简单重构模型后求解即可。若建模者并不关心对偶问题的完整公式形式，只希望利用对偶形式快速获得相应的对偶解（例如在使用 Benders 分解时，虽然子问题的对偶形式较为复杂，但算法只需要从子问题获得对偶解即可），那么就可以考虑采用该方法。

接下来演示快速获得对偶解的技巧。首先需要对 Nori & Leets 模型稍做改动，我们松

弛了 $x_j \leqslant 1$ 约束并将模型改写成以下形式：

$$
\begin{aligned}
\min \quad & 8x_1 + 10x_2 + 7x_3 + 6x_4 + 11x_5 + 9x_6 \\
\text{s.t.} \quad & 12x_1 + 9x_2 + 25x_3 + 20x_4 + 17x_5 + 13x_6 \geqslant 60 \\
& 35x_1 + 42x_2 + 18x_3 + 31x_4 + 56x_5 + 49x_6 \geqslant 150 \\
& 37x_1 + 53x_2 + 28x_3 + 24x_4 + 29x_5 + 20x_6 \geqslant 125 \\
& x_i \geqslant 0, \qquad \forall i = 1, 2, \cdots, 6
\end{aligned}
$$

然后利用 numpy 的转置操作重新构建原模型的对偶模型：

构建对偶模型

```
from gurobipy import *
import numpy as np                                   # 重载运算符 @ 不支持 List，需要使用 numpy

c = np.array([8, 10, 7, 6, 11, 9])                   # 目标函数系数
A = np.array([[12, 9, 25, 20, 17, 13], [35, 42, 18, 31, 56, 49], [37, 53, 28, 24, 29, 20]])    # 约束系数矩阵
b = np.array([60, 150, 125])                         # 右端项

model = Model("Nori&Leets Dual")                     # 步骤（1）创建模型对象
y = model.addMVar(3, lb=0, ub=GRB.INFINITY)          # 步骤（2）创建对偶变量
model.setObjective(b @ y, GRB.MAXIMIZE)              # 步骤（3）构建对偶目标函数
model.addConstr(A.T @ y <= c)                        # 步骤（4）构建模型约束
model.optimize()                                     # 步骤（5）进行模型求解
model.write('Dual.lp')                               # 步骤（6）获取求解信息

print( 'The objective value is {}'.format(model.ObjVal) )    # 输出求解结果
for v in model.getVars():
    print('{} = {}'.format(v.varName, v.X))
```

在 LP 文件中我们可以看到求解器获得了符合预期的对偶模型：

对偶模型的 LP 文件

```
\ Model Nori&Leets Dual
\ LP format - for model browsing. Use MPS format to capture full model detail.
Maximize
  60 C0 + 150 C1 + 125 C2
Subject To
 R0: 12 C0 + 35 C1 + 37 C2 <= 8
 R1: 9 C0 + 42 C1 + 53 C2 <= 10
 R2: 25 C0 + 18 C1 + 28 C2 <= 7
 R3: 20 C0 + 31 C1 + 24 C2 <= 6
 R4: 17 C0 + 56 C1 + 29 C2 <= 11
 R5: 13 C0 + 49 C1 + 20 C2 <= 9
Bounds
End
```

按矩阵建模的方法虽然比其他建模方法更高效，但是仍存在一些缺点：对于约束系数稀疏的模型，构建约束矩阵可能会占用大量内存储存系数为 0 的部分而导致内存溢出。同

时，按矩阵建模的方法需要一次性构建所有决策变量与约束，因此用户无法为每个决策变量与约束赋予单独的字符串名称。

还需要说明的是，虽然按矩阵建模的方法可以通过转置快速得到对偶问题的具体形式（使用 `Model.getA()` 获取模型的约束矩阵），但我们基本无法从转置后的模型推导出对偶问题的数学公式。在科技论文的写作中，对偶问题的数学公式往往是十分重要的，而这种方法在需要给出对偶问题的数学公式时不再可行，因此我们鼓励大家在科研实践中也要多关注对偶问题的数学推导。

22.1.5 Gurobi 中的模型属性与求解参数

在接下来的章节中，我们将继续深入 Gurobi 的各类进阶技巧。在学习这些技巧前，我们先回顾一下 Gurobi 中模型属性与求解参数的基本设置方法。

1. 模型参数管理

在 Gurobi 中，求解器的优化行为由各类参数（Parameter）控制，例如可行性、最优容差、算法选择与搜索策略等。这些参数需要在优化进程开始前进行设置。

在 Python 环境下，我们以是否输出控制台信息（`LogToConsole` 参数）为例，演示设置模型参数值的 3 种方法。

Gurobi 中设置模型参数值的方法

```
# LogToConsole 默认为 1，当设置为 0 时，Gurobi 会隐藏求解结果信息。
# 下面 3 种方法是等价的
model.setParam(gp.GRB.Param.LogToConsole, 0)          # 调用 setParam() 方法
model.setParam('LogToConsole', 0)                     # 使用参数名称直接修改
model.Params.LogToConsole = 0                         # 在对象后直接加相关参数名进行修改
```

2. 模型属性修改与查询

与 Gurobi 相关的各类信息大多存储在属性（Attributes）中，模型属性用于控制模型变量、约束、目标等与模型本身相关的各类特征。由求解器计算得到的一类属性（例如，目标函数值 `ObjVal`）是无法被用户更改的；而其他属性（例如变量上界 `ub`）则可以被用户直接更改。

在 Python 环境下，我们以获取 `Model` 类对象的目标函数值（`ObjVal` 属性）为例，演示设置属性值的两种方法。

Gurobi 中设置属性值的方法

```
model.getAttr('ObjVal')                # 调用 getAttr() 或 setAttr() 方法可以查询属性信息
model.ObjVal                           # 在对象后直接加属性名获取或修改模型属性，属性名可以忽略大小写
```

在 Gurobi 中，用户需要通过模型对象访问不同属性。当用户想要修改与查询特定属性时，需要清楚各项属性的归属。Gurobi 中常见的模型对象包括 `Model` 类对象、`Var` 类对象、`Constr` 类对象、`LinExpr` 类对象等。关于各对象与相关属性的详细说明可参见 Gurobi 官方手册。

22.2 Gurobi 中的各类文件格式与相关操作

22.2.1 一个简单的例子

本节我们将详细介绍 Gurobi 中各类文件格式的具体功能与使用方法。在 22.1.2 节中，我们以文献 [47] 中的 Nori & Leets 模型为例，演示了如何将模型导出至 LP 文件中，具体操作如下：

导出 LP 文件

```
""" 建立 Nori & Leets 模型，具体建模代码见  22.1.2 节内容 """
model.write('Nori&Leets_Problem.lp')                    # 求解后，将模型导出至 LP 文件中
```

运行上述代码后，Gurobi 会在根目录下导出 `Nori&Leets_Problem.lp` 文件，该文件内容如下：

Nori&Leets 模型建模后导出 LP 文件的内容

```
\ Model Nori&Leets_Problem
\ LP format - for model browsing. Use MPS format to capture full model detail.
Minimize
  8 C0 + 10 C1 + 7 C2 + 6 C3 + 11 C4 + 9 C5
Subject To
 R0: 12 C0 + 9 C1 + 25 C2 + 20 C3 + 17 C4 + 13 C5 >= 60
 R1: 35 C0 + 42 C1 + 18 C2 + 31 C3 + 56 C4 + 49 C5 >= 150
 R2: 37 C0 + 53 C1 + 28 C2 + 24 C3 + 29 C4 + 20 C5 >= 125
Bounds
 C0 <= 1
 C1 <= 1
 C2 <= 1
 C3 <= 1
 C4 <= 1
 C5 <= 1
End
```

LP 文件以一种非常直观的方式记录模型的内容，用户可以很方便地通过 LP 文件对建模结果进行检查。Gurobi 支持 LP 格式在内的多种文件格式，以满足不同的文件需求。常见的文件需求包括：存储模型信息、存储 MIP 初值（`Start` 属性）、存储 MIP Hints 信息（`VarHintVal` 和 `VarHintPri` 属性）、存储 MIP 变量分支优先级（`BranchPriority` 属性）、存储单纯形基解、存储所有解的信息、存储模型属性与参数等。接下来我们从这些需求出发，对各类文件格式进行详细介绍。

22.2.2 各种类型的文件格式

1. 存储模型信息的文件格式

这类文件的主要用途是存储模型信息，方便用户对模型进行后续操作。Gurobi 中与模型存储相关的文件格式包括：`MPS`、`REW`、`LP`、`RLP`、`ILP`、`OPB`、`DLP`、`DUA`。接下来我们将重点介绍其中几种最常用的文件格式。

（1）MPS 格式。

在所有用于存储模型信息的文件格式中，使用最为广泛的文件格式是 MPS 格式。MPS 格式是对用户模型的一个精确的刻画。设想我们将建立的 Gurobi 模型保存至 MPS 文件中，再将该文件导入至新的 Model 类对象中。那么重读取的模型将完整地复刻原始模型的所有信息，包括原始模型的变量、约束、目标，以及求解原始模型前设置的一切参数和模型属性。不仅如此，MPS 也是一种具有良好通用性与跨平台能力的文件格式。假设用户使用 Python 调用 Gurobi 建立数学模型并导出为 MPS 文件，那么该文件可以在其他语言环境下被 Cplex、Mosek 等其他支持 MPS 格式的求解器读取调用。

由于篇幅限制，此处我们不对 MPS 格式的存储规则进行过多介绍，具体内容可参见 Gurobi 官方手册。值得一提的是，MPS 文件存在两种变体，一种是固定格式（Fixed format），另一种是自由格式（Free format）。固定格式要求各字段必须从一个固定的列开始记录，而自由格式则使用空格将各字段分隔开。用户在遇到不同格式的 MPS 文件时无须担心，因为无论是哪种格式的 MPS 文件，Gurobi 读取后都能自动识别并求解。

MPS 作为一种通用的文件存储格式受到了许多开发者的青睐。在第 19 章我们曾简单提及 MIPLIB 数据库。这是一个专注于发布混合整数规划标杆算例集的公共电子数据库，其中的算例集可被用于测试各个求解器的性能，也可提供给科研者测试自己的算法。为了避免求解器厂商针对性地调优以获得更高的性能排名，MIPLAB 会不定期地更新算例集，最近一次更新是在 2017 年。得益于 MPS 格式具有的通用性、广泛性、精确性等优点，MIPLAB 中的模型均以 MPS 格式存储。大家可以登录网站下载相关算例（参见图 22.2），学习运筹优化的领域知识，并根据自身需求选择合适的高级语言与求解器，对模型的 MPS 文件进行自由地调试。

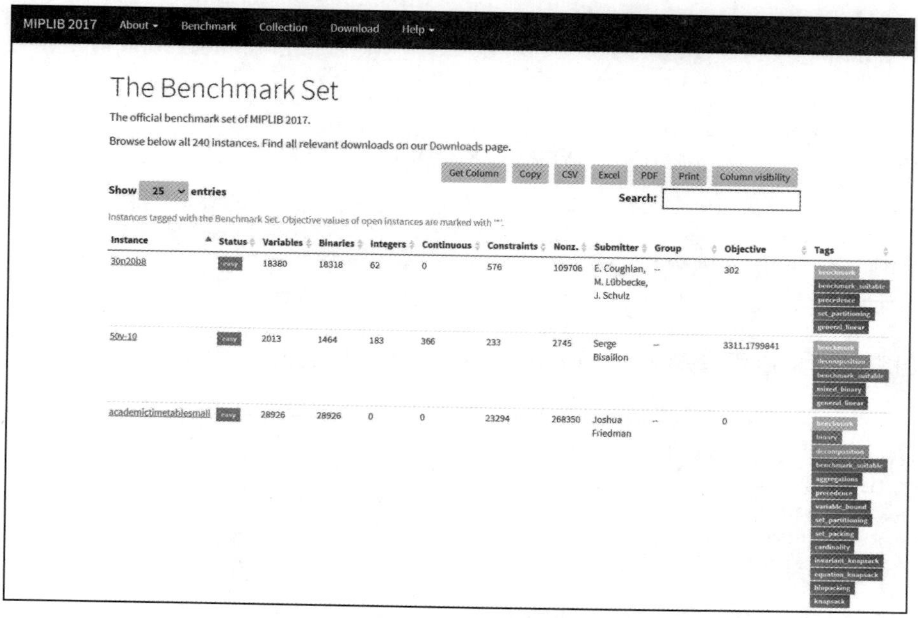

图 22.2 MIPLIB 算例概览

（2）**LP 格式**。

尽管 MPS 格式具有诸多优点，但该格式的可读性较差。用户很难通过直接阅读 MPS 文件直观地检查模型内容，如目标函数、约束条件、变量类型和界限等。如果用户有进一步进行模型检查与核对的需求，LP 格式为用户提供了一种可读性更好的选择。

在22.2.1节中，我们将 Nori & Leets 模型导出至以.lp 为后缀的文件（LP 文件）中，并检查了模型内容。LP 文件存储数学模型的方式与数学语言比较接近。因此，用户可以轻松地根据 LP 文件的内容验证模型是否与预期相符。但相较于 MPS 格式，LP 格式会丢失原始模型的部分信息。例如，LP 文件既不会保留原始模型约束列的存储顺序，也不会精确地保留约束的系数值。

（3）**其他类型**。

我们再为大家介绍一些其他用于存储模型信息的文件格式，这些文件格式的功能设计与 MPS 格式和 LP 格式类似。

首先介绍 REW 格式与 DUA 格式，这两种格式可以看作由 MPS 格式衍生的文件类型，REW 与 DUA 在存储方式上与 MPS 基本相同。不同之处在于 REW 文件会自动将用户定义的对象名称格式化为统一的命名规则。而 DUA 文件会将原始模型转换为对偶模型再进行存储。上文提到，如果用户希望快速获得原始模型的对偶解，一种方式是按矩阵建模并对约束矩阵进行转置运算，而 DUA 文件提供了另一种更便捷的方法：用户只需要将原始模型导出至 DUA 文件中，再重新读取并求解即可。

为演示 DUA 格式的用法，我们将 Nori & Leets 模型导出至 DUA 文件中，再将该文件导入新的模型对象并求解。

导入 Nori & Leets 模型 DUA 文件，并再次求解

```
""" 建立 Nori & Leets 模型，具体建模代码见 22.1.2 节内容 """

model.write('Nori&Leets_Problem.dua')              # 将模型导出至 DUA 文件中
model = Model('Dual_Model')                        # 为对偶模型重新定义模型对象
model = read('Nori&Leets_Problem.dua')             # 重新导入 DUA 文件
model.optimize()                                   # 求解重新导入后的模型

print('The objective value is {}'.format(model.ObjVal))
for v in model.getVars():
    print('{} = {}'.format(v.varName, v.X))
```

输出求解结果后可以发现，Gurobi 直接输出了原问题的对偶解：

重新导入 DUA 文件后模型的求解结果

```
The objective value is 32.154631330359486
C0(6) = 0.11104696929939646
C1(6) = 0.12681710837050644
C2(6) = 0.06932563631592757
C3(1) = 0.3362109682498029
C4(1) = 0.0
C5(1) = 0.0
C6(1) = 1.816085017055891
```

```
C7(1) = 0.0
C8(1) = 0.04416163736552181
```

类似地，RLP 格式与 DLP 格式可以看作由 LP 格式衍生的文件类型。前者同样将对象名称由用户定义的名称格式化为统一的命名规则，后者将原模型转换为对偶模型后再进行存储。此外，Gurobi 还支持 OPB 文件格式，该格式专门用于存储最小化问题的伪布尔优化模型。对于这些格式的详细描述可参见官方手册，这里不进行赘述。

2. 存储初值信息的文件格式

按存储对象划分，存储初值信息的文件格式可以分为存储 MIP 初值信息的文件格式与存储 LP 基解信息的文件格式，接下来分别进行介绍。

（1）**MST 格式**。

对于 MIP 模型，用户可以使用 MST 文件向 Gurobi 导入初始可行解。Gurobi 会自行判断是否基于 MST 文件提供的初始解启动分支切割算法。某些比较“好”的初始解能为最优解提前确定一个界（bound），同时初始解也为求解器提供了新的种子（seed），加速启发式算法的搜索进程。虽然这些操作无法保证一定是有效的，但在某些情形下，某些比较“好”的初值还是能在一定程度上提升求解效率。

MST 格式使用“决策变量名–值”配对的方式存储初值，一个简单的案例如下：

MST 文件存储方式

```
# MIP start
x1 1
x2 0
```

除了可以使用 MST 格式文件为 MIP 模型提供初始解外，用户还可以选择对决策变量的 Start 属性进行逐一赋值，二者属于等价操作。这里需要注意，由于求解器存在惰性更新机制，用户在向模型导入 MST 文件前，需要先对模型进行更新操作。这是为了确保模型中更新了 MST 文件中各初值对应的决策变量，否则直接导入 MST 文件会导致赋值错误。具体操作如下：

通过导入 MST 文件向模型输入初值

```
model.update()                          # 用户完成建模后，先对模型进行更新，确保模型创建了相应的决策变量
model.read('Nori&Leets_Problem.mst')    # 再导入 MST 文件，Gurobi 自动将各初值赋给对应决策变量的 Start 属性
model.optimize()                        # 求解模型
```

当用户为模型提供初值时，Gurobi 并不要求 MST 文件提供精确的初始解。如果 MST 文件提供的初始解存在缺失项，Gurobi 会进行自动补全。若这些初始解存在重复项，求解器则会保留最后一次赋值的结果。如果用户同时导入了多个 MST 文件，这相当于向求解器导入多个串联的初始解，Gurobi 会在读取后自行比较并使用最优的初始解。

若用户有存储解的需求，可以将可行解存储至 MST 文件中以便后续使用。但我们不建议这样操作，这是由于在保存 MST 文件时，Gurobi 不会保存连续变量的值。因此我们更推荐将可行解保存为存储模型解信息的专用格式——SOL 格式。

（2）**BAS 格式**。

对于 LP 模型，用户可以使用 BAS 文件为变量指定在单纯形法中的初始状态。与 MST 文件不同的是，BAS 文件并不直接存储解的取值，而是提供每个决策变量与模型约束在单纯形法中的状态信息。BAS 格式的存储规则可以参见 Gurobi 官方手册的相关章节。

如果用户有指定基解状态的需求，一种方法是为每个变量和约束设置对应的 VBasis 属性和 CBasis 属性，另一种办法就是使用 BAS 文件，二者属于等价操作。如果 BAS 文件能够为求解器提供接近最优解的近似最优基，那么该操作有助于加速复杂线性规划模型的求解进程。但是如果指定的初始基与最优基之间的目标函数值相差较大，那么同样的操作反而会减慢算法的搜索进程。因此提醒大家在使用 BAS 文件时需谨慎。

3. 存储解信息的文件格式

相较于 MST 格式，SOL 格式与 JSON 格式更适合用于精确地存储求解结果的相关信息。当求解结束后用户就可以导出 SOL 格式与 JSON 格式的文件。SOL 格式在存储规则上与 MST 格式类似，按照以下规则存储最优解向量的信息。

Nori & Leets 模型求解后获得 SOL 文件的内容

```
# Solution for model Nori&Leets_Problem
# Objective value = 3.2154631330359486e+01
x_0 1
x_1 6.2269745473628957e-01
x_2 3.4347940173182906e-01
x_3 1
x_4 4.7572815533980461e-02
x_5 1
```

JSON 是一种源于 JavaScript 的数据存储结构，它以类似字典键值对的格式对数据进行存储。相较于 SOL 文件只存储最优解向量，JSON 文件会保留更多求解进程的相关信息。

4. 存储 MIP Hints 的文件格式

有时用户或许通过某些先验的方法获知了最优解的潜在取值，这些信息可以帮助 Gurobi 加速求解进程。HNT 是为最优解的潜在取值提供提示信息的文件格式。HNT 文件会按以下规则记录决策变量的潜在取值以及这些取值的优先级。

HNT 文件样例

```
# MIP hints
x1 1 2
x2 0 1
x3 1 1
```

HNT 文件的首列存储的是待提示的决策变量名称，第二列存储的是该变量的潜在取值（对应 Var 属性的 VarHintVal 属性），第三列存储的是变量的优先级信息（对应 Var 属性的 VarHintPri 属性）。如果 HNT 文件存在重复的提示信息，求解器只保留最后一次读取的结果。如果用户同时导入多个 HNT 文件，求解器会自行比较这些提示的质量。若 HNT 文件中存在缺失项，则求解器不会为相应的决策变量调整算法搜索策略。

在用户导入 HNT 文件后，Gurobi 就会基于变量提示与优先度来调整算法搜索策略。用户也可以通过逐一访问决策变量的 VarHintVal 属性与 VarHintPri 属性提供提示信息。如果用户提供了一些比较“好”的提示，也就是接近最优解取值的提示，就能帮助求解器更高效地找到最优解。

5. 存储 MIP 变量分支优先级的文件格式

ORD 格式用于提供不同决策变量在分支切割算法中分支优先顺序的信息。ORD 格式的存储方式与 HNT 格式比较类似，文件存储了每个变量对应的分支优先度取值，一个简单的例子如下。

ORD 文件样例

```
# Branch priority file
x 1
y 1
z -1
```

在 Gurobi 中，决策变量的分支优先级是通过设置变量的 BranchPriority 属性实现的。在默认状态下该属性的取值为 0，这意味着所有决策变量具有相同的分支优先度。若用户从外部导入了 ORD 文件，Gurobi 会自动识别文件内容并逐一设置各变量的 BranchPriority 属性。即便在导入了 ORD 文件后，用户仍然可以通过设置 BranchPriority 属性再次调整决策变量的分支优先级。

6. 存储参数与属性的文件格式

ATTR 格式是用于读取或存储模型属性信息的文件格式，存储内容既包括用户设置的属性，也包括求解过程中生成的各类属性。PRM 格式文件用于存储模型参数的设置信息。向模型导入 PRM 格式文件后，求解器会自行读取文件内容并将模型参数调整为相应的数值。

至此，有关 Gurobi 支持的几种主要的文件格式我们已基本介绍完毕，如果大家希望更深入地了解各文件格式的详情，可以参考 Gurobi 官方手册中对应章节的内容。

22.2.3 模型导入与导出的方法

接下来介绍 Gurobi 中模型导入与导出操作相关的方法。

1. read(filename, env=defaultEnv)

在 Gurobi 中，read() 属于全局导入方法，该函数从文件中读取模型内容并导入求解器，从而自动完成添加决策变量、目标函数和约束条件等建模操作。read() 支持的格式类型包括 MPS、REW、LP、RLP、DUA、DLP、ILP 和 OPB。

2. `readParams()` 与 `writeParams()`

`readParams()` 与 `writeParams()` 是用于模型参数文件导入与导出的全局方法，该函数仅适用于 `PRM` 格式的文件。

3. `Model.write()`

Gurobi 没有类似 `read()` 函数这样的全局导出方法，用户需要使用 `Model` 类中的 `write()` 方法实现文件的导出操作。`Model.write()` 支持上文介绍的所有文件格式类型。另外一种等价的导出方法是使用 `ResultFile` 参数。在求解前使用 `ResultFile` 参数设置文件名，Gurobi 就会自动地输出相应的文件。

4. `Model.read()`

在 `Model` 类中同样还有一种 `Model.read()` 的导入方法。但与全局的 `read()` 方法不同的是，`Model.read()` 仅支持对模型数据的导入，例如连续模型的基信息（`BAS` 格式）、MIP 模型初值相关的信息（`MST` 格式或 `HNT` 格式）、模型参数信息（`PRM` 格式）等。如果用户需要导入整个模型（如 `MPS` 格式），应当使用全局 `read()` 方法。

22.3 模型拷贝与模型松弛

22.3.1 模型浅拷贝与深拷贝

在 Gurobi 中，模型的拷贝分为浅拷贝与深拷贝，本节将继续以第 21 章中的 Nori&Leets 模型为例，介绍二者之间的区别。首先我们将初始模型命名为 model1。

建立 model1 并求解结果

```python
""" 建立 Nori & Leets 模型，具体建模代码见 22.1.2 节内容 """
model1.optimize()                                  # 求解 model1
print('Objective Value is', model1.objVal)         # 输出 model1 的目标函数值
```

求解可得：

model1 求解结果

```
Objective Value is 3.215463133e+01
```

接下来演示浅拷贝操作：我们将 model1 重置为未求解的状态，通过赋值操作直接将 model1 拷贝给 model2。这时我们将 model2 的第一条约束给松弛掉。

浅拷贝并求解 model2

```python
model1.reset()                                     # 将 model1 重置为未求解的状态
model2 = model1                                    # 浅拷贝
model2.remove(model2.getConstrs()[0])              # 松弛掉 model2 的第一条约束
model2.optimize()                                  # 求解 model2
print('Objective Value is', model2.objVal)         # 输出 model2 的目标函数值
```

再次求解 model2 可得：

model2 求解结果

```
Objective Value is 3.130463576e+01
```

可以看到松弛了约束后，model2 输出了不同的求解结果。这时我们重新将 model1 重置为未求解的状态：

重置 model1 并再次求解

```
model1.reset()                                     # 将 model1 重置为未求解的状态
model1.optimize()                                  # 重新求解 model1
print('Objective Value is', model1.objVal)         # 重新输出 model1 的目标函数值
```

求解后可得：

重置 model1 的求解结果

```
Objective Value is 3.130463576e+01
```

可见虽然我们只删除了 model2 中的一条约束，但 model1 的求解结果也随之发生了改变，这是因为浅拷贝只是拷贝了原对象的引用，并不是真正地拷贝对象本身，model2 与 model1 实际上指向的是同一个模型对象。

为了避免浅拷贝带来的上述问题，我们可以使用 `Model.copy()` 进行深拷贝操作。需要注意的是，由于 Gurobi 的惰性更新机制，用户在深拷贝前需要调用 `Model.update()` 对模型进行更新。同时，拷贝操作会导致原始数据链接的丢失，用户在访问拷贝模型的决策变量和模型约束等对象时不能使用建模时定义的数据结构，需要调用 `model.getVars()`、`model.getVarByName()`、`model.getConstrs()`、`model.getConstrByName()` 等函数访问相关信息。除了支持 `Model` 类对象的深拷贝外，Gurobi 还提供了其他对象的拷贝方法：

- `MVar.copy()`：对 `MVar` 类对象进行深拷贝。
- `LinExpr.copy()`：对 `LinExpr` 线性表达式类对象进行深拷贝。
- `QuadExpr.copy()`：对 `QuadExpr` 二次表达式类对象进行深拷贝。
- `Column.copy()`：对 `Column` 类对象进行深拷贝。

总之，大家在进行对象拷贝操作时，要时刻留意浅拷贝与深拷贝之间的差异。

22.3.2 模型松弛

对于混合整数规划模型，我们可以通过调用 `Model.relax()` 函数对模型进行线性松弛。调用 `Model.relax()` 函数会发生以下两件事：

（1）对原始模型进行深拷贝。

（2）原始模型的整数变量转换为连续变量，模型的 `SOS` 约束与 `General` 约束同时被删除[①]。

① 关于 SOS 约束的详细介绍，见本书 3.7 节；关于 General 约束的详细介绍，见本书23.3.2节。

接下来演示具体的操作方法。我们先将 Nori&Leets 模型的决策变量类型由 GRB.CONTINUOUS 改为 GRB.INTEGER，原始模型转换为整数规划模型。这时我们执行 Model.relax() 就可以获得原始模型的线性松弛版本：

使用 Model.relax() 对原始模型进行线性松弛

```python
relaxed_model = model.relax()                                 # Model.relax() 会返回一个原始问题的线性松弛模型
relaxed_model.optimize()

print('The objective value is {}'.format(relaxed_model.ObjVal))   # 输出求解信息
for v in relaxed_model.getVars():
    print('{} = {}'.format(v.varName, v.X))
```

求解新模型就可以获得线性松弛后的解：

线性松弛模型的求解结果

```
The objective value is 32.154631330359486
x_0 = 1.0
x_1 = 0.6226974547362896
x_2 = 0.34347940173182906
x_3 = 1.0
x_4 = 0.04757281553398046
x_5 = 1.0
```

第 23 章　高级建模方法

23.1　多目标优化模型的相关操作

现实中，许多最优化问题需要考虑多个优化目标，这就要求用户在兼顾多个目标函数的情况下在问题可行域内寻找最优解决方案，而求解多目标优化问题所面临的主要挑战是如何在各个目标函数之间进行权衡。在 Gurobi 中处理多目标优化模型，我们既可以选择**合成法**，将多目标模型转换为单目标模型，也可以采用**分层法**，对目标函数进行优先排序并依次优化，我们还可以将二者结合起来使用。本节我们将详细介绍在 Gurobi 中处理多目标优化模型的相关操作方法。

23.1.1　Gurobi 多目标函数详解

1. 相关属性与参数

在 Gurobi 中，无论用户选择何种方式处理多目标模型，都需要先熟悉表23.1中所示的多目标优化模型相关属性。

表 23.1　多目标优化模型相关属性

属性名称	描　述	类　型
`ObjNCon`	查询或更改目标函数 n 中的常量	double
`ObjNPriority`	使用分层法时，查询或更改目标函数的优先级	int
`ObjNWeight`	使用合成法时，查询或更改目标函数的权重	double
`ObjNRelTol`	使用分层法时，设置当前目标函数允许退化的比例范围	double
`ObjNAbsTol`	使用分层法时，设置当前目标函数允许退化的绝对范围	double
`NumObj`	模型中目标函数的个数	int
`ObjNName`	用于指定第 n 个目标函数的名称	string
`ObjN`	查询或修改决策变量在某个目标函数中的系数	double
`ModelSense`	设置模型为最大化问题或最小化问题	int

除了上述属性外，多目标函数的设置还涉及参数 `ObjNumber`。该参数接收一个 `int` 型输入，用于指定需要处理的目标函数在所有目标函数中的索引值。接下来我们将详细介绍 Gurobi 多目标函数的设置方法。

2. Gurobi 多目标函数的设置

Gurobi 多目标函数的作用是将经过处理后的多个目标函数添加至 `Model` 类对象中。我们首先回顾一下 Gurobi 单目标函数的设置方法：在建立 `Model` 类对象后，Gurobi 会自动返回一个目标函数表达式为 0 的空模型。用户可以使用 `Model.setObjective()` 或者设置各决策变量（Var 对象）的 `Obj` 属性构造目标函数。对单目标优化模型而言，目标函数可以是线性或二次表达式。

类似地，用户可使用 `Model.setObjectiveN()` 向 `Model` 类对象添加多个目标函数，具体操作如下。

```
Model.setObjectiveN(expr, index, priority, weight, abstol, reltol, name)
```

其中，各参数的含义如下。

- `expr`: 目标函数表达式。
- `index`: 目标函数的索引值（0, 1, 2...）。
- `priority`: 目标函数的优先级（`int` 型）。
- `weight`: 目标函数的权重（`double` 型）。
- `abstol`: 目标函数允许的绝对退化量（`double` 型）。
- `reltol`: 目标函数允许的相对退化量（`double` 型）。
- `name`: 目标函数名称。

在设定目标函数时，用户需使用 `index` 参数为每个目标函数设置索引值。当完成全部目标函数的设置后，访问 `NumObj` 属性就可以获得当前模型中包含的目标函数总数。对于单目标优化模型而言，用户同样可以使用 `Model.setObjectiveN()` 向原始模型添加新的目标函数，这时单目标优化模型自动转换为多目标优化模型，而原目标函数也会自动成为索引为 0 的主目标函数。

当需要修改已经建立好的多目标优化模型时，我们可以先通过设置参数 `ObjNumber` 指示需要修改的目标函数的索引值，再对该目标函数的各项属性进行修改。其中，我们可以设置 `ObjN` 属性改变变量在该目标函数中的系数，也可以设置 `ObjNCon` 改变该目标函数的常数项，或者是设置 `ObjNName` 改变该目标函数的名称。此外，我们还可以通过修改 `NumObj` 属性改变目标函数的总数，当用户增加该属性值时，Gurobi 会添加相应数量的目标函数（未指明表达式的目标函数默认添加数量为 0）。当 `NumObj` 设为 0 时，原始模型就成为一个约束规划问题。

特别需要注意的是，对于多目标优化模型而言，所有目标函数**必须为线性函数**。多目标函数不能为二次、分段函数或其他形式。同时 Gurobi 还要求所有目标函数的**优化方向**是一致的。用户需要使用 `ModelSense` 属性指示这些目标函数为最大化问题还是最小化问题。对于优化方向不一致的目标函数，我们可以将该目标函数的 `Weight` 设为 -1。

23.1.2 多目标优化模型的建模方法

本节我们将通过具体案例介绍多目标优化模型的建模与求解技巧。考虑以下员工排班问题：一家企业目前需要调岗 6 名员工完成未来十天工作。已知每天的员工需求量以及每位员工的可调岗日期，w_j 表示第 j 天需要的员工数量，α_{ij} 表示第 i 位员工在第 j 天可被调岗。$\mathcal{I}$ 表示所有员工人数的集合，$\mathcal{J}$ 表示工作天数的集合。该模型的决策变量如下：

- x_{ij}：0-1 变量，用于决策员工 i 是否在第 j 天工作。

- y_i：整数变量，表示第 i 名员工的总工作天数。
- s_i：整数变量，决策第 i 天缺失的员工数量。
- s_{total}：整数变量，用于计算总共缺失的员工数量。
- $s_{\min}$：整数变量，表示员工工作天数的最小值。
- $s_{\max}$：整数变量，表示员工工作天数的最大值。

在该问题中，我们期望优化以下两个目标：一是尽可能地保证每天的工作有足额的员工能完成，即最小化缺失的员工数量；二是希望尽可能地平衡各员工的工作天数差异。可以写出以下模型：

$$
\begin{aligned}
\text{Obj 1: min} \quad & s_{\text{total}} && && (23.1)\\
\text{Obj 2: min} \quad & s_{\max} - s_{\min} && && (23.2)\\
\text{s.t.} \quad & \sum_i x_{ij} + s_j = w_j, && \forall j \in \mathcal{J} && (23.3)\\
& \sum_j x_{ij} = y_i, && \forall i \in \mathcal{I} && (23.4)\\
& \sum_j s_j = s_{\text{total}}, && && (23.5)\\
& x_{ij} \leqslant \alpha_{ij}, && \forall i \in \mathcal{I}, \quad \forall j \in \mathcal{J} && (23.6)\\
& s_{\min} = \min\{y_i, i \in \mathcal{I}\} && && (23.7)\\
& s_{\max} = \max\{y_i, i \in \mathcal{I}\} && && (23.8)\\
& x_{ij} \in \{0,1\}, && \forall i \in \mathcal{I}, \quad \forall j \in \mathcal{J} && (23.9)\\
& s_j \text{ integer}, s_j \geqslant 0, && \forall j \in \mathcal{J} && (23.10)
\end{aligned}
$$

其中，目标函数（23.1）最小化了排班中的员工缺失，目标函数（23.2）最小化了员工之间的工作天数差异。约束式（23.3）表示第 j 天的需求等于调岗员工总数与缺失人数之和。约束式（23.4）用于计算每位员工的工作天数。约束式（23.5）用于计算总缺失人数。式（23.6）约束了只有可被调岗的员工才能被调用。式（23.7）与式（23.8）分别用于获得这些员工中的最少工作天数与最多工作天数。

使用 Gurobi 建立该问题的决策变量与模型约束：

排班问题建模：决策变量与模型约束

```python
from gurobipy import *

# 数据准备
Shifts = ["day1", "day2", "day3", "day4", "day5", "day6", "day7", "day8", "day9", "day10"]    # 工作天数
Shifts_req = [2, 3, 4, 5, 4, 3, 5, 2, 5, 3]                  # 每天需要的员工数量
Employees = ['Ken', 'Emma', 'Oli', 'Ava', 'Bob', 'Jms']      # 一共有 6 位员工
Availability = [[1, 1, 0, 1, 1, 0, 1, 1, 0, 1],             # 员工可用性矩阵，A[i][j] 表示第 i 位员工在第 j 天有空
                [0, 0, 1, 1, 1, 0, 1, 1, 1, 1],
                [0, 1, 1, 0, 1, 1, 0, 1, 1, 1],
                [1, 0, 1, 1, 1, 0, 1, 1, 1, 0],
```

```python
                [1, 1, 1, 0, 0, 1, 0, 1, 1, 0],
                [0, 1, 1, 1, 0, 1, 1, 0, 1, 1],]

model = Model('Work_Assignment')

# 决策变量 1: 员工 i 是否要在第 j 天工作
x = {}
for i in range(len(Employees)):
    for j in range(len(Shifts)):
        x[i,j] = model.addVar(lb=0, ub=Availability[i][j], vtype=GRB.BINARY, name='x_'+str(i)+'_'+str(j))

# 决策变量 2: 每个 Shift 添加一个松弛变量，用于确保当员工不足时，每个 Shift 都能满足
slacks = {}
for s in range(len(Shifts)):
    slacks[s] = model.addVar(name='Slack')

# 决策变量 3: 缺失员工总数量
total_slack = model.addVar(name='totSlack')

# 决策变量 4: 每个员工的工作天数
total_shifts = {}
for e in range(len(Employees)):
    total_shifts[e] = model.addVar(name='totShifts_'+str(e))

# 决策变量 5 与 6: 用于获得员工最少工作天数与最多工作天数
minShift = model.addVar(name='minShift')
maxShift = model.addVar(name='maxShift')

# 约束 1: 每个 Shift 都要被满足
for i, s in enumerate(Shifts_req):
    expr = LinExpr()
    for e in range(len(Employees)):
        expr.addTerms(1, x[e, i])
    model.addConstr(expr + slacks[i] == s)

# 约束 2: 获得总松弛数量
expr = LinExpr()
for s in range(len(slacks)):
    expr.addTerms(1, slacks[s])
model.addConstr(total_slack == expr, name='total_ Slack')

# 约束 3: 计算每个员工的工作天数
for e in range(len(Employees)):
    expr = LinExpr()
    for s in range(len(Shifts)):
        expr.addTerms(1, x[e, s])
    model.addConstr(total_shifts[e] == expr, name='total_Shifts_'+str(e))

total_shifts_list = []
for e in range(len(Employees)):
    total_shifts_list.append(total_shifts[e])

# 约束 4: 所有员工中最少的工作天数
model.addGenConstrMin(minShift, total_shifts_list, name='minShift')

# 约束 5: 所有员工中最多的工作天数
model.addGenConstrMax(maxShift, total_shifts_list, name='maxShift')
```

接下来我们的任务是将目标函数 (23.1) 和 (23.2) 加入模型中，并告诉求解器这些目标之间是如何交互的。如上文所述，我们可以选择合成法或分层法。

1. 设置合成目标

合成法是通过加权的方式将多个目标函数合并为单目标函数。用户可以在调用函数 `Model.setObjectiveN()` 时设置 `weight` 参数，从而指定每个目标函数的权重，也可以结合使用 `ObjNumber` 属性和 `ObjNWeight` 属性进行设置。如上文所述，用户需要先通过 `ObjNumber` 属性指示待设置的目标函数，再通过 `ObjNWeight` 属性对该目标函数设置权重。

使用合成法设置多目标函数的代码如下。

合成法设置多目标函数

```
model.ModelSense = GRB.MINIMIZE                                                # 设置所有目标函数的 global sense
model.setObjectiveN(total_slack, index=0, weight=1, name='TotalSlack')          # 第一个目标函数，权重设为 1
model.setObjectiveN(maxShift - minShift, index=1, weight=1, name='Fairness')    # 第二个目标函数，权重设为 1
model.optimize()                                                                # 求解模型

print('总员工缺失数为：' + str(total_slack.X) +' 人')                            # 输出结果
for i, e in enumerate(Employees):
    print(e + ' 工作 ' + str(total_shifts[i].X) + ' 天')
```

在使用合成法时，需要注意应尽量避免权重值设置过大或过小。权重过大（大于 10^6）会导致数值计算困难，权重过小（小于 10^{-6}）会致使目标函数取值小于最优容差的下限，进而导致目标函数被求解器忽略。

2. 设置分层目标

分层法是指按优先级递减的顺序依次优化各目标函数。在对每个目标依次进行优化时，求解器会在不牺牲更高优先级目标函数值的情况下，寻找当前目标函数的帕累托最优解。用户可以在调用函数 `Model.setObjectiveN()` 时设置 `priority` 参数，为每个目标函数设置优先级，`priority` 参数数值越大对应的优先级越高。用户也可以通过 `ObjNPriority` 属性对各目标函数的优先级进行设定，每个目标函数的 `ObjNPriority` 属性在默认情形下为 0。

使用分层法设置多目标函数的代码如下。

分层法设置多目标函数

```
model.ModelSense = GRB.MINIMIZE                                                  # 设置所有目标函数的 global sense
model.setObjectiveN(total_slack, index=0, priority=2, name='TotalSlack')          # 首要目标函数，优先级设为 2
model.setObjectiveN(maxShift - minShift, index=1, priority=1, name='Fairness')    # 次要目标函数，优先级设为 1
model.optimize()                                                                  # 求解模型
```

使用分层法处理多目标优化模型时，用户需要考虑如何处理高优先级目标退化的问题。在默认情形下，Gurobi 是在不牺牲更高优先级目标函数值的前提下对当前目标进行优化。用户也可自定义高优先级目标的退化程度，即 Gurobi 在优化当前目标时高优先级目标的最大可退化范围。在求解多目标优化模型前，用户可以设置 `ObjNRelTol` 属性与 `ObjNAbsTol`

属性控制高优先级目标函数值的相对退化量与绝对退化量。举例来说，我们假设用户设置了绝对退化量 `ObjNAbsTol` 为 10。当求解器成功获得首个目标函数最优值（假设为 100）后，求解器在寻找第二个目标函数的最优解时会保证该解不会使得上一个目标函数最优值大于 110，并以同样的规则依次优化后续目标。

在线性规划模型中，Gurobi 仅支持用户使用 `ObjNAbsTol` 属性来控制高优先级目标函数的退化量。`ObjNAbsTol` 在线性规划模型中表示：对于被固定的解，它们的检验数（Reduced cost）能够违背对偶可行性（Dual Feasibility）的程度。

实际上，权重 `weight` 与优先级 `priority` 在求解器中是可以同时被设置的。当用户需要结合使用合成法与分层法进行优化时可以采取这种操作。简单来说，求解器会先按照优先级递减的顺序求解模型，对于优先级相同的目标函数，求解器再使用合成法转换为单目标函数进行处理。在这种情形下，Gurobi 对目标函数退化问题的处理稍有不同。由于篇幅限制，这里不做过多展开，详细介绍可参见 Curobi 用户手册中的相关章节。

3. 获取多目标优化模型求解结果

多目标优化模型的结果获取需要设定 `ObjNumber` 参数指示提取哪个目标函数的信息。我们可以结合 `SolutionNumber` 参数，从解池中提取出指定的可行解，并使用 `ObjNumber` 参数指示该可行解对应的目标函数的取值，具体代码如下。

获取多目标优化模型求解结果

```
assert model. Status == GRB.Status.OPTIMAL                # 确保模型已经获得最优解

x = model.getVars()                                       # 获得决策变量集合
sol_num = model.SolCount                                  # 获得模型解的数量
obj_num = model.NumObj                                    # 获得模型目标函数的数量
print('该模型有', obj_num, '个目标函数。')
print('该模型解池中有', sol_num, '个解。\n')

# 打印第 s 个可行解对应的第 o 个目标函数值
solution = []
for s in range(sol_num):
    # 设置将要查询的可行集的索引值
    model.Params.SolutionNumber = s
    for o in range(obj_num):
        # 设置将要查询的目标函数值的索引值
        m.Params.ObjNumber = o
        print('第', o,'个目标函数值为: ', model.ObjNVal, end='\n')
    print('')
```

有关解池（Solution pool）操作的相关细节参见 24.1 节的内容。

23.1.3 一些注意事项

在默认情况下，多目标模型求解进程的终止条件 (如 `TimeLimit`、`SolutionLimit` 等参数) 是在模型全局设置环境下进行控制的，用户也可以为每个目标函数单独设置终止条件。例如，若用户将全局的 `TimeLimit` 设为 100s，而将某个目标函数的 `TimeLimit` 设为 10s，那么求解器会在该目标函数上花费至多 10s 搜索最优解，且全局求解时间不会超过 100s。

想要实现上述操作，用户需要使用 Model.getMultiobjEnv(index) 进入特定目标函数的设置环境，其中 index 用于指定该目标函数的索引值。一旦创建了多目标环境，用户所做的设置将会作用于之后的每一次求解中。如果用户想放弃之前的设置，则可以使用 Model.discardMultiobjEnvs() 将与求解进程相关的设置恢复至默认状态。

在进入每个目标函数的设置环境后，用户不仅可以对上述终止条件进行设置，也可以结合 Method 参数与 MultiObjMethod 参数调整针对每个目标函数的求解算法。用户还可以通过 MultiObjPre 参数对每个目标函数的预处理算法进行控制。

需要注意的是，Gurobi 目前还未将单纯形基或对偶解的概念推广至连续多目标模型，因此对偶的相关属性，如 Pi、RC、VBasis 或 CBasis，在连续多目标模型中是不可访问的。同样，类似 ObjBound、ObjBound 和 MIPGap 等仅适用于单目标函数的属性，在多目标混合整数规划模型中也无法访问。

23.2 惰性约束的使用技巧

本节我们将介绍惰性约束（Lazy constraints）的使用技巧。在进入正题前，我们先简要介绍一下 Gurobi 的惰性更新机制（Lazy update）和回调功能（Callback）。

23.2.1 Gurobi 中的惰性更新机制

惰性更新顾名思义是指在 Gurobi 中，用户修改的内容是通过非即时的方式被更新的，也就是说用户对模型所做的更新并不会在相关代码执行之后立刻生效。待更新的内容会先进入一个等待队列，在之后的某个时刻才会生效。若用户希望使用求解器实现一些高级功能，例如在求解进程中途获取模型信息、提前终止进程、添加自定义的割平面、结合求解器开发算法等，那么用户有必要深入了解惰性更新的实现机制。

Gurobi 之所以采用惰性更新的机制，原因在于惰性更新能够很好地保持模型的连续性。在很多情况下，求解器处理模型的修改信息是较为耗时的。相较于修改一次更新一次的方式，对多次修改进行分批更新会更加高效。之前我们提到，用户的更新内容会先进入一个等待队列，当且仅当触发以下任意 3 种情形之一时，更新内容会被 Gurobi 真正执行：

（1）调用更新函数 Model.update() 时。

（2）使用 Model.optimize() 求解模型时。

（3）使用 Model.write() 导出文件时。

23.2.2 Gurobi 中的回调函数

回调函数属于 Gurobi 的高级控制功能。通过回调函数，用户不但可以实现在求解过程中实时查询模型信息，还可以实现在求解进程中动态地修改模型内容，从而影响后续的求解进程。回调函数的使用分为以下两个步骤：

（1）定义回调函数：def funcName（model， where）。

（2）在求解时将回调函数名称作为参数传入：Model.optimize（funcName）。

回调函数涉及两个重要参数，一个是 `where` 参数，用于设置回调函数的触发点，表明用户将在哪里进行 Callback 调用；另一个是 `what` 参数，用于指定获取什么信息。`what` 参数的可选值取决于 `where` 参数，不同的 `where` 参数下可选的 `what` 参数的取值各不相同。

接下来我们通过一个简单的实例演示回调函数的操作方法。假设用户希望在求解器探索分支节点的过程中，每次获得一个新的可行解，即输出该可行解的取值。我们需要使用回调的方式访问每个分支节点的可行解，具体构造方法如下：

回调函数使用方法示例

```
# 获取模型的变量对象
model._vars = model.getVars()

# 设计回调函数
def mycallback(model, where):
    # 设置触发点 where 为发现新的 MIP 解时
    if where == GRB.Callback.MIPSOL:
        # 使用 cbGetSolution 函数返回变量对象在新可行解中的取值
        print (model.cbGetSolution(model._vars))

# 求解时将回调函数 mycallback 作为参数传入
model.optimize(mycallback)
```

若想自行设计回调功能，可参考 Curobi 官方手册中各 `where` 参数与 `what` 参数的具体使用方法，并按照样例所示构造相应的回调函数。

23.2.3 惰性约束

1. 惰性约束的原理

惰性约束是 Gurobi 基于惰性更新机制和回调功能实现的一种高级的约束构造方法。惰性约束与一般约束的区别在于：在触发上述惰性更新条件时，一般约束就会被直接加入模型中，而惰性约束在这些情况下仍旧处于待定状态。换言之，在开始求解时惰性约束不会被加入模型中，因此 Gurobi 求解的是松弛了惰性约束的子模型。当且仅当在分支节点处发现新的可行解时，Gurobi 才会进行判断。此时求解器会逐一检查当前可行解是否违背了队列中的惰性约束。当任一惰性约束被违背时，该可行解就会被舍弃，同时被违背的惰性约束会被加入模型中，参与后续的求解进程。

那么引入惰性约束的好处是什么呢？试想一下，使用一般约束进行建模时，求解器需要用户在执行 `Model.optimize()` 语句前将模型的所有约束都加入模型对象中，这样才能确保模型的完整性。然而在实际问题中，某些约束的设计初衷仅仅是为了对解的合规性进行检查，即判断解的取值是否符合问题特性。当这类约束的数量特别庞大时，在求解前将它们全部加入模型中会显著增加模型规模，造成求解困难。事实上，我们只需在每次获得新的可行解时再检查合规性即可，无须让这类约束参与所有迭代进程。因此，使用惰性约束在许多情况下不仅可以降低建模难度，还能够显著地提升求解效率。

需要注意的是，惰性约束只适用于 MIP 模型，连续模型（LP、QP 或 SOCP）不支持惰性约束。接下来我们将介绍惰性约束的两种构造方法。

2. 设置 Lazy 属性构造惰性约束

Lazy 属性是约束表达式对象的可变属性。Lazy 属性的默认取值为 0，表示该约束为一般约束。用户可以通过设置约束的 Lazy 属性将特定约束指定为惰性约束，该约束同时将被移出原始模型。Lazy 属性的取值大小用于控制 Gurobi 在算法迭代过程中添加惰性约束的积极性，具体取值如下：

- 当设置为 1 时，Gurobi 只取当前可行解不满足的部分惰性约束加入模型中。
- 当设置为 2 时，Gurobi 会将当前可行解不满足的所有惰性约束加入模型中。
- 当设置为 3 时，Gurobi 会将根节点松弛解不满足的惰性约束也加入模型中。

除此以外，Lazy 属性还可以设置为 −1，此时该约束会被指定为模型的割平面，Gurobi 同样会在求解前移除指定约束。与惰性约束不同之处在于，Gurobi 中的割平面会在分支切割搜索树的任意节点上加入模型，其作用是收紧节点的松弛解。

Lazy 属性具体设置方法如下：

设置 Lazy 属性构造惰性约束

```
constr = model.addConstr(lhs <= rhs)     # 向模型中添加一条约束，lhs 为左端项，rhs 为右端项
constr.Lazy = 1                          # 将该约束的 Lazy 属性设置为 1 即可指定为惰性约束
```

实际上，在设置 Lazy 属性时 Gurobi 封装了以下操作：

（1）在分支切割节点处获得可行解或松弛解的取值。

（2）判断解是否满足所有惰性约束。

（3）若出现任一不满足，则舍弃该可行解，并根据 Lazy 的设定情况向模型添加惰性约束。

3. 使用回调函数构造惰性约束

除了 Lazy 属性外，用户还可以使用回调函数构造惰性约束，这就需要用到表23.2中的相关方法。

表 23.2　使用回调函数构造惰性约束涉及的方法

函数名称	描　述	使用条件
model.cbGetSolution()	获得分支切割节点处的可行解	回调触发点为 GRB.Callback.MIPSOL
model.cbGetNodeRel()	获得分支切割节点处的松弛解	回调触发点为 GRB.Callback.MIPNODE
Model.cbLazy()	指定惰性约束的表达式	将 LazyConstraints 参数设置为 1

表23.2中的方法只有在 `where` 参数为 `GRB.Callback.MIPNODE` 或 `GRB.Callback.MIPSOL` 的情况下才能被调用。其中，`MIPNODE` 表示分支切割算法探索至新节点并获得了节点松弛模型，这时可以使用 `model.cbGetNodeRel()` 函数获得节点松弛解的取值。而 `MIPSOL` 表示求解器获得了一个新的可行解，这时用户可以通过 `model.cbGetSolution()` 函数获得该可行解的取值。

此外，在开始求解前，必须将 `LazyConstraints` 参数设置为 1，其作用是关闭预处理的对偶缩减操作（Dual reduction）。这是由于惰性约束是基于原始模型构造的，经过预处

理的模型可能会与原始模型产生较大的差异，进而导致惰性约束失效。只有在使用回调函数构造惰性约束时才需要考虑设置该参数，在使用 Lazy 属性时求解器会自动关闭预处理算法，无须再设置 LazyConstraints。

接下来我们演示使用回调函数构造惰性约束的具体方法。假设需要添加 $x_1 + x_2 \leqslant 0$ 的约束，并且希望在发现新的可行解时再检查是否需要该约束参与后续的搜索进程：

使用回调函数构造惰性约束

```
# 获取模型的变量对象
model._vars = model.getVars()

# 设计惰性约束的回调函数
def myCallback (model, where):
    # 当求解器发现新的可行解时
    if(where==GRB.Callback.MIPSOL):
        # 获得变量 x1 与变量 x2 的取值
        sol = model.cbGetSolution([model._vars[0], model._vars[1]])
        # 判断可行解是否违背约束，若违背则加入该约束
        if(sol[0]+sol[1]>0):
            model.cbLazy(model._vars[0]+model._vars[1]<=0)

# 打开惰性约束的开关
model.Params.LazyConstraints = 1

# 求解时将回调函数 mycallback 作为参数传入
model.optimize(mycallback)
```

4. 两种构造方法间的差异

至此，可能有人会产生这样的疑问：既然使用 Lazy 属性能够非常方便地指定惰性约束，那么我们为什么还要使用回调函数的方法实现惰性约束的添加呢？这里我们以第 13 章的 CVRP 模型为例，介绍上述两种方法在使用场景上的差异。

根据上文介绍的 CVRP1-1 模型中的约束式（12.6），有

$$\sum_{i\in V}\sum_{j\in V} x_{ij}^k \leqslant |V| - 1, \quad \forall V \subseteq S, V \neq \varnothing, k \in K$$

该约束的作用是删除 CVRP 模型的子环路 V。若想要枚举出一个点集中所有的子环路，我们需要先找出该点集的所有子集，再对每个子集找到所有可能的排列。可想而知，随着模型规模的增大，模型中子环路的数量将呈指数级，爆炸式地增长。对于规模较大的数据集，用户要想在模型构建阶段就枚举出所有子环路是几乎不可能的任务。这样操作不仅效率低下，还会导致大量的内存被占用。因此对于这类无法在建模阶段清晰表达或枚举的约束，Lazy 属性显然无法使用。在这种情况下，回调函数是唯一可行的方法。

我们来看看 CVRP1-1 中的回调函数是怎么做的：

CVRP1-1 中的回调函数

```
def subtourlim(model, where):
    # 当获得新的可行解时
    if (where == GRB.Callback.MIPSOL):
```

```
    # 通过可行解的名称获得可行解
    x_value = np.zeros([N + 1, N + 1, K])
    for m in model.getVars():
        if (m.varName.startswith('x')):
            a = (int)(m.varName.split('_')[1])
            b = (int)(m.varName.split('_')[2])
            c = (int)(m.varName.split('_')[3])
            x_value[a][b][c] = model.cbGetSolution(m)

    # 使用之前定义的 getRoute 函数获得子环路
    tour = getRoute(x_value)
    print('tour = ', tour)

    # 根据子环路情况加入子环路删除约束
    for k in range(K):
        for r in range(len(tour[k])):
            tour[k][r].remove(tour[k][r][0])
            expr = LinExpr()
            for i in range(len(tour[k][r])):
                for j in range(len(tour[k][r])):
                    if tour[k][r][i] != tour[k][r][j]:
                        expr.addTerms(1.0, x[tour[k][r][i], tour[k][r][j], k])
            model.cbLazy(expr <= len(tour[k][r]) - 1)
```

在上述代码中，我们通过回调函数实现了当新解出现子环路时才加入子环路消除约束的操作。当用户使用上述方法建模求解后会发现，Gurobi 往往可以在仅加入部分子环路消除约束的情况下就迭代至最优解。这也从另一个角度说明大部分子环路消除约束对求解模型而言是冗余的，我们完全不需要在建模前对所有子环路约束进行枚举。

总的来说，Lazy 属性使用起来更为简便，而编写回调函数使用户能完全控制在迭代中的什么位置将哪些具体的约束加入模型中。与此同时，回调函数不仅可以判断解的可行性，还能用于收紧线性松弛解。

23.2.4 惰性约束与割平面的区别

前面我们介绍过，若将约束的 Lazy 属性设置为 -1，即可将该约束指定为割平面约束。而在回调函数中，我们只需将 `Model.cbLazy()` 函数换成 `Model.cbCut()` 函数，同样也可实现割平面的设置。在 Gurobi 中，割平面与惰性约束的作用都是用来删去迭代过程的某些解，但二者存在以下区别：

- **割平面**的作用是收紧分支切割树的节点处的线性松弛模型，从而获得更好的界限。割平面不是模型必须添加的约束（换言之，不添加割平面，原始模型依然能保证得到最优可行解），但是加入割平面往往能显著加速 MIP 模型的求解。
- **惰性约束**属于模型本身的必要约束。换言之，如果没有惰性约束，那么模型将是不正确的，即不能保证得到的解的可行性。惰性约束的机理是：首先将惰性约束从原模型中删除，放在一个惰性约束池（Lazy constraint pool）中。求解剩余部分构成的模型（一般求解较为容易），当获得整数解时，就检查该解是否违背了惰性约束池中的约束。若违背，则将违背的约束添加回模型中，并继续求解。直到获得的最优整数解不违背任何惰性约束为止。使用惰性约束的原因有主要有两点：（1）某些约束数量庞大，在一开始就将所有约束都添加到模型中相当耗时。（2）对于某些模型而言，将一部分约束设置为惰性约束，剩余的部分求解速度可以得到显著加速，从而使得整个求解进程的效率得到极大提升。

23.3 特殊约束的表达方式及建模方法

本节我们将介绍 Gurobi 中特殊约束的建模方法。Gurobi 中定义的约束对象可以分为：一般约束、广义约束、范围约束、特殊顺序集约束等，我们将结合实例介绍各类特殊约束的表达方式及使用方法。

23.3.1 一般约束

在数学规划问题中，常见的约束类型包括变量上下界约束、线性约束、二次约束等。这类约束在 Gurobi 中被称为一般约束，我们通常使用以下方法向模型添加一般约束：

- 添加一条约束：

```
Model.addConstr(lhs, sense=None, rhs=None, name="")
```

- 添加多条约束：

```
Model.addConstrs(generator, name="")
```

对于一些特殊的非线性约束，例如 max、min 等，在 Gurobi 中被称为广义约束。接下来将对广义约束的建模方法进行详细介绍。

23.3.2 广义约束

在 Gurobi 中，广义约束主要包括一些特殊的非线性约束，例如逻辑约束、指示约束、分段线性约束以及若干高于二次的约束等。在处理广义约束时，Gurobi 会在预处理阶段将广义约束转换为一般形式的约束，再加入模型中。预处理算法往往能利用模型中其他约束包含的信息，重构出比原约束更紧凑的约束形式。大部分情况下，通过预处理算法转换后的约束等价于原约束，但有时预处理后的约束只能在数学上尽可能近似于原约束（例如，对于包含 $\sin x$ 的约束，Gurobi 会对其执行分段线性近似）。如果用户想避免这种近似，最好直接使用线性化等方法将原约束重新定义为一般形式。

在 Gurobi 中，广义约束的构造函数通常写作 `Model.addGenConstrXxx()`。表23.3展示了各种广义约束的构造函数。

若大家需要了解各构造函数的具体使用方法，可参考 Gurobi 官方手册中的相关内容。接下来我们简单地演示一些常见广义约束的构建方法。

1. Max 约束

```
Model.addGenConstrMax(resultVar, vars, constant, name)
```

- resultVar：变量。
- vars：一组变量（可以包括常数）。

- constant：常数。
- name：约束名称。

表 23.3　广义约束的构造函数

函数名称	约束形式
Model.addGenConstrMax()	$z = \max\{x_1, x_2, ..., x_n\}$
Model.addGenConstrMin()	$z = \min\{x_1, x_2, ..., x_n\}$
Model.addGenConstrAbs()	$z = \|x\|$
Model.addGenConstrAnd()	$z = x_1 \wedge x_2 \wedge ...x_n$
Model.addGenConstrOr()	$z = x_1 \vee x_2 \vee ...x_n$
Model.addGenConstrNorm()	$z = \\|\boldsymbol{x}\\|_k$，其中 $\boldsymbol{x} = [x_1, x_2, ..., x_n]^{\mathrm{T}}$，$k$ 为范数
Model.addGenConstrIndicator()	$z = 1 \rightarrow ax \leqslant b$
Model.addGenConstrPWL()	$z = \mathrm{PWL}(x)$，其中 PWL() 为分段线性函数
Model.addGenConstrPoly()	$z = c_0x^d + c_1x^{d-1}+, ..., +c_{d-1}x + c_d$
Model.addGenConstrExp()	$z = \mathrm{e}^x$
Model.addGenConstrExpA()	$z = a^x$
Model.addGenConstrLog()	$z = \ln(x)$
Model.addGenConstrLogA()	$z = \log_a(x)$
Model.addGenConstrPow()	$z = x^a$
Model.addGenConstrSin()	$z = \sin(x)$
Model.addGenConstrCos()	$z = \cos(x)$
Model.addGenConstrTan()	$z = \tan(x)$

该约束表示从一组变量中取最大值。我们以 $z = \max\{x, y\}$ 为例，该约束的具体写法如下：

广义约束 Max

```
model = read(input.mps)
model.addGenConstrMax(z, [x, y], name="maxConstr")
```

2. Or 约束

Model.addGenConstrOr(resultVar, vars, name)

其中，各参数含义如下。

- resultVar：变量。
- vars：一组变量。
- name：约束名称。

该约束表示一组变量中，若其中任一变量取 1 则结果返回 1，否则返回 0。例如，若 $x = 0$ 且 $y = 0$，则 $z = 0$，否则 $z = 1$，该约束的具体写法为：

范围约束 Or

```
model = read(input.mps)
model.addGenConstrOr(z, [x, y], name="orConstr")
```

3. Indicator 约束

`Model.addGenConstrIndicator(binvar, binval, lhs, sense, rhs, name)`

其中，各参数含义如下。

- binvar：指示变量。
- binval：指示变量取值（0 或 1）。
- lhs：约束左端项。
- sense：约束符号。
- rhs：约束右端项。
- name：约束名称。

该约束表示指示变量为 1 时约束成立，否则约束可以成立或不成立。例如，若我们希望 $z=1$，则 $x+y\leqslant 1$，该约束的具体写法为：

广义约束 Indicator

```
model = read(input.mps)
model.addGenConstrIndicator(z, True, x+y, GRB.LESS_EQUAL, 1, "IndicatorConstr")
```

23.3.3 其他类型的约束

Gurobi 还为范围约束与特殊顺序集约束提供了构造方法。对于线性约束与二次约束这类常用的一般约束，Gurobi 还提供了专门的接口加速建模过程。

1. 范围约束（Range）

`Model.adddRange(expr, lower, upper, name)`

其中，各参数含义如下。

- expr：表达式。
- lower：下界。
- upper：上界。
- name：约束名称。

该约束表示变量表达式的上下界范围约束。例如，对于 $0\leqslant x+y\leqslant 1$，具体写法为：

范围约束（Range）

```
model = read(input.mps)
model.addGenConstrIndicator(z, True, x+y, GRB.LESS_EQUAL, 1, "IndicatorConstr")
```

2. 特殊顺序集约束（SOS）

`Model.addSOS(type, vars, wts=None)`

其中，各参数含义如下。

- type：约束种类（`GRB.SOS_TYPE1` 或者 `GRB.SOS_TYPE2`）。
- vars：变量。
- wts=None：变量权重值。

SOS_TYPE1 指的是一组有序变量中至多有一个变量取值不为 0，SOS_TYPE2 指的是一组有序变量中至多有两个变量取值不为 0，且非零变量相邻。变量是否相邻由权重决定。具体写法如下：

特殊顺序集约束（SOS）

```
model = read(input.mps)
model.addSOS(GRB.SOS\_TYPE2, [x, y, z], [1, 2, 3])
```

3. 重载运算符

上文提到，如果用户希望使用 Model.addConstr() 函数构造广义约束，则需要掌握线性化的技巧。不过 Gurobi 还提供了另一个选项，即使用 Gurobi 的重载运算符（Overloaded operators）来构造广义约束。借助重载运算符，用户就可以按照一般约束的形式写出特殊约束的表达式。Gurobi 提供的重载运算符包括范围约束运算符、矩阵运算符、逻辑运算符、绝对值运算符、最大最小运算符与指示运算符。具体用法如下：

重载运算符

```
model = read(input.mps)                          # 构建模型

# 最大最小运算符
model.addConstr(z == max_(x, y))                 # 添加取最大值约束
model.addConstr(z == min_(x, y))                 # 添加取最小值约束

# 逻辑运算符
model.addConstr(z == or_(x, y))                  # 添加逻辑或约束
model.addConstr(z == and_(x, y))                 # 添加逻辑与约束

# 指示运算符
model.addConstr((z == 1) >> (x + y <= 0));       # 添加指示约束

# 绝对值运算符
model.addConstr(z == abs_(x))                    # 添加绝对值约束

# 范围约束运算符
model.addConstr(x + y == [1, 3])                 # 添加范围约束

# 矩阵运算符
model.addConstr(A @ x <= 1)                      # 添加线性矩阵表达式
model.addConstr(x @ A @ x <= 1)                  # 添加二次矩阵表达式
```

第 24 章　基本求解进程控制方法

24.1　设置求解终止条件

24.1.1　设置 TimeLimit

如果模型的求解时间过长，求解器不能在用户接受的时限内找到最优解，那么用户需要告诉求解器如何提前终止搜索进程。最直接的方法是将程序运行时间作为限制条件，使求解器在程序运行超出特定时长后强制结束求解进程。

用户可通过设置模型的 `TimeLimit` 参数实现优化进程提前终止。在设置 `TimeLimit` 参数后，如果求解器在规定时间内找到了最优解，则求解日志中解的状态信息（`Status Code`）显示为 `OPTIMAL`，返回值为 2。如果在规定时间内没有完成所有的求解进程，模型会强制结束，解的状态信息会显示为 `TIME_LIMIT`，返回值为 9。在完成模型求解后，求解日志会输出求解当前模型所花费的时间。若用户想获得更准确的求解时间，可以访问模型对象的 `RunTime` 属性。

设置求解时间

```
from gurobipy import *

model = read("input.mps")              # 载入模型
model.Params.TimeLimit = 5             # 设置求解时间为 5s
model.optimize()                       # 求解模型
model.Runtime                          # 获取求解时间
```

现实中，`TimeLimit` 参数与 `RunTime` 参数输出的求解时间往往并不严格相等。假设用户设置了 `TimeLimit` 为 5s，当模型求解完毕后，用户会发现 `RunTime` 属性返回的运行时间稍大于 5s。这是由于 Gurobi 在执行终止优化进程的相关操作上需要进行额外的计算。另外，在配置多目标优化模型时不能直接使用 `TimeLimit` 参数控制每个目标函数的求解时间，用户需要为各目标函数创建特定的设置环境，详情可见 22.1 节的内容。

在求解过程中，使用时间来控制求解进程可能会导致输出的结果产生微小的差异。也就是说即便用户设置了相同的 `TimeLimit` 参数，且使用了相同的输入数据，多次求解后仍有可能会得到不同的解。这是由于使用 `TimeLimit` 参数不能保证模型终止于同一分支切割树（Branch and Cut Tree）的节点。若想避免该问题，用户可以使用 `WorkLimit` 参数作为替代。`WorkLimit` 使用一个确定性的最小工作单位时间（可通过查询 `Work` 属性获得）而非运行时间作为计量。因此使用相同的 `WorkLimit` 参数能保证同一模型始终在相同的节点处终止求解进程，进而确保每次求解都能输出同样的结果。一个工作单位时间大致相当于一秒，但具体的时长受硬件和模型的影响。

24.1.2 设置 MIPGap

除了 `TimeLimit` 外，另一个常见的终止参数是 `MIPGap`。首先我们需要了解什么是解的 Gap：Gap 代表了当前最好可行解与当前界限（Bound）之间的相对差距，常用于评估当前最好可行解的质量。Gap 越小，当前最好可行解的质量越高。当 Gap 为 0 时，表示当前最好可行解同时也是全局最优解。对于最小化问题，我们用 z_u 表示当前最好可行解对应的目标函数值（即最小化问题的上界），z_l 表示当前获得的最好下界，则 Gap[①]的定义为

$$\text{Gap} = \frac{z_u - z_l}{z_u} \times 100\%$$

需要注意在 Gap 计算公式中出现分母 z_u 为 0 的情况。此时若 $z_u = z_l = 0$，Gap 取值将直接计为 0。若 $z_u = 0$ 且 $z_l \neq 0$，Gap 将计为无穷大（Infinity）。

使用 `MIPGap` 提前终止求解进程的原理是：当目前获得的解的 Gap 小于 `MIPGap` 时，Gurobi 自动终止求解进程。`MIPGap` 参数正是为解的 Gap 设定了一个阈值。除了设置 `MIPGap` 之外，用户还可以使用 `MIPGapAbs` 参数对 Gap 进行控制。二者的区别在于后者是直接将当前目标函数上下界之间的绝对差距设置为终止阈值。

在 Gurobi 中，除了有 `MIPGap` 参数外，在 `Model` 类中也存在着同名的属性。用户可以使用 `Model.MIPGap` 命令查询当前解的 Gap 大小。

24.1.3 其他常见的终止条件参数

Gurobi 中还提供了表24.1所示的其他常见的终止条件参数，这些终止条件分别作用于不同的对象或场景。在触发了任意终止条件后，求解器都将停止搜索进程并返回相应的状态信息。

表 24.1 其他常见的终止条件参数

参数名称	描述	类型
`BarIterLimit`	限制 Barrier 算法迭代次数，默认迭代 1000 次	int
`BestBdStop`	当目标函数的最优边界至少与参数值相同时，算法终止	double
`BestObjStop`	当目标函数的最优可行解至少与参数值相同时，算法终止	double
`Cutoff`	当前最优解等于或优于参数值时，算法终止	double
`IterationLimit`	限制单纯形迭代的次数	double
`NodeLimit`	限制分支切割算法中探索的 MIP 节点的数量	double
`MemLimit`	限制求解器可用的内存（以 GB 计），内存超出时终止	double
`SolutionLimit`	限制需要寻找的 MIP 初始解的数量	int

关于表24.1中参数的具体使用方法，大家可参考 Gurobi 官方手册的相关内容。

① 按照 Gurobi 中 Gap 的计算方式，Gap 可能取负值。在不同求解器中，Gap 的计算方法不同。

24.2 设置预处理算法

执行预处理（Presolve）算法是 Gurobi 启动求解进程后的首个步骤。虽然预处理本身会花费一定的运算时间，但预处理算法具有精简模型结构并缩减模型规模的能力，使模型更易于求解。因此预处理通常可以在整体上提升求解效率。

在 Gurobi 中，用户可以通过表24.2中的参数控制 Gurobi 的预处理过程：

表 24.2 预处理算法相关参数汇总

参数名称	描述	类型
`AggFill`	控制预处理算法在聚合过程中的填充量	int
`Aggregate`	选择预处理算法的聚合策略	int
`DualReductions`	是否在预处理中缩减对偶规模	int
`PreCrush`	允许预处理算法将原模型的约束转换为预处理后模型的约束	int
`PreDepRow`	控制预处理依赖的行缩减，从约束矩阵中消除线性相关约束	int
`PreDual`	预处理算法是否生成连续模型的对偶模型	int
`PreMIQCPForm`	决定 MIQCP 模型预处理后的格式	int
`PrePasses`	控制预处理算法的聚合策略	int
`PreQLinearize`	预处理二次矩阵的线性化	int
`Presolve`	控制预处理后模型的简化程度	int
`PreSOS1BigM`	控制 `SOS1` 约束是否重构为二次形式	int
`PreSOS1Encoding`	控制 `SOS1` 约束的重构策略	int
`PreSOS2BigM`	控制 `SOS2` 约束是否重构为二次形式	int
`PreSOS2Encoding`	控制 `SOS2` 约束的重构策略	int
`PreSparsify`	控制预处理算法的稀疏化缩减进程	int

其中，`Presolve` 参数属于最常用的预处理参数之一，该参数用于控制预处理算法对模型的简化能力。`Presolve` 的默认值为 -1，此时求解器将根据模型复杂度自行调整预处理策略。用户可以将预处理算法的处理效率设置为积极（参数值为 2）。越积极的预处理算法将输出越紧凑的模型，但相应地也需要更长的处理时间。若用户认为预处理阶段耗时太长，也可将预处理算法的处理效率设置为保守（参数值为 1），或直接关闭预处理算法（参数值为 0）。但降低 `Presolve` 参数值水平通常会影响后续阶段的求解效率，因此用户需要根据实际情况进行取舍。注意，关闭预处理不一定会导致求解变慢。对于约束系数、右端常数或者目标系数的最大值和最小值差别较大的模型，关闭预处理可能可以适当减弱数值问题造成的影响，从而更有利于求解。

Gurobi 在 `Model` 类中提供了一个同名的方法 `Model.Presolve()`。调用该方法可令求解器单独执行预处理环节。若用户想要比较预处理后的模型与原始模型之间的差异，可以使用 `Model.printStats()` 输出模型的统计信息进行比较。这些信息具体包括模型约束和决策变量的数量、约束矩阵中非零项的数量，以及系数的取值范围。

我们使用 12.3 节介绍的 VRPTW 模型演示 Presolve 参数的使用方法。

设置 Presolve 参数的方法

```python
from gurobipy import *

model = read("VRPTW.mps")             # 载入模型，建模过程见 12.3 节的内容
model.printStats()                    # 查看原始模型的统计信息
model.Params.Presolve = 2             # 预处理算法的处理效率设置为积极
p = model.presolve()                  # 单独执行预处理算法，并返回预处理后的模型
p.printStats()                        # 查看预处理后模型的统计信息
```

输出结果如下：

预处理前后模型的统计信息

```
Read MPS format model from file VRPTW.mps
Reading time = 0.01 seconds
VRPTW: 1797 rows, 1525 columns, 14416 nonzeros

Statistics for modelVRPTW:
  Linear constraint matrix    : 1797 Constrs, 1525 Vars, 14416 NZs
  Variable types              : 110 Continuous,
1415 Integer (1415 Binary)
  Matrix coefficient range    : [ 1, 263.5 ]
  Objective coefficient range : [ 7.1, 64 ]
  Variable bound range        : [ 1, 230 ]
  RHS coefficient range       : [ 1, 263.5 ]

Set parameter Presolve to value 2
Presolve removed 614 rows and 6 columns
Presolve time: 0.07s

Statistics for modelVRPTW_pre:
  Linear constraint matrix    : 1183 Constrs, 1519 Vars, 17138 NZs
  Variable types              : 100 Continuous,
1419 Integer (1415 Binary)
  Matrix coefficient range    : [ 1, 241.7 ]
  Objective coefficient range : [ 7.1, 64 ]
  Variable bound range        : [ 1, 205 ]
  RHS coefficient range       : [ 1, 205 ]
```

可以看到，预处理算法既精简了约束矩阵的结构（删去了 614 行与 6 列，剔除了 10 个连续变量），同时也缩减了模型约束、决策变量与右端项系数的规模。

总而言之，Presolve 参数主要从全局视角帮助用户控制预处理过程。用户也可以通过表24.2中的其他参数对预处理进行更细致的操作。例如，PrePasses 参数可用于限制预处理的最大迭代次数。PreSparsify 参数的作用是控制约束矩阵中的非零项的缩减规模。Aggregate 参数与 AggFill 参数均用于控制模型聚合的程度。模型聚合是指预处理算法将多个约束整合成一个约束的过程。聚合操作能帮助预处理算法有效地缩减模型规模，但改写模型约束有时会导致引入一些不合适的系数，从而引发某些数值问题。由于篇幅限制此处不进行过多的展开，关于上述参数的具体设置方法可见 Gurobi 官方手册的详细介绍。

24.3 设置割平面算法

割平面（Cutting plane）算法是 Gurobi 分支切割算法框架的重要组成部分。有效的割平面能帮助求解器加速逼近在分支切割树节点对应的可行域的凸包，从而加快求解进程。在求解混合整数规划模型或整数规划模型时，Gurobi 会自动调用内置的各种割平面算法，用户可以通过表24.3中的参数全面控制割平面算法的全局求解策略。

表 24.3 割平面算法全局参数

参数名称	描述	类型
Cuts	控制所有割平面的生成	int
CutAggPasses	控制在割平面生成算法中约束聚合的迭代次数	int
CutPasses	限制根节点（Root）中生成割平面的最大迭代次数	int

用户也可以使用表24.4中的参数控制具体割平面算法的求解策略。

表 24.4 具体割平面算法参数

参数名称	描述	类型
BQPCuts	控制布尔二次多边形割（BQP cut）	int
CliqueCuts	控制团割（Clique cut）	int
CoverCuts	控制覆盖割（Cover cut）	int
FlowCoverCuts	控制流覆盖割（Flow cover cut）	int
GUBCoverCuts	控制 GUB 覆盖割（GUB cover cut）	int
GomoryPasses	控制分数割（Gomory cut）的迭代次数	int
ImpliedCuts	控制隐界割（Implied bound cut）	int
InfProofCuts	控制不可行性证明割（Infeasibility proof cut）	int
LiftProjectCuts	控制提升与投影割（Lift-and-project cut）	int
MIPSepCuts	控制 MIP 模型分离割（MIP separation cut）	int
MIRCuts	控制混合整数舍入割（Mixed integer rounding cut）	int
ModKCuts	控制 k 余数割	int
NetworkCuts	控制网络割	int
ProjImpliedCuts	控制投影隐界割（Projected implied bound）	int
PSDCuts	控制 PSD 割	int
RelaxLiftCuts	控制松弛与提升割（Relax-and-lift cut）	int
RLTCuts	控制松弛线性化技巧割（relaxation linearization technique cut）	int
StrongCGCuts	控制强 Gomory 割（Strong Chvátal-Gomory cut）	int
SubMIPCuts	控制子 MIP 模型割（Sub-MIP cut）	int
ZeroHalfCuts	控制零半割（Zero half cut）	int

表24.3中的 `Cuts` 参数用于控制所有割平面算法的积极程度。设置 `Cuts` 参数后，用户可以进一步设置表24.4中的参数单独控制具体割平面算法。表24.4中参数的设置方法与预处理参数 `Presolve` 类似。在默认情形下，上述参数均处于自动调整状态（参数值为 -1）。用户可以将这些参数设置为积极（参数值为 2）、保守（参数值为 1）或关闭（参数值为 0）状态。割平面算法越积极，生成的割平面越紧凑，但相应地也更加耗时。

需要注意的是，表24.4中的割平面参数会覆盖全局参数 `Cuts` 对该割平面的设置。例如，假设用户先设置 `Cuts` 为 -1，再设置 `FlowCoverCuts` 为 0，求解时 Gurobi 将尝试调用除了流覆盖割之外的其他割平面算法。由于篇幅限制，关于每种割平面算法的数学原理不做过多展开。

在优化进程结束后，求解日志会输出各割平面算法的调用情况。

日志中割平面算法的调用情况

```
* 6519  2345             61    422.3000000 365.93579 13.3%  42.0    8s
* 7455  2252             50    419.0000000 382.44096 8.73%  41.7    9s
* 7467  1320             60    409.7000000 382.44096 6.65%  41.7    9s
  9049   555 406.83831   38   68 409.70000 398.20292 2.81%  41.8   10s

Cutting planes:
  Gomory: 12
  Cover: 22
  Implied bound: 18
  Projected implied bound: 1
  Clique: 5
  MIR: 17
  StrongCG: 15
  Flow cover: 37
  Zero half: 5
  Mod-K: 1
  RLT: 96
  Relax-and-lift: 9

Explored 10280 nodes (412703 simplex iterations) in 10.30 seconds (12.81 work units)
Thread count was 16 (of 16 available processors)

Solution count 10: 409.7 419 422.3 ... 510.7

Optimal solution found (tolerance 1.00e-04)
Best objective 4.097000000000e+02, best bound 4.097000000000e+02, gap 0.0000%
```

在求解日志中，用户可以在 `Cutting planes` 部分查看哪些割平面算法被求解器调用，以及具体调用的次数。关于日志信息的详细介绍可见 25.1 节的内容。

24.4 设置启发式算法

24.4.1 Gurobi 中的启发式算法

本节我们将介绍 Gurobi 中启发式（Heuristic）算法的设置方法。在计算机科学中，启发式是一种通过牺牲解的最优性、精确性和完整性换取求解速度的方法。启发式旨在为那些经典方法难以求解的问题快速获得可行解或近似解。Gurobi 中的启发式属于数学启发式（Matheuristic），这是一种将数学规划与元启发式进行有机结合的高级启发式方法。数学启发式可以借助问题特性或数学规划提供的部分解加速 MIP 的求解进程。

在分支切割算法的迭代过程中，Gurobi 会在每个分支切割树的节点处调用超过 30 种内置的启发式算法。例如，在最小化问题中，Gurobi 会调用启发式算法加速上界的更新与

Gap 的收敛。与此同时，Gurobi 还会调用割平面算法逼近该节点可行域的凸包，收紧模型的下界，帮助算法更快地找到最优解。

在 Gurobi 中，启发式算法可以分为以下 7 种类型。

（1）独立于线性规划的启发式（Non-LP based）算法。

独立于线性模型的启发式主要包括一些经典的算法，如最短路（Shortest Path）算法、动态规划（Dynamic Programming）算法、最小生成树（Minimum Spanning Tree）算法等。此外还包括盲目启发式（Blind Heuristics）算法和非松弛启发式（No Relaxation Heuristic）算法[①]等，其中盲目一词是指不使用线性规划松弛解的启发式，其目的是希望在不依赖线性规划的情况下快速获得一个可行解；而非松弛启发式算法可以在求解 MIP 的线性松弛出现困难时，快速找到高质量的可行解。

（2）基于线性规划的启发式（LP-based）算法。

基于线性规划的启发式算法主要包括基于线性规划的贪婪算法（LP-based Greedy Heuristic）与取整法（Rounding）。然而取整法的表现通常不太理想，特别是对于具有等式约束的模型。在 Gurobi 中，大多数启发式算法都是基于线性规划或需要线性规划提供松弛解，因此线性规划松弛解对于数学启发式算法获得高质量解特别重要。

（3）模型改建启发式（Reformulation）算法。

模型改建启发式算法主要有两种方法：去除目标启发式（Zero Objective Heuristic）算法和最小松弛启发式（Minimum Relaxation Heuristic）算法。

去除目标启发式算法通过删除目标函数，将原问题改造为更容易求解的约束规划问题，从而快速找到一个可行解。最小松弛启发式算法的原理与前者类似，区别之处在于该方法是向每条约束添加新变量，用于指示该约束是否被违背，并将原目标函数改造为最小化被违背约束的总和。最优总和为零即证明了原始模型可行并输出一个可行解，否则原始模型不可行。

（4）松弛诱导邻域搜索。

松弛诱导邻域搜索（Relaxation Induced Neighborhood Search，RINS）是一种改进型启发式算法，也是 Gurobi 中最有效的启发式算法之一，这里我们简单介绍一下该启发式算法的原理。随着求解过程不断推进，节点松弛模型的解与最优解之间的差距可能会逐渐缩小，松弛解的一部分变量取值与最优解对应变量取值可能完全相等或差距很小。这时我们利用松弛模型的信息可能会更快发现高质量的可行解。

RINS 正是利用了这一思想，在求解过程中获取节点松弛解（可能是部分整数，部分小数），再固定模型中对应的变量的取值，这种方式可以构造出一个规模远小于原始模型的子模型，此时 Gurobi 再求解该子模型。如果发现了更好的可行解，求解器会把解传递给原始模型再继续求解。

（5）SubMIP 与递归启发式算法。

① 在 Gurobi 中简称为 NoRel Heuristic。该算法用于在求解根节点的线性松弛模型之前寻找高质量的可行解。当根节点的线性松弛模型求解较为困难时，该算法尤其有效。

Gurobi 有时会通过固定一定比例的变量的方法求解 SubMIP 问题，加速可行解的获取，具体操作步骤如下。

- 设定一个变量固定比例的上限，从第一个变量开始，逐个固定变量并传播。
- 重复固定与传播的操作，直到模型不可行或达到上限值。
- 将固定变量后的模型作为 SubMIP 并求解。
- 在 SubMIP 中，使用递归的方式再次调用上述启发式算法。

SubMIP 与递归启发式算法通常特别有效，可以快速找到整数可行解。

（6）可行性泵启发式（Feasibility Pump Heuristic）算法。

该启发式算法的基本原理是：根据一个线性松弛的小数解，将决策变量的取值圆整为整数值，构造一个与这些整数值相关的距离函数（该函数可以有多种形式）。将原来模型的目标函数替换为该距离函数，并求解模型。循环该操作，直到得到一个可行解为止。

（7）泵式缩减（Pump Reduce）算法。

泵式缩减算法是基于可行性泵启发式算法拓展而来。其原理是考虑到现实中许多模型是对偶退化的，即松弛问题存在多个最优解。泵式缩减算法的目标是找到整数变量占比较大的松弛解。

24.4.2 Gurobi 启发式算法的参数设置

表24.5列举了 Gurobi 中启发式算法涉及的所有参数。

表 24.5 启发式算法参数

参数名称	描述	类型
Heuristics	设置求解过程中启发式算法的时间占比	double
ZeroObjNodes	调整去除目标启发式算法中探索的节点数	int
MinRelNodes	限制最小松弛启发式算法中探索的节点数	int
RINS	调整松弛诱导邻域搜索的频率	int
SubMIPNodes	限制 SubMIP 与递归启发式算法中探索的节点数	int
PumpPasses	限制泵式缩减算法的迭代次数	int
NoRelHeurTime	限制非松弛启发式的总运行时间	int
NoRelHeurWork	限制非松弛启发式算法的总计算量	double
NLPHeur	控制非线性内点法启发式算法	int
PartitionPlace	控制分割启发式算法的调用位置	int

接下来我们将对几种常用的启发式算法参数进行详细介绍。

`Heuristics` 是启发式算法的全局参数，主要用于控制求解器在启发式算法上投入的大致时间占比。该参数默认值为 0.05，即花费 5% 的时间调用启发式算法求解模型。当设置为 0 时表示求解过程中完全不使用数学启发式算法。过于激进或者过于保守的启发式策略都有可能降低整体求解效率。

`ZeroObjNodes` 用于调整去除目标启发式算法中探索的节点数。该方法只应用于根节点（Root）处，并且仅当其他所有启发式算法都失效时才会被调用。这是由于去除目标启发式算法在实际应用中往往较为耗时，并且通常输出的解质量较差。

SubMIPNodes 用于限制基于 MIP 的启发式算法（如 RINS）最大可探索的节点数。探索更多的节点有机会获得更好的可行解，但需要耗费更多的计算时间。

RINS 用于调整松弛诱导启发式算法的使用频率。当用户增加 RINS 频率时，求解器探索的方向将从证明解的最优性转移至寻找更好的可行解上。在使用上我们建议参考的经验法则是:在尝试 RINS 参数前用户可以先尝试 MIPFocus、ImproveStartGap、ImproveStartTime 参数的调优效果。这些参数能够在全局上对求解器的优化策略进行更有效的调整，关于这些参数的详细介绍可见 24.5 节的内容。

其他类型的启发式算法在设置方法上与上述参数类似，用户可以通过限制计算量或运行时间控制 Gurobi 的内置启发式算法，由于篇幅限制此处不做过多展开。总而言之，在面对实际问题时，不同启发式算法会表现出不同的求解效率。目前没有明确的证据表明在特定的参数下运行某个算法的求解效果一定好。因此用户需要进行充分的调优与测试，对具体问题具体分析。可见若想用好启发式算法，研究者需要对研究的问题领域以及启发式算法的基本原理都有比较充分的理解。

24.5 设置优化求解策略

在用户进行参数调优的过程中，优化求解策略相关的参数是最重要也是最常用的参数。我们可以通过设置表24.6中列举的参数调整 Gurobi 的求解策略。

表 24.6 Gurobi 求解策略参数

参数名称	描述	类型
MIPFocus	设置 MIP 求解器的全局求解策略	int
Method	设置线性模型或 MIP 根节点的求解方法	int
ImproveStartGap	通过设置 Gap 策略提升解的质量	double
ImproveStartNodes	通过控制节点策略提升解的质量	double
ImproveStartTime	通过控制时间策略提升解的质量	double
BranchDir	设置分支切割树中子节点的分支方向偏好	double
VarBranch	控制分支变量的选择策略	double

24.5.1 全局优化策略

Gurobi 提供了 MIPFocus 参数，用于调整优化进程的全局策略，设置该参数可控制求解的侧重点。Gurobi 为求解 MIP 模型提供了以下求解策略：侧重快速找到可行解、侧重证明最优、侧重界的提升。具体设置方法如下。

- 默认取值为 0，在搜索可行解的效率与证明最优之间取得平衡。
- 取值为 1，侧重快速找到可行解。
- 取值为 2，侧重证明解的最优性。
- 取值为 3，侧重界的提升。

若用户发现长时间未能输出可行解，可以尝试将 MIPFocus 设置为 1。如果用户认为求解器一定能在有限的时间内找到最优解，同时希望解的最优性能得到充分的验证，可以将 MIPFocus 设置为 2。如果用户发现界的提升非常缓慢，甚至长时间没有更新，可以将 MIPFocus 设置为 3，这时求解器会专注于界的提升。

24.5.2 提升可行解质量

除了 MIPFocus 参数外，Gurobi 还提供了其他可选的优化策略。用户可以通过设置 ImproveStartGap、ImproveStartNodes 与 ImproveStartTime 等参数调优搜索方向，提升可行解的质量。不同之处在于，MIPFocus 参数是在求解开始前确定全局优化策略，而可行解提升参数是在求解进行到某一节点时才切换搜索重点。具体原理是：当优化进程推进至某个用户设定的进度节点时，求解器将放弃解的最优性证明，转而将全部的算力用于寻找更好的可行解上。

1. 设置 ImproveStartGap

该参数将指定一个 Gap 阈值。在迭代过程中，Gurobi 会在当前可行解的 Gap 值收紧至参数设定值时，将分支切割算法的搜索策略从寻找更好的界限转变至寻找更好的解上。例如，当用户设置 ImproveStartGap 为 0.1 时，求解器将在 Gap 小于 10% 时切换搜索策略。

2. 设置 ImproveStartNodes

该参数将指定一个节点阈值。例如，当用户设置 ImproveStartNodes 为 10 时，求解器将在探索的节点数大于 10 时切换搜索策略。

3. 设置 ImproveStartTime

该参数将指定一个时间阈值。例如，当用户设置 ImproveStartTime 为 10 时，求解器将在运行时间大于 10s 后切换搜索策略。

24.5.3 加速根节点松弛求解

在某些情况下，求解混合 MIP 根节点松弛模型是较为耗时的。如果用户发现算法在根节点的求解上花费了大量时间，可以考虑使用 Method 参数为根节点模型选择不同的连续算法。设置 Method 为 2 即指定 Gurobi 使用并行内点法，设置 Method 为 3 将启用并发求解器。用户还可以通过设置 NodeMethod 参数，为任意节点的松弛模型选择不同算法，但在绝大多数情况下，Gurobi 默认使用的对偶单纯形法（Dual Simplex）已经足够高效，选择其他算法获得的效率提升往往并不显著。

如果用户发现即使尝试了上述方法后，Gurobi 仍无法有效求解根节点的松弛模型，或求解过程仍需要花费大量时间，这时可以尝试使用表24.5中列举的非松弛启发式算法（该启发式算法可用 NoRelHeurTime 参数与 NoRelHeurWork 参数进行控制）。非松弛启发式算法可以在求解根节点松弛模型之前搜索高质量的可行解。

24.5.4 变量分支选择

在求解 MIP 模型的过程中，用户可以使用 Gurobi 中变量分支选择的相关接口对分支过程进行控制。其中，BranchDir 参数负责决定分支切割搜索过程中子节点的探索偏好，其默认值为 0，此时求解器会自动选择合适的分支进行探索。当设置为 −1 时，求解器会优先探索下分支（Down Branch）；当设置为 1 时，则会优先探索上分支（Up Branch）。

用户还可以通过 VarBranch 参数定制分支变量的选择策略。VarBranch 默认为自动设置（参数值为 −1）。当设置为 0 时，算法将优先选择伪检验数分支（Pseudo reduced Cost Branching）；当设置为 1 时，偏好伪影子价格分支（Pseudo Shadow Price Branching）；当设置为 2 时，为最大不可行分支（Maximum Infeasibility Branching）；当设置为 3 时，为强分支（Strong Branching）。关于各分支策略的详细说明可见 Gurobi 官方手册。

提及 VarBranch 就不得不提 Gurobi 中另一个具有类似功能的属性 BranchPriority。二者都是用于控制分支过程中的变量选择。不同之处在于，VarBranch 参数是设置变量选择的偏好模式，而 BranchPriority 作为 Var 类对象的属性，直接指定了特定变量在分支中的偏好优先度。也就意味着当用户提升了某个变量的 BranchPriority 属性值，Gurobi 就会提升分支切割算法中该变量的分支频率。落实到使用场景中，VarBranch 的具体效果比较依赖于用户的调优。如果用户对模型中特定变量的重要性有较为可靠的先验知识，那么提升这些变量的 BranchPriority 属性值往往有助于提高求解效率。

第 25 章　高级求解进程控制方法

25.1　解池管理

在默认状态下，Gurobi 的优化方向是为具有单一目标函数的 MIP 模型寻找一个最优解。然而在分支切割算法的迭代进程中，Gurobi 可能会通过启发式算法（也就是求解日志行首标注为 H 的行）产生整数可行解，也有可能通过分支切割操作（也就是求解日志行首标注为 * 的行）产生整数可行解。所以在求解 MIP 的过程中，求解器往往会得到多个次优的可行解（Sub-Optimal Solution）。

解池（Solution Pool）顾名思义就是用于存储求解过程中产生的整数可行解的集合。需要注意的是，解池只会针对性地存储一部分最好的整数可行解，并不会保留迭代过程中获得的所有可行解。许多情况下这些次优解能够为用户提供有价值的信息，因此为方便用户进行解池管理，Gurobi 提供了一系列相关操作方法。

25.1.1　解池的参数与属性

在表25.1与25.2中，我们总结了解池相关的控制参数与模型属性：

表 25.1　解池相关的控制参数

参数名称	描　述	参数取值
PoolSolutions	设定解池中解的数量	默认值为 10
SolutionNumber	指定解在解池中的索引，用于从解池中提取该解	默认值为 1
PoolGap	设定进入解池中的解所需满足的 Gap 值	默认值为 Infinity
PoolSearchMode	指定 MIP 的搜索策略	0，默认值，仅专注于搜索全局最优解； 1，尝试搜索指定个数的解，但不保证解的质量； 2，找到所有可行解中排名前 n 的最好的解，其中 n 是解的数量

表 25.2　解池相关的模型属性

属性名称	描　述	类　型
PoolObjBound	为未搜索到的解提供一个界	double
ObjBound	为所有解提供一个界	double
SolCount	输出解池中获得的解的数量	int
PoolObjVal	解池中特定解的目标函数值	double
Xn	解池中特定解的决策变量值	double
ObjVal	最优解的目标函数值	double
X	最优解的决策变量值	double

接下来我们对解池的相关功能进行详细解读。

25.1.2 解池功能详解

1. 解池中的解是怎么获得的

解池能获得什么样的可行解取决于算法在求解 MIP 模型时的迭代路径，也就是说，解池中的解与每次求解过程是息息相关的。例如，若用户使用 Gurobi 求解一次 MIP 模型，解池可能会返回包含一个最优解与多个次优解的一组解集。当用户调整求解器参数后再次求解，解池可能只获得了一个最优解，也可能是得到几个次优解，或是其他情况。在默认设置下，我们可以认为解池中的可行解并不是算法刻意去寻找的，而是寻找最优解过程中的副产物。

2. 如何设定解池的大小

用户可通过 `PoolSolutions` 参数控制解池的存储总量。改变 `PoolSolutions` 的取值并不会影响算法的迭代进程以及最终可获得的可行解数量，该参数只负责从最终得到的所有可行解中保留用户指定数量的解。

如果用户只对最优解某个 Gap 范围内的可行解感兴趣，则可以设置 `PoolGap` 参数，令解池舍弃不满足该 Gap 条件的解。

3. 如何从解池提取指定的解

每次完成求解后，求解器会将用户指定数量的最好的一批可行解存储在解池中。这些解将从 0 开始进行编号，并按照解的质量进行非增排序。为了访问这些解，用户需要使用 `SolutionNumber` 参数、`Xn` 属性和 `PoolObjVal` 属性。具体步骤如下。

（1）设定 `SolutionNumber`，告诉求解器我们所需的解在解池中的索引。

（2）用 `PoolObjVal` 输出该解的目标函数值。

（3）用 `Xn` 输出该解的决策变量值。

4. 如何设置解的搜索方式

如上文所述，解池中的解只是 Gurobi 搜索最优解过程中的副产物。在默认状态下，求解器不能保证解池中解的质量。更具体地说，是不能保证这些解是 MIP 模型所有可行解中最好的一批可行解。而 Gurobi 提供了 `PoolSearchMode` 参数，让用户可以改变求解器的搜索模式，从而按照用户的期望返回解集。`PoolSearchMode` 参数有 3 种设置方法：

（1）当参数设定为默认值 0 时，求解器只专注于寻找 MIP 模型的最优解。

（2）当参数设定为 1 时，求解器会尽可能搜索用户指定数量的可行解，但并不能保证这些解的质量。

（3）当参数设定为 2 时，求解器会采取更加系统的搜索方式，寻找最好的一批可行解。

用户在设置 `PoolSearchMode` 参数，确定具体搜索策略前，需要先设置 `PoolSolutions` 参数，指定期望获得的可行解总数。

5. 如何评价解池中可行解的质量

当用户设定 PoolSearchMode 参数为 2 且求解器返回状态显示为 OPTIMAL 时，这意味着以下两种情况：

（1）Gurobi 成功找到期望数量的最好的一批可行解。

（2）Gurobi 找到了一批可行解，但没有达到解池所需的数量，这意味着该 MIP 模型实际上并没有所期望数量的可行解。

如果日志返回的状态信息并非 OPTIMAL，这时求解器由于时间限制等各种原因提前终止迭代进程，我们可以使用 PoolObjBound 对既有可行解的质量进行评价。PoolObjBound 为那些暂未被求解器发现的解（那些还未进入解池中的解）提供了一个目标函数值的界。

接下来我们将详细介绍与解池相关的操作方法。

25.1.3 案例演示

本节将基于 12.4 节的 VRPTW 案例介绍 Gurobi 解池功能模块。在案例中我们将会演示最优解与次优解的提取以及分析方法。关于 VRPTW 的建模过程此处不再赘述，这里我们直接展示该模型的求解结果。

VRPTW 模型求解结果

```
Cutting planes:
  Gomory: 12
  Cover: 22
  Implied bound: 18
  Projected implied bound: 1
  Clique: 5
  MIR: 17
  StrongCG: 15
  Flow cover: 37
  Zero half: 5
  Mod-K: 1
  RLT: 96
  Relax-and-lift: 9

Explored 10280 nodes (412703 simplex iterations) in 11.93 seconds (12.81 work units)
Thread count was 16 (of 16 available processors)

Solution count 10: 409.7 419 422.3 ... 510.7

Optimal solution found (tolerance 1.00e-04)
Best objective 4.097000000000e+02, best bound 4.097000000000e+02, gap 0.0000%
```

可以看到，Gurobi 在较短的时间内获得了最优解 409.7。也许大家在以往的使用过程中，会直奔最后一行查看 MIP 的求解情况，但如果细心一点就容易发现，在倒数第三行，Gurobi 输出了以下信息：

解池日志信息

```
Solution count 10: 409.7 419 422.3 ... 510.7
```

这一栏即 Gurobi 提供的解池信息。其中，“Solution count 10”代表解池当前返回了 10 个可行解。PoolSolutions 参数在默认状态下取值为 10，通过更改该参数可以改变 Solution count 的大小。

“409.7 419 422.3 ... 510.7”展示了解池中前三个最好的解与最后一个解。在求解状态显示为 OPTIMAL 的情况下，第一个解 409.7 即全局最优解。Gurobi 会从最优解开始，按照解的质量对解进行非增排序，提取前十个解存入解池中，并从 0 开始依次进行编号索引。了解这一点后，我们就可以按该规则从解池中提取我们想要的可行解了。

1. 调整解池大小并提取多个次优解

上文提到，可以通过设置 PoolSolutions 参数来修改解池的大小，其默认值为 10。我们现在修改这一参数，将 PoolSolutions 设置为 12。

设置 PoolSolutions 参数

```
model.Params.PoolSolutions = 12
model.optimize()
```

求解后可得以下结果：

输出结果

```
Solution count 12: 409.7 419 422.3 ... 532.9

Optimal solution found (tolerance 1.00e-04)
Best objective 4.097000000000e+02, best bound 4.097000000000e+02, gap 0.0000%
```

日志信息显示 Solution count 变为 12，即解池成功获得了 12 个可行解。重新将 PoolSolutions 参数设置为 20，再次求解可得：

再次设置 PoolSolutions 参数

```
Solution count 13: 409.7 419 422.3 ... 536.1

Optimal solution found (tolerance 1.00e-04)
Best objective 4.097000000000e+02, best bound 4.097000000000e+02, gap 0.0000%
```

在上述案例中，尽管我们将 PoolSolutions 参数设置为 20，但解池最终只返回了 13 个可行解。也就是说在当前求解条件下，Gurobi 已经找到了所有可行解，且数量仅有 13 个。

如果希望解池只保留满足特定 Gap 条件的解，可以通过设置 PoolGap 参数实现。

设置 PoolGap 参数

```
model.Params.PoolGap = 0.1
model.optimize()
```

将 PoolGap 参数设置为 0.1 后，Gurobi 会舍弃任何目标函数值大于 450.67（409.7×1.1）的解。求解结果如下，我们可以看到，解池最终返回了 6 个满足 Gap 条件的解。

输出结果

```
Solution count 6: 409.7 419 422.3 ... 449.8

Optimal solution found (tolerance 1.00e-04)
Best objective 4.097000000000e+02, best bound 4.097000000000e+02, gap 0.0000%
```

我们可以使用 Model 类对象的 SolCount 属性访问解池中解的数量。若要访问最优解的目标函数值与决策变量值，可以使用 ObjVal 和 X 属性。如果解池规模过大，Gurobi 不会完整地显示所有解的信息。如果需要查看某个可行解的取值，可以先通过 SolutionNumber 指定解的索引，再使用 PoolObjVal 和 Xn 属性进行查询。

假设想要提取所有满足 Gap = 0.1 条件的可行解，可进行以下操作：

设置解池只保留满足特定 Gap 条件的解

```python
model.Params.PoolGap = 0.1
model.optimize()

for i in range(model.SolCount):
    model.Params.SolutionNumber = i
    print("Obj_{} = {}" .format(i+1, model.PoolObjVal))
```

这样就可以获得这 6 个可行解的目标函数值。

提取所有可行解对应的目标函数值

```
Optimal solution found (tolerance 1.00e-04)
Best objective 4.097000000000e+02, best bound 4.097000000000e+02, gap 0.0000%
Obj_1 = 409.7
Obj_2 = 419.0
Obj_3 = 422.3
Obj_4 = 427.1
Obj_5 = 431.5
Obj_6 = 449.8
```

2. 调整求解器的求解模式

在该案例中，我们将演示 PoolSolutions 参数的使用方法。先设置 PoolSolutions 参数，将解池的大小设定为 20 个解，再将 PoolSolutions 参数分别设定为 0、1、2，并对比各自的输出结果。

设定 PoolSearchMode 为 0，输出结果如下。

PoolSearchMode 为 0 的输出结果

```
Solution count 13: 409.7 419 422.3 ... 536.1

Optimal solution found (tolerance 1.00e-04)
Best objective 4.097000000000e+02, best bound 4.097000000000e+02, gap 0.0000%
```

设定 PoolSearchMode 为 1，输出结果如下。

PoolSearchMode 为 1 的输出结果

```
Solution count 20: 409.7 409.7 411 ... 416.4

Optimal solution found (tolerance 1.00e-04)
Best objective 4.097000000000e+02, best bound 4.097000000000e+02, gap 0.0000%
```

设定 PoolSearchMode 为 2，输出结果如下。

PoolSearchMode 为 2 的输出结果

```
Solution count 20: 409.7 409.7 411 ... 416.4
No other solutions better than 416.4

Optimal solution found (tolerance 1.00e-04)
Best objective 4.097000000000e+02, best bound 4.097000000000e+02, gap 0.0000%
```

可以发现，当 PoolSolutions 设定为 0 时，Gurobi 虽然成功找到了最优解，但只返回了 13 个可行解。将 PoolSolutions 改为 1 后，算法改变了搜索策略，这时解池获得了我们期望的 20 个解，但求解器并不能保证这些解是所有可行解中最好的 20 个可行解。将 PoolSolutions 改为 2 后，求解器再次调整搜索策略，从而确保解池获得的是所有可行解中最好的 20 个可行解。

25.1.4 一些注意事项

1. 关于如何获得前 n 个最好的可行解

在上述案例中我们提到，当 PoolSearchMode 参数设置为 2 时，解池会返回前 n 个最好的可行解。其原理在于在分支切割算法框架下，如果不使用任何启发式算法产生可行解，仅使用单纯形法（Simplex）、分支（Branching）、定界（Bounding）、剪枝（Pruning）、割平面（Cutting Plane）这些操作，那么分支切割算法在结束迭代后，找到的所有前 n 个可行解，也同时是所有可行解中前 n 个最好的解。

在分支定界的过程中，对于最小化问题，上界的更新意味着找到了新的更好的整数可行解，下界的提升是通过分支操作和添加割平面实现的。下界的更新不会割去任何可行解，只有在上界的更新过程中才会割去既有的可行解。为了加速最优解的搜索进程，Gurobi 默认会使用包括启发式在内的各种方法，但是如果想要找到所有解中最好的一批可行解，那就不能用其他方法产生整数可行解，只能通过调用单纯形法或者内点法（Barrier）来求解节点子问题的 LP 获得整数可行解。

也正是因为上述原因，探索次数越多，CPU 计算时间就会越长。这也就是为什么 Gurobi 求解器里面嵌入了 30 多种启发式算法。但如果迭代过程中使用了启发式算法得到的整数可行解进行基于界限的剪枝（Pruned by Bound），则无法保证最终得到的可行解是前 n 个最好的解。

2. 关于连续变量

在某些情况下，Gurobi 也许会同时获得两个可行解，它们的整数变量部分相同，只有连续变量不同。在这种情况下，如果我们在这两个解间画一条线段，这条线段上所有的解都是可行解。如果不加以处理，解池中可能就会充斥着这样仅在连续变量上存在细微差异的解，然而这些解往往并没有太多价值。为了避免这种情况，Gurobi 会将整数变量部分相同，只有连续变量部分不同的解视为某种意义上的"等价解"。求解过程中，Gurobi 会自动比对已经存在于解池中的解，每当求得新的等价解时，解池会自动将它们舍弃。

3. 关于最优容差

在默认状态下，`MIPGap` 的参数值为 0，这时求解器的目标是为用户寻找到"真实"的最优解。当用户为求解器设定的 `MIPGap` 非 0 时，这意味着求解器所返回的解并不一定是"真实"的最优解，然而在现实中这是有意义的，因为求得"真实"最优解往往在最后几步需要求解器付出非常大的时间成本，设定最优容差能够在允许的范围内为我们更快地返回一个不错的解。

上文提到，当 `PoolSearchMode` 设定为 2 时，解池会找到用户指定数量的最好的解，但这仅当最优容差 `MIPGap` 为 0 时成立。`MIPGap` 设置为非 0 值带来的问题是，求解器无法保证解池中的解是最好的一批可行解。所以为了避免这种情况，当用户需要将 `PoolSearchMode` 设定为 2 时，我们建议将 `MIPGap` 设定为 0。

25.2 给 MIP 模型赋初始解的方法

我们已经知道，Gurobi 在求解 MIP 模型时采用的是分支切割算法框架。在该算法框架下，Gurobi 首先获得一个初始可行解，再通过分支与切割操作不断寻找更优的可行解，并结合启发式算法在每个分支节点处尝试获得更好的可行解，此外也会使用各种割平面算法以提升求解效率。在求解过程中，可行解一般由两种渠道获得：通过启发式算法，或者通过求解节点的线性松弛模型。在多数情形下，Gurobi 都能够快速地为分支定界算法找到一个初始可行解，然而在某些特殊情况下，求解器在搜索初始可行解上会遇到困难，从而不得不花费大量时间获得一个初始解。这时如果能够为求解器人工地输入一个可行解，就能够有效地提升效率。

Gurobi 为 `Var` 类对象设计了成员属性 `Start` 以及相关方法，使用户能够方便地向求解器输入初始可行解。除了 `Start` 方法，求解器也支持用户通过加载包含初值的 start 文件（后缀为`.mst`），或者 solution 文件（后缀为.sol）两种方式向 MIP 提供初始可行解。

需要提醒的是，虽然 Gurobi 支持人工赋初值这一操作，但求解器并不能保证赋初值操作本身一定能够提升 MIP 的求解效率。接下来我们将详细介绍为 MIP 模型赋初值的操作方法。

25.2.1 相关属性与参数汇总

首先，我们需要了解 Gurobi 赋初值操作相关的属性与参数，具体见表 25.3 和表 25.4。

表 25.3　赋初值操作相关属性

属　性	描　述	类　型
Start	决策变量的 Start 属性，用于指定该决策变量的初值	double
NumStart	需要输入的初始可行解的总个数，即 Start 向量的总个数	int

表 25.4　赋初值操作相关参数

参　数	描　述	参 数 取 值
StartNodeLimit	当初始解不完整，需要求解器补全时，用于指定分支定界算法探索的节点数量	−1，默认值，分支的节点数量与 SubMIPNodes 参数保持一致； −2，忽略不完整的可行解，只为完整的初始解检查可行性； −3，关闭可行性检查的功能； n，一个不超过 MAXINT 的正整数，用于指定分支的节点数量
StartNumber	当需要传入多个初始解时，用于指定当前输入的初始解的索引。取值区间为 [0, NumStart−1]	0，默认值，当只需要输入一个可行解时，设置为 0； −1，每当新增一个初始解时，设置为 −1，并自动使 NumStart 加 1； n，一个小于 NumStart 的正整数，代表当前输入的可行解在多个初始可行解中的索引

接下来，我们将基于表25.4与表25.3的参数与属性详细介绍赋初值的具体操作方法。

25.2.2 为 MIP 模型赋一个初始解

当用户仅提供一个初始解时，只需依次对各决策变量的 Start 属性进行赋值即可。用户既可以选择向所有决策变量赋初值，也可以选择只向一部分决策变量赋初值。在第二种情况下，若用户希望未被赋值的决策变量保留缺失的状态，那么有两种方法：一是不向这个变量的 Start 属性输入初值，二是向 Start 属性输入一个未定义关键字（GRB.UNDEFINED），在预处理阶段求解器会自行补充缺失值并验证解的可行性。

完成赋初值操作后，若用户发现求解器并未使用用户提供的初始解，即求解日志上并没有显示一个新的当前最好可行解。一种原因是用户提供的初始解也许并不可行，另一种更常见的原因是求解器通过启发式算法得到了更好的解，因此求解器割去了用户提供的解。如果用户只提供了一部分决策变量的初值，那么求解器在补全初始解的过程中可能没有对节点进行充分探索，从而导致初始解不可行。这时用户可以尝试调优 StartNodeLimit 参数从而让求解器更加积极地补全缺失的变量值。

25.2.3 为 MIP 模型赋多个初始解

当用户需要输入多个初始解时，需要结合使用 NumStart 属性与 StartNumber 参数。具体有两种操作方法：第一种方法较为直观，首先通过 NumStart 属性设定初始解的总数，再使用 StartNumber 参数指定当前初始解的索引值，最后向变量的 Start 属性赋初值。第二种方法更为简洁，每次输入新的初始解前，将 StartNumber 参数设置为 −1，再对 Start 赋初值，并循环这一过程，直至完成所有初始解的输入。StartNumber 参数每次被设置为

−1 时，NumStart 属性会自动加 1，对于只有部分决策变量被赋初值的可行解，未被赋初值的变量也会自动保留为未定义状态。

接下来，我们将基于案例演示为 MIP 模型赋初值的操作方法。

25.2.4 案例演示

1. 设置 Start 属性，输入一个初始解

本节我们基于 12.4 节的 VRPTW 案例演示为 MIP 模型设置单一初始解与多个初始解的方法。我们先直接求解 VRPTW 模型并提取一个可行解，之后将该解作为初始解赋给新模型并再次求解。基于上文介绍的解池相关操作方法，求解该 VRPTW 模型，并设定 PoolSearchMode 参数为 2，设定 PoolSolutions 参数为 10，这样我们就可以获得 10 个最优的可行解。

直接求解，获得 10 个最优的可行解

```
""" VRPTW 建模方法见 12.4 节的内容，建立模型并命名为 model1 """

model1.Params.PoolSearchMode = 2          # 设定 PoolSearchMode 参数为 2，求解器为解池寻找一批最优解
model1.Params.PoolSolutions = 10          # 设定 PoolSolutions 参数为 10（解池的大小）
model1.optimize()
```

随后，将解池中第 5 个解提取出来，将其设置为模型的初始可行解，再次求解模型。

提取第 5 个解，输入模型再次求解

```
temp = []
model1.Params.SolutionNumber = 4          # 提取 model1 解池中第 5 个解，将 SolutionNumber 参数设置为 4
temp = model1.Xn

""" VRPTW 建模方法见 12.4 节的内容，再次重建模型并命名为 model2 """

index = 0
for v in model2.getVars():
    v.Start = temp[index]                 # 将初始解依次赋值给 Start 属性。
    index += 1

model2.update()                           # 完成赋初值操作后，更新一下模型
model2.optimize()
```

2. 设置 NumStart 属性与 StartNumber 参数，输入多个初始解

接下来，我们演示为 MIP 模型输入多个初始可行解的操作方法。类似地，我们先直接求解 VRPTW 模型并将解池中索引为 4 和 10 的解依次提取出来，再结合 NumStart 属性与 StartNumber 参数依次对各变量的 Start 属性进行赋初值操作，具体方法如下。

设置多个初始可行解

```
model1.Params.SolutionNumber = 3          # 提取解池中第 4 个解
sv1 = model1.Xn

model1.Params.SolutionNumber = 9          # 提取解池中第 10 个解
sv2 = model1.Xn

```

```
""" VRPTW 建模方法见 12.4 节的内容，再次重建模型并命名为 model3 """

model3.NumStart = 2                              # 声明我们需要输入的初始解的个数

for s in range(model3.NumStart):
    model3.Params.StartNumber = s                # 每次输入初始解时，指定该解在多个初始解中的索引
    if(s == 0):
        index = 0
        for v in model3.getVars():
            v.Start = sv1[index]
            index += 1
    elif(s == 1):
        index = 0
        for v in model3.getVars():
            v.Start = sv2[index]
            index += 1

model3.update()                                  # 完成赋初值操作后，更新一下模型
model3.optimize()
```

25.2.5 其他相关操作

1. 变量提示

当模型本身过于复杂，预处理算法难以在有限的时间内获得一个精确的初始可行解时，用户可以使用变量提示（Variable Hint）的方法提供一些近似值，帮助求解器更快地获得一个初始可行解。如果用户知道某个决策变量的最优解取值很有可能取到某个特定值，那么用户可以设置该决策变量的 `VarHintVal` 属性，提示 Gurobi 在该值附近搜索可行解。用户还可以使用 `VarHintPri` 属性为求解器提供不同决策变量提示值的优先级，向算法反映用户对这些提示信息的信任程度。

2. 变量状态

除了可以为求解器提供变量提示信息外，用户还可以提供变量的状态信息。通过 `VBasis` 属性，用户可以显示地定义变量的状态，而 `PStart` 属性可以帮助求解器选择优先使用哪些决策变量进行单纯形法的运算。具体的使用方法可以参考 Gurobi 的官方手册。

第 26 章　各种信息的解读与获取方法

26.1　求解日志信息

Gurobi 提供了丰富的日志（Log）信息，方便用户追踪优化求解进程。本节我们将继续以 12.4 节中的 VRPTW 模型为例介绍 Gurobi 求解日志的主要内容与相关操作技巧。

26.1.1　Gurobi 中的日志类型

按照输出内容划分，Gurobi 的求解日志可以分为以下 9 种类型：

- 头部信息（Header）。
- MIP 日志（MIP Logging）。
- 单纯形法日志（Simplex Logging）。
- 内点法日志（Barrier Logging）。
- 筛选法日志（Sifting Logging）。
- 解池与多场景日志（Solution Pool and Multi-Scenario Logging）。
- 多目标日志（Multi-Objective Logging）。
- 分布式 MIP 日志（Distributed MIP Logging）。
- IIS 日志（IIS Logging）。

Gurobi 会依据模型具体类型与算法调用情况有针对性地输出特定日志内容。接下来我们按顺序依次介绍上述日志类型。

26.1.2　头部信息

在使用 Gurobi 求解模型时，日志会在起始部分输出当前模型、求解器与硬件环境相关的信息。

Header 第一部分

```
1 Gurobi Optimizer version 9.5.2 build v9.5.2rc0 (win64)
2 Thread count: 8 physical cores, 16 logical processors, using up to 16 threads
```

其中，首行展示了用户求解该模型时使用的 Gurobi 版本信息；第二行展示了求解时 Gurobi 所处的硬件环境与最大可用线程（Thread）数。用户可以通过 `Thread` 参数更改算法的可用线程数。

随后，日志会显示待求解模型的基本统计信息：

Header 第二部分

```
1 Optimize a model with 1797 rows, 1525 columns and 14416 nonzeros
2 Model fingerprint: 0xec13157a
3 Variable types: 110 continuous, 1415 integer (1415 binary)
```

其中，第一行总结了模型的总体规模；第二行返回了一组“指纹”编码，该编码本质上是一个利用模型信息获得的哈希值，其作用是为用户模型提供唯一的身份标识；第三行展示了该模型具有的连续变量与整数变量的总量。

在头部信息的最后一部分中，日志展示了与模型约束相关的统计数据：

Header 第三部分

```
Coefficient statistics:
  Matrix range     [1e+00, 3e+02]
  Objective range  [7e+00, 6e+01]
  Bounds range     [1e+00, 2e+02]
  RHS range        [1e+00, 3e+02]
```

这些信息能够提示该模型在后续求解进程中是否会遇到某些数值问题。一般来说，约束矩阵的最大值与最小值的差别（Matrix range）越小，模型越易于求解。关于头部信息的具体解读方法，大家可参考 Gurobi 官方手册中数值问题部分的章节。

在输出头部信息之后，日志剩余的输出内容取决于用户模型的具体类型，不同类型的模型需调用的求解算法各不相同，例如单纯形法、对偶单纯形法、内点法、分支切割算法等。但无论 Gurobi 使用了何种算法，求解日志的内容结构是基本一致的。接下来我们将以 VRPTW 模型为例介绍 Gurobi 日志的基本结构。VRPTW 模型属于 MIP 模型，在头部信息后求解器将输出 MIP 日志的相关内容。

26.1.3 MIP 日志

MIP 日志可以划分为以下 3 个主要部分：

- 预处理部分（Presolve section）。
- 求解进程部分（Progress section）。
- 汇总部分（Summary section）。

1. 预处理部分

在 VRPTW 模型输出的日志信息中，预处理部分的输出如下：

预处理部分

```
Presolve removed 614 rows and 6 columns
Presolve time: 0.04s
Presolved: 1183 rows, 1519 columns, 16789 nonzeros
```

在该案例中，预处理算法删去了 614 行（约束）和 6 列（决策变量）。预处理用时仅 0.04s，预处理后的 VRPTW 模型规模发生了变化，其中含有 1183 行和 1519 列。

在预处理部分结束后，有时日志会输出根节点模型的目标函数信息。例如，在 MIPLIB 提供的 mas76 算例中，预处理后日志展示了以下内容：

```
Found heuristic solution: objective 157344.61033
```

该行日志表明 Gurobi 是通过启发式算法而非求解根节点的线性松弛模型获得了整数可行解。然而在求解 VRPTW 模型时日志并未输出类似内容。这是由于 Gurobi 直接由根节点的线性松弛模型获得了整数可行解，在这种情况下日志不会输出启发式算法的调用情况。

接下来是根节点线性松弛模型的求解结果信息。在根节点求解较快的情况下，求解信息会被总结为一行：

```
Root relaxation: objective 3.889390e+04, 50 iterations, 0.00 seconds
```

如果根节点的模型求解较为困难（例如，MIPLIB 提供的 dano3mi 算例），则 Gurobi 会输出详细的单纯形法日志（Simplex log）：

```
Root simplex log...
Iteration Objective Primal Inf. Dual Inf. Time
15338 5.7472018e+02 6.953458e+04 0.000000e+00 5s
19787 5.7623162e+02 0.000000e+00 0.000000e+00 7s

Root relaxation: objective 5.762316e+02, 19787 iterations, 6.18 seconds
```

根节点的单纯形日志会在根节点的求解时间超过参数 DisplayInterval（默认值为 5s）后自动调用。关于该部分的解读详见下文单纯形法日志部分的内容。在预处理日志后输出的是求解进程日志，也就是分支切割树（Branch-and-cut tree）的相关内容。

2. 求解进程部分

求解进程部分

```
    Nodes    |    Current Node    |     Objective Bounds      |     Work
 Expl Unexpl |  Obj  Depth IntInf | Incumbent    BestBd   Gap | It/Node Time

     0     0  287.10000    0   42          -  287.10000      -     -    0s
     0     0  287.10000    0   50          -  287.10000      -     -    0s
     0     0  320.90000    0   47          -  320.90000      -     -    0s
     0     0  324.96473    0  113          -  324.96473      -     -    0s
     0     0  326.28095    0   92          -  326.28095      -     -    0s
     0     0  339.98813    0  113          -  339.98813      -     -    0s
     0     0  341.17667    0  106          -  341.17667      -     -    0s
     0     0  356.76088    0  128          -  356.76088      -     -    0s
     0     0  356.76088    0  129          -  356.76088      -     -    0s
     0     0  357.20176    0  129          -  357.20176      -     -    0s
     0     2  357.20208    0  122          -  357.20208      -     -    0s
* 1374  1229                  76    536.1000000  359.73478  32.9%  48.7    1s
```

```
 H 1448  1229                                532.9000000  359.73478  32.5%  48.3   1s
 H 1450  1169                                523.6000000  359.73478  31.3%  48.2   1s
 H 1467  1064                                484.2000000  359.73478  25.7%  47.7   3s
   1485  1081  361.94266   11  121  484.20000  361.94266  25.2%  49.7   5s
 H 1512  1053                                478.2000000  361.94266  24.3%  50.3   5s
 H 1562   936                                431.5000000  361.94266  16.1%  50.5   6s
 * 2371  1052              52                427.1000000  362.20524  15.2%  46.0   7s
   5376  1996  377.29826   26   72  427.10000  365.93579  14.3%  41.3  10s
 * 7455  2252              50                419.0000000  382.44096  8.73%  41.7  11s
 * 7467  1320              60                409.7000000  382.44096  6.65%  41.7  11s
```

求解进程日志展示了分支切割算法的具体迭代过程。该部分日志看似复杂，但如果用户着眼于每一行每一列则不难发现，这些数据非常清晰地刻画了求解进程。

求解进程日志主要包含的内容见表 26.1。

表 26.1　求解进程日志

求解进程对象	功　能
Nodes	该部分主要包含日志的 Expl 列和 Unexpl 列。Expl 列输出的是已经探索过的分支切割树的节点个数。而 Unexpl 列输出的是暂未被探索过的分支切割树的节点个数。可以注意到，在某些行开头处会有 H 或者 * 的字样。如果行开头处没有任何标注，则表示当前节点未找到新的整数可行解。标注为 H 表示该行的输出是通过启发式算法获得的一个可行解。标注为 * 表示算法通过求解节点的线性松弛模型（有可能已经添加了割平面）得到了整数可行解
Current Node	该部分展示了当前正在探索的节点的信息。Obj 列代表的是当前节点线性松弛模型的目标函数值。Depth 列表示当前节点在分支切割树中的深度。IntInf（Integer Infeasible）列表示在当前线性松弛模型中，原本取整数的决策变量在当前解中取值为小数的个数
Objective Bounds	Incumbent 列输出的是当前最好的整数可行解的目标函数值。BestBd 表示分支切割树中可以继续分支的叶子节点（Leaf Nodes）模型的目标函数值的当前界限（Bound）。最优解一定会落在由 Incumbent 与 BestBd 所构成的区间中。Gap 指的是 Incumbent 与 BestBd 的相对间隙（Gap 的计算方法可见 23.1.2 节的内容）。当 Gap 小于参数 MIPGap 时，算法终止
Work	该部分输出的是算法迭代至当前节点时的工作量。It/Node 列显示了分支切割算法在每个节点处单纯形法的平均迭代次数。Time 列显示了截至当前时刻算法累计的执行时间

3. 汇总部分

完成求解后，求解器会输出最后一部分日志内容，即求解进程的汇总日志。

汇总部分

```
Cutting planes:
  Gomory: 12
  Cover: 22
  Implied bound: 18
  Projected implied bound: 1
  Clique: 5
  MIR: 17
  StrongCG: 15
  Flow cover: 37
  Zero half: 5
  Mod-K: 1
  RLT: 96
  Relax-and-lift: 9

```

```
Explored 10280 nodes (412703 simplex iterations) in 12.68 seconds (12.81 work units)
Thread count was 16 (of 16 available processors)

Solution count 10: 409.7 419 422.3 ... 510.7

Optimal solution found (tolerance 1.00e-04)
Best objective 4.097000000000e+02, best bound 4.097000000000e+02, gap 0.0000%
```

汇总日志展示了如下内容：求解过程中算法调用的割平面类型、各割平面的调用次数（未调用的割平面不予显示）、求解总时间、解池信息等内容。根据上述汇总日志可知，对于 VRPTW 模型，算法仅用时 12.68s 即迭代至最优状态。日志的倒数第二行显示最优容差（Optimality tolerance）为 1×10^{-4}。日志的最后一行展示了最优解的目标函数、最优界限（Bound）与最优间隙（Gap）等信息。

需要注意的是，汇总日志的最后一行显示最终 Gap 等于 0，这表示该模型成功获得了最优解。然而在求解进程日志的最后一行中，Gap 却显示为 6.65%，二处数值并不相同。这是记录日志的时间间隔参数 `DisplayInterval` 所导致的。由于日志最后一次记录求解信息的时刻与算法终止迭代的时刻之间的差值未能达到 `DisplayInterval` 设定的取值，因此求解进程日志提前结束，直接进入了汇总日志阶段。如果用户想判断模型是否求到最优解，直接检查汇总部分的最后一行即可。

26.1.4 单纯形法日志

Gurobi 会在以下两种情形输出单纯形法日志：一是根节点获取可行解的求解时间超过了参数 `DisplayInterval` 规定的数值，二是求解器调用了单纯形法解决线性规划问题。单纯形法日志的结构与 MIP 日志大同小异，我们重点关注日志的主干部分。

一个典型的单纯形法日志内容如下：

单纯形日志

```
Iteration    Objective       Primal Inf.    Dual Inf.      Time
       0   -2.4571000e+32   4.000000e+30   2.457100e+02      0s
   18420    1.1265574e+07   1.655263e+03   0.000000e+00      5s
   20370    1.1266393e+07   0.000000e+00   0.000000e+00      6s
```

单纯形法日志记录了单纯形法的迭代次数、当前基的目标函数值、当前基的不可行性总量（该数值等于当前基对应解的不可行量的绝对值之和）、对偶不可行性总量（该数值等于当前基对应的对偶问题解的不可行量的绝对值之和），以及迭代至当前解的时间。在默认状态下，Gurobi 使用的是对偶单纯形法。根据对偶理论，当主问题得到最优解时，对偶问题也会得到可行解，此时原问题与对偶问题均可行。当单纯形法找到一个对偶可行基时，对偶不可行性总量会降为 0。若原问题的当前基的不可行性总量与对偶问题的不可行性总量同时降为 0，单纯形法迭代结束。

内点法日志与筛选法日志的解读方式可以参考 MIP 日志与单纯形法日志的相关内容，详细介绍可参见 Gurobi 官方手册。

26.1.5 解池与多场景日志

接下来我们介绍解池管理与多场景优化（Multi-scenarios optimization）部分的日志信息。这两类日志在内容结构上较为类似。在生成解池或处理多场景优化任务时，算法进程可以分为以下两个阶段：

- 在第一阶段中，日志会输出最优解的迭代过程（对于多场景优化问题，最优解指的是所有场景下的最优解），包括上界与下界的具体更新过程。
- 在第二阶段中，日志开始寻找其他可行解。

对于解池而言，当出现类似下列日志信息时，说明第一阶段结束，算法开始寻找新的可行解。

```
Optimal solution found at node 7407 - now completing solution pool...
```

对于多场景优化而言，当算法结束第一阶段，即将进入第二阶段时，日志会显示以下信息。

```
Optimal solution found at node 15203 - now completing multiple scenarios...
```

在为解池或多场景优化输出求解进程部分信息时，日志的表头格式与 MIP 日志类似。在输出解池的求解进程日志时，表头格式如下。

```
    Nodes     |    Current Node     |  Pool Obj. Bounds   |      Work
              |                     |  Worst              |
Expl Unexpl   | Obj Depth IntInf    | Incumbent BestBd Gap | It/Node Time
```

在输出多场景优化的求解进程日志时，表头格式如下。

```
    Nodes     |    Current Node     | Scenario Obj. Bounds|      Work
              |                     |  Worst              |
Expl Unexpl   | Obj Depth IntInf    | Incumbent BestBd Gap | It/Node Time
```

上述两种表头格式与 MIP 日志的求解进程相比，最显著的不同体现在 Incumbent 列上。在 MIP 日志中，Incumbent 显示的是当前所获最优解的目标函数，而在解池或者多场景优化的日志中，这一列输出的是最坏解的目标函数值。举例来说，如果我们希望解池返回 100 个可行解，从前面的章节可以得知，只需将 PoolSolutions 参数设定为 100，将 PoolSearchMode 参数设定为 2 即可。这时 Incumbent 列输出的就是当前时刻这 100 个解中最坏解的目标函数值。在求解多场景优化问题时，Incumbent 列输出的则是所有场景下最差的目标函数值。

另外一个重要区别体现在 BestBd 列的含义上。在 MIP 日志中，BestBd 是为所有解可能取到的最好的目标函数值提供一个界。而在解池与多场景优化中，BestBd 是为那些算法还未找到的解所能取到的目标函数值提供一个界。举例而言，假定解池大小为 100，当求解器找到 100 个可行解后，BestBd 列是为那些没有进入解池的可行解提供的界。

26.1.6 多目标日志

多目标日志的输出内容与用户选择的优化方法有关，我们已经介绍过，在 Gurobi 中求解多目标问题用户可以选择合成法、分层法与混合法。若用户选择合成法，就意味着将多目标问题转换为单目标问题进行处理，多目标日志的输出格式与一般单目标日志相同。假设用户建立的模型属于纯分层多目标问题（Pure hierarchical multi-objective problem），例如，一个具有 3 个目标函数的分层多目标问题模型，其日志输出格式如下。

```
Multi-objectives: starting optimization with 3 objectives ...
```

假设用户建立的模型是混合分层多目标问题（Mixed hierarchical-blended multi-objective problem），例如，一个具有 5 个目标函数的混合分层多目标模型，其日志会显示以下信息。

```
Multi-objectives: starting optimization with 5 objectives (3 combined) ...
```

而多目标问题典型的求解过程日志如下。

```
Multi-objectives: optimize objective 1 Name ...
```

其中，Name 指代的是具体待优化模型的目标函数名称。求解器会依次输出这些目标函数名称，而每个目标函数对应的具体日志内容和一般的单目标模型的日志内容相同。

26.1.7 分布式 MIP 日志

分布式 MIP 的日志与一般 MIP 日志在结构上基本一致，本节我们主要关注二者之间的差异。一般 MIP 日志的表头格式为：

```
    Nodes    |    Current Node    |     Objective Bounds      |     Work
 Expl Unexpl |  Obj  Depth IntInf | Incumbent    BestBd   Gap | It/Node Time
```

相较之下，分布式 MIP 日志的表头格式为：

```
    Nodes    |    Current Node    |     Objective Bounds      |     Work
 Expl Unexpl |  Obj  Depth IntInf | Incumbent    BestBd   Gap | ParUtil Time
```

可以看出，二者的区别主要体现在 Work 部分：标准 MIP 日志用 It/Node 输出在分支切割算法每个节点处调用单纯形法的平均迭代次数，而分布式 MIP 日志显示的是并行利用率 ParUtil，该数值的含义是工作服务器在 MIP 节点运算上所用时间的比例（即从上一日志行开始的时间起，当前 MIP 节点的处理时间）。

随后，求解器会输出分布式 MIP 日志主干部分的内容：

```
    Nodes    |    Current Node    |     Objective Bounds      |     Work
 Expl Unexpl | Obj  Depth IntInf | Incumbent    BestBd   Gap | ParUtil Time
H    0                          28468.534497      -      -            0s
H    0                          18150.083886      -      -            0s
H    0                          14372.871258      -      -            0s
0    0   10543.7611   0   19 13725.4754   10543.7611 23.2%    99%     0s
*  266                          12988.468031  10543.7611 18.8%        0s
H 1503                          12464.099984  10630.6187 14.7%        0s

Ramp-up phase complete - continuing with instance 2 (best bd 10661)

  16928    2731 10660.9626  0  12 11801.1857 10660.9635 9.66% 99%  2s
 135654   57117 11226.5449 19  12 11801.1857 11042.3036 6.43% 98%  5s
 388736  135228 11693.0268 23  12 11801.1857 11182.6300 5.24% 96% 10s
 705289  196412 cutoff            11801.1857 11248.8963 4.68% 98% 15s
1065224  232839 11604.6587 28  10 11801.1857 11330.2111 3.99% 98% 20s
1412054  238202 11453.2202 31  12 11801.1857 11389.7119 3.49% 99% 25s
1782362  209060 cutoff            11801.1857 11437.2670 3.08% 97% 30s
```

在分布式 MIP 日志中，有一行提示信息显示为“Ramp-up phase complete”，这说明此时算法由并发状态转换为并行状态。在分布式 MIP 情形下，从 Depth 列我们可以发现节点数量不一定是单调递增的，这是由于在不同处理器上，节点的求解效率可能有所不同，因此不可避免地会导致节点数量的不一致性。

最后一部分输出的是分布式 MIP 的汇总部分：

```
Runtime breakdown:
Runtime breakdown:
    Active: 37.85s (93%)
    Sync: 2.43s (6%)
    Comm: 0.34s (1%)
```

汇总部分提供了求解器在不同环节花费的时长及占比。可以看到，在此案例中，工作服务器花费了 93% 的时间在 MIP 节点运算上，花费了 6% 的时间在与其他工作服务器同步上，花费了 1% 的时间在与机器进行数据交换上。

26.1.8 IIS 日志

还有一类日志用于输出不可行模型最小冲突集的相关信息。首先简单介绍一下什么是不可行模型的最小冲突集（Irreducible Inconsistent Subsystem，IIS），IIS 是指从不可行模型提取一部分变量边界（Variable bounds）与约束（Constraints）构成一个子集，同时需要满足下列性质：

- 由该子集的变量边界与约束构成的子模型仍不可行。
- 若从子集中删去任一变量边界或约束，模型立刻变为可行。

而 IIS 日志就是用于追踪求解器构建不可行模型最小冲突集的过程，一个典型的 IIS 日志如下。

```
        Constraints          |        Bounds          |  Runtime
    Min     Max     Guess    |  Min    Max    Guess   |
----------------------------------------------------------------------------
     0    12996       -         0      4       -         5s
     0    10398      20         0      0       -        10s
     0     9749      20         0      0       -        15s
     1     9584      20         0      0       -        20s
     4     9576      20         0      0       -        25s
     6     9406      20         0      0       -        30s
...
```

前两列输出的是 IIS 中约束子集的最小规模与最大规模，类似地，第四列、第五列输出的是变量边界子集的最小规模与最大规模，最后一列显示的是运行时间。第三列与第六列则是对两个子集最终大小的一个估计值。这些估计值是求解器通过启发式算法获得的，在某些情形下，这些估计值是较为准确的，但也存在一些情形，使用启发式算法无法进行有效处理，因此建议用户对这些估计值持保守态度。

完成 IIS 的计算后，求解器会输出最终的汇总信息：

```
IIS computed: 102 constraints, 0 bounds
IIS runtime: 129.91 seconds
```

在优化求解过程中，如果算法成功找到最优解，日志不会输出 IIS 信息。如果算法提前终止了进程，那么日志会输出一个非最小的 IIS 子系统：

```
Non-minimal IIS computed: 3179 constraints, 0 bounds
IIS runtime: 120.29 seconds
```

IIS 信息可以帮助用户对模型进行错误诊断，判断算法提前终止的原因。用户可以通过检查 IIS 子集快速锁定导致原始模型不可行的错误变量与约束，具体使用方法参见 26.2 节的内容。

26.1.9 日志的相关操作

1. 日志记录间隔

Gurobi 默认每 5s 记录并输出一行日志信息，可以使用 `DisplayInterval` 参数修改日志输出的时间间隔。

```
model.Params.DisplayInterval = 20                    # 使用 DisplayInterval 能改变日志输出的时间间隔，默认为 5 秒
```

2. 日志信息开关

如果需要关闭控制台的日志信息，以下两种方式能等价地控制日志的显示与关闭：

```
model.Params.LogToConsole = 0                # 设置 LogToConsole 为 0，关闭日志，默认为 1
model.Params.OutputFlag = 0                  # 设置 OutputFlag 为 0，关闭求解结果输出，默认为 1
```

3. 日志导出

相较于之前的版本，Gurobi 最新版本（v9 版本以后）对日志文件的输出设置有所更改。在命令行工具gurobi_cl和带有 v9.0 的交互式shell的环境下，求解器默认自动导出日志文件。但在其他环境下，Gurobi 不会自动导出日志文件，用户需要设置 Logfile 参数获得日志文件（以.log 为后缀的文件），具体操作方法如下：

```
log_file_name = 'Gurobi_VRPTW.log'                    # 定义日志文件名
model.setParam(GRB.Param.LogFile, log_file_name)      # 定义日志的输出路径，输出日志文件
model.Params.LogFile = 'Gurobi_VRPTW.log'             # 展示另外一种写法
model.optimize()                                      # 设置日志输出参数后求解模型，日志内容会导出至.lp 文件中
```

需要注意，该 Logfile 参数是字符类型，因此用户在设置时必须带有引号；默认参数为空字符 “”，即不输出日志文件。日志文件的命名可以指定为除 gurobi 之外的其他名字，比如上述案例中使用的Gurobi_VRPTW.log。Gurobi 还提供了一种与 Logfile 类似的参数 ResultFile，ResultFile 的使用方法与 Logfile 完全相同。不过 ResultFile 可以用于输出其他类型的文件，具体包括：

- .sol 文件：获取完整的解向量。
- .bas 文件：获取单纯形基。
- .mst 文件：获取整数决策变量的解向量。
- .ilp 文件：对于不可行模型，获取 IIS 的信息。
- .mps 文件，.rew 文件，.lp 文件，.rlp 文件：获取初始模型的信息。
- .dua 文件，.dlp 文件：获取纯线性规划模型的对偶模型。
- .gz 文件，.bz2 文件，.7z 文件：获取压缩文件。

关于各类文件格式的使用方法与相关操作可以参考 21.2 节的内容。

26.2 解的状态信息

我们已经知道，当算法终止后，日志的汇总部分会输出解的状态信息（Status code）。例如，当求得最优解后状态代码为 2，模型不可行时的状态代码为 3，模型无界时的状态代

码为 5。在 Python 中，用户可以通过 GRB.Code_Name 访问具体的状态信息。表26.2对解的状态代码及其相关含义进行了总结。

表 26.2　解的状态代码及其相关含义

解的状态	状态代码	描　述
LOADED	1	模型已加载，但还未获得任何解的信息
OPTIMAL	2	在最优容差范围内成功获得最优解
INFEASIBLE	3	模型被证明为不可行
INF_OR_UNBD	4	模型被证明为不可行或无界若用户需进一步确定具体状态，可以将 DualReductions 参数设为 0 再重新求解
UNBOUNDED	5	模型被验证为无界
CUTOFF	6	未能获得解的信息，但最优目标值已经被验证比 Cutoff 参数指定的值更差
ITERATION_LIMIT	7	优化进程提前终止，终止条件为单纯形法的迭代次数超出了 IterationLimit 参数的限制，或内点法的迭代次数超出了 BarIterLimit 参数的限制
NODE_LIMIT	8	优化进程提前终止，分支切割算法探索的节点数超出了 NodeLimit 参数的限制
TIME_LIMIT	9	优化进程提前终止，运行时间超出了 TimeLimit 参数限制
SOLUTION_LIMIT	10	优化进程提前终止，探明的可行解数量达到了 SolutionLimit 参数的规定值
INTERRUPTED	11	优化进程被用户手动终止
NUMERIC	12	遇到了不可逆的数值问题而提前终止进程
SUBOPTIMAL	13	无法满足最优容差而终止，用户可以访问最终获得的次优解
INPROGRESS	14	进行了异步优化调用，但关联的主优化进程尚未完成
USER_OBJ_LIMIT	15	优化进程提前终止，终止条件为当前目标值达到了用户设定的 BestObjStop 参数值，或者由于当前界限达到了设定的 BestBdStop 参数值
WORK_LIMIT	16	优化进程提前终止，终止条件为运行时间达到了 WorkLimit 的限定值

26.3　对偶信息获取

本节介绍在求解线性规划模型时如何获取不同状态下的对偶信息。

26.3.1　通过文件操作直接获取对偶模型

上文提到，用户在完成建模后可以执行 model.write('modelName.lp') 导出 LP 文件，对模型内容进行检查。用户还可以使用 model.write('modelName.dlp') 导出 DLP 文件，直接获得对偶模型文件。若需要精确地存储对偶模型内容与参数设置信息，可以通过 model.write('modelName.dua') 导出对偶模型的建模信息。当下一次需要求解该对偶模型时，只需重新导入 DUA 文件并求解即可，无须重新建模。

26.3.2　当模型可行时，获取对偶变量 Pi

对于线性规划问题，用户在求解结束后可以使用 model.status 查询解的状态信息。通过 26.2 节的内容可知，当模型可行且算法成功求得最优解时，解的状态显示为 Status: OPTIMAL，对应的状态代码为 2。此时用户可以通过以下操作直接获得对偶变量的取值。

Gurobi 中线性规划模型的对偶变量可以通过线性约束对象的 Pi 属性获得，用户需要先使用 model.getConstrs() 获得线性约束对象的列表，再访问每个线性约束的 Pi 属性即可。具体方法如下：

获取对偶变量

```
model = read(input.mps)              # 建模过程省略
model.optimize()                     # 求解模型
print(model.status)                  # 确认解的状态代码是否为 2, 即 OPTIMAL

# 获取对偶变量
for constr in model.getConstrs():
    print(constr.constrName, '=', constr.Pi)
```

26.3.3 当模型无界时，获取极射线 UnbdRay

当模型无界时，解的状态显示为 Status: UNBOUNDED，状态代码为 5。此时用户可以访问模型的极射线 UnbdRay 信息。UnbdRay 属于决策变量对象的属性，Gurobi 中对极射线的描述是：如果将极射线向量加入任意可行解中都能产生一个新的可行解，并使目标函数持续提升。需要注意的是，访问极射线需在求解模型前设置 InfUnbdInfo 参数，打开无界信息的日志，并设置 DualReductions 参数，关闭针对对偶模型的预处理。

获取极射线

```
model = read(input.mps)                      # 建模过程省略

model.setParam('InfUnbdInfo', 1)             # 打开模型的无界或无解信息开关
model.setParam('DualReductions', 0)          # 关闭预处理中的 dual reduction

model.optimize()                             # 求解模型
print(model.status)                          # 确认解的状态代码是否为 5, 即 UNBOUNDED

# 获取极射线
for var in model.getVars():
    print(var.VorName, '=', vor.UnbdRay)
```

26.3.4 当模型不可行时，获取 FarkasDual 与 FarkasProof

当模型不可行时，解的状态显示为 Status: INFEASIBLE，对应的状态代码为 3。此时用户可以访问 FarkasDual 与 FarkasProof 属性。前者属于线性约束对象的属性，后者属于模型对象的属性。与极射线类似，用户同样需要在求解前对 InfUnbdInfo 与 DualReductions 参数进行设置。具体方法如下：

获取 FarkasDual 与 FarkasProof

```
model = read(input.mps)                      # 建模过程省略

model.setParam('InfUnbdInfo', 1)             # 打开模型的无界或无解信息开关
model.setParam('DualReductions', 0)          # 关闭预处理中的 dual reduction

model.optimize()                             # 求解模型
print(model.status)                          # 确认解的状态代码是否为 3, 即 INFEASIBLE

# 获取 FarkasDual
for constr in model.getConstrs():
    print(constr.constrName, '=', constr.FarkasDual)

```

```
# 获取 FarkasProof
model.FarkasProof
```

也许有人对 FarkasDual 和 FarkasProof 属性并不熟悉，这里我们详细解释一下二者的作用。在求解线性规划问题时，通常判断模型是否无可行解主要有以下方法：

- 大 M 法：当所有检验数小于零时，基变量中仍有非零的人工变量。
- 两阶段法：第一阶段最优解目标函数值非零，即最优解的基变量中有非零的人工变量。
- 对偶定理：对偶问题无界，原问题一定无可行解。
- Farkas 引理。

Farkas 引理的主要内容是证明了一组线性不等式的不可行其实等价于另一组线性不等式存在可行解。这样一来，我们就可以通过寻找后一组线性不等式的任意可行解来证明前一组不等式的不可行性。相较于直接证明模型不可行，找到一个可行解相对更简单。因此，Farkas 引理为我们提供了一种证明原问题不可行的快速判别方法。Fakas 引理的具体内容如下：

令 $\boldsymbol{A}$ 为 $m \times n$ 的矩阵，$\boldsymbol{b}$ 为 m 维向量。那么以下两个条件有且仅有一个成立：

（1）存在向量 $\boldsymbol{x} \geqslant 0$，使得 $\boldsymbol{Ax} = \boldsymbol{b}$。

（2）存在向量 $\boldsymbol{p}$，使得 $\boldsymbol{p}^{\mathrm{T}}\boldsymbol{A} \geqslant \boldsymbol{0}^{T}$，并且 $\boldsymbol{p}^{\mathrm{T}}\boldsymbol{b} < 0$。

现在我们来简单证明一下：

当条件（1）成立时，可得 $\boldsymbol{p}^{\mathrm{T}}\boldsymbol{A} \geqslant 0$，则直接得到 $\boldsymbol{p}^{\mathrm{T}}\boldsymbol{b} = \boldsymbol{p}^{\mathrm{T}}\boldsymbol{Ax} \geqslant 0$，条件（2）不成立。

当条件（1）不成立时，即不存在向量 $\boldsymbol{x} \geqslant 0$，使得 $\boldsymbol{Ax} = \boldsymbol{b}$。我们将原不等式建立成约束规划模型，可知该模型是不可行的：

$$
\begin{aligned}
\max \quad & \boldsymbol{0}^{\mathrm{T}}\boldsymbol{x} \\
\text{s.t.} \quad & \boldsymbol{Ax} = \boldsymbol{b} \\
& \boldsymbol{x} \geqslant \boldsymbol{0}
\end{aligned}
$$

由对偶理论可知，原始模型不可行，其对偶模型可能为不可行或无界。写出对偶模型：

$$
\begin{aligned}
\min \quad & \boldsymbol{p}^{\mathrm{T}}\boldsymbol{b} \\
\text{s.t.} \quad & \boldsymbol{p}^{\mathrm{T}}\boldsymbol{A} \geqslant \boldsymbol{0}^{\mathrm{T}}
\end{aligned}
$$

显然，$\boldsymbol{p} = \boldsymbol{0}$ 为上述对偶问题的一个可行解，因此对偶模型是一个无界的最小化问题。于是我们总能找到一个 $\boldsymbol{p}$，使得 $\boldsymbol{p}^{\mathrm{T}}\boldsymbol{b} < \boldsymbol{0}^{\mathrm{T}}$ 且满足 $\boldsymbol{p}^{\mathrm{T}}\boldsymbol{A} \geqslant \boldsymbol{0}^{\mathrm{T}}$，得证条件（2）成立。同理我们对条件（2）做假设，反推条件（1），也能得到同样的结论。

至此我们完整地证明了 Farkas 引理。在 Gurobi 中，FarkasDual 与 FarkasProof 属性是基于 Farkas 引理而定义的，不过具体定义方式与上述证明稍有不同。Gurobi 官方手册是这么叙述的，首先为可行域 $\boldsymbol{Ax} \leqslant \boldsymbol{b}$ 定义一个 λ，满足

$$\lambda^{\mathrm{T}} \boldsymbol{Ax} \leqslant \lambda^{\mathrm{T}} \boldsymbol{b}$$

取 L_i 和 U_i 分别为每个变量 x_i 的下界与上界。如果 $\lambda_i^{\mathrm{T}} \boldsymbol{A}_i > 0$，令 $\boldsymbol{x}_i^* := L_I$；如果 $\lambda_i^{\mathrm{T}} \boldsymbol{A}_i < 0$，令 $\boldsymbol{x}_i^* := U_I$。此时我们可以计算上式左端项 $\lambda^T \boldsymbol{Ax}$ 对于右端项 $\lambda^{\mathrm{T}} \boldsymbol{b}$ 的一个最小违背量：

$$\begin{aligned}
\beta :&= \lambda^{\mathrm{T}} \boldsymbol{Ax} - \lambda^{\mathrm{T}} \boldsymbol{b} \\
&= \sum_{i:\lambda_i A_i > 0} \lambda_i \boldsymbol{A}_i L_i + \sum_{i:\lambda_i A_i < 0} \lambda_i \boldsymbol{A}_i U_i - \lambda^{\mathrm{T}} \boldsymbol{b} \\
&= \min\{\lambda^{\mathrm{T}} \boldsymbol{Ax}\} - \lambda^{\mathrm{T}} \boldsymbol{b}
\end{aligned}$$

根据 Farkas 引理，Gurobi 只需找到一个 λ，使得 $\beta > 0$，那么意味着对于所有的 $\lambda^{\mathrm{T}} \boldsymbol{Ax}$ 都有 $\lambda^{\mathrm{T}} \boldsymbol{Ax} > \lambda^{\mathrm{T}} \boldsymbol{b}$，即原模型 $\boldsymbol{Ax} \leqslant \boldsymbol{b}$ 是不可行的。而 `FarkasDual` 属性输出 λ 乘子，`FarkasProof` 属性输出最小违背量 β 的取值。

26.3.5 对偶信息的应用

上文介绍了如何在 Gurobi 中获取各类对偶信息。然而，在实际应用层面，获取对偶变量、`FarkasDual` 和极射线这类对偶信息到底有什么价值？对于经典线性规划问题而言，对偶变量一般有以下两类应用。

（1）对偶变量多用于判断模型中的有效约束。根据互补松弛定理，在最优单纯形表中，当对偶变量非零时，对应的约束是有效的（Binding）。而当对偶变量等于零时，对应的约束是无效的，也就是说在模型中删去这样的无效约束对最优目标值没有影响。

（2）对偶变量的取值还可以用于判断对应约束条件对最优目标值的影响大小。这是由于对偶变量的数值大小等于右端项（Right hand side）进行单位变动时目标函数值的变化量。这也就是为什么在经济学意义上，对偶变量又称作影子价格（Shadow price）或边际成本（Marginal cost）。因此对偶变量越大，调整对应的约束对目标函数的改善效果越显著。

不仅如此，对偶信息在设计各类高级的精确算法时同样经常被使用。在列生成算法中，我们需要在算法迭代过程中探索将检验数（Reduced cost）为负的列加入主问题，直到无法获得新的检验数为负的列为止。因此列生成算法需要不断获取主问题的对偶变量，对检验数进行更新。在鲁棒优化中，有些问题可以通过对偶巧妙地将内层（Inner level）模型转换为线性规划模型，并将原来的双层模型转换为单阶段模型进行求解。在 Benders 分解算法中，我们可以利用极射线与 Farkas 对偶变量构建 Benders 可行性割平面（Benders feasibility cut）并加入主问题，更新全局的上、下界。可见对偶信息在实际应用场景中起到非常重要的作用。

第 27 章　求解参数调优与模型报错调试

27.1　参数调优

在前面的章节中，我们已经介绍了参数调优的基本原理与使用 COPT 进行参数调优的操作方法。本节我们介绍如何在 Gurobi 中使用参数调优工具并改进求解性能。

27.1.1　主要功能及相关参数

Gurobi 参数调优的主要设置参数见表27.1。

表 27.1　Gurobi 参数调优的主要设置参数

参数名称	描　述	类　型
TuneBaseSettings	基本参数设置的逗号分隔列表	string
TuneCleanup	调优结束后启用调优清理	double
TuneCriterion	参数调优策略	int
TuneJobs	分布式并行调参	int
TuneMetric	将调优结果聚合为单一尺度	int
TuneOutput	控制输出结果的详细程度	int
TuneResults	返回最优参数组合的数量	int
TuneTargetMIPGap	设置 MIP 调优的界阈值	double
TuneTargetTime	设置 MIP 调优的运行时间阈值	double
TuneTimeLimit	调参时间	int
TuneTrials	每组参数组合的运行次数	int

通过对上述参数的设置，用户可以实现 Gurobi 调优过程的定制化操作。接下来我们对常用的调优方法进行介绍，关于 Gurobi 参数调优的完整说明可参考 Gurobi 官方手册的相关内容。

在表27.1中，`TuneTimeLimit` 参数用于限制调参的时间，该参数的使用方法与上文介绍的求解终止参数 `TimeLimit` 类似。而 `TuneResults` 参数用于指定求解器返回的最优参数组合的数量，该参数一般保留默认设置，日志会按照需要调优的参数数量自动返回调参结果。如果用户发现求解效率受随机效应影响较大，可以尝试设置 `TuneTrials` 参数。`TuneTrials` 会为每个调优参数使用不同的种子（`Seed`）值，以减少随机性对调优结果的影响。

`TuneCriterion` 参数的作用是调整参数调优的策略。该参数将影响调优进程的侧重方向，可选项包括：

- −1：默认自动选择。

- 0：缩短发现最优解的时间。
- 1：最优容差。
- 2：目标函数值。
- 3：目标函数值的界。

TuneOutput 参数用于控制参数调优的输出结果。用户可以通过设置 TuneOutput 获得自己关注的输出信息，可选项包括：

- 0：关闭输出。
- 1：当发现最优参数组合时，输出调参结果。
- 2：默认，尝试过所有参数组合后输出结果。
- 3：尝试过所有参数组合后输出调参结果与详细的求解结果。

参数调优既可以通过命令调用，也可使用 AIP 调用。例如，在 Python 中，用户可以使用 model.tune() 启动参数调优进程。

27.1.2 案例演示

接下来，我们将基于 MIPLIB 2017 公共数据集 [41] 中的 neos-957323.mps 算例，演示 Gurobi 参数调优的具体操作方法。我们通过 TuneTimeLimit 参数设置调优时间为 40s，再通过 TuneResults 参数设置输出的最优参数组合数量为 1，其余调优参数保持默认设置。最终求解结束后，返回最优参数组合并将其导出至 PRM 文件中，具体设置方法如下。关于 MIPLIB 数据集与各种文件的使用方法，可参见 21.2 节的内容。

参数调优设置

```
from gurobipy import *

model = read('neos-957323.mps')              # 读取模型
model.Params.TuneResults = 1                 # 设置返回最优参数组合的数量为 1
model.Params.TuneTimeLimit = 40              # 设置调优时间为 40s
model.tune()                                 # 执行参数调优

if model.TuneResultCount > 0:                # 当调优结束后获得的参数组合大于 0 时
    model.getTuneResult(0)                   # 将最佳调优参数加载到模型中
    model.write('neosTuned.prm')             # 导出调优参数至 PRM 文件中
```

在执行上述代码后，Gurobi 会输出详细的参数调优日志。由于篇幅限制，我们直接展示日志最后部分中参数调优的结果。

参数调优结果

```
Tested 5 parameter sets in 37.46s

Baseline parameter set: mean runtime 2.56s

        Default parameters

 # Name          0       1       2      Avg     Max    Std Dev
 0 neos-9573   2.37s   2.49s   2.81s   2.56s   2.81s   0.19

Improved parameter set 1 (mean runtime 2.14s):

```

```
        DegenMoves 2

# Name            0        1        2        Avg      Max   Std Dev
0 neos-9573      2.04s    2.16s    2.21s    2.14s    2.21s    0.07
```

通过上述日志信息可知，Gurobi 在规定的调优时限内测试了 5 种不同的参数组合。在参数调优前，求解该模型的基准时间为 2.56s，经过参数调优后，当前最优参数组合将求解时间缩短至 2.04s。同时我们使用 `write` 方法将当前最优参数组合保存至本地的 `PRM` 文件中。

27.2 模型的错误诊断

在第 18 章中，我们介绍了 COPT 中不可行问题的处理方法。本节我们基于案例介绍 Gurobi 中遇到不可行问题时如何进行错误诊断，并对错误诊断的实用技巧进行拓展。

上文已经提到过，造成模型不可行的原因可能有两种：第一是问题自身存在着相互矛盾的约束条件，导致模型本身属于不可行模型；第二是用户在编程中由于疏忽致使数值设定或约束表达式出现错误。若数据规模较为庞大或模型特别复杂，那么对成百上千条约束表达式进行逐一排查是不现实的。当用户难以通过人工观察的方式发现代码中的错误时，不可行模型的最小冲突集（Irreducible Inconsistent Subsystem，IIS）可以帮助我们快速锁定不可行约束。

27.2.1 使用 IIS

关于 IIS 的具体原理可见 18.1 节的介绍。Gurobi 提供了以下接口，帮助用户对不可行模型进行定位与定量分析：

- 计算 IIS：`Model.computeIIS()`，定位导致模型不可行的约束或者变量范围。
- 计算可行化松弛：`Model.feasRelaxS()`，定量给出使不可行模型转换为可行模型的最小改动量。

Gurobi 与 COPT 在 IIS 的实现机制上是基本一致的。Gurobi 中，`Model.computeIIS()` 方法可在给定时间内返回不可行模型中约束和变量取值范围的子集，用户只需修改 IIS 中的约束与变量就可以将模型由不可行转变为可行。需要注意的是，同一不可行模型可能存在多组 IIS 子集，而使用 `Model.computeIIS()` 返回的不一定是最小的 IIS 子集。因此在某些情况下，用户需要充分利用现有知识分析约束冲突的原因，多次计算 IIS 并调整模型，才能最终使模型可行。

接下来我们通过一个实例演示 IIS 的使用方法。通过对 12.4 节的学习，我们知道 VRPTW 模型的时间约束式（12.50）需要引入一个大 M 约束：

$$t_i + l_i + T_{ij} - t_j \leqslant (1 - x_{ij})M, \qquad \forall (i,j) \in \mathcal{A}$$

对于该约束而言，设定过小的大 M 取值可能导致模型不可行。例如，我们设定车辆数为 5，顾客数为 10，大 M 取值为 100，此时模型是不可行的。对该样例我们调用 `Model.computeIIS()` 并导出 IIS 专用的 `ILP` 文件，演示 IIS 的使用效果。

Gurobi 调用 computeIIS 并导出 ILP 文件

```
model.computeIIS()
model.write("modelIIS.ilp")
```

导出的 `ILP` 文件会展示模型中出现矛盾的约束，打开 `ILP` 文件后可以发现，IIS 子集给出的矛盾约束与我们的设定情况是相符的。

Gurobi 导出 ILP 格式文件样例

```
\ Model VRPTW_copy
\ LP format - for model browsing. Use MPS format to capture full model detail.
Minimize

Subject To
 c_61_2_0: s_1_0 + 100 x_1_2_0 - s_2_0 <= 8
Bounds
 s_1_0 >= 912
 -infinity <= s_2_0 <= 870
Binaries
 x_1_2_0
End
```

这里我们仅提供了一个简单的案例，实际使用中用户需要面对各种复杂的情景，Gurobi 提供了相关的参数与属性用于进一步控制 IIS 计算过程，用户可以通过 `IISMethod` 参数控制 `model.computeIIS()` 算法的行为。Gurobi 还提供了各类 IIS 相关属性，见表 27.2。在调用 `model.computeIIS()` 后，求解器会在控制台输出计算 IIS 的过程日志信息，相关介绍可参见 25.1.8 节的内容。

表 27.2 Gurobi 提供的 IIS 相关属性

对　象	IIS 相关属性
Var 对象	`Var.IISLB`
	`Var.IISLBForce`
	`Var.IISUB`
	`Var.IISUBForce`
线性约束对象	`LinConstr.IISConstr`
	`LinConstr.IISConstrForce`
SOS 约束对象	`SOSConstr.IISSOS`
	`SOSConstr.IISSOSForce`
二次约束对象	`QConstr.IISQConstr`
	`QConstr.IISQConstrForce`
广义约束对象	`GenConstr.IISGenConstr`
	`GenConstr.IISGenConstrForce`

在 18.2 节中我们介绍了 COPT 中如何通过可行化松弛计算的结果，定量地放宽约束或变量范围，从而使得模型变得可行。Gurobi 中也提供了类似功能的成员方法 `Model.feasRelaxS()` 与 `Model.feasRelax()`，用于计算可行化松弛。该功能的使用场景与上文介绍相似，这里不再赘述。

27.2.2 对模型进行逐步诊断

虽然 `Model.computeIIS()` 是非常强大的工具，但是在实际操作层面，我们需要通过修改原模型的代码来消除这些不可行的约束和变量所造成的影响。由于 IIS 信息只会提供出现矛盾的约束与变量信息，在复杂模型中，造成不可行的约束和变量数量可能会特别庞大。如果简单地按照 IIS 的提示逐条对照不可行约束，修改原始模型的代码，错误诊断的工作量是难以预估的。我们更期望的便捷操作是，从这些约束中总结出一般公式，这样就可以通过循环语句来快速修改模型中的错误。基于该思想我们提供了一些模型错误诊断的小技巧。

1. 逐行约束注释

对于约束比较多的模型，我们可以采用逐条约束注释再求解模型的方法寻找不可行约束。虽然这种操作比较简单，但通常能帮助我们快速定位不可行的约束条件。具体操作如下：

（1）注释所有模型约束。

（2）逐条加回约束并求解，若求解结果显示为不可行，则最后加回的约束很有可能就是造成不可行的约束。

（3）剔除不可行约束，继续迭代上述步骤，遍历所有剩余约束，直至找出所有不可行约束。

（4）修改不可行约束，直至模型可行为止。

例如，对于上述大 M 约束的数值设定问题，如果用户在逐条注释其他约束后求解模型，结果均为可行，但在加入时间窗约束后求解结果立刻变为不可行，那么我们可以快速确定是由于时间窗约束的错误破坏了模型的可行性。

2. 观察法

有时我们可以通过设计一些特殊的技巧来观察模型的变化情况。例如，对于无界的模型，我们可以给所有变量都设置一个很大的上界，而后再次求解模型并观察哪些变量取到了这个上界，这些取到上界的变量很可能是造成模型无界的原因。

当模型并非特别复杂时，我们可以降低输入数据的规模，并直接观察相关约束与变量的构成情况。我们继续以 13.4 节的 VRPTW 模型为例，在该模型中，流平衡约束属于建模过程中容易出错的约束。

$$\sum_{i\in\mathcal{V}} x_{ij} - \sum_{i\in\mathcal{V}} x_{ji} = 0, \qquad \forall j \in \mathcal{S}$$

在构建流平衡约束时，只有中间节点需要保持流入量与流出量守恒，该约束不可应用于源点与汇点，因此在程序中添加约束的规则是：循环语句要从第二个数据点开始迭代，然而有时我们可能会不小心从源点开始遍历所有的顾客点。那么要定位这样的错误信息，除了使用 Model.computeIIS() 外，我们也可以先缩减模型顾客规模，例如缩减至 5 个点，并导出模型的 LP 文件，直接检查各条模型约束。当模型体量相对较小时，我们相对更加容易检查出 Gurobi 构建的模型是否与预期相符。

如果用户想单独对模型中的 x_{ijk} 这类变量进行检查，一个实用的小技巧是在使用 Model.addVars() 创建变量时，我们可以使用下画线作为变量字符串名称的分隔符，例如，将 x_{ijk} 这类变量规范命名为 x_i_j_k 这样的格式，这样就可以通过以下操作快速提取以“x”开头的非零变量。

通过变量的字符串寻找变量信息

```
for v in model.getVars():
    if(v.X > 0 and v.varName.split('_')[0]=='x'):
        print(v.varName, ' = ',v.X)
```

参 考 文 献

[1] CREVIER B，CORDEAU J F，G Laporte. The multi-depot vehicle routing problem with inter-depot routes[J]. European Journal of Operational Research, 2007,176(2):756-773.

[2] LJUBIć I, MORENO E. Outer approximation and submodular cuts for maximum capture facility location problems with random utilities[J]. European Journal of Operational Research, 2018, 266(1): 46-56.

[3] L ACCORSI, VIGO D. A fast and scalable heuristic for the solution of largescale capacitated vehicle routing problems[J]. Transportation Science, 2021, 55(4):832-856.

[4] ACHTERBERG T. Scip: solving constraint integer programs[J]. Mathematical Programming Computation, 2009,1:1-41 .

[5] ADIGA A, VENKATRAMANAN S, SCHLITT J, et al. Evaluating the impact of international airline suspensions on the early global spread of covid-19[J]. MedRxiv, 2020.

[6] ALTMAN C, DESAULNIERS G, ERRICO F. The fragility-constrained vehicle routing problem with time windows[J]. Transportation Science, 2023, 57(2):552-572.

[7] BALDACCI R, HADJICONSTANTINOU E, MINGOZZI A. An exact algorithm for the capacitated vehicle routing problem based on a two-commodity network flow formulation[J]. Operations research, 2004, 52(5):723-738.

[8] BALLER A C, DABIA S, DULLAERT W EH, et al. The vehicle routing problem with partial outsourcing[J]. Transportation Science, 2020, 54(4):1034-1052.

[9] BEALE E M L, TOMLIN J A. Special facilities in a general mathematical programming system for non-convex problems using ordered sets of variables[J]. Proceedings of the Fifth International Conference on Operational Research, 1970, 69:447-454.

[10] BEN-TAL A, NEMIROVSKI A. Robust solutions of linear programming problems contaminated with uncertain data[J]. Mathematical programming, 2000, 88(3):411-424.

[11] BERBEGLIA G, CORDEAU J F, GRIBKOVSKAIA I, et al. Static pickup and delivery problems: a classification scheme and survey[J]. Top, 2007, 15: 1-31.

[12] BERTSIMAS D, SIM M. The price of robustness[J]. Operations research, 2004, 52(1):35-53.

[13] BERTSIMAS D, JAILLET P, MARTIN S. Online vehicle routing: The edge of optimization in large-scale applications[J]. Operations Research, 2019, 67(1):143-162.

[14] BERTSIMAS D J. A vehicle routing problem with stochastic demand[J]. Operations Research, 1992, 40(3):574-585.

[15] BHUSIRI N, QURESHI A G, TANIGUCHI E. The trade-off between fixed vehicle costs and time-dependent arrival penalties in a routing problem[J]. Transportation Research Part E: Logistics and Transportation Review, 2014, 62:1-22.

[16] BOYD S, BOYD S P, VANDENBERGHE L. Convex optimization[M]. New York: Cambridge university press, 2004.

[17] BRANDÃO J C S, MERCER A. The multi-trip vehicle routing problem[J]. Journal of the Operational research society, 1998, 49:799-805.

[18] BREMNER A, MACLEOD A. An unusual cubic representation problem[J]. Annales Mathematicae et Informaticae, 2014(1): 29-41.

[19] BUNTE S, KLIEWER N. An overview on vehicle scheduling models[J]. Public Transport, 2009, 1(4): 299-317.

[20] CHAN W K, SCHRUBEN L. Optimization models of discrete-event system dynamics[J]. Operations Research, 2008, 56(5):1218-1237.

[21] COOK S A. The complexity of theorem-proving procedures[C]. Proceedings of the third annual ACM symposium on Theory of computing, 1971:151-158.

[22] CORMEN T H, LEISERSON C E, RIVEST R L, et al. Introduction to algorithms[M]. Massachusetts: MIT press, 2022.

[23] CREVIER B, CORDEAU J F, LAPORTE G. The multi-depot vehicle routing problem with inter-depot routes[J]. European journal of operational research, 2007, 176(2):756-773.

[24] DANTZIG G B, RAMSER J H. The truck dispatching problem[J]. Management Science, 1959, 6(1):80-91.

[25] DANTZIG G, FULKERSON R, JOHNSON S. Solution of a large-scale traveling-salesman problem[J]. Journal of the operations research society of America, 1954, 2 (4):393-410.

[26] DENG L, SUN H, LI B, et al. Optimal operation of integrated heat and electricity systems: a tightening mccormick approach[J]. Engineering, 2021, 7(8):1076-1086.

[27] DESAULNIERS G. Branch-and-price-and-cut for the split-delivery vehicle routing problem with time windows[J]. Operations research, 2010, 58(1):179-192.

[28] DESAULNIERS G, DESROSIERS J, SOLOMON M M. Column Generation[M]. New York: Springer, 2005.

[29] DESAULNIERS G, ERRICO F, IRNICH S, et al. Exact algorithms for electric vehicle-routing problems with time windows[J]. Operations Research, 2016, 64(6):1388-1405.

[30] DESROCHERS M, DESROSIERS J, SOLOMON M. A new optimization algorithm for the vehicle routing problem with time windows[J]. Operations research, 1992, 40(2):342-354.

[31] DOPPSTADT C, KOBERSTEIN A, VIGO D. The hybrid electric vehicle-traveling salesman problem with time windows[J]. European Journal of Operational Research, 2020, 284(2):675-692.

[32] ENRIGHT J J, WURMAN P R. Optimization and coordinated autonomy in mobile fulfillment systems[C]. Workshops at the twenty-fifth AAAI conference on artificial intelligence, 2011.

[33] European Environment Agency. The role of vehicles, fuels and transport demand[C]. Transport and environment report 2021: Decarbonising road transport, 2022.

[34] FLEISCHMANN B. The vehicle routing problem with multiple use of vehicles[D]. Fachbereich Wirtschaftswissenschaften, Universität Hamburg, 1990.

[35] FRANÇOIS V, ARDA Y, CRAMA Y. Adaptive large neighborhood search for multitrip vehicle routing with time windows[J]. Transportation Science, 2019, 53 (6):1706-1730.

[36] FREUND R M. Introduction to semidefinite programming (sdp)[J]. Massachusetts Institute of Technology, 2004(1): 1-54.

[37] FU Z, EGLESE R, LI L Y. A unified tabu search algorithm for vehicle routing problems with soft time windows[J]. Journal of the Operational Research Society, 2008, 59(5):663-673.

[38] FUKASAWA R, LONGO H, LYSGAARD J, et al. Robust branch-and-cut-andprice for the capacitated vehicle routing problem[J]. Mathematical programming, 2006, 106: 491-511.

[39] GE D, HUANGFU Q, WANG Z Z, et al. Cardinal Optimizer (COPT) user guide[OL].[2024-04-16]. https://guide.coap.online/copt/en-doc.

[40] GENDREAU M, HERTZ A, LAPORTE G. A tabu search heuristic for the vehicle routing problem[J]. Management science, 1994, 40(10):1276-1290.

[41] GLEIXNER A, HENDEL G, GAMRATH G, et al. MIPLIB 2017: data-driven compilation of the 6th mixed-integer programming library[J]. Berlin Heidelberg: Springer , 2021(3).

[42] GLOVER F. Improved linear integer programming formulations of nonlinear integer problems[J]. Management science, 1975, 22(4):455-460.

[43] GOUNARIS C E, WIESEMANN W, FLOUDAS C A. The robust capacitated vehicle routing problem under demand uncertainty[J]. Operations Research, 2013, 61(3):677-693.

[44] LLC Gurobi Optimization. Gurobi optimizer reference manual[J]. 2022.

[45] HAOUARI M, MANSOUR F Z, SHERALI H D. A new compact formulation for the daily crew pairing problem[J]. Transportation Science, 2019, 53(3):811-828.

[46] HE J, LIU X L , DUAN Q Y, et al. Reinforcement learning for multi-item retrieval in the puzzle-based storage system[J]. European Journal of Operational Research, 2022.

[47] HILLIER F S. Introduction to operations research[M]. 10th ed. New Delhi: Tata McGraw-Hill Education, 2012.

[48] HUANG N, LI J L, ZHU W B, et al. The multi-trip vehicle routing problem with time windows and unloading queue at depot[J]. Transportation Research Part E: Logistics and Transportation Review, 2021, 152:102-370.

[49] HUANG Y X, ZHAO L, WOENSEL T V, et al. Timedependent vehicle routing problem with path flexibility[J]. Transportation Research Part B: Methodological, 2017, 95:169-195.

[50] International Energy Agency. Co2 emissions from fuel combustion 2019: Highlights[OL].[2024-04-16]. https://webstore.iea.org/co2-emissions-from-fuel-com-bustion-2019-highlights.

[51] JEPSEN M, PETERSEN B, SPOORENDONK S, et al. Subset-row inequalities applied to the vehicle-routing problem with time windows[J]. Operations Research, 2008, 56(2):497-511.

[52] JOHNSONBAUGH R, PEARSON. Discrete Mathematics: Pearson New International Edition[J]. Pearson Schweiz Ag, 2009.

[53] KARP R M . Reducibility among Combinatorial Problems[M], Massachusetts: Springer, 1972: 85-103.

[54] KESKIN M, ÇATAY B. A matheuristic method for the electric vehicle routing problem with time windows and fast chargers[J]. Computers & Operations Research, 2018, 100:172-188.f

[55] KLEMENT K C. Internet Encyclopedia of Philosophy[DB]. [2024-04-16].

[56] KOÇ Ç, LAPORTE G, TÜKENMEZ İ. A review of vehicle routing with simultaneous pickup and delivery[J]. Computers & Operations Research, 2020.

[57] KOSKOSIDIS Y A, POWELL W B, SOLOMON M M. An optimizationbased heuristic for vehicle routing and scheduling with soft time window constraints[J]. Transportation science, 1992, 26(2):69-85.

[58] LAM E, DESAULNIERS G, STUCKEY P J. Branch-and-cut-and-price for the electric vehicle routing problem with time windows, piecewise-linear recharging and capacitated recharging stations[J]. Computers & Operations Research, 2022.

[59] LAPORTE G. The vehicle routing problem: An overview of exact and approximate algorithms[J]. European journal of operational research, 1992, 59(3):345-358.

[60] LAPORTE G. What you should know about the vehicle routing problem[J]. Naval Research Logistics, 2007, 54(8):811-819.

[61] LAPORTE G, MERCURE H, NOBERT Y. An exact algorithm for the asymmetrical capacitated vehicle routing problem[J]. Networks, 1986, 16(1):33-46.

[62] LAPORTE G, NOBERT Y, TAILLEFER S. Solving a family of multi-depot vehicle routing and location-routing problems[J]. Transportation Science, 1988, 22(3):161-172.

[63] 刘兴禄, 熊望祺, 臧永森, 等. 运筹优化常用模型、算法及案例实战：Python+Java 实现 [M]. 北京：清华大学出版社, 2022.

[64] LAPORTE G, GENDREAU M, POTVIN J Y, et al. Classical and modern heuristics for the vehicle routing problem[J]. International transactions in operational research, 2000, 7(4-5):285-300.

[65] LEDVINA K, QIN H Z, SIMCHI-LEVI D, et al. A new approach for vehicle routing with stochastic demand: Combining route assignment with process flexibility[J]. Operations Research, 2022, 70(5):2655-2673.

[66] LI X Y, TAN X Y, WU R, et al. Paths for carbon peak and carbon neutrality in transport sector in china[J]. Strategic Study of Chinese Academy of Engineering, 2021, 23(6): 15-21.

[67] LI Y T, CÔTÉ J F, CALLEGARI-COELHO L, et al. Novel formulations and logic-based benders decomposition for the integrated parallel machine scheduling and location problem[J]. INFORMS journal on computing, 2022, 34(2):1048-1069.

[68] LIBERATORE F, RIGHINI G, SALANI M. A column generation algorithm for the vehicle routing problem with soft time windows[J]. 4OR, 2011, 9:49-82.

[69] LIN C, CHOY K L, HO G T, et al. Survey of green vehicle routing problem: past and future trends[J]. Expert systems with applications, 2014, 41(4):1118-1138.

[70] LIN Y H, WANG Y, HE D D, et al. Last-mile delivery: Optimal locker location under multinomial logit choice model[J]. Transportation Research Part E: Logistics and Transportation Review, 2020.

[71] LIU Y M, YU Y, ZHANG Y, et al. Branch-cut-and-price for the time-dependent green vehicle routing problem with time windows[J]. INFORMS Journal on Computing, 2023, 35(1):14-30.

[72] LUO X D, DASHORA Y, SHAW T. Airline crew augmentation: Decades of improvements from sabre[J]. Interfaces, 2015, 45(5):409-424.

[73] LYSGAARD J, LETCHFORD A N, EGLESE R W. A new branch-and-cut algorithm for the capacitated vehicle routing problem[J]. Mathematical programming, 2004, 100:423-445.

[74] McCORMICK G P. Computability of global solutions to factorable nonconvex programs: Part i-convex underestimating problems[J]. Mathematical programming, 1976, 10(1): 147-175.

[75] MENDOZA J, HOSKINS M, GUÉRET C, et al. Vrp-rep: a vehicle routing community repository[J]. VeRoLog'14, 2014.

[76] MILLER C E, TUCKER A W, ZEMLIN R A. Integer programming formulation of traveling salesman problems[J]. Journal of the ACM, 1960, 7(4):326-329.

[77] MIRZAEI M, KOSTER R D, ZAERPOUR N. Modelling load retrievals in puzzle-based storage systems[J]. International Journal of Production Research, 2017, 55(21): 6423-6435.

[78] MONTOYA A, GUÉRET C, MENDOZA J E, et al. The electric vehicle routing problem with nonlinear charging function[J]. Transportation Research Part B: Methodological, 2017, 103:87-110.

[79] MOUTHUY S, MASSEN F, DEVILLE Y, et al. A multistage very large-scale neighborhood search for the vehicle routing problem with soft time windows[J]. Transportation Science, 2015, 49(2):223-238.

[80] MURRAY C C, CHU A G. The flying sidekick traveling salesman problem: Optimization of drone-assisted parcel delivery[J]. Transportation Research Part C: Emerging Technologies, 2015, 54:86-109.

[81] MUTER I, CORDEAU J F, LAPORTE G. A branch-and-price algorithm for the multidepot vehicle routing problem with interdepot routes[J]. Transportation Science, 2014, 48(3):425-441.

[82] 李晓易, 谭晓雨, 宋媛媛, 等. 中国交通运输行业气候目标及行动建议 [D]. 北京: 清华大学, 2022.

[83] NEIRA D A, AGUAYO M M, FUENTE R D, et al. New compact integer programming formulations for the multi-trip vehicle routing problem with time windows[J]. Computers Industrial Engineering, 2020.

[84] PARADISO R, ROBERTI R, LAGANÁ D, et al. An exact solution framework for multitrip vehicle-routing problems with time windows[J]. Operations Research, 2020, 68(1):180-198.

[85] PILLAC V, GENDREAU M, GUÉRET C, et al. A review of dynamic vehicle routing problems[J]. European Journal of Operational Research, 2013, 225 (1):1-11.

[86] PISINGER D, ROPKE S. A general heuristic for vehicle routing problems[J]. Computers & operations research, 2007, 34(8):2403-2435.

[87] QI M Y, JIANG R W, SHEN S Q. Sequential competitive facility location: Exact and approximate algorithms[J]. Operations Research, 2022.

[88] QURESHI A G, TANIGUCHI E, YAMADA T. An exact solution approach for vehicle routing and scheduling problems with soft time windows[J]. Transportation Research Part E: Logistics and Transportation Review, 2009, 45(6):960-977.

[89] QURESHI A G, TANIGUCHI E, YAMADA T. Exact solution for the vehicle routing problem with semi soft time windows and its application[J]. Procedia-Social and Behavioral Sciences, 2010, 2(3):5931-5943.

[90] 殷允强, 王杜娟, 余玉刚. 整数规划：基础、扩展及应用 [M]. 北京：科学出版社, 2022.

[91] RALPHS T K, KOPMAN L, PULLEYBLANK W R, et al. On the capacitated vehicle routing problem[J]. Mathematical programming, 2003, 94:343-359.

[92] RATNER D, WARMUTH M. The (n2−1)-puzzle and related relocation problems[J]. Journal of Symbolic Computation, 1990, 10(2):111-137.

[93] ROHIT K V, TAYLOR G D, GUE K R. Retrieval time performance in puzzlebased storage systems[C]. IIE Annual Conference Proceedings, 2010.

[94] ROSTAMI B, DESAULNIERS G, ERRICO F, et al. Branch-priceand- cut algorithms for the vehicle routing problem with stochastic and correlated travel times[J]. Operations Research, 2021, 69(2):436-455.

[95] SADOUNI K. Heterogeneous fleet vehicle routing problem with time windows and nonlinearly penalized delays[J]. Journal of applied Sciences, 2006, 6(9):1969-1973.

[96] SAEMI S, KOMIJAN A R, TAVAKKOLI-MOGHADDAM R, et al. A new mathematical model to cover crew pairing and rostering problems simultaneously[J]. Journal of Engineering Research, 2021, 9(2).

[97] SCHAAP H, SCHIFFER M, SCHNEIDER M, et al. A large neighborhood search for the vehicle routing problem with multiple time windows[J]. Transportation Science, 2022, 56(5):1369-1392.

[98] SCHNEIDER M, STENGER A, GOEKE D. The electric vehicle-routing problem with time windows and recharging stations[J]. Transportation Science, 2014, 48(4): 500-520.

[99] SHERALI H D, ALAMEDDINE A. A new reformulation-linearization technique for bilinear programming problems[J]. Journal of Global optimization, 1992, 2(4):379-410.

[100] SOLOMON M M. Algorithms for the vehicle routing and scheduling problems with time window constraints[J]. Operations Research, 1987, 35(2):254-265.

[101] TAILLARD É, BADEAU P, GENDREAU M, et al. A tabu search heuristic for the vehicle routing problem with soft time windows[J]. Transportation science, 1997, 31(2):170-186.

[102] TAŞ D, GENDREAU M, DELLAERT N, et al. Vehicle routing with soft time windows and stochastic travel times: A column generation and branch-and-price solution approach[J]. European Journal of Operational Research, 2014, 236 (3):789-799.

[103] TOTH P, VIGO D. Models, relaxations and exact approaches for the capacitated vehicle routing problem[J]. Discrete Applied Mathematics, 2002, 123(1-3):487-512.

[104] TOTH P, VIGO D. Vehicle Routing: Problems, Methods, and Applications[J]. SIAM Journal, 2014.

[105] UCHOA E, PECIN D, PESSOA A, et al. New benchmark instances for the capacitated vehicle routing problem[J]. European Journal of Operational Research, 2017, 257(3):845-858.

[106] BROEK M A, SCHROTENBOER A H, JARGALSAIKHAN B, et al. Asymmetric multidepot vehicle routing problems: Valid inequalities and a branch-and-cut algorithm[J]. Operations Research, 2021, 69(2): 380-409.

[107] 耿素云，屈婉玲. 离散数学 [M]. 2 版. 北京：高等教育出版社，2015.

[108] VANDENBERGHE L, BOYD S. Semidefinite programming[J]. SIAM review, 1996, 38(1):49-95.

[109] VAZIFEH M M, SANTI P, RESTA G, et al. Addressing the minimum fleet problem in on-demand urban mobility[J]. Nature, 2018, 557(7706):534-538.

[110] XIE F, WU T, ZHANG C. A branch-and-price algorithm for the integrated berth allocation and quay crane assignment problem[J]. Transportation Science, 2019, 53(5):1427-1454.

[111] YALCIN A. Multi-Agent Route Planning in Grid-Based Storage Systems[D]. Frankfurt: Europa-Universität Viadrina Frankfurt, 2017.

[112] YOU J T, MIAO L X, ZHANG C R, et al. A generic model for the local container drayage problem using the emerging truck platooning operation mode[J]. Transportation Research Part B: Methodological, 2020, 133:181-209.

[113] YU H, YU Y G, KOSTER R. Dense and fast: Achieving shortest unimpeded retrieval with a minimum number of empty cells in puzzle-based storage systems[J]. IISE Transactions, 2022, 55(2):156-171.

[114] MA Y F, CHEN H X, YU Y G. An efficient heuristic for minimizing the number of moves for

the retrieval of a single item in a puzzle-based storage system with multiple escorts[J]. European Journal of Operational Research, 2022, 301(1):51-66.
[115] ZANG Y S, WANG M Q, QI M Y. A column generation tailored to electric vehicle routing problem with nonlinear battery depreciation[J]. Computers & Operations Research, 2022.
[116] ZHANG Y, SNYDER L V, QI M Y, et al. A heterogeneous reliable location model with risk pooling under supply disruptions[J]. Transportation Research Part B: Methodological, 2016, 83:151-178.
[117] ZHANG Y, ZHANG Z Z, LIM A, et al. Robust data-driven vehicle routing with time windows[J]. Operations Research, 2021, 69(2):469-485.
[118] ZOU Y, QI M. A heuristic method for load retrievals route programming in puzzle-based storage systems[J]. 2021.DOI:10.48550/arXiv.2102.09274.